マルチボディ ダイナミクス入門

Introduction to Multibody Dynamics

岩村 誠人 著

森北出版株式会社

まえがき

マルチボディダイナミクスとは，多数の物体がジョイントや力要素を介して複雑に連成した機械システムの動力学計算理論とシミュレーション技術に関する学問であり，近年注目されている機械力学，計算力学の一分野である．最近の計算手法のめざましい発展とコンピュータ性能の飛躍的な向上により，非常に複雑な機械システムの動力学解析も可能になってきており，産業界でも製品の設計・解析・評価に不可欠な技術になりつつある．今後，マルチボディダイナミクスはものづくりの高度化・高効率化に大きく貢献すると考えられており，機械系の学生がその基礎を修得しておくべき科目の一つになりつつある．このような状況に鑑み，本書は大学学部高学年，あるいは大学院修士課程の授業で教科書として使える本として執筆したものである．式の導出過程や例題・演習問題の解答も丁寧に記述しているため，自学自習のテキスト，あるいは企業技術者の参考書としても使っていただけると思う．

マルチボディダイナミクスの教科書は国内でもすでに数冊出版されているが，伝統的な機械力学や振動工学などの教科書と比較してその数はまだ圧倒的に少ない．また，現在出版されているマルチボディダイナミクスの本はいずれも格調高く書かれた名著ばかりであるが，はじめてマルチボディダイナミクスを学ぶ人がおのおののレベルにあわせて教科書を選択できるように，さまざまなレベルの本を増やす必要性を感じた．そこで，本書では，マルチボディダイナミクスの基本的な考え方や代表的な手法を，初学者にもわかりやすく記述することにつとめた．本書の大きな特徴は，議論を全般にわたって平面問題に限定したことである．初学者がつまずきやすい内容の一つに 3 次元空間運動における回転の取り扱いがあるが，マルチボディダイナミクスの考え方自体はとてもシンプルであるにもかかわらず，3 次元回転の記述の煩雑さにより必要以上に難しいと感じてしまっている人が多いようである．そこで，本書では「まずは 2 次元平面運動に限定してマルチボディダイナミクスの基本的な考え方をしっかり学んでいただく」という方針をとった．ただし，数式等はなるべく一般的に記述しているため，本書の大部分の内容は 3 次元空間運動に対してもそのまま適用できるか比較的容易に拡張可能であり，本書の内容を十分に修得できれば 3 次元空間運動にも難なく入っていけると考えている．その他の本書の特徴や，執筆に際して特に配慮した点は以下のとおりである．

1. 手計算と電卓で実際に結果を確かめることができる例題と演習問題を多く取り入れ，内容の理解を深められるようにした．
2. 通常の機械力学の教科書では，ラグランジュ方程式を導出するための準備として簡単に説明されることが多い仮想仕事の原理や，ダランベールの原理について詳しく説明し，剛体の力学から剛体系の力学（マルチボディダイナミクス）への理論展開を特に丁寧に解説した．
3. マルチボディダイナミクスの主な目的はシミュレーションであるため，順動力学の議論に重点がおかれることが多いが，実用上は逆動力学も非常に重要であるため，本書では逆動力学についてもかなりの頁を割いた．
4. 市販されている最新の汎用マルチボディダイナミクスコードでよく用いられているリカーシブ定式化についても，その基本的な考え方をわかりやすく説明した．
5. 運動学関係式や動力学方程式の定式化を行うだけでなく，それを解くために必要な各種の数値計算法についても詳しく説明を行った．
6. 主要な方法については MATLAB のプログラムも掲載し，必要であれば実際にプログラムを作成することができるように配慮した（プログラムは，http://www.morikita.co.jp/books/mid/067591 からダウンロードできる）．
7. 授業で使用しやすいように全体を 14 章に分け，1 章あたり 10 から 25 頁程度になるように構成した．ただし，最初からすべてを学ぶ必要はなく，読者のレベルや目的に応じてさまざまな使い方ができるように工夫している（推奨する使い方は 1.5 節に示した）．
8. マルチボディダイナミクス分野の手法とロボット工学の分野で標準的に用いられている手法との相違点や類似点を確認できるように，全体にわたって 2 関節ロボットアームの例題を取り入れた．

一般に難しいといわれているマルチボディダイナミクスを学ぶ際に本書がロイター板のような役割を果たし，初学者が最初の壁を容易に飛び越え，本格的なマルチボディダイナミクスの勉強にスムースに入っていける一助となれば，筆者にとって望外の喜びである．

最後に，本書執筆に際してお世話になった方々への謝辞を記したい．恩師である故・毛利彰先生，上司として長年ご指導いただいた尾崎弘明先生には，筆者を研究者の道へ導いていただいた．山本元司先生，平野剛先生，牛見宣博先生にも学生時代から現在までご指導いただいている．清水信行先生にはマルチボディダイナミクスという非常に魅力的な分野にいざなっていただき，その後も温かいご指導をいただいている．今西悦二郎先生，曄道佳明先生，椎葉太一先生，杉山博之先生，竹原昭一郎先生，菅原佳城先生，原謙介先生，安藝雅彦先生，ほかマルチボディダイナミクス研究会の皆様には，学会や研究会において活発な議論を通してご指導をいただいている．藤川猛先生，曽我部潔先生，小林信之先生，田島洋先生，須田義大先生，小金澤鋼一先生，吉村浩明先生，井上剛志先生，榊泰輔先生にも直接的に，あるいは著作を通じて影響を受けた．Werner Schiehlen 先生，Peter Eberhard 先生，Robert Seifried 先生，Albrecht Eiber 先生，ほか Stuttgart 大学の皆様には，留学時にマルチボディダイナミクスの基礎から先端理論までご教示いただいた．アルテアエンジニアリング（株）の星野裕昭博士には，ソフトウェアベンダーのお立場から多くの貴重なご意見をいただいた．桝谷ソフトウェア製作所の桝谷祐輔氏には，本書の内容に基づく汎用 MBD ソフトウェア Lagrancia の開発にご協力いただき，その過程でプログラマーの視点から多くのご指摘をいただいた．森北出版（株）の千先治樹氏には，浅学非才の筆者に執筆の機会を与えていただき，本書の構成や内容に関して多くのアドバイスをいただいた．また，森北出版（株）の上村紗帆氏には編集をご担当いただき，内容の確認から校正まで多くの労を割いていただいた．福岡大学工学部機械工学科の先生方には日頃からご指導いただいており，教職員の皆様にも大変お世話になっている．研究室のスタッフである林長軍先生，古賀智久先生，下川哲司氏，研究室の OB・OG，学生の皆さんには一緒にマルチボディダイナミクスを勉強していただいた．そして何より，家族の励ましと支えがなければ本書は完成しなかった．心からの感謝とともに本書を捧げたい．

2018 年 3 月

岩村　誠人

目　次

第 I 部　序　論　1

第 1 章　マルチボディダイナミクス概論　2

1.1　マルチボディダイナミクスとは …… 2
1.2　マルチボディシステムの構成 …… 4
1.3　解析の種類 …… 6
1.4　座標系と定式化の方法 …… 7
1.5　本書の構成と学び方 …… 9

第 2 章　数学的準備　11

2.1　行　列 …… 11
2.1.1　行列の定義 …… 11
2.1.2　行列の演算 …… 13
2.2　ベクトル …… 15
2.2.1　幾何ベクトル …… 15
2.2.2　代数ベクトル …… 16
2.2.3　ベクトルの演算 …… 17
2.3　ベクトルと行列の微分 …… 21
2.3.1　時間微分 …… 21
2.3.2　偏微分 …… 23
2.4　座標変換 …… 24
演習問題 …… 26

第 II 部　運動学解析　29

第 3 章　運動学の基礎　30

3.1　質点の運動学 …… 30
3.2　剛体の運動学 …… 31
3.2.1　配　位 …… 31
3.2.2　位　置 …… 32

3.2.3　速　度 …… 34
3.2.4　加速度 …… 36
演習問題 …… 37

第 4 章　運動学的拘束 —— 39
4.1　基本拘束 …… 39
4.2　距離拘束 …… 42
4.3　回転ジョイント …… 43
4.4　直動ジョイント …… 44
4.5　歯　車 …… 46
4.6　駆動拘束 …… 48
演習問題 …… 49

第 5 章　マルチボディシステムの運動学解析 —— 51
5.1　運動学解析 …… 51
5.2　位置解析 …… 55
5.3　速度解析 …… 58
5.4　加速度解析 …… 59
5.5　運動学解析のプログラム …… 60
5.6　機構の特異点 …… 65
演習問題 …… 67

第 6 章　運動学解析における数値計算法 —— 69
6.1　連立 1 次方程式 …… 69
6.1.1　ガウスの消去法 …… 70
6.1.2　LU 分解法 …… 76
6.2　非線形方程式 …… 80
6.2.1　ニュートン－ラフソン法 …… 81
演習問題 …… 85

第 7 章　ジョイント拘束ライブラリ —— 86
7.1　ライブラリを用いた運動学解析 …… 86
7.2　基本拘束 …… 89
7.3　距離拘束 …… 91
7.4　回転ジョイント …… 92
7.5　直動ジョイント …… 93

7.6　歯　車 ································· 94
7.7　駆動拘束 ································· 95
演習問題 ································· 96

第 III 部　動力学解析　99

第 8 章　動力学の基礎 —— 100

8.1　ニュートンの運動の法則 ································· 100
8.2　質点の動力学 ································· 100
8.3　内力，外力，拘束力 ································· 101
8.4　質点系の動力学 ································· 102
8.5　剛体の動力学 ································· 104
8.6　仮想仕事の原理 ································· 107
8.6.1　仕事，仮想変位，仮想仕事 ································· 107
8.6.2　仮想仕事の原理 ································· 108
8.6.3　質点系への適用 ································· 110
8.6.4　剛体への適用 ································· 112
8.7　ダランベールの原理 ································· 114
8.7.1　ダランベールの原理 ································· 114
8.7.2　質点系への適用 ································· 116
8.7.3　剛体への適用 ································· 119
演習問題 ································· 120

第 9 章　マルチボディシステムの運動方程式 —— 122

9.1　一般化力 ································· 122
9.2　一般化外力 ································· 124
9.2.1　重　力 ································· 124
9.2.2　並進ばね，ダンパ，アクチュエータ ································· 125
9.2.3　回転ばね，ダンパ，アクチュエータ ································· 127
9.3　一般化拘束力 ································· 128
9.4　剛体の一般的な運動方程式 ································· 131
9.5　マルチボディシステムの運動方程式 ································· 136
演習問題 ································· 143

第 10 章　マルチボディシステムの動力学解析 —— 144

10.1　動力学解析 ································· 144

10.2 順動力学 …… 145
10.2.1 拡大法 …… 145
10.2.2 消去法 …… 151
10.3 順動力学解析のプログラム …… 154
10.3.1 拡大法 …… 154
10.3.2 消去法 …… 159
10.4 逆動力学 …… 162
10.4.1 拡大法 …… 162
10.4.2 消去法 …… 165
10.5 拘束力の計算 …… 167
演習問題 …… 169

第 11 章 動力学解析における数値計算法 —— 172
11.1 運動方程式の時間積分 …… 172
11.2 常微分方程式 …… 172
11.2.1 オイラー法 …… 173
11.2.2 ルンゲ－クッタ法 …… 181
11.3 微分代数方程式 …… 186
11.3.1 一般化 α 法 …… 187
11.3.2 DAE 解法用の汎用プログラム …… 195
演習問題 …… 197

第 12 章 接触・摩擦・衝突 —— 198
12.1 接触問題の解析 …… 198
12.2 接触の運動学 …… 199
12.3 拘束接触法 …… 202
12.3.1 非共形接触条件 …… 202
12.3.2 拘束接触法による運動方程式 …… 204
12.4 弾性接触法 …… 206
12.4.1 接触点の探索 …… 206
12.4.2 接触力の計算 …… 208
12.4.3 弾性接触法における運動方程式 …… 210
12.5 LCP として定式化する手法 …… 212
12.6 運動量保存則に基づく手法 …… 217
演習問題 …… 220

第 IV 部　リカーシブ定式化 221

第 13 章　リカーシブ定式化の基礎 222

13.1　リカーシブ法とは …… 222
13.2　相対座標系における座標変換 …… 224
13.3　相対座標系における運動学 …… 226
13.3.1　ボディ座標系で表した位置・速度・加速度 …… 226
13.3.2　隣接するボディ間の運動学 …… 227
13.4　相対座標系における剛体の一般的な運動方程式 …… 230
13.4.1　外力による仮想仕事 …… 231
13.4.2　拘束力による仮想仕事 …… 232
13.4.3　慣性力による仮想仕事 …… 232
13.4.4　運動方程式 …… 233
13.4.5　ジョイントにおける拘束力と駆動力 …… 235
13.5　リカーシブ法における数値計算法 …… 237
13.5.1　逆順ガウスの消去法 …… 237
13.5.2　アルゴリズムと計算量 …… 239
演習問題 …… 242

第 14 章　リカーシブ動力学計算法 245

14.1　相対座標系における最小次元運動方程式 …… 245
14.2　逆動力学 …… 249
14.2.1　リカーシブ・ニュートン－オイラー法 …… 249
14.3　順動力学 …… 252
14.3.1　単位ベクトル法 …… 252
14.3.2　$O(N^2)$ アルゴリズム …… 253
14.3.3　$O(N)$ アルゴリズム …… 257
14.4　計算量の評価 …… 260
14.4.1　逆動力学計算 …… 260
14.4.2　順動力学計算 …… 261
演習問題 …… 262

演習問題の解答 263

参考文献 274

索　引 275

第Ⅰ部　序論

第1章 マルチボディダイナミクス概論

本章では，マルチボディダイナミクスについて概観する．まず，マルチボディダイナミクスの産業界における役割，力学の歴史・理論体系の中における位置付けについて述べる．その後，マルチボディシステムの基本的な構成要素やボディの接続構造による分類について説明し，解析の種類および定式化の方法について簡単にまとめる．最後に本書の構成と学び方について説明する．

1.1 マルチボディダイナミクスとは

自動車，鉄道車両，ロボット，産業機械，航空宇宙機など，多くの機械システムは複数の部品が複雑に結合されることにより構成されている．このような力学系を**マルチボディシステム** (multibody system: MBS) とよぶ．**マルチボディダイナミクス** (multibody dynamics: MBD) とは，マルチボディシステムがどのような運動をするのか，運動の過程でどのような力が発生するのか，などを計算するための動力学計算理論およびシミュレーション技術に関する学問である．マルチボディダイナミクスは近年のコンピュータ性能の飛躍的な向上とあいまって急速に発展し，ADAMS や HyperWorks・MotionSolve，SIMPACK，RecurDyn などの各種の汎用マルチボディダイナミクスコードも開発され，現在では有限要素法と並ぶ CAE ツールとしてその地位を確立しつつある．図 1.1, 1.2 にそれらのコードによる解析例を示す．産業界でも製品の設計・解析・評価に必要不可欠な技術になってきており，今後，実務で

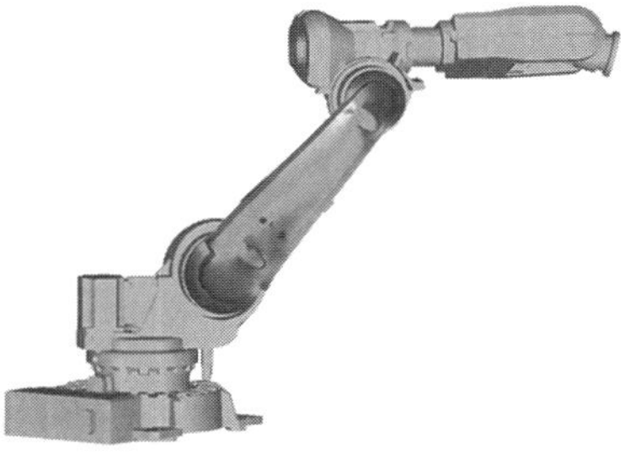

図 1.1 HyperWorks・MotionSolve による解析例（Altair Engineering, Inc. 提供）

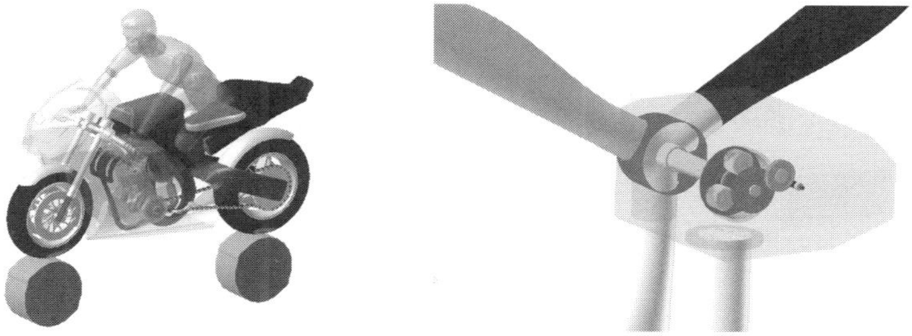

図 1.2 RecurDyn による解析例（FunctionBay K.K. 提供）

マルチボディダイナミクス解析を行う技術者はますます増えていくと予想される．洗練された汎用プログラムの普及が進むと，その操作方法を学べば中身については知らなくても一応の解析を行うことは可能である．しかし，マルチボディダイナミクスの理解が不十分なまま，このようなソフトウェアを盲目的に利用することは危険であり，マルチボディダイナミクス解析を実際の設計開発や問題解決に有効に活用するためには，その理論的背景を正しく理解しておく必要がある．

マルチボディダイナミクスの理論は古典力学の延長線上にある．古典力学の礎は，ガリレオ (Galileo Galilei, 1564〜1642)，ニュートン (Sir Isaac Newton, 1642〜1727)，オイラー (Leonhard Euler, 1707〜1783)，ダランベール (Jean Le Rond d'Alembert, 1717〜1783)，ラグランジュ (Joseph Louis Lagrange, 1736〜1813) らによって築かれた．動力学 (dynamics) の理論は，図 1.3 に示すように運動学，質点の動力学，質点系の動力学，剛体の動力学，剛体系の動力学というように発展・体系化されてきた．運動学 (kinematics) は動力学の一分野であるが，運動の原因となる力についてはふれずに物体の運動を研究する学問である．すなわち，どのように座標系を設定すればうまく運動を記述できるか，設定した座標系で速度や加速度がどのように表されるかなど，主に運動の記述法について議論する．続く，質点の動力学では，質点に働く力の作用とその結果生じる運動の関係について研究する．ここで，質点は質量はもって

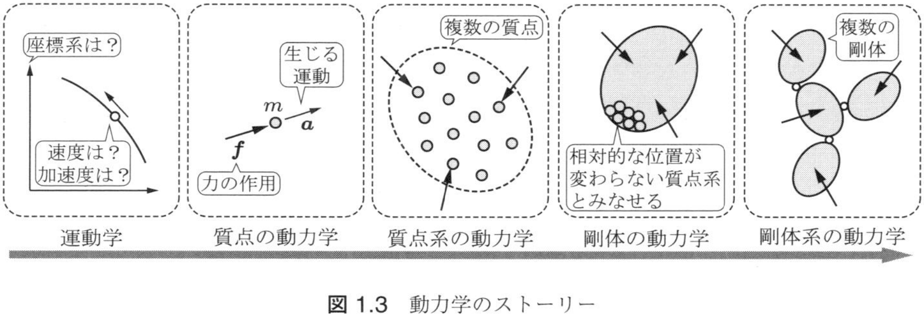

図 1.3 動力学のストーリー

いるが大きさのない点である．その後，質点の動力学の理論がいくつかの質点から構成される質点系に適用され，さらに剛体の動力学へと展開されていく．剛体はまったく変形しない物体であるが，細かく分割すると相対的な位置が変わらない質点系とみなすことができるため，質点系の動力学の理論が適用できる．そして，複数の剛体が結合された剛体系がマルチボディシステムであり，剛体系の動力学がマルチボディダイナミクスの基礎となっている．ただし，ダランベールやラグランジュらによって考えられた拘束多体系の力学のみでは，複雑な実問題を解析するには不十分であり，1960 年代以前には大規模な機械システムの動力学解析は不可能であった．その後，1960 年代半ば以降に人工衛星や航空宇宙機，ロボットの開発等に関連して複雑な機械システムの動力学解析の必要性が高まり，そのころパワフルなコンピュータも出現した．そこで，複雑な機械システムの運動学関係式や運動方程式をシステマティックに導出し，それをコンピュータを用いた数値計算によって高精度に解いて，システムに生じる運動や発生する力など設計開発に有益な情報を効率的に引き出せるように整備した新しい動力学理論がマルチボディダイナミクスとして発展した．つまり，マルチボディダイナミクスは，コンピュータの利用を前提に古典力学を実用的に再定式化したものである．本書では，基礎となる運動学，質点・質点系・剛体の動力学について振り返りつつ，それらから剛体系の運動学および剛体系の動力学（マルチボディダイナミクス）への理論展開を特に丁寧に説明する．ただし，簡単のために，本書では全般にわたって議論を平面問題に限定する．

以上のように，マルチボディダイナミクスは古典力学の流れを汲む本筋の正統な学問であり，数値計算法やコンピュータ科学とも深く関連していて非常に魅力的な分野である．また，産業界からはものづくりの高度化・高効率化に有用なものとして期待されており，ソフトウェアとしての市場もあるため，応用上も非常に重要な分野である．

1.2　マルチボディシステムの構成

マルチボディシステムの例を図 1.4 に示す．マルチボディシステムを構成する基本的な要素としては以下のようなものがある（図 1.5）．

- **ボディ** (body) …機構を構成する部品．まったく変形しないと仮定する剛体ボディ (rigid body) と，弾性変形を許容する柔軟ボディ (flexible body) とがある．本書では，簡単のために剛体ボディのみについて考える．
- **ジョイント** (joint) …二つのボディを結合し，その相対自由度を拘束する要素．回転ジョイント，直動ジョイント，距離拘束，歯車，カム・フォロワなどがあ

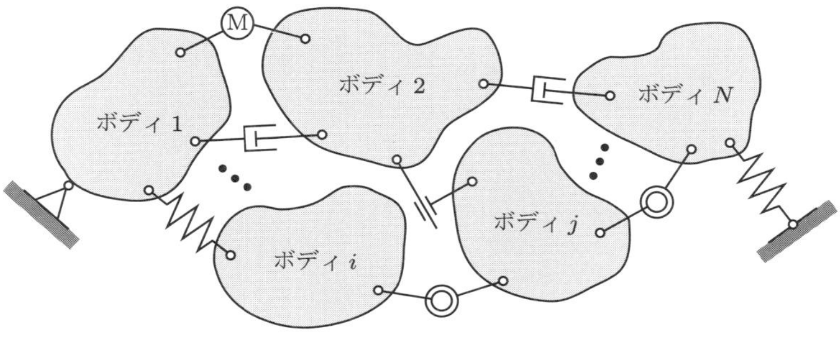

図 1.4　マルチボディシステムの例

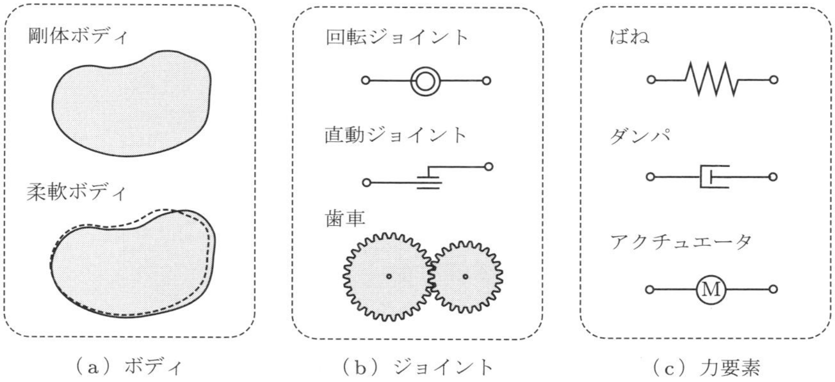

図 1.5　構成要素の例

る．たとえば，回転ジョイントは回転軸まわりの回転のみを許し，並進運動は許容しない．

- **力要素** (force element) …ボディに取り付けられて受動的な力を発生するばねやダンパ，機構に動きを作り出す駆動力を発生するアクチュエータなど，力やトルクを発生する要素．マルチボディダイナミクスでは，接触や衝突，摩擦なども力要素とみなす．

マルチボディシステムは，ボディの接続構造（トポロジー）により以下のように分類される（図 1.6）．

- **直鎖構造** (serial chain) …根元から先端まで，ボディが直列に結合されていて途中に枝分かれが存在しない構造．
- **木構造** (tree structure) …ボディが直列に結合されているが，途中で枝分かれが存在し，三つ以上の末端ボディをもつ構造．
- **閉ループ構造** (closed loop) …あるボディから順に隣接するボディをたどること

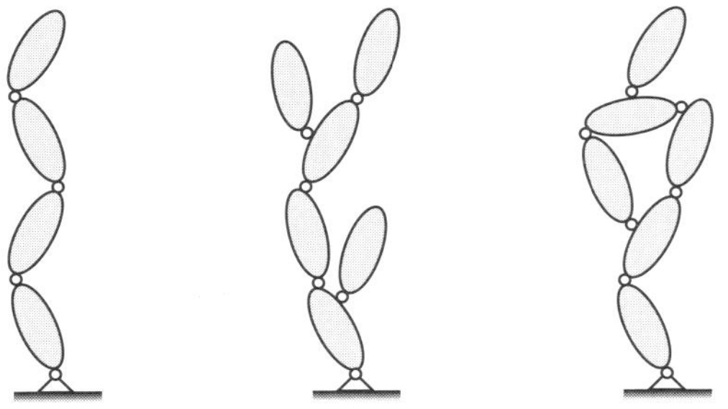

（a）直鎖構造　（b）木構造　（c）閉ループ構造

図 1.6　マルチボディシステムの構造

によって，元のボディに戻るような経路を少なくとも一つもつ構造.

閉ループ構造に対して，直鎖構造と木構造をまとめて**開ループ構造**（open loop）とよぶこともある.

1.3　解析の種類

マルチボディダイナミクスにおける解析は，運動学解析と動力学解析に大別される.

- **運動学解析** (kinematic analysis) …運動の原因となる力についてはふれずに機構の運動を解析する．機構がアクチュエータにより駆動されたとき，運動学的拘束条件から各時刻における機構の位置，速度，加速度を求める問題である．この場合は純粋な幾何学の問題となり，運動方程式を利用する必要はない.
- **動力学解析** (dynamic analysis) …機構に働く力の作用とその結果によって生じる運動の関係を解析する．**順動力学解析** (forward dynamic analysis) と**逆動力学解析** (inverse dynamic analysis) がある．順動力学は，機構がモータなどのアクチュエータにより駆動されたとき，機構に生じる運動を求める問題である．逆動力学は，機構が指定された運動を実現するために必要なアクチュエータの駆動力を求める問題である．いずれも運動方程式に基づいて計算を行う必要がある.

例として，図 1.7 のようなスライダ・クランク機構について考える．この機構の自由度は 1 であるので，たとえばボディ 1 を点 O まわりに回転角が $\theta(t)$ となるように動かすとすれば，各時刻において機構の運動を幾何学的に決定することができる．これは運動学解析である．一方，アクチュエータでボディ 1 に対して点 O まわりに $\tau(t)$ というトルクを印加したときに機構がどのような運動をするかを求めるためには，運動方程式を構築してそれを解く必要がある．これは，順動力学解析である．さ

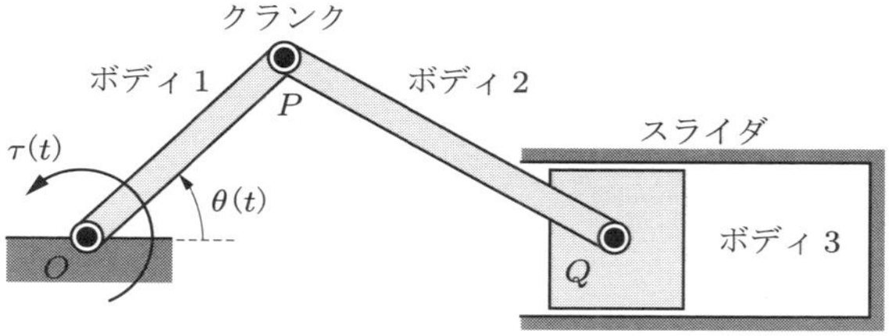

図 1.7 スライダ・クランク機構

らに，機構の制約を満たしながらボディ 1 を点 O まわりに $\theta(t)$ という回転角で動かすためには，ボディ 1 にどのようなトルク $\tau(t)$ を印加しなければならないかを計算する場合も運動方程式を利用する必要がある．これは逆動力学解析である．

1.4 座標系と定式化の方法

マルチボディダイナミクスでは，解析を行う際に，通常以下に説明するような複数の座標系を設定して利用する（図 1.8）．

- **絶対座標系**…空間に対して固定された解析の基準となる座標系である．一般に一つの解析に対して一つのみ定義する．本書では絶対座標系を Σ_0 と表す．
- **ボディ座標系**…各ボディに固定された座標系であり，ボディの並進・回転にあわせて一緒に移動・回転する．ボディの重心に定義されることが多いが，それ以外の点に設置される場合もある．本書ではボディ i に固定されたボディ座標系を Σ_i と表す．
- **マーカー**…ジョイント定義点や運動を観察したい点，力を計測したい点などに便宜上座標系を設定する場合がある．汎用ソフトウェアではこのような座標系

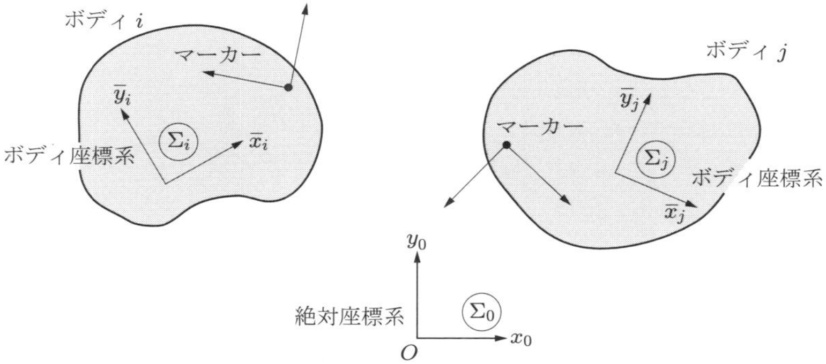

図 1.8 さまざまな座標系

をマーカーとよんでいる．

マルチボディダイナミクスにおける定式化の方法は以下の二つに大別される．

- **絶対座標による定式化**…絶対座標系からみた各ボディの位置・姿勢を用いて拘束条件式や運動方程式を構築する方法である（図 1.9）．マルチボディシステムのトポロジーによらず同一の方法によって定式化が可能であり，汎用性が高いという長所があるが，自由度よりも多くの座標を用いて冗長な表現にするため，次元が大きくなり，解析に要する時間が長くなるという短所がある．ADAMS や HyperWorks・MotionSolve では，絶対座標による定式化が採用されている．

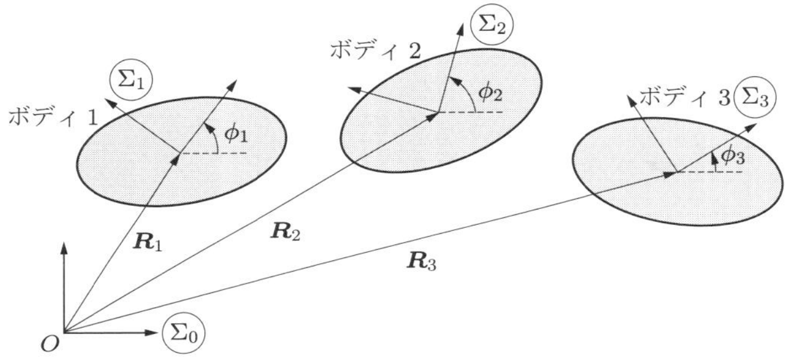

図 1.9　絶対座標による定式化

- **相対座標による定式化**…ジョイントによる拘束を考慮して，隣接するボディ間の運動を相対座標によって記述する方法である（図 1.10）．自由度と同数の最小次元の運動方程式が得られ，さらにリカーシブ定式化と組み合わせることで高速計算が実現可能であるという長所を有するが，閉ループ構造の場合は特殊な処理が必要になるなどの短所がある．SIMPACK や RecurDyn では相対座標による定式化が用いられている．

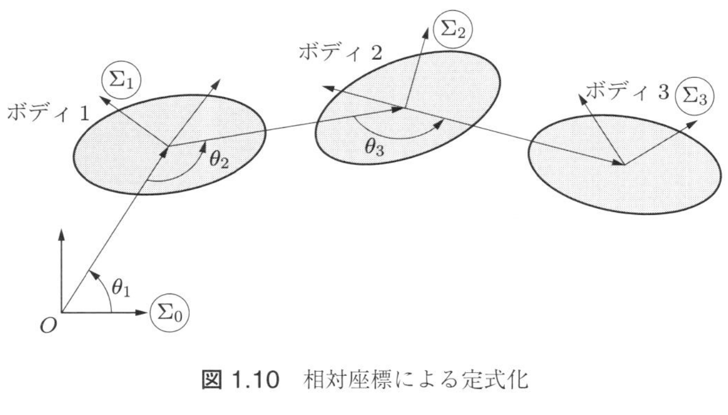

図 1.10　相対座標による定式化

1.5　本書の構成と学び方

本書は全 4 部 14 章で構成されている．

第 I 部は序論であり，第 1 章では，マルチボディダイナミクスの概要や解析のタイプ，定式化の方法等について述べた．第 2 章では，マルチボディダイナミクスを学ぶ際に必要になる数学的基礎を簡潔にまとめるとともに，本書における記号表記の定義についても説明する．

第 II 部は運動学解析について述べている．第 3 章では，ボディ上の任意点の位置，速度，加速度の計算方法について説明し，第 4 章では，各種ジョイントによる運動学的拘束条件を定式化する．第 5 章では，全拘束条件からマルチボディシステムの位置，速度，加速度を計算する一般的な方法について説明する．第 6 章では，運動学解析を実際に行って数値解を得るために必要となる各種の数値計算法について述べる．第 7 章では，運動学解析を行う際に必要になるヤコビ行列や速度・加速度方程式の右辺ベクトルをジョイントタイプごとに整理し，ライブラリ化する．

第 III 部は動力学解析について説明している．第 8 章では，質点・質点系・剛体の動力学，および仮想仕事の原理やダランベールの原理などについて復習し，第 9 章では，マルチボディシステムの一般的な運動方程式を導出する．第 10 章では，運動方程式と拘束条件式からシステムに生じる運動や力を求めるための解析手法について説明する．第 11 章では，動力学解析を実際に行って数値解を得るために必要となる各種の数値計算法について述べる．第 12 章では，マルチボディダイナミクスにおける接触・摩擦・衝突の取り扱いについて説明する．

第 IV 部はリカーシブ定式化について説明している．第 13 章では，リカーシブ定式化に必要な相対座標系における座標変換や運動学関係式，および運動方程式について述べる．第 14 章では，各種のリカーシブ動力学計算法について，その基本的な考え方や具体的な計算アルゴリズムを説明するとともに，計算量についても評価する．

なお，第 II 部と第 III 部の内容はおおよそ ADAMS や HyperWorks・MotionSolve のアルゴリズムに対応しており，第 IV 部の内容は SIMPACK や RecurDyn で用いられているアルゴリズムの基礎的な説明になっている．

本書はレベルや目的に応じて多様な読者に対応できるように構成されている．本書の流れを図 1.11 に示す．マルチボディダイナミクスがどのようなものかを短時間でさっと学びたい人は，第 1 章から第 5 章と，第 8 章から第 10 章のみに目を通せばよい．それに加えて，第 6 章および第 11 章で各種の数値計算法についても学ぶことで，マルチボディダイナミクスの数値解析的な側面まで修得することができる．マルチボディダイナミクスの絶対座標による定式化と相対座標による定式化を対比しながら学

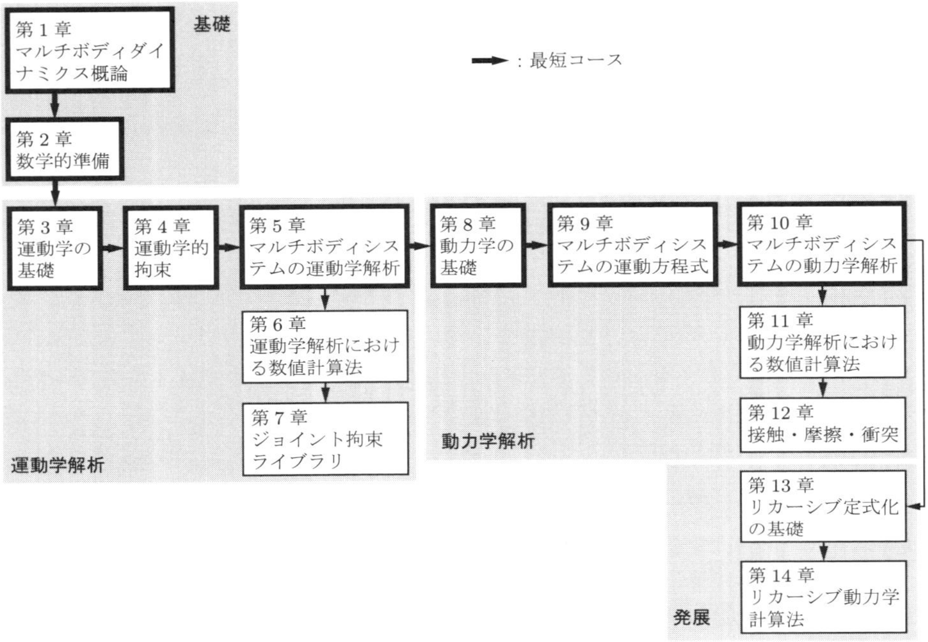

図 1.11　本書の流れ

びたい人は，第 1 章から第 5 章，第 8 章から第 10 章，および第 13 章と第 14 章を読む．さらに，マルチボディダイナミクスの基礎をきちんと修得したい人は，第 1 章から第 14 章まで残らず読んでいただきたい．なお，第 2 章は数学的基礎であるが，本書の全般にわたって用いている記号表記の定義も兼ねているため，数学に自信がある人もざっと目を通してほしい．

第2章 数学的準備

マルチボディダイナミクスでは，複数の座標系を定義して，ボディの運動やボディ間の拘束条件を記述するが，その際に行列やベクトルの演算を多用する．前述のとおり，本書では2次元平面運動に限定して解説をする．そこで本章では，平面マルチボディダイナミクスを理解するために必要な行列とベクトルの演算，および座標変換の基礎をまとめる．幾何ベクトルと代数ベクトルの違い，3次元ベクトルに対して定義される外積を2次元的に計算する方法等について説明する．本書を通じて用いる数学的表記や記号の定義も兼ねているため，数学に自信がある読者も一読していただきたい．

2.1 行　列

2.1.1 行列の定義

いくつかの数や記号を長方形状に並べたものを**行列** (matrix) という．m 行 n 列の行列は，$m \times n$ 次元行列とよばれ，次のように表される．

$$\boldsymbol{A} = \begin{bmatrix} a_{11} & a_{12} & \cdots & a_{1n} \\ a_{21} & a_{22} & \cdots & a_{2n} \\ \vdots & \vdots & & \vdots \\ a_{m1} & a_{m2} & \cdots & a_{mn} \end{bmatrix} \tag{2.1}$$

第 i 行と第 j 列の交点の位置にある成分を a_{ij} と表す．行列の次元が重要でないとき，この行列を $\boldsymbol{A} = [a_{ij}]$ のように略記することもある．

行数と列数が等しい行列は**正方行列** (square matrix) とよばれる．

$$\boldsymbol{A} = \begin{bmatrix} a_{11} & a_{12} & \cdots & a_{1n} \\ a_{21} & a_{22} & \cdots & a_{2n} \\ \vdots & \vdots & \ddots & \vdots \\ a_{n1} & a_{n2} & \cdots & a_{nn} \end{bmatrix} \tag{2.2}$$

正方行列において，左上から右下に至る対角線上の成分 $a_{11}, a_{22}, \ldots, a_{nn}$ を $\boldsymbol{A}$ の**対角成分** (diagonal element) という．

対角成分より下の成分がすべて0である正方行列を**上三角行列** (upper triangular

matrix) という．

$$\boldsymbol{A} = \begin{bmatrix} a_{11} & a_{12} & \cdots & \cdots & a_{1n} \\ 0 & a_{22} & \cdots & \cdots & a_{2n} \\ 0 & 0 & a_{33} & \cdots & a_{3n} \\ \vdots & \vdots & \ddots & \ddots & \vdots \\ 0 & 0 & \cdots & 0 & a_{nn} \end{bmatrix} \tag{2.3}$$

特に，対角成分がすべて 1 である上三角行列を**単位上三角行列** (unit upper triangular matrix) という．**下三角行列** (lower triangular matrix) および**単位下三角行列** (unit lower triangular matrix) も同様に定義される．

対角成分以外がすべて 0 である行列を**対角行列** (diagonal matrix) という．

$$\boldsymbol{A} = \begin{bmatrix} a_{11} & 0 & 0 & \cdots & 0 \\ 0 & a_{22} & 0 & \cdots & 0 \\ 0 & 0 & a_{33} & \ddots & \vdots \\ \vdots & \vdots & \ddots & \ddots & 0 \\ 0 & 0 & \cdots & 0 & a_{nn} \end{bmatrix} \tag{2.4}$$

上の行列を $\boldsymbol{A} = \mathrm{diag}[a_{11} \quad a_{22} \quad \cdots \quad a_{nn}]$ のように略記することもある．

対角成分がすべて 1 である対角行列を**単位行列** (unit matrix) といい，$\boldsymbol{E}$ で表す．また，すべての成分が 0 である行列を**零行列** (zero matrix) といい，$\boldsymbol{0}$ で表す．単位行列および零行列を具体的に表すと，次のようになる．

$$\boldsymbol{E} = \begin{bmatrix} 1 & 0 & 0 & \cdots & 0 \\ 0 & 1 & 0 & \cdots & 0 \\ 0 & 0 & 1 & \ddots & \vdots \\ \vdots & \vdots & \ddots & \ddots & 0 \\ 0 & 0 & \cdots & 0 & 1 \end{bmatrix}, \quad \boldsymbol{0} = \begin{bmatrix} 0 & 0 & \cdots & \cdots & 0 \\ 0 & 0 & \cdots & \cdots & 0 \\ \vdots & \vdots & & & \vdots \\ \vdots & \vdots & & & \vdots \\ 0 & 0 & \cdots & \cdots & 0 \end{bmatrix} \tag{2.5}$$

$m \times n$ 次元行列 $\boldsymbol{A}$ の行と列を入れ替えてできる $n \times m$ 次元行列を**転置行列** (transpose matrix) といい，$\boldsymbol{A}^T$ で表す．

$$\boldsymbol{A}^T = \begin{bmatrix} a_{11} & a_{21} & \cdots & a_{m1} \\ a_{12} & a_{22} & \cdots & a_{m2} \\ \vdots & \vdots & & \vdots \\ a_{1n} & a_{2n} & \cdots & a_{mn} \end{bmatrix} \tag{2.6}$$

正方行列 $\boldsymbol{A}$ の転置行列 $\boldsymbol{A}^T$ が $\boldsymbol{A}$ 自身に等しいとき，すなわち

$$A^T = A \tag{2.7}$$

を満たすとき，$\boldsymbol{A}$ を**対称行列** (symmetric matrix) という．

一方，正方行列 $\boldsymbol{A}$ の転置行列 $\boldsymbol{A}^T$ が $-\boldsymbol{A}$ に等しいとき，すなわち

$$\boldsymbol{A}^T = -\boldsymbol{A} \tag{2.8}$$

を満たすとき，$\boldsymbol{A}$ を**歪対称行列** (skew-symmetric matrix) という．

次のように，いくつかの小行列 $\boldsymbol{A}_{ij}$ に区分けされた行列を**ブロック行列** (block matrix) とよぶ．

$$\boldsymbol{A} = \begin{bmatrix} \boldsymbol{A}_{11} & \boldsymbol{A}_{12} & \cdots & \boldsymbol{A}_{1n} \\ \boldsymbol{A}_{21} & \boldsymbol{A}_{22} & \cdots & \boldsymbol{A}_{2n} \\ \vdots & \vdots & & \vdots \\ \boldsymbol{A}_{m1} & \boldsymbol{A}_{m2} & \cdots & \boldsymbol{A}_{mn} \end{bmatrix} \tag{2.9}$$

ただし，同じ行にあるブロックの行数は等しくなければならず，同じ列にあるブロックの列数は等しくなければならない．特に正方行列 $\boldsymbol{B}_i$ $(i = 1, \ldots, n)$ が次のように対角線上に配置されたとき，**ブロック対角行列** (block diagonal matrix) とよぶ．

$$\boldsymbol{A} = \begin{bmatrix} \boldsymbol{B}_1 & \boldsymbol{0} & \boldsymbol{0} & \cdots & \boldsymbol{0} \\ \boldsymbol{0} & \boldsymbol{B}_2 & \boldsymbol{0} & \cdots & \boldsymbol{0} \\ \boldsymbol{0} & \boldsymbol{0} & \boldsymbol{B}_3 & \ddots & \vdots \\ \vdots & \vdots & \ddots & \ddots & \boldsymbol{0} \\ \boldsymbol{0} & \boldsymbol{0} & \cdots & \boldsymbol{0} & \boldsymbol{B}_n \end{bmatrix} \tag{2.10}$$

上の行列を，$\boldsymbol{A} = \mathrm{Diag}[\boldsymbol{B}_1 \;\; \boldsymbol{B}_2 \;\; \cdots \;\; \boldsymbol{B}_n]$ のように略記することもある．

2.1.2 行列の演算

行数，列数が，それぞれ等しい二つの行列は，同じ**型**であるという．二つの行列 $\boldsymbol{A} = [a_{ij}]$, $\boldsymbol{B} = [b_{ij}]$ が同じ型であって，どの i, j についても $a_{ij} = b_{ij}$ であるとき，行列 $\boldsymbol{A}$ と行列 $\boldsymbol{B}$ は**等しい**といい，$\boldsymbol{A} = \boldsymbol{B}$ と書く．行列 $\boldsymbol{A}$ と行列 $\boldsymbol{B}$ が同じ型であるとき，それらの和と差は次のように定義することができる．

$$\boldsymbol{C} = \boldsymbol{A} \pm \boldsymbol{B} = [a_{ij} \pm b_{ij}] \tag{2.11}$$

計算結果の行列 $\boldsymbol{C} = [c_{ij}]$ も，当然 $\boldsymbol{A}$, $\boldsymbol{B}$ と同じ型になる．

一方，$\boldsymbol{A}$ の列数と $\boldsymbol{B}$ の行数が等しいとき，行列の積を定義することができる．$\boldsymbol{A}$ が $m \times n$ 次元，$\boldsymbol{B}$ が $n \times l$ 次元の行列のとき，それらの積は

$$\boldsymbol{C} = \boldsymbol{A}\boldsymbol{B} = \left[\sum_{k=1}^{n} a_{ik} b_{kj} \right] \tag{2.12}$$

となり，計算結果の行列 $\boldsymbol{C}$ は $m \times l$ 次元となる．一般に $\boldsymbol{BA} \neq \boldsymbol{AB}$ であることに注意する必要がある．また，行列 $\boldsymbol{A}$ とスカラー α の積は次のように定義できる．

$$\boldsymbol{C} = \alpha\boldsymbol{A} = [\alpha a_{ij}] \tag{2.13}$$

和，差，積が定義できる適切な型の行列 $\boldsymbol{A}, \boldsymbol{B}, \boldsymbol{C}$ について，次の公式が成り立つ．

$$(\boldsymbol{A}+\boldsymbol{B})+\boldsymbol{C} = \boldsymbol{A}+(\boldsymbol{B}+\boldsymbol{C}) \tag{2.14}$$

$$\boldsymbol{A}+\boldsymbol{B} = \boldsymbol{B}+\boldsymbol{A} \tag{2.15}$$

$$(\boldsymbol{A}+\boldsymbol{B})\boldsymbol{C} = \boldsymbol{AC}+\boldsymbol{BC} \tag{2.16}$$

$$(\boldsymbol{AB})\boldsymbol{C} = \boldsymbol{A}(\boldsymbol{BC}) \tag{2.17}$$

$$(\boldsymbol{A}+\boldsymbol{B})^T = \boldsymbol{A}^T+\boldsymbol{B}^T \tag{2.18}$$

$$(\boldsymbol{AB})^T = \boldsymbol{B}^T\boldsymbol{A}^T \tag{2.19}$$

正方行列 $\boldsymbol{A}$ に対して，次のように計算されるスカラー量を，行列 $\boldsymbol{A}$ の**行列式** (determinant) といい，$|\boldsymbol{A}|$ または $\det \boldsymbol{A}$ のように表す．

(a) $\boldsymbol{A}$ が 2×2 次元の行列の場合

行列式は，次式により計算することができる．

$$|\boldsymbol{A}| = \begin{vmatrix} a_{11} & a_{12} \\ a_{21} & a_{22} \end{vmatrix} = a_{11}a_{22} - a_{12}a_{21} \tag{2.20}$$

(b) $\boldsymbol{A}$ が $n \times n$ 次元の行列の場合

行列式は，次のいずれかの式により計算することができる．

$$\det \boldsymbol{A} = a_{1j}\tilde{A}_{1j} + a_{2j}\tilde{A}_{2j} + \cdots + a_{nj}\tilde{A}_{nj} \quad (1 \leq j \leq n) \tag{2.21}$$

$$\det \boldsymbol{A} = a_{i1}\tilde{A}_{i1} + a_{i2}\tilde{A}_{i2} + \cdots + a_{in}\tilde{A}_{in} \quad (1 \leq i \leq n) \tag{2.22}$$

ただし，$\tilde{A}_{ij}$ は $\boldsymbol{A}$ の第 i 行と第 j 列を除いて得られる $(n-1) \times (n-1)$ 次元の行列 $\tilde{\boldsymbol{A}}_{ij}$ の行列式に $(-1)^{i+j}$ を掛けたもの，すなわち

$$\tilde{A}_{ij} = (-1)^{i+j}|\tilde{\boldsymbol{A}}_{ij}|$$

であり，$\boldsymbol{A}$ の**余因子** (cofactor) とよばれる．たとえば，3×3 次元の行列を式 (2.21) に従って第1列によって展開すると，次のようになる．

$$\begin{aligned}|\boldsymbol{A}| &= \begin{vmatrix} a_{11} & a_{12} & a_{13} \\ a_{21} & a_{22} & a_{23} \\ a_{31} & a_{32} & a_{33} \end{vmatrix} \\ &= a_{11}\begin{vmatrix} a_{22} & a_{23} \\ a_{32} & a_{33} \end{vmatrix} - a_{21}\begin{vmatrix} a_{12} & a_{13} \\ a_{32} & a_{33} \end{vmatrix} + a_{31}\begin{vmatrix} a_{12} & a_{13} \\ a_{22} & a_{23} \end{vmatrix}\end{aligned} \tag{2.23}$$

式 (2.21) あるいは式 (2.22) を用いることにより，n 次元の行列式を $n-1$ 次元の

行列式に展開することができる．この低次元化を繰り返し適用することによって，最終的には式 (2.20) で計算される 2 次元の行列式に帰着することができる．以上の手順によって，任意の $n \times n$ 次元の行列の行列式を計算することができる．

$|\boldsymbol{A}| \neq 0$ である行列 $\boldsymbol{A}$ を**正則行列** (regular matrix) という．正則行列に対して，

$$\boldsymbol{A}\boldsymbol{A}^{-1} = \boldsymbol{A}^{-1}\boldsymbol{A} = \boldsymbol{E} \tag{2.24}$$

を満足する行列 $\boldsymbol{A}^{-1}$ が存在する．$\boldsymbol{A}^{-1}$ を $\boldsymbol{A}$ の**逆行列** (inverse matrix) という．逆行列について，次の公式が成り立つ．

$$(\boldsymbol{A}^{-1})^{-1} = \boldsymbol{A} \tag{2.25}$$

$$(\boldsymbol{A}^{-1})^{T} = (\boldsymbol{A}^{T})^{-1} = \boldsymbol{A}^{-T} \tag{2.26}$$

$$(\boldsymbol{A}\boldsymbol{B})^{-1} = \boldsymbol{B}^{-1}\boldsymbol{A}^{-1} \tag{2.27}$$

$$(\alpha\boldsymbol{A})^{-1} = \frac{1}{\alpha}\boldsymbol{A}^{-1} \tag{2.28}$$

$$|\boldsymbol{A}^{-1}| = \frac{1}{|\boldsymbol{A}|} \tag{2.29}$$

ただし，α はスカラーである．

正方行列 $\boldsymbol{A}$ の転置行列 $\boldsymbol{A}^T$ が $\boldsymbol{A}$ の逆行列に等しいとき，すなわち

$$\boldsymbol{A}^{T} = \boldsymbol{A}^{-1} \tag{2.30}$$

を満たすとき，$\boldsymbol{A}$ を**直交行列** (orthogonal matrix) という．式 (2.24) に示す逆行列の定義より，直交行列に対しては次の関係が成り立つ．

$$\boldsymbol{A}\boldsymbol{A}^{T} = \boldsymbol{A}^{T}\boldsymbol{A} = \boldsymbol{E} \tag{2.31}$$

上式の関係はマルチボディダイナミクスにおいて多用する．

2.2 ベクトル

2.2.1 幾何ベクトル

大きさと向きをもつ量を**ベクトル** (vector) という．図 2.1 に示すように有向線分 AB の長さをベクトルの大きさに等しくとり，向きをベクトルの向きに一致するようにして，その有向線分でベクトルを表す．このようなベクトルを**幾何ベクトル** (geometric vector) とよぶ．幾何ベクトルは，始点，終点，および向きが与えられると定義することができ，$\overrightarrow{AB}$ あるいは $\vec{a}$ と書く．

ベクトル $\vec{a}$ の大きさを a または $|\vec{a}|$ で表す．ベクトル $\vec{a}$ とスカラー α (> 0) の積は，大きさ αa で $\vec{a}$ と同じ向きのベクトルとして定義される．特に，大きさが 1 のベクトルを**単位ベクトル** (unit vector) とよぶ．単位ベクトルの方向は $a \neq 0$ のとき $(1/a)\vec{a}$ で表される．ベクトル $\vec{a}$ とスカラー α (< 0) の積は，大きさ $|\alpha|a$ で $\vec{a}$ と反

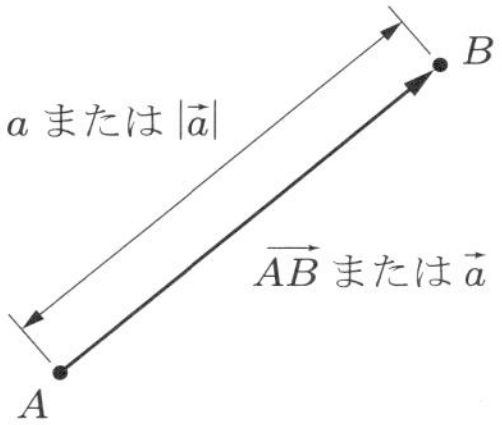

図 2.1　幾何ベクトル

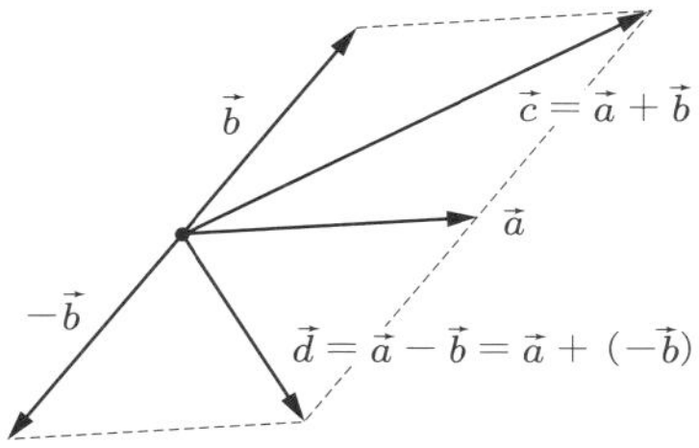

図 2.2　ベクトルの和と差

対向きのベクトルである．負のベクトルはベクトルに -1 を掛けることにより得られる．これは大きさが同じで向きが反対のベクトルである．始点と終点が一致し，大きさが 0 のベクトルを**零ベクトル** (zero vector) といい，$\vec{0}$ で表す．零ベクトルは，向きをもたない特殊なベクトルである．

二つのベクトル $\vec{a}$ と $\vec{b}$ の和 $\vec{c}$ は，図 2.2 に示すように平行四辺形の法則によって定義され，次のように表される．

$$\vec{c} = \vec{a} + \vec{b} \tag{2.32}$$

二つのベクトル $\vec{a}$ と $\vec{b}$ の差 $\vec{d}$ も，$\vec{a}$ と $-\vec{b}$ の和として同図に示すように定義される．ベクトルの和，ベクトルとスカラーの積について，次の関係が成り立つ．

$$\vec{a} + \vec{b} = \vec{b} + \vec{a} \tag{2.33}$$

$$(\alpha + \beta)\vec{a} = \alpha\vec{a} + \beta\vec{a} \tag{2.34}$$

ここで，α, β はスカラーである．

2.2.2　代数ベクトル

ベクトルを表すのに，直交座標系がよく用いられる．ベクトル $\vec{a}$ は，図 2.3 に示すように直交座標系の x 軸，y 軸に沿った成分 a_x と a_y に分解できる．x 軸，y 軸方向の単位ベクトルを $\vec{i}, \vec{j}$ とすると，ベクトル $\vec{a}$ は次のように表すことができる．

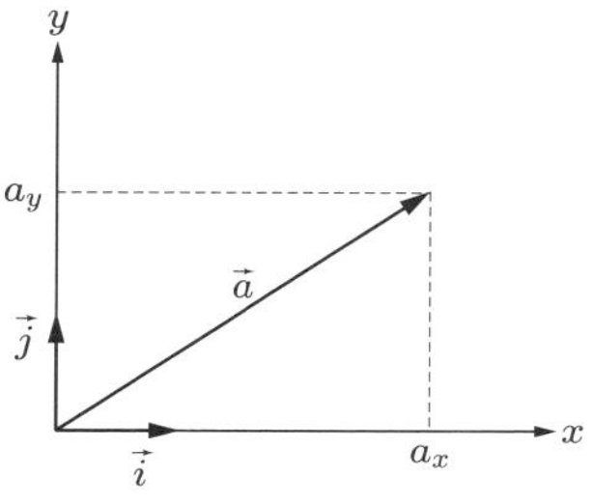

図 2.3　代数ベクトル

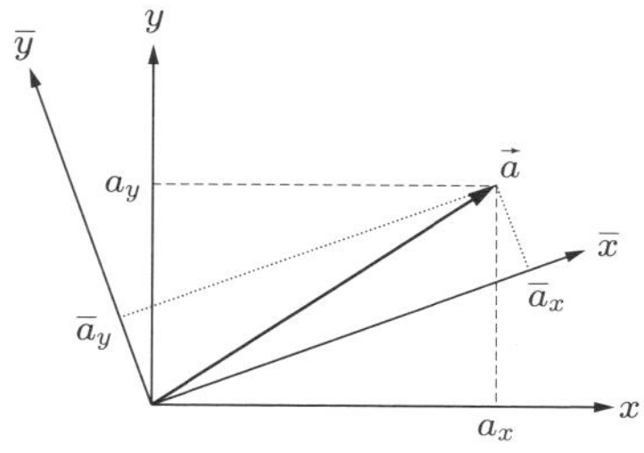

図 2.4　異なる座標系による代数表現

$$\vec{a} = a_x\vec{i} + a_y\vec{j} \tag{2.35}$$

ベクトル $\vec{a}$ は直交座標系の成分を用いて，代数的に次のように表せる．

$$\boldsymbol{a} = \begin{bmatrix} a_x \\ a_y \end{bmatrix} = [a_x \quad a_y]^T \tag{2.36}$$

このように，直交座標系の成分によって表現したベクトルを**代数ベクトル** (algebraic vector) とよぶ．幾何ベクトルと代数ベクトルは一対一の対応があるため，両者を区別する必要はない．ただし，異なる直交座標系を用いると，図 2.4 に示すように同一の幾何ベクトルであってもその代数ベクトル表現が変わることに注意する必要がある．マルチボディダイナミクスでは，複数の座標系を用いるため，各ベクトルをどの座標系によって成分表示しているのかを常に明確にしておく必要がある．このことは，非常に重要であるため，2.4 節の座標変換のところでさらに詳しく述べる．

ベクトル $\vec{a}, \vec{b}$ の和 $\vec{c}$ は，成分を使うと次のように書ける．

$$\vec{c} = \vec{a} + \vec{b} = (a_x + b_x)\vec{i} + (a_y + b_y)\vec{j} \equiv c_x\vec{i} + c_y\vec{j} \tag{2.37}$$

これらの三つのベクトル $\vec{a}, \vec{b}, \vec{c}$ がそれぞれ代数的に $\boldsymbol{a} = [a_x \quad a_y]^T$, $\boldsymbol{b} = [b_x \quad b_y]^T$, $\boldsymbol{c} = [c_x \quad c_y]^T$ のように表現できるとき，式 (2.37) は次のように代数的に表すことができる．

$$\boldsymbol{c} = \boldsymbol{a} + \boldsymbol{b} \tag{2.38}$$

代数ベクトルは 3 次元以上に拡張することが可能である．たとえば，三つの 2 次元ベクトル $\boldsymbol{a} = [a_x \quad a_y]^T$, $\boldsymbol{b} = [b_x \quad b_y]^T$, $\boldsymbol{c} = [c_x \quad c_y]^T$ を結合して，次のような 6 次元ベクトル $\boldsymbol{d}$ を定義することができる．

$$\boldsymbol{d} = [a_x \quad a_y \quad b_x \quad b_y \quad c_x \quad c_y]^T = [\boldsymbol{a}^T \quad \boldsymbol{b}^T \quad \boldsymbol{c}^T]^T \tag{2.39}$$

本書ではこれ以降，主に代数ベクトルを用いる．単位ベクトルや零ベクトルも，$\boldsymbol{i} = [1 \quad 0]^T$, $\boldsymbol{j} = [0 \quad 1]^T$, $\boldsymbol{0} = [0 \quad 0]^T$ のように代数的に表現する．

2.2.3 ベクトルの演算

ベクトルの演算として，内積と外積が特に重要である．

図 2.5 に示すように，ベクトル $\boldsymbol{a}$ からベクトル $\boldsymbol{b}$ への角度を反時計回りを正とし，θ と表す．これらの二つのベクトル $\boldsymbol{a}, \boldsymbol{b}$ の**内積** (inner product, dot product, scalar product) は次のように定義され，演算結果はスカラーになる．

$$\boldsymbol{a} \cdot \boldsymbol{b} = ab\cos\theta \tag{2.40}$$

ただし，$a = |\vec{a}| = |\boldsymbol{a}|$, $b = |\vec{b}| = |\boldsymbol{b}|$ である．ベクトルがゼロでなければ，すなわち $a \neq 0, b \neq 0$ ならば，$\cos\theta = 0$ のときに限って内積はゼロになる．したがって，ゼロでない二つのベクトルの内積がゼロならば，二つのベクトルは直交している．また，

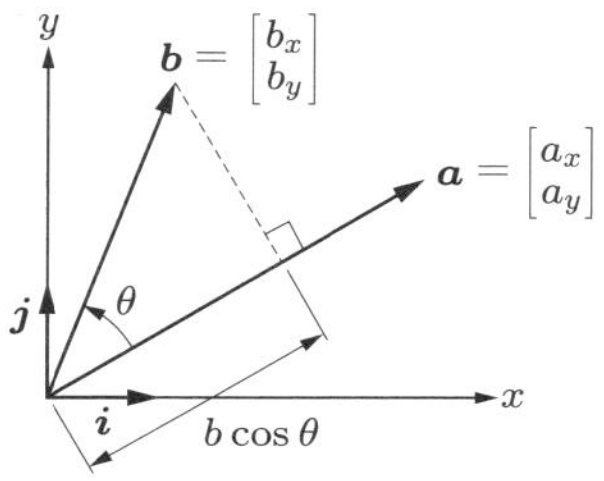

図 2.5　ベクトルの内積

定義より，明らかに次式が成り立つ．

$$\boldsymbol{a}\cdot\boldsymbol{b} = \boldsymbol{b}\cdot\boldsymbol{a} \tag{2.41}$$

内積の定義から，直交座標系の各軸方向の単位ベクトル $\boldsymbol{i} = [1\quad 0]^T$, $\boldsymbol{j} = [0\quad 1]^T$ に関して次式が成り立つ．

$$\boldsymbol{i}\cdot\boldsymbol{j} = 0, \quad \boldsymbol{j}\cdot\boldsymbol{i} = 0 \tag{2.42}$$

$$\boldsymbol{i}\cdot\boldsymbol{i} = 1, \quad \boldsymbol{j}\cdot\boldsymbol{j} = 1 \tag{2.43}$$

これより，二つのベクトルの内積は，成分を用いて次のように代数的に表せる．

$$\begin{aligned}\boldsymbol{a}\cdot\boldsymbol{b} &= (a_x\boldsymbol{i} + a_y\boldsymbol{j})\cdot(b_x\boldsymbol{i} + b_y\boldsymbol{j}) \\ &= a_xb_x\boldsymbol{i}\cdot\boldsymbol{i} + a_xb_y\boldsymbol{i}\cdot\boldsymbol{j} + a_yb_x\boldsymbol{j}\cdot\boldsymbol{i} + a_yb_y\boldsymbol{j}\cdot\boldsymbol{j} \\ &= a_xb_x + a_yb_y = [a_x\quad a_y]\begin{bmatrix} b_x \\ b_y \end{bmatrix} = \boldsymbol{a}^T\boldsymbol{b}\end{aligned} \tag{2.44}$$

ベクトルの大きさは内積を用いて次のように計算できる．

$$|\boldsymbol{a}| = \sqrt{\boldsymbol{a}\cdot\boldsymbol{a}} = (\boldsymbol{a}^T\boldsymbol{a})^{1/2} \tag{2.45}$$

一方，ベクトルの**外積** (outer product, cross product, vector product) は二つの3次元ベクトルに対して定義され，演算結果はベクトルとなる．すなわち，外積 $\boldsymbol{a}\times\boldsymbol{b}$ は，大きさが二つのベクトル $\boldsymbol{a}$ と $\boldsymbol{b}$ によって作られる平行四辺形の面積に等しく，方向は平行四辺形の平面に垂直で，向きは $\boldsymbol{a}$ から $\boldsymbol{b}$ に向かって $180°$ 以内の角度 θ で右ねじを回したときに，ねじが進む向きをもつベクトルであると定義される（図 2.6）．外積 $\boldsymbol{a}\times\boldsymbol{b}$ の大きさは，次のように表せる．

$$|\boldsymbol{a}\times\boldsymbol{b}| = ab\sin\theta \tag{2.46}$$

ベクトル $\boldsymbol{a}$ とベクトル $\boldsymbol{b}$ が平行である場合，$\theta = 0, \pi$ より $\boldsymbol{a}\times\boldsymbol{b} = \boldsymbol{0}$ である．また，定義より明らかに次式が成り立つ．

$$\boldsymbol{b}\times\boldsymbol{a} = -\boldsymbol{a}\times\boldsymbol{b} \tag{2.47}$$

外積の定義より，直交座標系の各軸方向の単位ベクトル $\boldsymbol{i} = [1\quad 0\quad 0]^T$, $\boldsymbol{j} = [0\quad 1\quad 0]^T$, $\boldsymbol{k} = [0\quad 0\quad 1]^T$ の間に次の関係が成り立つことがわかる．

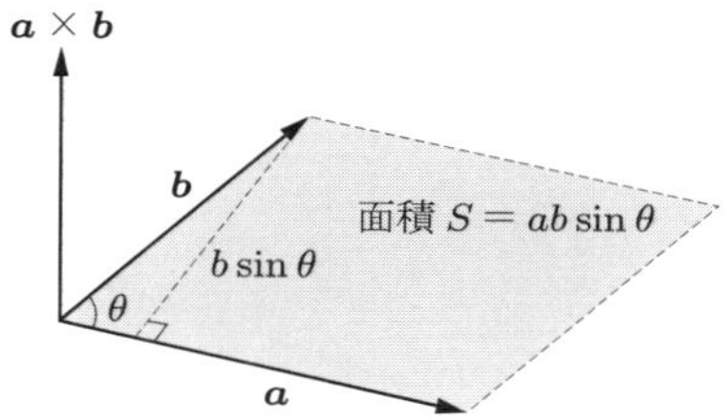

図 2.6 ベクトルの外積

$$\boldsymbol{i} \times \boldsymbol{j} = \boldsymbol{k}, \quad \boldsymbol{j} \times \boldsymbol{k} = \boldsymbol{i}, \quad \boldsymbol{k} \times \boldsymbol{i} = \boldsymbol{j} \tag{2.48}$$

$$\boldsymbol{i} \times \boldsymbol{i} = \boldsymbol{0}, \quad \boldsymbol{j} \times \boldsymbol{j} = \boldsymbol{0}, \quad \boldsymbol{k} \times \boldsymbol{k} = \boldsymbol{0} \tag{2.49}$$

これより，二つのベクトルの外積は，成分を用いて次のように計算できる．

$$\begin{aligned}
\boldsymbol{a} \times \boldsymbol{b} &= (a_x\boldsymbol{i} + a_y\boldsymbol{j} + a_z\boldsymbol{k}) \times (b_x\boldsymbol{i} + b_y\boldsymbol{j} + b_z\boldsymbol{k}) \\
&= a_xb_x\boldsymbol{i} \times \boldsymbol{i} + a_xb_y\boldsymbol{i} \times \boldsymbol{j} + a_xb_z\boldsymbol{i} \times \boldsymbol{k} \\
&\quad + a_yb_x\boldsymbol{j} \times \boldsymbol{i} + a_yb_y\boldsymbol{j} \times \boldsymbol{j} + a_yb_z\boldsymbol{j} \times \boldsymbol{k} \\
&\quad + a_zb_x\boldsymbol{k} \times \boldsymbol{i} + a_zb_y\boldsymbol{k} \times \boldsymbol{j} + a_zb_z\boldsymbol{k} \times \boldsymbol{k} \\
&= (a_yb_z - a_zb_y)\boldsymbol{i} + (a_zb_x - a_xb_z)\boldsymbol{j} + (a_xb_y - a_yb_x)\boldsymbol{k} \\
&= \begin{bmatrix} a_yb_z - a_zb_y \\ a_zb_x - a_xb_z \\ a_xb_y - a_yb_x \end{bmatrix}
\end{aligned} \tag{2.50}$$

本書では，マルチボディシステムの平面運動について考える．xy 平面内の二つのベクトル $\boldsymbol{a} = [a_x \ \ a_y \ \ 0]^T$ と $\boldsymbol{b} = [b_x \ \ b_y \ \ 0]^T$ の外積は，式 (2.50) において $a_z = 0$, $b_z = 0$ とおくことにより，次式のようになる．

$$\boldsymbol{a} \times \boldsymbol{b} = \begin{bmatrix} 0 \\ 0 \\ a_xb_y - a_yb_x \end{bmatrix} \tag{2.51}$$

すなわち，xy 平面内の二つのベクトルの外積結果は必ず z 軸方向のベクトルとなる．そこで，xy 平面内にある 2 次元ベクトル $\boldsymbol{a} = [a_x \ \ a_y]^T$ と $\boldsymbol{b} = [b_x \ \ b_y]^T$ の外積を，式 (2.51) の z 軸方向成分に等しくなるように次のように定義する．

$$\boldsymbol{a} \times \boldsymbol{b} = a_xb_y - a_yb_x = [-a_y \ \ a_x]\begin{bmatrix} b_x \\ b_y \end{bmatrix} \tag{2.52}$$

ここで，ベクトル $\boldsymbol{a} = [a_x \ \ a_y]^T$ を反時計回りに 90° 回転させたベクトルを $\boldsymbol{a}^{\perp}$ と表す（図 2.7）．

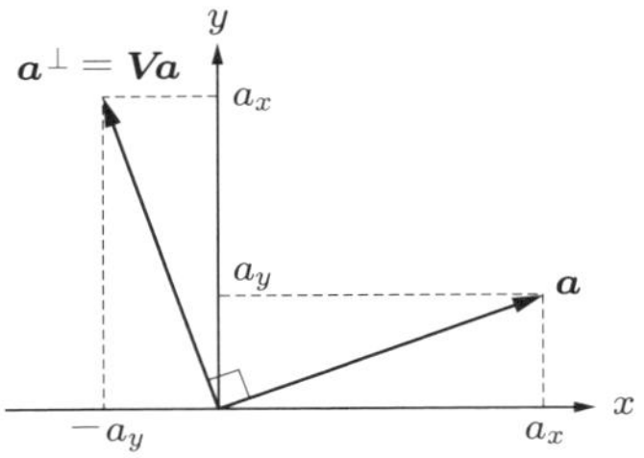

図 2.7　ベクトルの 90° 反時計方向回転

$$\boldsymbol{a}^{\perp} = \begin{bmatrix} -a_y \\ a_x \end{bmatrix} = \boldsymbol{V}\boldsymbol{a} \tag{2.53}$$

ただし，$\boldsymbol{V}$ は次のような行列である．

$$\boldsymbol{V} = \begin{bmatrix} 0 & -1 \\ 1 & 0 \end{bmatrix} \tag{2.54}$$

式 (2.53) を用いると，式 (2.52) は次式のように書ける．

$$\boldsymbol{a} \times \boldsymbol{b} = (\boldsymbol{a}^{\perp})^T \boldsymbol{b} = (\boldsymbol{V}\boldsymbol{a})^T \boldsymbol{b} = \boldsymbol{a}^T \boldsymbol{V}^T \boldsymbol{b} = -\boldsymbol{a}^T \boldsymbol{V} \boldsymbol{b} \tag{2.55}$$

すなわち，2 次元ベクトル $\boldsymbol{a}$ と $\boldsymbol{b}$ の外積は，$\boldsymbol{a}$ を反時計回りに 90° 回転させたあと，$\boldsymbol{b}$ との内積をとることによって求めることができ，演算結果はスカラーになる．

一方，xy 平面に垂直な z 軸方向のベクトル $\boldsymbol{c} = [0 \quad 0 \quad c_z]^T$ と xy 平面内のベクトル $\boldsymbol{a} = [a_x \quad a_y \quad 0]^T$ の外積は，式 (2.50) より次のように計算できる．

$$\boldsymbol{c} \times \boldsymbol{a} = (0\boldsymbol{i} + 0\boldsymbol{j} + c_z\boldsymbol{k}) \times (a_x\boldsymbol{i} + a_y\boldsymbol{j} + 0\boldsymbol{k}) = \begin{bmatrix} -c_z a_y \\ c_z a_x \\ 0 \end{bmatrix} \tag{2.56}$$

すなわち，外積結果は xy 平面内のベクトルとなる．上記のベクトルの x, y 成分を取り出した 2 次元ベクトルを $\boldsymbol{b}$ とすると，2 次元ベクトル $\boldsymbol{a} = [a_x \quad a_y]^T$, $\boldsymbol{V}$ および c_z を用いて次式のように書ける．

$$\boldsymbol{b} = \begin{bmatrix} -c_z a_y \\ c_z a_x \end{bmatrix} = \begin{bmatrix} -a_y \\ a_x \end{bmatrix} c_z = \boldsymbol{a}^{\perp} c_z = \boldsymbol{V}\boldsymbol{a} c_z \tag{2.57}$$

以上のように，外積は本来 3 次元ベクトルに対して定義されるものであるが，式 (2.54) で定義される行列 $\boldsymbol{V}$ を用いることによって，式 (2.55) および式 (2.57) のように 2 次元ベクトルに対して外積の演算を行うことが可能になる．$\boldsymbol{V}$ は平面マルチボディダイナミクスにおいて頻出する重要な行列であり，次のような公式を満たす．

$$\boldsymbol{V}^T = -\boldsymbol{V} \tag{2.58}$$

$$\boldsymbol{V}\boldsymbol{V} = -\boldsymbol{E} \tag{2.59}$$

$$\boldsymbol{V}^T\boldsymbol{V} = \boldsymbol{E} \tag{2.60}$$

$$\boldsymbol{a}^T\boldsymbol{V}\boldsymbol{a} = 0 \tag{2.61}$$

ここで，式 (2.61) は任意の 2 次元ベクトル $\boldsymbol{a}$ に対して成り立つ．

例題 2.1　図 2.8 に示すように，位置ベクトル $\boldsymbol{r} = [x \quad y]^T = [2 \quad 1]^T$ m で表される xy 平面内の点 P に xy 平面内の力 $\boldsymbol{f} = [f_x \quad f_y]^T = [-1 \quad 3]^T$ N が作用している．点 O に関する力のモーメント τ を求めよ．

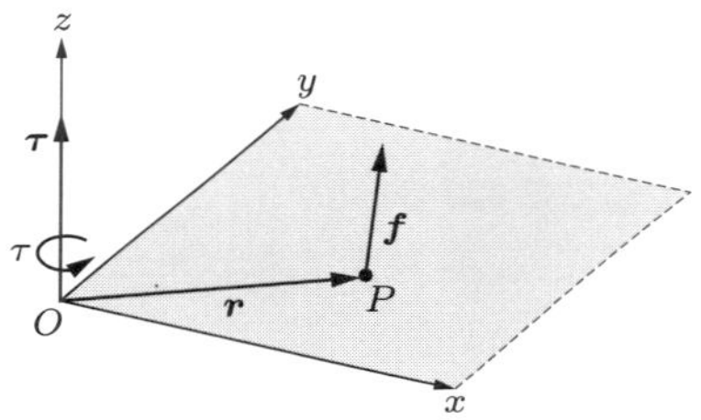

図 2.8　力のモーメント

解　式 (2.55) より，力のモーメント τ は次のように計算できる．

$$\tau = \boldsymbol{r} \times \boldsymbol{f} = (\boldsymbol{V}\boldsymbol{r})^T\boldsymbol{f} = -\boldsymbol{r}^T\boldsymbol{V}\boldsymbol{f} = -[2 \quad 1]\begin{bmatrix} 0 & -1 \\ 1 & 0 \end{bmatrix}\begin{bmatrix} -1 \\ 3 \end{bmatrix} = 7$$

すなわち，z 軸まわりに 7 Nm の力のモーメントが生じる．

2.3　ベクトルと行列の微分

2.3.1　時間微分

時間 t の関数になっている次のベクトルを考える．

$$\boldsymbol{a} \equiv \boldsymbol{a}(t) = [a_1(t) \quad a_2(t) \quad \cdots \quad a_n(t)]^T \tag{2.62}$$

ベクトル $\boldsymbol{a}$ の時間微分は次のように表せる．

$$\dot{\boldsymbol{a}} \equiv \frac{d}{dt}\boldsymbol{a}(t) = \left[\frac{d}{dt}a_1 \quad \frac{d}{dt}a_2 \quad \cdots \quad \frac{d}{dt}a_n\right]^T = [\dot{a}_1 \quad \dot{a}_2 \quad \cdots \quad \dot{a}_n]^T \tag{2.63}$$

ベクトル $\boldsymbol{a}$ の 2 階時間微分は次のように表せる．

$$\ddot{\boldsymbol{a}} \equiv \frac{d}{dt}\dot{\boldsymbol{a}}(t) = \frac{d^2}{dt^2}\boldsymbol{a}(t) = \left[\frac{d^2}{dt^2}a_1 \quad \frac{d^2}{dt^2}a_2 \quad \cdots \quad \frac{d^2}{dt^2}a_n\right]^T = [\ddot{a}_1 \quad \ddot{a}_2 \quad \cdots \quad \ddot{a}_n]^T \tag{2.64}$$

ベクトルの時間微分について，次の公式が成り立つ．

$$\frac{d}{dt}(\boldsymbol{a}+\boldsymbol{b}) = \dot{\boldsymbol{a}} + \dot{\boldsymbol{b}} \tag{2.65}$$

$$\frac{d}{dt}(\alpha\boldsymbol{a}) = \dot{\alpha}\boldsymbol{a} + \alpha\dot{\boldsymbol{a}} \tag{2.66}$$

$$\frac{d}{dt}(\boldsymbol{a}^T\boldsymbol{b}) = \dot{\boldsymbol{a}}^T\boldsymbol{b} + \boldsymbol{a}^T\dot{\boldsymbol{b}} \tag{2.67}$$

ただし，$\alpha(t)$ はスカラー関数である．

ここで，ベクトル $\boldsymbol{a}$ を，単位ベクトル $\boldsymbol{u} = (1/a)\boldsymbol{a}$ を用いて次のように表す．

$$\boldsymbol{a} = a\boldsymbol{u} \tag{2.68}$$

式 (2.66) より，上式の時間微分は次のようになる．

$$\dot{\boldsymbol{a}} = \dot{a}\boldsymbol{u} + a\dot{\boldsymbol{u}} \tag{2.69}$$

ベクトルは大きさが一定であっても，方向が変化する場合はその時間微分はゼロにはならない．したがって，一般には $|\dot{\boldsymbol{a}}| \neq \dot{a}$ であることに注意する必要がある．

式 (2.69) をもう一度時間で微分すると，次のようになる．

$$\ddot{\boldsymbol{a}} = \ddot{a}\boldsymbol{u} + a\ddot{\boldsymbol{u}} + 2\dot{a}\dot{\boldsymbol{u}} \tag{2.70}$$

同様に，一般には $|\ddot{\boldsymbol{a}}| \neq \ddot{a}$ である．

時間 t の関数になっている次の行列を考える．

$$\boldsymbol{A} \equiv \boldsymbol{A}(t) = \begin{bmatrix} a_{11}(t) & a_{12}(t) & \cdots & a_{1n}(t) \\ a_{21}(t) & a_{22}(t) & \cdots & a_{2n}(t) \\ \vdots & \vdots & & \vdots \\ a_{m1}(t) & a_{m2}(t) & \cdots & a_{mn}(t) \end{bmatrix} \tag{2.71}$$

行列 $\boldsymbol{A}$ の時間微分は次のように表す．

$$\begin{aligned} \dot{\boldsymbol{A}} \equiv \frac{d}{dt}\boldsymbol{A}(t) &= \begin{bmatrix} \frac{d}{dt}a_{11} & \frac{d}{dt}a_{12} & \cdots & \frac{d}{dt}a_{1n} \\ \frac{d}{dt}a_{21} & \frac{d}{dt}a_{22} & \cdots & \frac{d}{dt}a_{2n} \\ \vdots & \vdots & & \vdots \\ \frac{d}{dt}a_{m1} & \frac{d}{dt}a_{m2} & \cdots & \frac{d}{dt}a_{mn} \end{bmatrix} \\ &= \begin{bmatrix} \dot{a}_{11} & \dot{a}_{12} & \cdots & \dot{a}_{1n} \\ \dot{a}_{21} & \dot{a}_{22} & \cdots & \dot{a}_{2n} \\ \vdots & \vdots & & \vdots \\ \dot{a}_{m1} & \dot{a}_{m2} & \cdots & \dot{a}_{mn} \end{bmatrix} \end{aligned} \tag{2.72}$$

行列の時間微分に関して，次の公式が成り立つ．

$$\frac{d}{dt}(\boldsymbol{A}+\boldsymbol{B}) = \dot{\boldsymbol{A}} + \dot{\boldsymbol{B}} \tag{2.73}$$

$$\frac{d}{dt}(\boldsymbol{AB}) = \dot{\boldsymbol{A}}\boldsymbol{B} + \boldsymbol{A}\dot{\boldsymbol{B}} \tag{2.74}$$

$$\frac{d}{dt}(\alpha\boldsymbol{B}) = \dot{\alpha}\boldsymbol{B} + \alpha\dot{\boldsymbol{B}} \tag{2.75}$$

$$\frac{d}{dt}(\boldsymbol{A}\boldsymbol{q}) = \dot{\boldsymbol{A}}\boldsymbol{q} + \boldsymbol{A}\dot{\boldsymbol{q}} \tag{2.76}$$

ただし，$\alpha(t)$ はスカラー関数，$\boldsymbol{q}(t)$ はベクトル関数である．

2.3.2 偏微分

次のようなベクトル $\boldsymbol{q} = [q_1 \quad q_2 \quad \cdots \quad q_k]^T$ のスカラー関数を考える．

$$f \equiv f(\boldsymbol{q}) \tag{2.77}$$

スカラー関数 f のベクトル $\boldsymbol{q}$ による偏微分は，次のように表す．

$$\frac{\partial f}{\partial \boldsymbol{q}} \equiv f_{\boldsymbol{q}} = \begin{bmatrix} \dfrac{\partial f}{\partial q_1} & \dfrac{\partial f}{\partial q_2} & \cdots & \dfrac{\partial f}{\partial q_k} \end{bmatrix} \tag{2.78}$$

また，次のようなベクトル $\boldsymbol{q} = [q_1 \quad q_2 \quad \cdots \quad q_k]^T$ のベクトル関数を考える．

$$\boldsymbol{f} \equiv [f_1(\boldsymbol{q}) \quad f_2(\boldsymbol{q}) \quad \cdots \quad f_n(\boldsymbol{q})]^T \tag{2.79}$$

ベクトル関数 $\boldsymbol{f}$ のベクトル $\boldsymbol{q}$ による偏微分は，次のように表す．

$$\frac{\partial \boldsymbol{f}}{\partial \boldsymbol{q}} \equiv \boldsymbol{f}_{\boldsymbol{q}} = \begin{bmatrix} \dfrac{\partial f_1}{\partial q_1} & \dfrac{\partial f_1}{\partial q_2} & \cdots & \dfrac{\partial f_1}{\partial q_k} \\ \dfrac{\partial f_2}{\partial q_1} & \dfrac{\partial f_2}{\partial q_2} & \cdots & \dfrac{\partial f_2}{\partial q_k} \\ \vdots & \vdots & & \vdots \\ \dfrac{\partial f_n}{\partial q_1} & \dfrac{\partial f_n}{\partial q_2} & \cdots & \dfrac{\partial f_n}{\partial q_k} \end{bmatrix} \tag{2.80}$$

上式の行列を，$\boldsymbol{f}$ の $\boldsymbol{q}$ に関する**ヤコビ行列** (Jacobian matrix) という．

さらに，次のような二つのベクトル関数を考える．

$$\boldsymbol{g}(\boldsymbol{q}) = [g_1(\boldsymbol{q}) \quad g_2(\boldsymbol{q}) \quad \cdots \quad g_n(\boldsymbol{q})]^T \tag{2.81}$$

$$\boldsymbol{h}(\boldsymbol{q}) = [h_1(\boldsymbol{q}) \quad h_2(\boldsymbol{q}) \quad \cdots \quad h_n(\boldsymbol{q})]^T \tag{2.82}$$

二つのベクトル関数の内積の $\boldsymbol{q}$ に関する偏微分は，次のように計算できる．

$$\frac{\partial(\boldsymbol{g}^T\boldsymbol{h})}{\partial \boldsymbol{q}} = (\boldsymbol{g}^T\boldsymbol{h})_{\boldsymbol{q}} = \boldsymbol{h}^T\boldsymbol{g}_{\boldsymbol{q}} + \boldsymbol{g}^T\boldsymbol{h}_{\boldsymbol{q}} \tag{2.83}$$

上式において，積の微分の公式は直接には成立していない．すなわち，

$$(\boldsymbol{g}^T\boldsymbol{h})_{\boldsymbol{q}} \neq \boldsymbol{g}_{\boldsymbol{q}}^T\boldsymbol{h} + \boldsymbol{g}^T\boldsymbol{h}_{\boldsymbol{q}}$$

であることに注意する．

そのほかに次の公式もよく用いる．

$$\frac{\partial}{\partial \boldsymbol{q}}(\boldsymbol{A}\boldsymbol{q}) = \boldsymbol{A} \tag{2.84}$$

$$\frac{\partial}{\partial \boldsymbol{p}}(\boldsymbol{p}^T\boldsymbol{A}\boldsymbol{q}) = \boldsymbol{q}^T\boldsymbol{A}^T \tag{2.85}$$

$$\frac{\partial}{\partial \boldsymbol{q}}(\boldsymbol{q}^T\boldsymbol{A}\boldsymbol{q}) = \boldsymbol{q}^T(\boldsymbol{A}^T + \boldsymbol{A}) \tag{2.86}$$

$$\frac{d}{dt}(\boldsymbol{p}^T\boldsymbol{A}\boldsymbol{q}) = \boldsymbol{q}^T\boldsymbol{A}^T\dot{\boldsymbol{p}} + \boldsymbol{p}^T\boldsymbol{A}\dot{\boldsymbol{q}} \tag{2.87}$$

ただし，$\boldsymbol{A}$ は時間に依存しない定数行列，$\boldsymbol{q}(t)$, $\boldsymbol{p}(t)$ はベクトル関数である．

今度は，時間 t のスカラー関数 $\phi(t)$ の関数になっている次の行列を考える．

$$\boldsymbol{A} \equiv \boldsymbol{A}(\phi(t)) = \begin{bmatrix} a_{11}(\phi) & a_{12}(\phi) & \cdots & a_{1n}(\phi) \\ a_{21}(\phi) & a_{22}(\phi) & \cdots & a_{2n}(\phi) \\ \vdots & \vdots & & \vdots \\ a_{m1}(\phi) & a_{m2}(\phi) & \cdots & a_{mn}(\phi) \end{bmatrix} \tag{2.88}$$

行列 $\boldsymbol{A}$ の ϕ に関する偏微分は，次のように表す．

$$\frac{\partial \boldsymbol{A}}{\partial \phi} \equiv \boldsymbol{A}_\phi = \begin{bmatrix} \frac{\partial}{\partial \phi}a_{11} & \frac{\partial}{\partial \phi}a_{12} & \cdots & \frac{\partial}{\partial \phi}a_{1n} \\ \frac{\partial}{\partial \phi}a_{21} & \frac{\partial}{\partial \phi}a_{22} & \cdots & \frac{\partial}{\partial \phi}a_{2n} \\ \vdots & \vdots & & \vdots \\ \frac{\partial}{\partial \phi}a_{m1} & \frac{\partial}{\partial \phi}a_{m2} & \cdots & \frac{\partial}{\partial \phi}a_{mn} \end{bmatrix} \tag{2.89}$$

これを用いて，行列 $\boldsymbol{A}$ の時間微分は次のように計算することができる．

$$\frac{d}{dt}\boldsymbol{A}(\phi(t)) = \frac{\partial \boldsymbol{A}}{\partial \phi}\frac{d\phi}{dt} = \boldsymbol{A}_\phi\dot{\phi} \tag{2.90}$$

また，ベクトル関数 $\boldsymbol{q}(t) = [q_1(t) \quad q_2(t) \quad \cdots \quad q_n(t)]^T$ の合成関数 $\boldsymbol{f}(\boldsymbol{q}(t))$ の時間微分は次のように表せる．

$$\frac{d}{dt}\boldsymbol{f}(\boldsymbol{q}(t)) = \frac{\partial \boldsymbol{f}}{\partial \boldsymbol{q}}\frac{d\boldsymbol{q}}{dt} = \boldsymbol{f}_{\boldsymbol{q}}\dot{\boldsymbol{q}} \tag{2.91}$$

2.4　座標変換

マルチボディダイナミクスでは，空間に固定された一つの絶対座標系とボディに固定された複数のボディ座標系を利用して解析を行う．そのため，異なる座標系の間で座標変換を頻繁に行う．本節では，回転座標変換の基礎を簡潔にまとめる．

図 2.9 に示すように，絶対座標系 Σ_0 とそれを ϕ_i だけ回転した関係にあるボディ

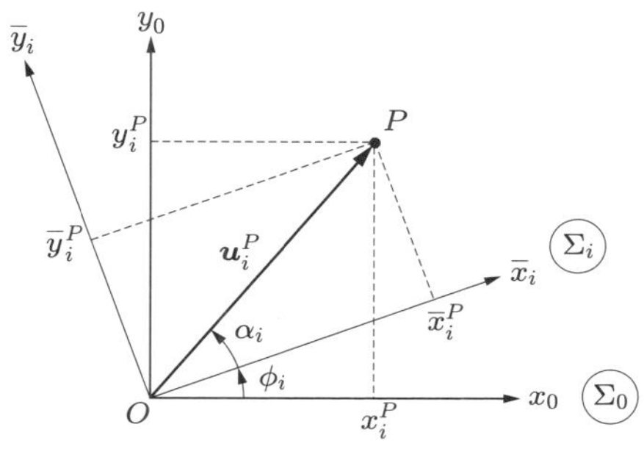

図 2.9 絶対座標系とボディ座標系

座標系 Σ_i について考える．原点 O から点 P までのベクトルを $\boldsymbol{u}_i^P$，その大きさを $|\boldsymbol{u}_i^P| \equiv u_i$，$\boldsymbol{u}_i^P$ と $\overline{x}_i$ 軸のなす角を α_i とする．図より，$\boldsymbol{u}_i^P$ を絶対座標系 Σ_0 で成分表示すると次のようになる．

$$\boldsymbol{u}_i^P = \begin{bmatrix} x_i^P \\ y_i^P \end{bmatrix} = \begin{bmatrix} u_i \cos(\alpha_i + \phi_i) \\ u_i \sin(\alpha_i + \phi_i) \end{bmatrix} \tag{2.92}$$

一方，同じベクトル $\boldsymbol{u}_i^P$ をボディ座標系 Σ_i で成分表示すると次のようになる．

$$\boldsymbol{u}_i^P = \begin{bmatrix} \overline{x}_i^P \\ \overline{y}_i^P \end{bmatrix} = \begin{bmatrix} u_i \cos \alpha_i \\ u_i \sin \alpha_i \end{bmatrix} \tag{2.93}$$

このように，ベクトルはどの座標系で成分表示するかによって，その代数ベクトル表現が異なる．マルチボディダイナミクスでは，複数の座標系を用いるので，混乱を避けるためにどの座標系で成分表示されているのかを明確に区別する必要がある．そこで，本書では，ボディ座標系で成分表示されたベクトルにはオーバーラインを付して表すことにする．すなわち，式 (2.93) は次のように書く．

$$\overline{\boldsymbol{u}}_i^P = \begin{bmatrix} \overline{x}_i^P \\ \overline{y}_i^P \end{bmatrix} = \begin{bmatrix} u_i \cos \alpha_i \\ u_i \sin \alpha_i \end{bmatrix} \tag{2.94}$$

絶対座標系 Σ_0 で成分表示されたベクトル $\boldsymbol{u}_i^P$ とボディ座標系 Σ_i で成分表示されたベクトル $\overline{\boldsymbol{u}}_i^P$ の関係について考える．式 (2.92) に加法定理を適用すると，次のように変形することができる．

$$\boldsymbol{u}_i^P = \begin{bmatrix} u_i(\cos\alpha_i \cos\phi_i - \sin\alpha_i \sin\phi_i) \\ u_i(\sin\alpha_i \cos\phi_i + \cos\alpha_i \sin\phi_i) \end{bmatrix} = \begin{bmatrix} \cos\phi_i & -\sin\phi_i \\ \sin\phi_i & \cos\phi_i \end{bmatrix} \begin{bmatrix} u_i \cos\alpha_i \\ u_i \sin\alpha_i \end{bmatrix} \tag{2.95}$$

式 (2.94) を考慮すると，上式は次のように書くことができる．

$$\boldsymbol{u}_i^P = \boldsymbol{A}_i \overline{\boldsymbol{u}}_i^P \tag{2.96}$$

ここで，

$$\boldsymbol{A}_i = \begin{bmatrix} \cos\phi_i & -\sin\phi_i \\ \sin\phi_i & \cos\phi_i \end{bmatrix} \tag{2.97}$$

はボディ座標系 Σ_i から絶対座標系 Σ_0 へ変換する行列であり，**回転行列** (rotation matrix) とよばれる．回転行列は，次式の関係を満たすため直交行列である．

$$\begin{aligned} \boldsymbol{A}_i^T \boldsymbol{A}_i &= \begin{bmatrix} \cos^2\phi_i + \sin^2\phi_i & -\cos\phi_i\sin\phi_i + \sin\phi_i\cos\phi_i \\ -\cos\phi_i\sin\phi_i + \sin\phi_i\cos\phi_i & \cos^2\phi_i + \sin^2\phi_i \end{bmatrix} \\ &= \boldsymbol{E} \end{aligned} \tag{2.98}$$

例題 2.2　絶対座標系 Σ_0 の原点とボディ座標系 Σ_1 の原点は一致し，Σ_0 を反時計回りに 60° 回転すると Σ_1 に重なる関係にあるとする．原点から点 P へのベクトル $\boldsymbol{u}_1^P$ が Σ_1 で $\overline{\boldsymbol{u}}_1^P = [2\ \ 2\sqrt{3}]^T$ と表されるとき，これを Σ_0 で表した $\boldsymbol{u}_1^P$ を求めよ．

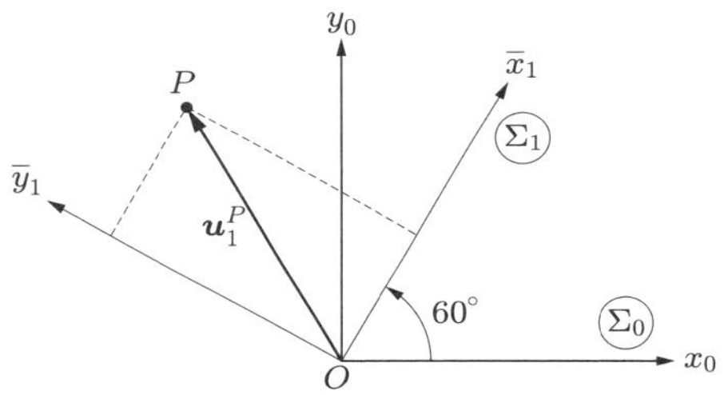

図 2.10　座標変換

解　式 (2.97) より，回転行列は次のように求められる．

$$\boldsymbol{A}_1 = \begin{bmatrix} \cos 60^\circ & -\sin 60^\circ \\ \sin 60^\circ & \cos 60^\circ \end{bmatrix} = \begin{bmatrix} 1/2 & -\sqrt{3}/2 \\ \sqrt{3}/2 & 1/2 \end{bmatrix}$$

よって，式 (2.96) より，$\boldsymbol{u}_1^P$ は次のように計算することができる．

$$\boldsymbol{u}_1^P = \boldsymbol{A}_1 \overline{\boldsymbol{u}}_1^P = \begin{bmatrix} 1/2 & -\sqrt{3}/2 \\ \sqrt{3}/2 & 1/2 \end{bmatrix} \begin{bmatrix} 2 \\ 2\sqrt{3} \end{bmatrix} = \begin{bmatrix} -2 \\ 2\sqrt{3} \end{bmatrix}$$

演習問題

2.1　行列 $\boldsymbol{A}, \boldsymbol{B}$ が

$$\boldsymbol{A} = \begin{bmatrix} 1 & 2 & 3 \\ 4 & 5 & 6 \end{bmatrix}, \quad \boldsymbol{B} = \begin{bmatrix} 7 & 8 & 9 \\ -1 & -2 & -3 \end{bmatrix}$$

であるとき，以下を計算せよ．

(1) $\boldsymbol{C} = \boldsymbol{A} + \boldsymbol{B}$　　(2) $\boldsymbol{D} = \boldsymbol{A}\boldsymbol{B}^T$　　(3) $|\boldsymbol{A}^T\boldsymbol{B}|$

2.2　$\boldsymbol{a} = [2\ \ 3]^T, \boldsymbol{b} = [4\ \ 5]^T$ であるとき，以下を計算せよ．

(1) $\boldsymbol{a}$ と $\boldsymbol{b}$ の内積　　(2) $\boldsymbol{a}$ と $\boldsymbol{b}$ の外積

2.3 式 (2.54) の行列 $\boldsymbol{V}$ に関して式 (2.58)〜(2.61) が成り立つことを確認せよ．

2.4 次のようなベクトル $\boldsymbol{q}(t) = [x(t)\ \ y(t)\ \ \phi(t)]^T$ のベクトル関数を考える．

$$\boldsymbol{C}(\boldsymbol{q}, t) = \begin{bmatrix} C_1 \\ C_2 \end{bmatrix} = \begin{bmatrix} x - l\cos\phi \\ y - l\sin\phi - \omega t \end{bmatrix}$$

ここで，t は時間，l, ω は定数である．以下を計算せよ．

(1) 時間微分 $\dot{\boldsymbol{C}}$　　(2) ヤコビ行列 $\boldsymbol{C}_{\boldsymbol{q}} = \partial\boldsymbol{C}/\partial\boldsymbol{q}$

2.5 次のようなベクトル $\boldsymbol{q} = [x\ \ y]^T$ のベクトル関数を考える．

$$\boldsymbol{g}(\boldsymbol{q}) = \begin{bmatrix} x - y \\ x + y \\ y - 1 \end{bmatrix}, \quad \boldsymbol{h}(\boldsymbol{q}) = \begin{bmatrix} -x + y \\ x + 2 \\ -x - y \end{bmatrix}$$

$\boldsymbol{g}$ と $\boldsymbol{h}$ の内積の $\boldsymbol{q}$ に関する偏微分 $(\boldsymbol{g}^T\boldsymbol{h})_{\boldsymbol{q}}$ を計算せよ．

2.6 $\boldsymbol{A}$ が $n \times n$ 次元対称行列，$\boldsymbol{q}$ が n 次元ベクトルのとき，次の関係が成り立つ．

$$\frac{\partial}{\partial\boldsymbol{q}}(\boldsymbol{q}^T\boldsymbol{A}\boldsymbol{q}) = 2\boldsymbol{q}^T\boldsymbol{A}$$

上式が成立することを $n = 2$ の場合について確認せよ．

2.7 絶対座標系 Σ_0 の原点とボディ座標系 Σ_1 の原点は一致し，Σ_0 を反時計回りに 270° 回転すると Σ_1 に重なる関係にあるとする．原点から点 P へのベクトル $\boldsymbol{u}_1^P$ が Σ_0 で $\boldsymbol{u}_1^P = [2\ \ 2\sqrt{3}]^T$ と表されるとき，これを Σ_1 で表した $\overline{\boldsymbol{u}}_1^P$ を求めよ．

第II部　運動学解析

第3章 運動学の基礎

運動の原因になる力についてはふれずに，物体の運動を研究する力学の一分野を**運動学** (kinematics) という．本章では，マルチボディシステムの平面運動学解析を行う際に基礎となる事項をまとめる．まず，質点の運動学を簡単に復習したあと，剛体の運動学の基礎，すなわち，剛体上の任意点の位置，速度，加速度を計算する方法について説明する．

3.1 質点の運動学

大きさが無視できる物体に質量という特性のみを付与したものを**質点** (particle, point of mass) という．質点の位置，速度，加速度を記述することを考える．まず，図 3.1 に示すように直交座標系 Σ_0 を定義する．平面内のある質点 P の位置は，図 3.1 に示すようにベクトル $\boldsymbol{r}^P$ で表される．位置ベクトル $\boldsymbol{r}^P$ を Σ_0 座標系で成分表示した代数ベクトルで表すと，次のようになる．

$$\boldsymbol{r}^P = \begin{bmatrix} x^P \\ y^P \end{bmatrix} \tag{3.1}$$

質点 P の速度は，位置ベクトルの時間微分によって次のように表せる．

$$\dot{\boldsymbol{r}}^P = \begin{bmatrix} \dot{x}^P \\ \dot{y}^P \end{bmatrix} \tag{3.2}$$

質点 P の加速度は，位置ベクトルの 2 階時間微分によって次のように表せる．

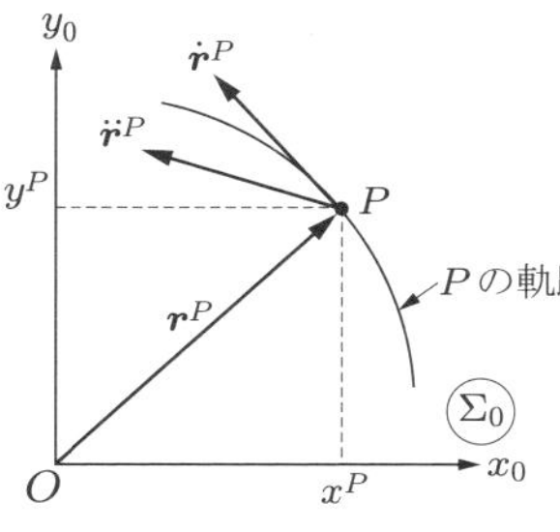

図 3.1 質点の位置，速度，加速度ベクトル

$$\ddot{\boldsymbol{r}}^P = \begin{bmatrix} \ddot{x}^P \\ \ddot{y}^P \end{bmatrix} \tag{3.3}$$

質点 P の速度ベクトル $\dot{\boldsymbol{r}}^P$ と加速度ベクトル $\ddot{\boldsymbol{r}}^P$ の例を図 3.1 に示す．速度ベクトルは必ず軌跡の接線方向を向くが，加速度ベクトルはいずれの方向をもとりうる．

3.2 剛体の運動学

質量と大きさをもち，内外部からの力に対してまったく変形しない仮想的な物体を**剛体** (rigid body) という．剛体は，質点間の距離が変化しない特別な質点系とみなせる．本書では，特に断らない限り，ボディはすべて剛体であると仮定する．本節では，剛体（ボディ）の運動学について述べる．

3.2.1 配　位

平面内を自由に運動するボディは，x 軸と y 軸に沿って動くことができ（並進運動），また平面に垂直な軸に対して回転することができる（回転運動）．したがって，一つのボディの平面運動を記述するためには三つの座標を定義する必要がある．ある力学系の任意の時刻における位置，姿勢を一義的に表すために必要な最小の変数の数を**自由度** (degrees-of-freedom: DOF) とよぶ．剛体の平面運動における自由度は 3 である．図 3.2 に示すように，ボディ i 上に基準点 O_i を設定する．絶対座標系 Σ_0 の原点からみた点 O_i の位置を定めるために，次の位置ベクトル $\boldsymbol{R}_i$ を用いる．このベクトルの x 成分と y 成分は，ボディの並進座標として用いられる．

$$\boldsymbol{R}_i = \begin{bmatrix} x_i \\ y_i \end{bmatrix} \tag{3.4}$$

ボディに固定された任意のベクトルの角度を，そのボディの回転座標として用いるこ

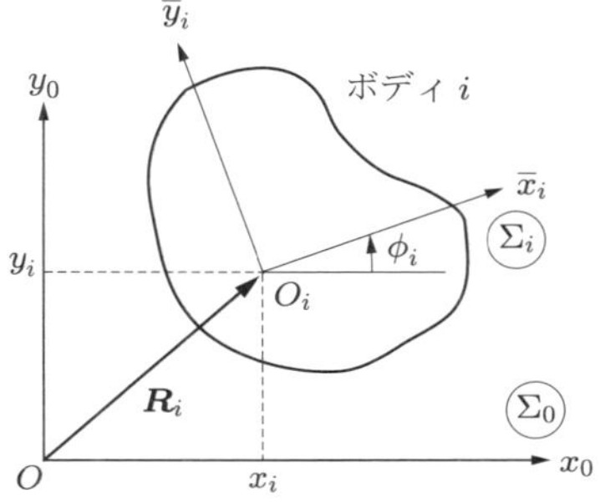

図 3.2　剛体の配位

とができる．しかし，ここでは原点を点 O_i に一致させてボディ座標系 Σ_i を設定する．そして，正の向き（反時計回り）に測って $\overline{x}_i$ 軸が x_0 軸となす角をボディの回転座標として用い，ϕ_i と表す．このとき，一つのボディの位置と姿勢，すなわち**配位** (configuration) は，次のベクトルによって完全に記述される．

$$\boldsymbol{q}_i = \begin{bmatrix} \boldsymbol{R}_i \\ \phi_i \end{bmatrix} = \begin{bmatrix} x_i \\ y_i \\ \phi_i \end{bmatrix} \tag{3.5}$$

系の位置と姿勢を一義的に表すことができる，自由度と同じ個数の変数を**一般化座標** (generalized coordinate) という．式 (3.5) は単一剛体の一般化座標である．

3.2.2 位　置

図 3.3 に示すように，絶対座標系 Σ_0 の原点 O からみたボディ i 上の任意点 P の位置 $\boldsymbol{r}_i^P = [x_i^P \quad y_i^P]^T$ は，次のように表せる．

$$\boldsymbol{r}_i^P = \boldsymbol{R}_i + \boldsymbol{u}_i^P \tag{3.6}$$

ここで，$\boldsymbol{u}_i^P$ は点 O_i から点 P へのベクトルであり，ボディと一緒に並進，回転するが大きさは一定である．$\boldsymbol{u}_i^P$ を絶対座標系 Σ_0 で成分表示すると，次式のように表せる．

$$\boldsymbol{u}_i^P = \begin{bmatrix} \xi_i^P \\ \eta_i^P \end{bmatrix} \tag{3.7}$$

一方，同じベクトルをボディ座標系 Σ_i で成分表示すると，次のようになる．

$$\overline{\boldsymbol{u}}_i^P = \begin{bmatrix} \overline{x}_i^P \\ \overline{y}_i^P \end{bmatrix} \tag{3.8}$$

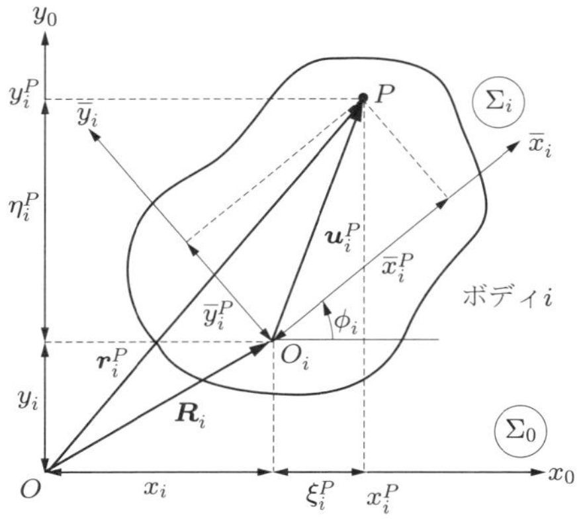

図 3.3　剛体上の任意点 P の位置

$\boldsymbol{u}_i^P$ と $\overline{\boldsymbol{u}}_i^P$ は同じベクトルを異なる座標系で表したものであり，

$$\boldsymbol{u}_i^P = \boldsymbol{A}_i \overline{\boldsymbol{u}}_i^P \tag{3.9}$$

のように関連付けられる．ここで，$\boldsymbol{A}_i$ は次のような回転行列である．

$$\boldsymbol{A}_i = \begin{bmatrix} \cos\phi_i & -\sin\phi_i \\ \sin\phi_i & \cos\phi_i \end{bmatrix} \tag{3.10}$$

式 (3.6) と式 (3.9) より，任意点 P の位置は次式のように表すことができる．

$$\boldsymbol{r}_i^P = \boldsymbol{R}_i + \boldsymbol{A}_i \overline{\boldsymbol{u}}_i^P \tag{3.11}$$

上式において，$\boldsymbol{R}_i$ は x_i, y_i からなり，$\boldsymbol{A}_i$ は ϕ_i の関数となっている．したがって，任意点 P の位置は，ボディ座標系からみた点 P の位置を表す定数ベクトル $\overline{\boldsymbol{u}}_i^P$ が与えられると，$\boldsymbol{q}_i = [x_i \;\; y_i \;\; \phi_i]^T$ によって一意に記述できることがわかる．

例題 3.1 図 3.4 に示すような部品について考える．寸法は図に記入しているとおりである．この部品が以下の位置，姿勢にあるとき，絶対座標系 Σ_0 からみた点 P と点 Q の位置を求めよ．

$$\boldsymbol{R}_1 = \begin{bmatrix} 1.4 \\ 0.8 \end{bmatrix}, \quad \phi_1 = 330^\circ \ (5.7596 \text{ rad})$$

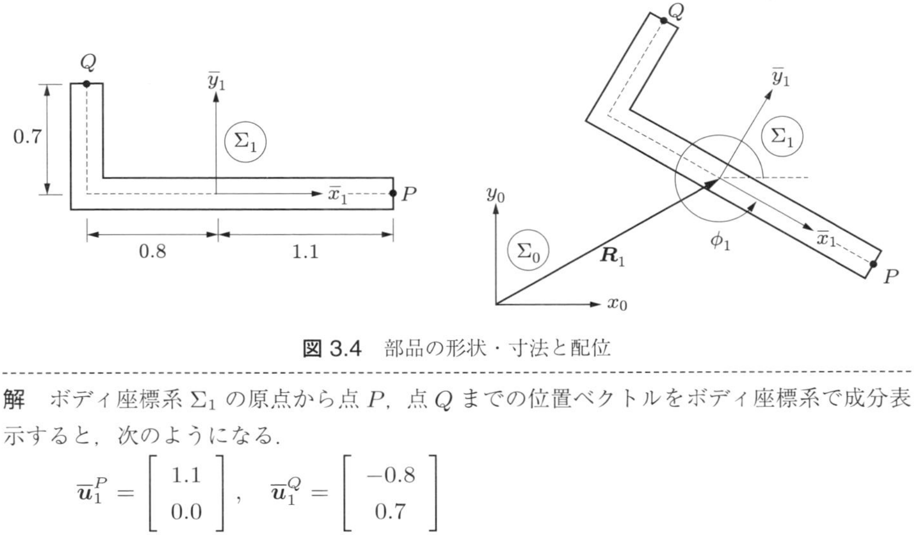

図 3.4 部品の形状・寸法と配位

解 ボディ座標系 Σ_1 の原点から点 P，点 Q までの位置ベクトルをボディ座標系で成分表示すると，次のようになる．

$$\overline{\boldsymbol{u}}_1^P = \begin{bmatrix} 1.1 \\ 0.0 \end{bmatrix}, \quad \overline{\boldsymbol{u}}_1^Q = \begin{bmatrix} -0.8 \\ 0.7 \end{bmatrix}$$

式 (3.10) より，回転行列は次のように計算できる．

$$\boldsymbol{A}_1 = \begin{bmatrix} \cos 330^\circ & -\sin 330^\circ \\ \sin 330^\circ & \cos 330^\circ \end{bmatrix} = \begin{bmatrix} \sqrt{3}/2 & 1/2 \\ -1/2 & \sqrt{3}/2 \end{bmatrix} = \begin{bmatrix} 0.8660 & 0.5000 \\ -0.5000 & 0.8660 \end{bmatrix}$$

式 (3.11) より，絶対座標系の原点からみた点 P の位置は次のように求められる．

$$\boldsymbol{r}_1^P = \boldsymbol{R}_1 + \boldsymbol{A}_1\overline{\boldsymbol{u}}_1^P = \begin{bmatrix} 1.4 \\ 0.8 \end{bmatrix} + \begin{bmatrix} 0.8660 & 0.5000 \\ -0.5000 & 0.8660 \end{bmatrix} \begin{bmatrix} 1.1 \\ 0.0 \end{bmatrix} = \begin{bmatrix} 2.3526 \\ 0.2500 \end{bmatrix}$$

同様に，絶対座標系の原点からみた点 Q の位置は次のように求められる．

$$\boldsymbol{r}_1^Q = \boldsymbol{R}_1 + \boldsymbol{A}_1\overline{\boldsymbol{u}}_1^Q = \begin{bmatrix} 1.4 \\ 0.8 \end{bmatrix} + \begin{bmatrix} 0.8660 & 0.5000 \\ -0.5000 & 0.8660 \end{bmatrix} \begin{bmatrix} -0.8 \\ 0.7 \end{bmatrix} = \begin{bmatrix} 1.0572 \\ 1.8062 \end{bmatrix}$$

3.2.3 速　度

任意点 P の速度は，式 (3.6) を時間で微分することにより，次式のように表せる．

$$\dot{\boldsymbol{r}}_i^P = \dot{\boldsymbol{R}}_i + \dot{\boldsymbol{u}}_i^P \tag{3.12}$$

点 P の速度は，式 (3.11) を時間で微分することにより，次式のようにも書ける．

$$\dot{\boldsymbol{r}}_i^P = \dot{\boldsymbol{R}}_i + \dot{\boldsymbol{A}}_i\overline{\boldsymbol{u}}_i^P \tag{3.13}$$

回転行列 $\boldsymbol{A}_i$ の時間微分は次のように計算できる．

$$\dot{\boldsymbol{A}}_i = \frac{d\boldsymbol{A}_i}{dt} = \frac{\partial \boldsymbol{A}_i}{\partial \phi_i}\frac{d\phi_i}{dt} = (\boldsymbol{A}_i)_{\phi_i}\dot{\phi}_i \tag{3.14}$$

$\boldsymbol{A}_i$ の ϕ_i に関する偏微分は，式 (3.10) を直接偏微分することにより，

$$(\boldsymbol{A}_i)_{\phi_i} = \frac{\partial \boldsymbol{A}_i}{\partial \phi_i} = \begin{bmatrix} -\sin\phi_i & -\cos\phi_i \\ \cos\phi_i & -\sin\phi_i \end{bmatrix} \tag{3.15}$$

のように得られる．ここで，次式の関係が成り立つことが確認できる．

$$\begin{aligned} \begin{bmatrix} -\sin\phi_i & -\cos\phi_i \\ \cos\phi_i & -\sin\phi_i \end{bmatrix} &= \begin{bmatrix} \cos\phi_i & -\sin\phi_i \\ \sin\phi_i & \cos\phi_i \end{bmatrix} \begin{bmatrix} 0 & -1 \\ 1 & 0 \end{bmatrix} \\ &= \begin{bmatrix} 0 & -1 \\ 1 & 0 \end{bmatrix} \begin{bmatrix} \cos\phi_i & -\sin\phi_i \\ \sin\phi_i & \cos\phi_i \end{bmatrix} \end{aligned}$$

したがって，次の行列

$$\boldsymbol{V} = \begin{bmatrix} 0 & -1 \\ 1 & 0 \end{bmatrix} \tag{3.16}$$

を用いると，式 (3.15) は次式のように表せる．

$$(\boldsymbol{A}_i)_{\phi_i} = \boldsymbol{A}_i\boldsymbol{V} = \boldsymbol{V}\boldsymbol{A}_i \tag{3.17}$$

たとえば，上式の中辺の表現を用いることにすると，式 (3.14) は次式のように表せる．

$$\dot{\boldsymbol{A}}_i = \boldsymbol{A}_i\boldsymbol{V}\dot{\phi}_i \tag{3.18}$$

上式を式 (3.13) に代入することにより，任意点 P の速度は次のように表せる．

$$\dot{\boldsymbol{r}}_i^P = \dot{\boldsymbol{R}}_i + \boldsymbol{A}_i\boldsymbol{V}\overline{\boldsymbol{u}}_i^P\dot{\phi}_i = \boldsymbol{L}_i\dot{\boldsymbol{q}}_i \tag{3.19}$$

ここで，$\dot{\boldsymbol{q}}_i = [\dot{\boldsymbol{R}}_i^T \ \ \dot{\phi}_i]^T$ は一般化座標の時間微分であり，**一般化速度** (generalized velocity) とよばれる．また，$\boldsymbol{L}_i$ は次のように定義される 2×3 次元行列である．

$$\boldsymbol{L}_i = [\boldsymbol{E} \ \ \boldsymbol{A}_i\boldsymbol{V}\overline{\boldsymbol{u}}_i^P] \tag{3.20}$$

式 (3.12) と式 (3.19) を比較すると，式 (3.19) の中辺第 2 項が $\dot{\boldsymbol{u}}_i^P$ に相当することがわかる．さらに，式 (3.17) の関係を考慮すると，$\dot{\boldsymbol{u}}_i^P$ は次のように表すことができる．

$$\dot{\boldsymbol{u}}_i^P = \boldsymbol{A}_i\boldsymbol{V}\overline{\boldsymbol{u}}_i^P\dot{\phi}_i = \boldsymbol{V}\boldsymbol{A}_i\overline{\boldsymbol{u}}_i^P\dot{\phi}_i = \boldsymbol{V}\boldsymbol{u}_i^P\dot{\phi}_i = \boldsymbol{u}_i^{P\perp}\dot{\phi}_i \tag{3.21}$$

ここで，$\boldsymbol{u}_i^{P\perp}$ は $\boldsymbol{u}_i^P$ を反時計回りに 90° 回転したベクトルである．したがって，$\dot{\boldsymbol{u}}_i^P$ は図 3.5 (a) に示すように $\boldsymbol{u}_i^P$ に直交する方向となり，その大きさは $|\boldsymbol{u}_i^P|\dot{\phi}_i$ である．この $\dot{\boldsymbol{u}}_i^P$ に絶対座標系の原点からみた点 O_i の速度 $\dot{\boldsymbol{R}}_i$ を加えたものが，点 P の絶対速度 $\dot{\boldsymbol{r}}_i^P$ である．

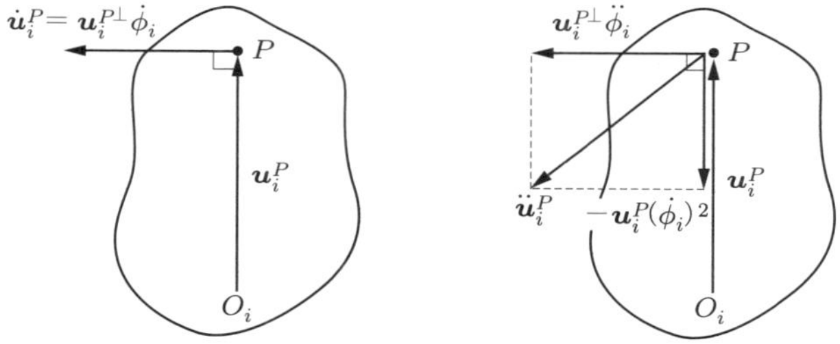

（a）速度　　（b）加速度

図 3.5 ベクトル $\boldsymbol{u}_i^P$ の速度，加速度

例題 3.2 例題 3.1 の状態において，部品が次の速度をもつとき，絶対座標系からみた点 P の速度を求めよ．

$$\dot{\boldsymbol{R}}_1 = \begin{bmatrix} 0.5 \\ -0.9 \end{bmatrix}, \quad \dot{\phi}_1 = 1.2 \text{ rad/s}$$

解 例題 3.1 で求めた $\boldsymbol{A}_1$ を用いて次の計算を行う．

$$\boldsymbol{A}_1\boldsymbol{V} = \begin{bmatrix} 0.8660 & 0.5000 \\ -0.5000 & 0.8660 \end{bmatrix}\begin{bmatrix} 0 & -1 \\ 1 & 0 \end{bmatrix} = \begin{bmatrix} 0.5000 & -0.8660 \\ 0.8660 & 0.5000 \end{bmatrix}$$

式 (3.19) より，絶対座標系の原点からみた点 P の速度は次のように求められる．

$$\dot{\boldsymbol{r}}_1^P = \dot{\boldsymbol{R}}_1 + \boldsymbol{A}_1\boldsymbol{V}\overline{\boldsymbol{u}}_1^P\dot{\phi}_1 = \begin{bmatrix} 0.5 \\ -0.9 \end{bmatrix} + \begin{bmatrix} 0.5000 & -0.8660 \\ 0.8660 & 0.5000 \end{bmatrix}\begin{bmatrix} 1.1 \\ 0.0 \end{bmatrix} \times 1.2$$

$$= \begin{bmatrix} 1.1600 \\ 0.2431 \end{bmatrix}$$

3.2.4　加速度

任意点 P の加速度は，式 (3.12) を時間で微分することにより，次式のように表せる．

$$\ddot{\boldsymbol{r}}_i^P = \ddot{\boldsymbol{R}}_i + \ddot{\boldsymbol{u}}_i^P \tag{3.22}$$

点 P の加速度は，式 (3.19) を時間で微分することにより，次式のようにも書ける．

$$\ddot{\boldsymbol{r}}_i^P = \ddot{\boldsymbol{R}}_i + \boldsymbol{A}_i\boldsymbol{V}\overline{\boldsymbol{u}}_i^P\ddot{\phi}_i + \dot{\boldsymbol{A}}_i\boldsymbol{V}\overline{\boldsymbol{u}}_i^P\dot{\phi}_i \tag{3.23}$$

また，式 (3.18) および式 (2.59) の関係 $\boldsymbol{V}\boldsymbol{V} = -\boldsymbol{E}$ より，次式が成り立つ．

$$\dot{\boldsymbol{A}}_i\boldsymbol{V} = \boldsymbol{A}_i\boldsymbol{V}\boldsymbol{V}\dot{\phi}_i = -\boldsymbol{A}_i\dot{\phi}_i \tag{3.24}$$

式 (3.24) を式 (3.23) に代入することにより，任意点 P の加速度は次のように表せる．

$$\ddot{\boldsymbol{r}}_i^P = \ddot{\boldsymbol{R}}_i + \boldsymbol{A}_i\boldsymbol{V}\overline{\boldsymbol{u}}_i^P\ddot{\phi}_i - \boldsymbol{A}_i\overline{\boldsymbol{u}}_i^P(\dot{\phi}_i)^2 = \boldsymbol{L}_i\ddot{\boldsymbol{q}}_i + \boldsymbol{a}_i^v \tag{3.25}$$

ここで，$\ddot{\boldsymbol{q}}_i = [\ddot{\boldsymbol{R}}_i^T \ \ \ddot{\phi}_i]^T$ は一般化速度の時間微分であり，**一般化加速度** (generalized acceleration) とよばれる．また，$\boldsymbol{a}_i^v$ は次のような加速度成分である．

$$\boldsymbol{a}_i^v = -\boldsymbol{A}_i\overline{\boldsymbol{u}}_i^P(\dot{\phi}_i)^2 \tag{3.26}$$

式 (3.22) と式 (3.25) を比較すると，式 (3.25) の中辺第 2 項および第 3 項が $\ddot{\boldsymbol{u}}_i^P$ に相当することがわかる．すなわち，$\ddot{\boldsymbol{u}}_i^P$ は次のように表せる．

$$\ddot{\boldsymbol{u}}_i^P = \boldsymbol{A}_i\boldsymbol{V}\overline{\boldsymbol{u}}_i^P\ddot{\phi}_i - \boldsymbol{A}_i\overline{\boldsymbol{u}}_i^P(\dot{\phi}_i)^2 = \boldsymbol{u}_i^{P\perp}\ddot{\phi}_i - \boldsymbol{u}_i^P(\dot{\phi}_i)^2 \tag{3.27}$$

上式より，$\ddot{\boldsymbol{u}}_i^P$ は図 3.5 (b) に示すように，$\boldsymbol{u}_i^P$ に直交する接線加速度成分 $\boldsymbol{u}_i^{P\perp}\ddot{\phi}_i$ と $\boldsymbol{u}_i^P$ に平行で向きが反対の求心加速度成分 $-\boldsymbol{u}_i^P(\dot{\phi}_i)^2 = \boldsymbol{a}_i^v$ を合成したものであると解釈することができる．この $\ddot{\boldsymbol{u}}_i^P$ に絶対座標系の原点からみた点 O_i の加速度 $\ddot{\boldsymbol{R}}_i$ を加えたものが，点 P の絶対加速度 $\ddot{\boldsymbol{r}}_i^P$ である．

例題 3.3　例題 3.1 および例題 3.2 の状態において，部品が次の加速度をもつとき，絶対座標系からみた点 P の加速度を求めよ．

$$\ddot{\boldsymbol{R}}_1 = \begin{bmatrix} -0.2 \\ 0.2 \end{bmatrix}, \quad \ddot{\phi}_1 = 3.4 \text{ rad/s}$$

解　式 (3.25) より，絶対座標系の原点からみた点 P の加速度は次のように求められる．

$$\begin{aligned}\ddot{\boldsymbol{r}}_1^P &= \ddot{\boldsymbol{R}}_1 + \boldsymbol{A}_1\boldsymbol{V}\overline{\boldsymbol{u}}_1^P\ddot{\phi}_1 - \boldsymbol{A}_1\overline{\boldsymbol{u}}_1^P(\dot{\phi}_1)^2 \\ &= \begin{bmatrix} -0.2 \\ 0.2 \end{bmatrix} + \begin{bmatrix} 0.5000 & -0.8660 \\ 0.8660 & 0.5000 \end{bmatrix}\begin{bmatrix} 1.1 \\ 0.0 \end{bmatrix} \times 3.4 \\ &\quad - \begin{bmatrix} 0.8660 & 0.5000 \\ -0.5000 & 0.8660 \end{bmatrix}\begin{bmatrix} 1.1 \\ 0.0 \end{bmatrix} \times (1.2)^2 = \begin{bmatrix} 0.2983 \\ 4.2308 \end{bmatrix}\end{aligned}$$

演習問題

3.1　点 P はボディ座標系で $\overline{\boldsymbol{u}}_i^P = [1.3 \quad -2.2]^T$，絶対座標系で $\boldsymbol{r}_i^P = [-1.7 \quad 0.5]^T$ の位置にあるとする．ボディの姿勢角が $\phi_i = 32°$ であるとき，絶対座標系の原点からみたボディ座標系の原点の位置 $\boldsymbol{R}_i$ を求めよ．

3.2　ボディ i は $\boldsymbol{R}_i = [3.2 \quad 2.8]^T$，$\phi_i = 80°$ の位置，姿勢にあるとする．点 A と点 B は，ボディ座標系からみてそれぞれ $\overline{\boldsymbol{u}}_i^A = [-1.1 \quad -0.4]^T$，$\overline{\boldsymbol{u}}_i^B = [1.9 \quad 2.3]^T$ の位置にある．点 C は絶対座標系からみて $\boldsymbol{r}_i^C = [5.3 \quad 4.0]^T$ の位置にある．このとき，以下を求めよ．

(1) 絶対座標系からみた点 A の位置 $\boldsymbol{r}_i^A$

(2) ボディ座標系からみた点 B の位置 $\boldsymbol{u}_i^B$（絶対座標系表示）

(3) ボディ座標系からみた点 C の位置 $\overline{\boldsymbol{u}}_i^C$（ボディ座標系表示）

3.3　例題 3.1 の部品が例題 3.2，例題 3.3 の状態にあるとき，絶対座標系からみた点 Q の速度および加速度を求めよ．

[力学物語 1]　古代，中世，ルネサンス期の運動研究

人類は古くから天体の運動や地上物体の運動に興味をもち，さまざまな考察を行っていた．

古代ギリシャ時代は，多くの科学の基礎が芽生えた時代である．紀元前 4 世紀に活躍したアリストテレスは観察を重視し，あらゆる自然現象を解釈しようとした．その中には「重いものと軽いものを同時に落とすと重いもののほうが先に落ちる」のように，実際の現象とは矛盾する説明も多くあった．彼は，月より上を天上界，それより下を地上界とし，「天上の世界は円運動であり，地上界の基本運動は直線運動である」として，天上界と地上界とでは物体は異なる法則に従って運動していると考えた．

中世ヨーロッパでは，12 世紀中ごろまでにボローニャ大学，パリ大学，オックスフォード大学などが設立され，これらの大学で天文学や物理学を含む「自然学」も研究された．12～14 世紀にかけても自然学の中心はアリストテレスの学説であったが，この学説には矛盾があることが指摘されはじめ，自然現象についての独自の研究が大学等で進められた．たとえば，14 世紀，オックスフォード大学のブラドワーディンは，重さの異なる二つの物体を同じ高さから落とせば同時に地面に落下することを推論した（実験はしていない）．ガリレオより 300 年も前のことである．

14 世紀ごろには，火薬と大砲の出現により投射体の運動についての関心が高まり，16 世紀，後期ルネサンスになると，軍事技術上の必要性から弾道学が生まれた．また，航海術と占星術で盛んになった天文観測は，学者に天体運動への関心を呼び起こした．イタリアのタルターリャは古代ギリシャ時代のアルキメデスの論文を翻訳し，実験を重視するアルキメデスの方法「仮説を立てて実験で確かめる」を広め，近代科学の成立に一つの流れを作った．ステヴィンはオランダの軍事技術者であるが，高所から重さの異なる鉛の球を地上に落とせば同時に音を発する（着地する）という実験を行った．ステヴィンは十進小数表現の発明者であり，のちにケプラーの助手となって天文計算を助けている．

第4章 運動学的拘束

マルチボディシステムでは個々のボディが自由に運動できるのではなく，図 1.4 のようにさまざまな拘束を受けて互いに連成している．本章では，マルチボディシステムに現れる代表的な運動学的拘束とその数式表現について述べる．ここで定式化された各種の拘束方程式は，以降の章において運動学解析および動力学解析を行うために利用される．

4.1 基本拘束

ボディの特定の自由度やボディ上の特定の点の座標に拘束を加えるものを**基本拘束** (primitive constraint) という．ボディ i の運動は図 4.1 のように，一般化座標 $\boldsymbol{q}_i = [\boldsymbol{R}_i^T \ \ \phi_i]^T = [x_i \ \ y_i \ \ \phi_i]^T$ によって記述される．たとえば，ボディ i の y 座標が常に 2.5 という値をとる場合，その拘束条件は $y_i - 2.5 = 0$ となる．それぞれの自由度に関する基本拘束は，以下のように記述できる．

$$C^{sx}(\boldsymbol{q}_i) = x_i - c_x = 0 \tag{4.1}$$

$$C^{sy}(\boldsymbol{q}_i) = y_i - c_y = 0 \tag{4.2}$$

$$C^{s\phi}(\boldsymbol{q}_i) = \phi_i - c_\phi = 0 \tag{4.3}$$

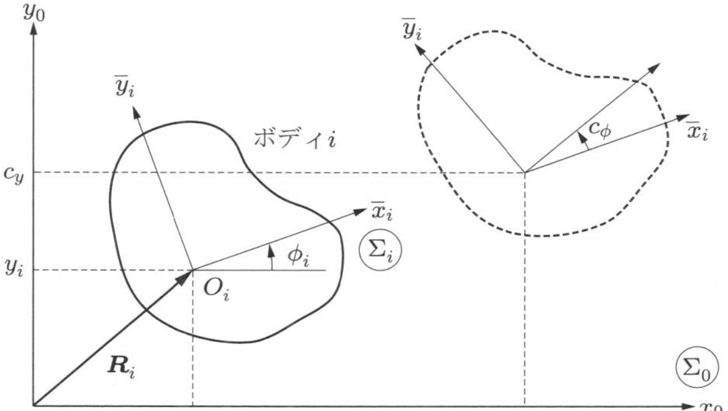

図 4.1 自由度に関する基本拘束

ここで，c_x, c_y, および c_ϕ は定数である．本書では，全般にわたって拘束条件を $C=0$ の形で記述し，C にラベルや数字を付してその種類や順番を表す．

図 4.2 において，ボディ i 上の点 P_i の位置は次式により計算できる．

$$\boldsymbol{r}_i^P = \boldsymbol{R}_i + \boldsymbol{A}_i \overline{\boldsymbol{u}}_i^P \tag{4.4}$$

上式を詳細に書くと，次のようになる．

$$\begin{bmatrix} x_i^P \\ y_i^P \end{bmatrix} = \begin{bmatrix} x_i \\ y_i \end{bmatrix} + \begin{bmatrix} \cos\phi_i & -\sin\phi_i \\ \sin\phi_i & \cos\phi_i \end{bmatrix} \begin{bmatrix} \overline{x}_i^P \\ \overline{y}_i^P \end{bmatrix} = \begin{bmatrix} x_i + \overline{x}_i^P \cos\phi_i - \overline{y}_i^P \sin\phi_i \\ y_i + \overline{x}_i^P \sin\phi_i + \overline{y}_i^P \cos\phi_i \end{bmatrix} \tag{4.5}$$

同様に，ボディ j 上の点 P_j の位置は次式により計算できる．

$$\boldsymbol{r}_j^P = \boldsymbol{R}_j + \boldsymbol{A}_j \overline{\boldsymbol{u}}_j^P \tag{4.6}$$

上式を詳細に書くと，次のようになる．

$$\begin{bmatrix} x_j^P \\ y_j^P \end{bmatrix} = \begin{bmatrix} x_j \\ y_j \end{bmatrix} + \begin{bmatrix} \cos\phi_j & -\sin\phi_j \\ \sin\phi_j & \cos\phi_j \end{bmatrix} \begin{bmatrix} \overline{x}_j^P \\ \overline{y}_j^P \end{bmatrix} = \begin{bmatrix} x_j + \overline{x}_j^P \cos\phi_j - \overline{y}_j^P \sin\phi_j \\ y_j + \overline{x}_j^P \sin\phi_j + \overline{y}_j^P \cos\phi_j \end{bmatrix} \tag{4.7}$$

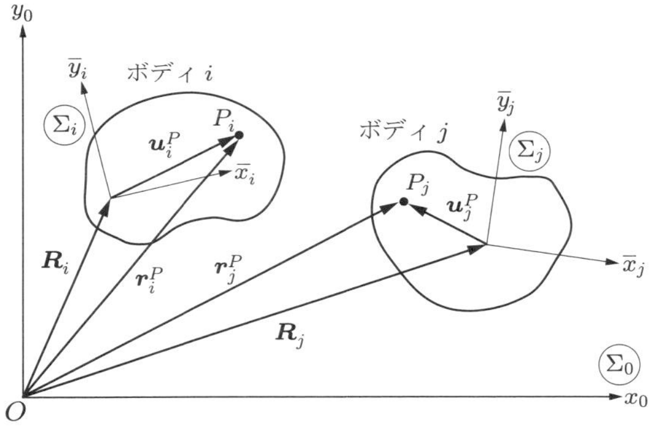

図 4.2　ボディ i とボディ j

よって，図 4.3 に示すように点 P_i の x 座標と点 P_j の x 座標の差が常に c_x である場合，その拘束条件は以下のように記述できる．

$$\begin{aligned} C^x(\boldsymbol{q}_i, \boldsymbol{q}_j) &= x_j^P - x_i^P - c_x \\ &= x_j + \overline{x}_j^P \cos\phi_j - \overline{y}_j^P \sin\phi_j - x_i - \overline{x}_i^P \cos\phi_i + \overline{y}_i^P \sin\phi_i - c_x = 0 \end{aligned} \tag{4.8}$$

同様に，点 P_i の y 座標と点 P_j の y 座標の差が常に c_y である場合，その拘束条件は次式のように表せる．

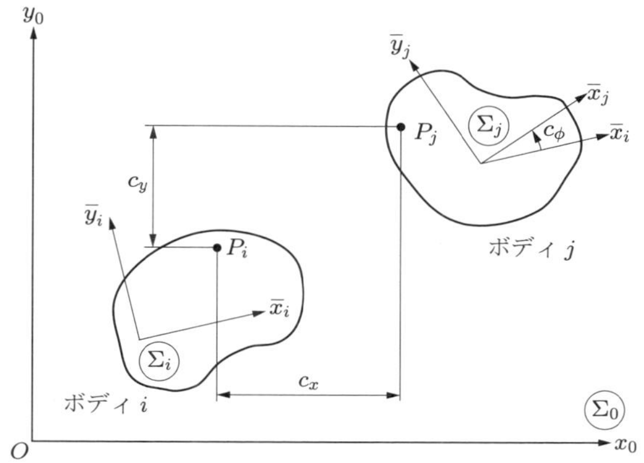

図 4.3 座標に関する基本拘束

$$
\begin{aligned}
C^y(\boldsymbol{q}_i, \boldsymbol{q}_j) &= y_j^P - y_i^P - c_y \\
&= y_j + \overline{x}_j^P \sin\phi_j + \overline{y}_j^P \cos\phi_j - y_i - \overline{x}_i^P \sin\phi_i - \overline{y}_i^P \cos\phi_i - c_y = 0 \quad (4.9)
\end{aligned}
$$

また，ボディ i の姿勢とボディ j の姿勢の差が常に c_ϕ である場合，拘束方程式は次式のようになる．

$$
C^\phi(\boldsymbol{q}_i, \boldsymbol{q}_j) = \phi_j - \phi_i - c_\phi = 0 \quad (4.10)
$$

例題 4.1 図 4.4 に示すような両端点が溝に沿って動く棒について考える．点 O_1，および点 P に関する拘束条件を記述せよ．

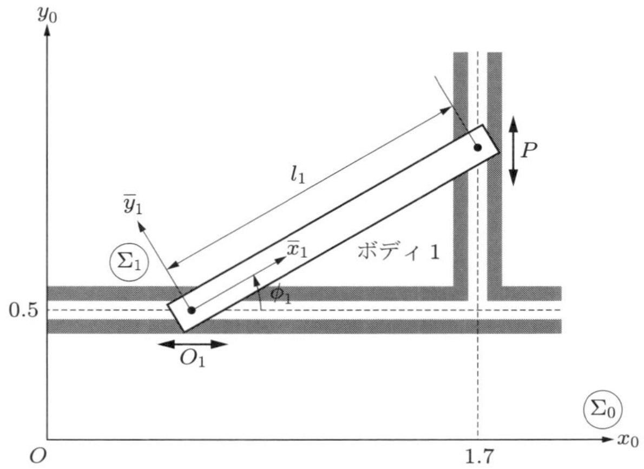

図 4.4 溝に沿って動く棒

解　点 O_1 はボディ座標系の原点であり，その y 座標が常に 0.5 の値をとるので，

$$C^1(\boldsymbol{q}_1) = y_1 - 0.5 = 0 \tag{4.11}$$

が成り立つ必要がある．一方，絶対座標系の原点からみた点 P の位置は

$$\boldsymbol{r}_1^P = \boldsymbol{R}_1 + \boldsymbol{A}_1\overline{\boldsymbol{u}}_1^P = \begin{bmatrix} x_1 \\ y_1 \end{bmatrix} + \begin{bmatrix} \cos\phi_1 & -\sin\phi_1 \\ \sin\phi_1 & \cos\phi_1 \end{bmatrix} \begin{bmatrix} l_1 \\ 0 \end{bmatrix} = \begin{bmatrix} x_1 + l_1\cos\phi_1 \\ y_1 + l_1\sin\phi_1 \end{bmatrix}$$

のように計算できる．点 P の x 座標が常に 1.7 の値をとるので，

$$C^2(\boldsymbol{q}_1) = x_1 + l_1\cos\phi_1 - 1.7 = 0 \tag{4.12}$$

が成り立つ必要がある．

4.2　距離拘束

2 点間の距離を一定に保つように拘束を加えるものを**距離拘束** (distance constraint) という．図 4.5 (a) に示すように，ボディ i 上の点 P_i が，絶対座標系に対して固定された点 Q を中心とする半径 c (> 0) の円弧上を移動できるとする．原点から点 Q までのベクトルを $\boldsymbol{r}_0^Q$ とすると，拘束条件は次のように記述できる．

$$C^{sd}(\boldsymbol{q}_i) = (\boldsymbol{r}_i^P - \boldsymbol{r}_0^Q)^T(\boldsymbol{r}_i^P - \boldsymbol{r}_0^Q) - c^2 = 0 \tag{4.13}$$

また，図 4.5 (b) に示すように，ボディ i 上の点 P_i とボディ j 上の点 P_j が一定の距離 c (> 0) に保たれるとき，その拘束条件は次のように記述できる．

$$C^d(\boldsymbol{q}_i, \boldsymbol{q}_j) = (\boldsymbol{r}_i^P - \boldsymbol{r}_j^P)^T(\boldsymbol{r}_i^P - \boldsymbol{r}_j^P) - c^2 = 0 \tag{4.14}$$

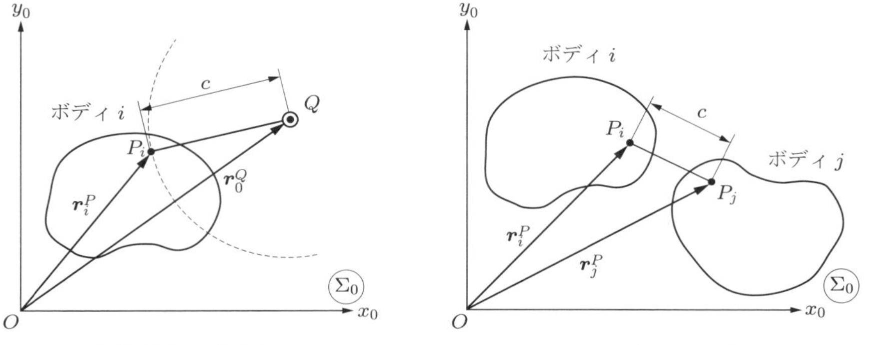

（a）動点 P_i と定点 Q　　（b）動点 P_i と動点 P_j

図 4.5　距離拘束

4.3 回転ジョイント

二つのボディが**回転ジョイント** (revolute joint) によって結合されると，それらの相対的な回転のみが可能となる．図 4.6(a) は，ボディ i とボディ j が点 P においてて回転ジョイントによって結合された様子を示している．図より明らかなように，ボディ i 上の点 $P(P_i)$ を絶対座標系で表した位置ベクトル $\boldsymbol{r}_i^P$ と，ボディ j 上の点 $P(P_j)$ を絶対座標系で表した位置ベクトル $\boldsymbol{r}_j^P$ が一致しなければならないので，回転ジョイントの運動学的拘束は次式のように表せる．

$$\boldsymbol{C}^r(\boldsymbol{q}_i, \boldsymbol{q}_j) = \boldsymbol{r}_i^P - \boldsymbol{r}_j^P = \boldsymbol{R}_i + \boldsymbol{A}_i\overline{\boldsymbol{u}}_i^P - \boldsymbol{R}_j - \boldsymbol{A}_j\overline{\boldsymbol{u}}_j^P = \boldsymbol{0} \tag{4.15}$$

上式を展開して詳細に記述すると，次のようになる．

$$\boldsymbol{C}^r(\boldsymbol{q}_i, \boldsymbol{q}_j) = \begin{bmatrix} x_i + \overline{x}_i^P \cos\phi_i - \overline{y}_i^P \sin\phi_i - x_j - \overline{x}_j^P \cos\phi_j + \overline{y}_j^P \sin\phi_j \\ y_i + \overline{x}_i^P \sin\phi_i + \overline{y}_i^P \cos\phi_i - y_j - \overline{x}_j^P \sin\phi_j - \overline{y}_j^P \cos\phi_j \end{bmatrix} = \boldsymbol{0} \tag{4.16}$$

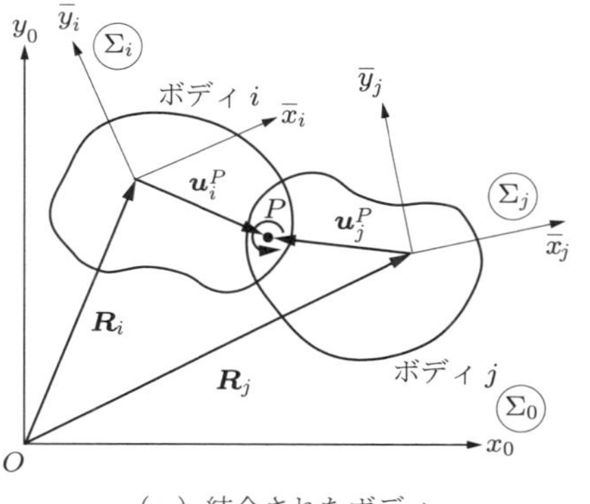

（a）結合されたボディ

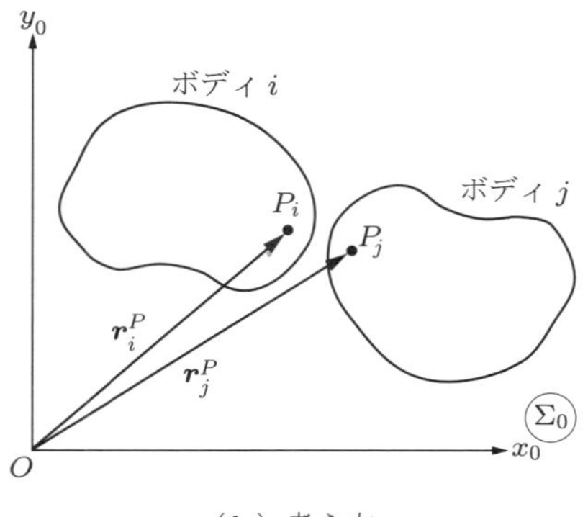

（b）考え方

図 4.6 回転ジョイント

例題 4.2 図 4.7 に示すような，二つのボディが回転ジョイントによって結合された 2 関節ロボットアームについて考える．点 O および点 P における拘束条件を示せ．

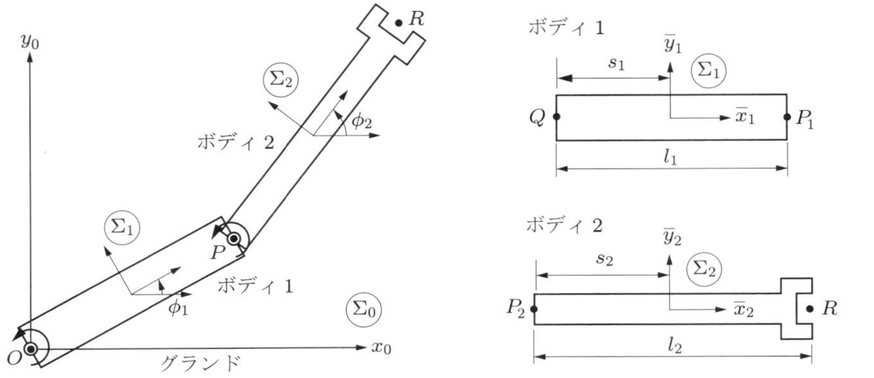

図 4.7　2 関節ロボットアーム

解　ボディ 1 上の点 Q の位置は，次のように計算できる．

$$\boldsymbol{r}_1^Q = \boldsymbol{R}_1 + \boldsymbol{A}_1\overline{\boldsymbol{u}}_1^Q = \begin{bmatrix} x_1 \\ y_1 \end{bmatrix} + \begin{bmatrix} \cos\phi_1 & -\sin\phi_1 \\ \sin\phi_1 & \cos\phi_1 \end{bmatrix} \begin{bmatrix} -s_1 \\ 0 \end{bmatrix} = \begin{bmatrix} x_1 - s_1\cos\phi_1 \\ y_1 - s_1\sin\phi_1 \end{bmatrix}$$

点 Q が点 O に一致しないといけないことから，点 O における回転ジョイント拘束は

$$\boldsymbol{C}^1(\boldsymbol{q}_1) = \boldsymbol{r}_1^Q = \begin{bmatrix} x_1 - s_1\cos\phi_1 \\ y_1 - s_1\sin\phi_1 \end{bmatrix} = \boldsymbol{0}$$

のように表せる．一方，ボディ 1 上の点 P_1 の位置は，次のように計算できる．

$$\boldsymbol{r}_1^P = \boldsymbol{R}_1 + \boldsymbol{A}_1\overline{\boldsymbol{u}}_1^P = \begin{bmatrix} x_1 \\ y_1 \end{bmatrix} + \begin{bmatrix} \cos\phi_1 & -\sin\phi_1 \\ \sin\phi_1 & \cos\phi_1 \end{bmatrix} \begin{bmatrix} l_1 - s_1 \\ 0 \end{bmatrix} = \begin{bmatrix} x_1 + (l_1 - s_1)\cos\phi_1 \\ y_1 + (l_1 - s_1)\sin\phi_1 \end{bmatrix}$$

また，ボディ 2 上の点 P_2 の位置は，次のように計算できる．

$$\boldsymbol{r}_2^P = \boldsymbol{R}_2 + \boldsymbol{A}_2\overline{\boldsymbol{u}}_2^P = \begin{bmatrix} x_2 \\ y_2 \end{bmatrix} + \begin{bmatrix} \cos\phi_2 & -\sin\phi_2 \\ \sin\phi_2 & \cos\phi_2 \end{bmatrix} \begin{bmatrix} -s_2 \\ 0 \end{bmatrix} = \begin{bmatrix} x_2 - s_2\cos\phi_2 \\ y_2 - s_2\sin\phi_2 \end{bmatrix}$$

点 P_1 と点 P_2 が一致しないといけないことから，点 P における回転ジョイント拘束は

$$\boldsymbol{C}^2(\boldsymbol{q}_1, \boldsymbol{q}_2) = \boldsymbol{r}_1^P - \boldsymbol{r}_2^P = \begin{bmatrix} x_1 + (l_1 - s_1)\cos\phi_1 - x_2 + s_2\cos\phi_2 \\ y_1 + (l_1 - s_1)\sin\phi_1 - y_2 + s_2\sin\phi_2 \end{bmatrix} = \boldsymbol{0}$$

のように表せる．

4.4　直動ジョイント

二つのボディが**直動ジョイント** (prismatic joint) によって結合されると，関節軸に沿ったそれらの相対的な並進運動のみが可能となる．図 4.8(a) は，ボディ i とボディ j が直動ジョイントによって結合された様子を示している．図において，ボディ

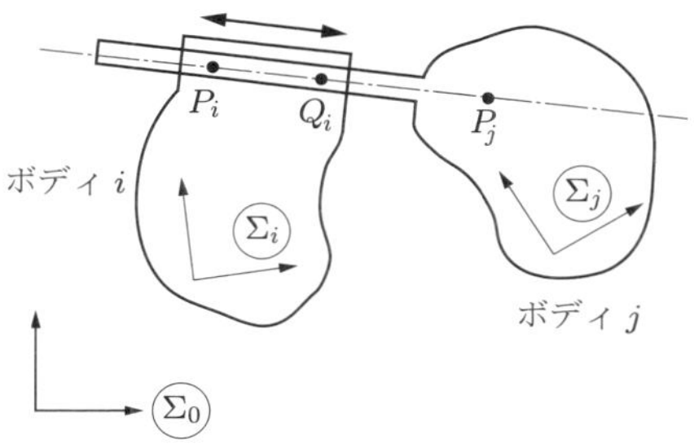

（a）結合されたボディ

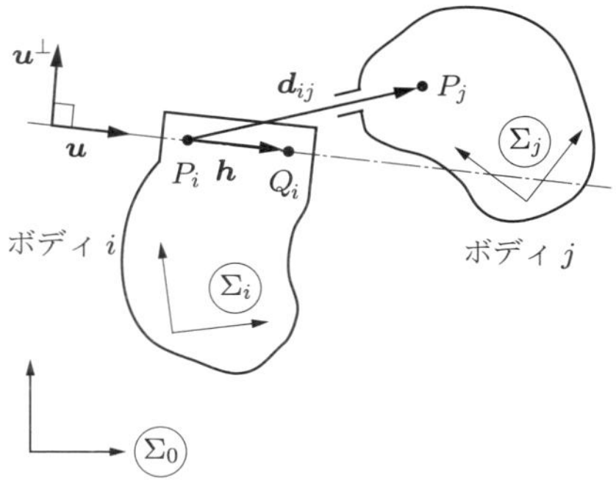

（b）考え方

図 4.8 直動ジョイント

i 上の点 P_i と点 Q_i，およびボディ j 上の点 P_j は，関節軸に沿った直線上にあるものとする．点 P_i から点 P_j へのベクトル $\boldsymbol{d}_{ij}$ を絶対座標系で表示すると，次式のようになる．

$$\boldsymbol{d}_{ij} = \boldsymbol{r}_j^P - \boldsymbol{r}_i^P = \boldsymbol{R}_j + \boldsymbol{A}_j\overline{\boldsymbol{u}}_j^P - \boldsymbol{R}_i - \boldsymbol{A}_i\overline{\boldsymbol{u}}_i^P \tag{4.17}$$

一方，点 P_i から点 Q_i へのベクトル $\boldsymbol{h}$ を絶対座標系で表すと，次のようになる．

$$\boldsymbol{h} = \boldsymbol{A}_i(\overline{\boldsymbol{u}}_i^Q - \overline{\boldsymbol{u}}_i^P) \tag{4.18}$$

このとき，直動ジョイントの可動軸方向の単位ベクトルは，$\boldsymbol{u} = (1/h)\boldsymbol{h}$ により計算できる．3 点 P_i, Q_i, P_j が同一直線上にあるためには，次式が成り立つ必要がある．

$$\boldsymbol{d}_{ij}^T\boldsymbol{u}^\perp = (\boldsymbol{r}_j^P - \boldsymbol{r}_i^P)^T\boldsymbol{u}^\perp = 0 \tag{4.19}$$

さらに，二つのボディの相対的な回転の自由度を消去する拘束条件は

$$\phi_j - \phi_i - c = 0 \tag{4.20}$$

のように記述できる．ここで，$c = \phi_j^0 - \phi_i^0$ は定数，ϕ_j^0, ϕ_i^0 は初期時刻において直動ジョイント拘束が満たされるときのボディ j とボディ i の角度である．したがって，式 (4.19) と式 (4.20) を連立することにより，直動ジョイントの運動学的拘束は次式のように表せる．

$$\boldsymbol{C}^t(\boldsymbol{q}_i, \boldsymbol{q}_j) = \begin{bmatrix} (\boldsymbol{r}_j^P - \boldsymbol{r}_i^P)^T\boldsymbol{u}^\perp \\ \phi_j - \phi_i - c \end{bmatrix} = \boldsymbol{0} \tag{4.21}$$

例題 4.3 図 4.9(a) に示すような第 1 関節が回転ジョイント，第 2 関節が直動ジョイントの 2 関節ロボットについて考える．ボディ 1 とボディ 2 の間の直動ジョイントの拘束条件を示せ．

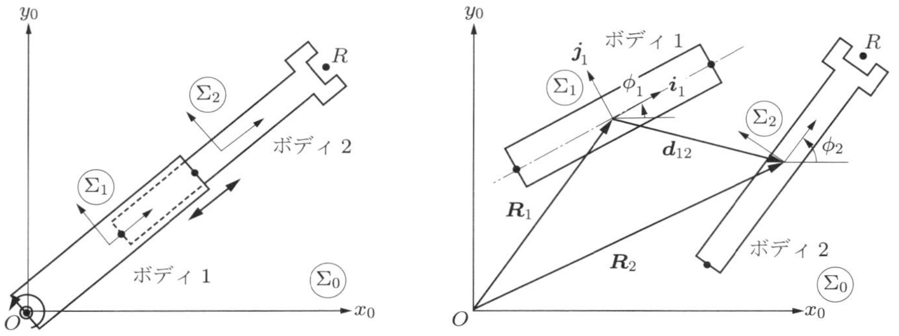

（a）結合されたボディ　　　　（b）考え方

図 4.9　回転・直動型の 2 関節ロボット

解　ボディ座標系 Σ_1 および Σ_2 の原点が直動ジョイントの可動軸上にあるため，

$$\boldsymbol{d}_{12} = \boldsymbol{r}_2^O - \boldsymbol{r}_1^O = \boldsymbol{R}_2 - \boldsymbol{R}_1 = \begin{bmatrix} x_2 - x_1 \\ y_2 - y_1 \end{bmatrix}$$

である．ボディ 1 上に定義する直動ジョイントの可動軸方向の単位ベクトル $\overline{\boldsymbol{u}}$ は，$\overline{x}_1$ 軸方向の単位ベクトル $\overline{\boldsymbol{i}}_1 = [1 \quad 0]^T$ と一致する．絶対座標系で成分表示すると

$$\boldsymbol{u} = \boldsymbol{i}_1 = \boldsymbol{A}_1 \overline{\boldsymbol{i}}_1 = \begin{bmatrix} \cos\phi_1 & -\sin\phi_1 \\ \sin\phi_1 & \cos\phi_1 \end{bmatrix} \begin{bmatrix} 1 \\ 0 \end{bmatrix} = \begin{bmatrix} \cos\phi_1 \\ \sin\phi_1 \end{bmatrix}$$

のようになる．よって，$\boldsymbol{u}$ を反時計回りに 90° 回転させたベクトル $\boldsymbol{u}^{\perp}$ は

$$\boldsymbol{u}^{\perp} = \boldsymbol{j}_1 = \boldsymbol{V}\boldsymbol{u} = \begin{bmatrix} 0 & -1 \\ 1 & 0 \end{bmatrix} \begin{bmatrix} \cos\phi_1 \\ \sin\phi_1 \end{bmatrix} = \begin{bmatrix} -\sin\phi_1 \\ \cos\phi_1 \end{bmatrix}$$

のように求められる．これより，式 (4.19) の同軸条件は次式のようになる．

$$\boldsymbol{d}_{12}^T \boldsymbol{u}^{\perp} = (\boldsymbol{r}_2^O - \boldsymbol{r}_1^O)^T \boldsymbol{u}^{\perp} = -(x_2 - x_1)\sin\phi_1 + (y_2 - y_1)\cos\phi_1 = 0$$

さらに，二つのボディの相対的な回転の自由度を消去する拘束条件式 (4.20) は

$$\phi_2 - \phi_1 = 0$$

となる．以上より，ボディ 1,2 間の直動ジョイントの拘束条件は次式のように表せる．

$$\boldsymbol{C}(\boldsymbol{q}_1, \boldsymbol{q}_2) = \begin{bmatrix} -(x_2 - x_1)\sin\phi_1 + (y_2 - y_1)\cos\phi_1 \\ \phi_2 - \phi_1 \end{bmatrix} = \boldsymbol{0} \tag{4.22}$$

4.5 歯　車

図 4.10(a) に**歯車** (gear) の例を示す．ボディ i とボディ j のそれぞれの中心点を P_i, P_j，ピッチ円半径を R_i, R_j，最初のかみ合い点を Q_i, Q_j，現在のかみ合い点を

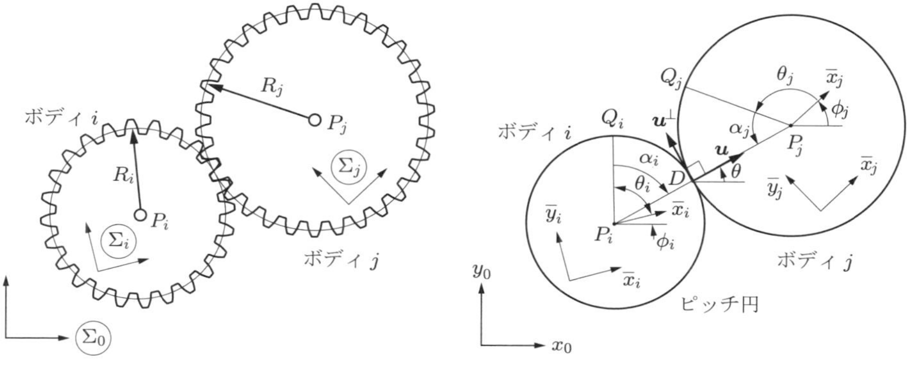

（a）結合されたボディ （b）考え方

図 4.10 歯車

D とする．二つの歯車の中心間距離 $R_i + R_j$ は一定でなければならないが，この条件は距離拘束によって記述することができる．そこで，以下では歯車が滑ることなく回転するための拘束条件について考える．

線分 P_iP_j が x_0 軸となす角を θ，線分 P_iQ_i が $\bar{x}_i$ 軸となす角を θ_i，線分 P_jQ_j が $\bar{x}_j$ 軸となす角を θ_j，$\angle Q_iP_iP_j = \alpha_i$，$\angle Q_jP_jP_i = \alpha_j$ とする．円弧 DQ_i と円弧 DQ_j の長さが等しいので

$$R_i\alpha_i = R_j\alpha_j \tag{4.23}$$

が成り立つ．また，幾何学的な関係より次式が成り立つことがわかる．

$$\theta = \phi_i + \theta_i - \alpha_i \tag{4.24}$$

$$\theta = \phi_j + \theta_j + \alpha_j - \pi \tag{4.25}$$

式 (4.23)〜(4.25) より，θ は次式のように表せる．

$$\theta = \frac{R_i(\phi_i + \theta_i) + R_j(\phi_j + \theta_j) - R_j\pi}{R_i + R_j} \tag{4.26}$$

点 P_i から点 P_j の方向の単位ベクトルは $\boldsymbol{u} = [\cos\theta \ \ \sin\theta]^T$ であるので，それを反時計回りに 90° 回転させたベクトルは次式のように計算できる．

$$\boldsymbol{u}^\perp = \boldsymbol{V}\boldsymbol{u} = \begin{bmatrix} -\sin\theta \\ \cos\theta \end{bmatrix} \tag{4.27}$$

点 P_j から点 P_i へのベクトル $\boldsymbol{r}_i^P - \boldsymbol{r}_j^P$ と $\boldsymbol{u}^\perp$ が直交することから，歯車の拘束方程式は次式のように記述できる．

$$C^g(\boldsymbol{q}_i, \boldsymbol{q}_j) = (\boldsymbol{r}_i^P - \boldsymbol{r}_j^P)^T\boldsymbol{u}^\perp = -(x_i^P - x_j^P)\sin\theta + (y_i^P - y_j^P)\cos\theta = 0 \tag{4.28}$$

4.6 駆動拘束

ロボットやNC工作機械など多くの機械システムでは，ボディ上のある点の位置や二つのボディ間の相対変位がアクチュエータによって制御される．このような能動的に加えられるタイプの拘束は**駆動拘束** (driving constraint) とよばれる．

たとえば，ボディ i の x 方向の運動が単振動 $x_i^0 + a\sin\omega t$ になるように制御される場合，次式が成り立つ必要がある．

$$x_i - (x_i^0 + a\sin\omega t) = 0 \tag{4.29}$$

ここで，x_i^0 は初期位置，ω は角速度，t は時間である．一方，ボディ i の角変位 ϕ_i が等角速度運動 $\phi_i^0 + \omega t$ になるように制御される場合，次式が成り立つ必要がある．

$$\phi_i - (\phi_i^0 + \omega t) = 0 \tag{4.30}$$

ここで，ϕ_i^0 は初期角度である．一般に，それぞれの自由度に関する駆動拘束は

$$C^{dsx}(\boldsymbol{q}_i, t) = x_i - \eta_x(t) = 0 \tag{4.31}$$

$$C^{dsy}(\boldsymbol{q}_i, t) = y_i - \eta_y(t) = 0 \tag{4.32}$$

$$C^{ds\phi}(\boldsymbol{q}_i, t) = \phi_i - \eta_\phi(t) = 0 \tag{4.33}$$

のように記述できる．ここで，$\eta_x(t)$, $\eta_y(t)$，および $\eta_\phi(t)$ は時間の関数である．

また，ボディ i 上の点 P の位置 $\boldsymbol{r}_i^P$ があらかじめ指定された軌道 $\boldsymbol{\eta}(t) = [\eta_x(t) \quad \eta_y(t)]^T$ に追従するためには，次の駆動拘束が成り立つ必要がある．

$$\boldsymbol{C}^{dsxy}(\boldsymbol{q}_i, t) = \boldsymbol{r}_i^P - \boldsymbol{\eta}(t) = \boldsymbol{R}_i + \boldsymbol{A}_i\overline{\boldsymbol{u}}_i^P - \boldsymbol{\eta}(t) = \boldsymbol{0} \tag{4.34}$$

別の例として，ボディ i とボディ j の相対角変位が指定された角度 $\eta(t)$ になる場合，駆動拘束は次式のようになる．

$$C^{d\phi}(\boldsymbol{q}_i, \boldsymbol{q}_j, t) = \phi_i - \phi_j - \eta(t) = 0 \tag{4.35}$$

また，ボディ i 上の点 P とボディ j 上の点 P の相対変位 $\boldsymbol{d}_{ij} = \boldsymbol{r}_i^P - \boldsymbol{r}_j^P$ の軌道が $\boldsymbol{\eta}(t) = [\eta_x(t) \quad \eta_y(t)]^T$ のように指定される場合，駆動拘束は次のようになる．

$$\boldsymbol{C}^{dxy}(\boldsymbol{q}_i, \boldsymbol{q}_j, t) = \boldsymbol{d}_{ij} - \boldsymbol{\eta}(t) = \boldsymbol{R}_i + \boldsymbol{A}_i\overline{\boldsymbol{u}}_i^P - \boldsymbol{R}_j - \boldsymbol{A}_j\overline{\boldsymbol{u}}_j^P - \boldsymbol{\eta}(t) = \boldsymbol{0} \tag{4.36}$$

以上のように，一般に，駆動拘束 $\boldsymbol{C}_D(\boldsymbol{q}, t) = \boldsymbol{0}$ は，対応する時間 t に陽に依存しない幾何学的な拘束式 $\boldsymbol{C}_K(\boldsymbol{q})$ を利用して次のように記述できる場合が多い．

$$\boldsymbol{C}_D(\boldsymbol{q}, t) = \boldsymbol{C}_K(\boldsymbol{q}) - \boldsymbol{\eta}(t) = \boldsymbol{0} \tag{4.37}$$

例題 4.4　図 4.11 に示すような建設機械が，二つのアクチュエータにより

$$\eta_1(t) = \frac{1}{5}t + 1.8, \quad \eta_2(t) = \frac{1}{10}t \tag{4.38}$$

が成り立つように駆動される．各アクチュエータによる駆動拘束を記述せよ．

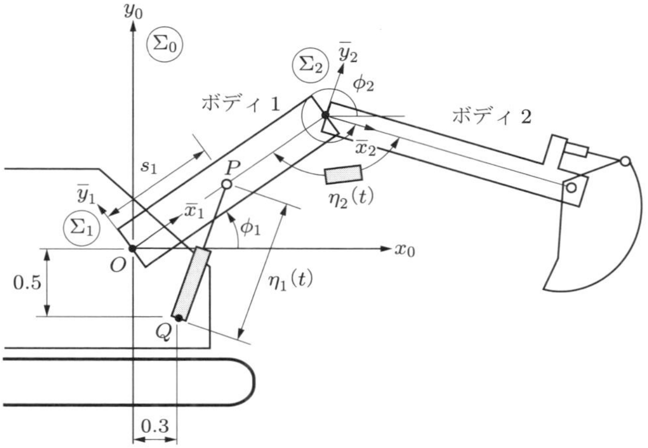

図 4.11 建設機械

解 絶対座標系からみた点 P および点 Q の位置は，それぞれ次のように表せる．

$$\boldsymbol{r}_1^P = \boldsymbol{R}_1 + \boldsymbol{A}_1\overline{\boldsymbol{u}}_1^P = \begin{bmatrix} x_1 + s_1\cos\phi_1 \\ y_1 + s_1\sin\phi_1 \end{bmatrix}, \quad \boldsymbol{r}_0^Q = \begin{bmatrix} 0.3 \\ -0.5 \end{bmatrix}$$

点 P と点 Q の間のリニアアクチュエータによる駆動拘束は，次式のように表せる．

$$\begin{aligned} C^1(\boldsymbol{q}_1, t) &= (\boldsymbol{r}_1^P - \boldsymbol{r}_0^Q)^T(\boldsymbol{r}_1^P - \boldsymbol{r}_0^Q) - \eta_1(t)^2 \\ &= (x_1 + s_1\cos\phi_1 - 0.3)^2 + (y_1 + s_1\sin\phi_1 + 0.5)^2 - \eta_1^2(t) = 0 \end{aligned} \tag{4.39}$$

一方，ボディ 1 とボディ 2 の間の回転アクチュエータによる駆動拘束は，

$$C^2(\boldsymbol{q}_1, \boldsymbol{q}_2, t) = \phi_2 - \phi_1 - \eta_2(t) = 0 \tag{4.40}$$

のようになる．

演習問題

4.1 二つのボディからなる図 4.12 の機構について考える．ボディ 1 は滑らかなガイドに沿って動き，ボディ 2 は回転ジョイントによって点 P でボディ 1 と結合されている．ボディ座標系 Σ_1 は初期状態で絶対座標系 Σ_0 に一致している．ボディ i の運動を $\boldsymbol{q}_i = [x_i \ \ y_i \ \ \phi_i]^T$ によって表し，全一般化座標を $\boldsymbol{q} = [x_1 \ \ y_1 \ \ \phi_1 \ \ x_2 \ \ y_2 \ \ \phi_2]^T$ と定義する．この機構に次式で表される運動をさせたい．以下の問いに答えよ．

$$x_1(t) = a\sin\omega t, \quad \phi_2(t) = \frac{3\pi}{2} + \omega t \tag{4.41}$$

(1) ボディ 1 と 2 の間の回転ジョイントによる拘束を $\boldsymbol{C}_K^1(\boldsymbol{q}) = \boldsymbol{0}$ の形で表せ．

(2) ボディ 1 がガイドより受ける拘束を $\boldsymbol{C}_K^2(\boldsymbol{q}) = \boldsymbol{0}$ の形で表せ．

(3) 駆動拘束を $\boldsymbol{C}_D^1(\boldsymbol{q}, t) = \boldsymbol{0}$ の形で表せ．

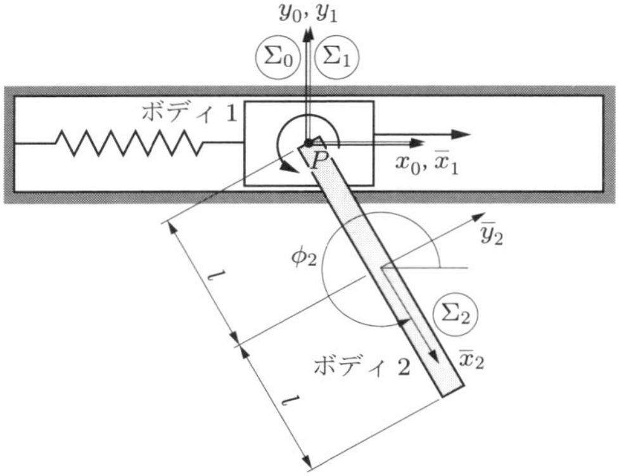

図 4.12　支点が水平方向に動く振子

4.2　二つのボディからなる図 4.13 の機構について考える．ボディ 1 とボディ 2 は点 P において回転ジョイントにより結合されている．点 O_1 および点 O_2 は滑らかなガイドに沿って動き，リニアアクチュエータによって鉛直方向に駆動される．ボディ i の運動を $\boldsymbol{q}_i = [x_i \;\; y_i \;\; \phi_i]^T$ によって表し，全一般化座標を $\boldsymbol{q} = [x_1 \;\; y_1 \;\; \phi_1 \;\; x_2 \;\; y_2 \;\; \phi_2]^T$ と定義する．この機構に次式で表される運動をさせたい．以下の問いに答えよ．

$$y_1(t) = a + v_1 t, \quad y_2(t) = b - v_2 t \tag{4.42}$$

(1) ボディ 1 と 2 の間の回転ジョイントによる拘束を $\boldsymbol{C}_K^1(\boldsymbol{q}) = \boldsymbol{0}$ の形で表せ．

(2) ボディ 1 上の点 O_1 がリニアガイドより受ける拘束を $C_K^2(\boldsymbol{q}) = 0$ の形で表せ．

(3) ボディ 2 上の点 O_2 がリニアガイドより受ける拘束を $C_K^3(\boldsymbol{q}) = 0$ の形で表せ．

(4) 駆動拘束を $\boldsymbol{C}_D^1(\boldsymbol{q}, t) = \boldsymbol{0}$ の形で表せ．

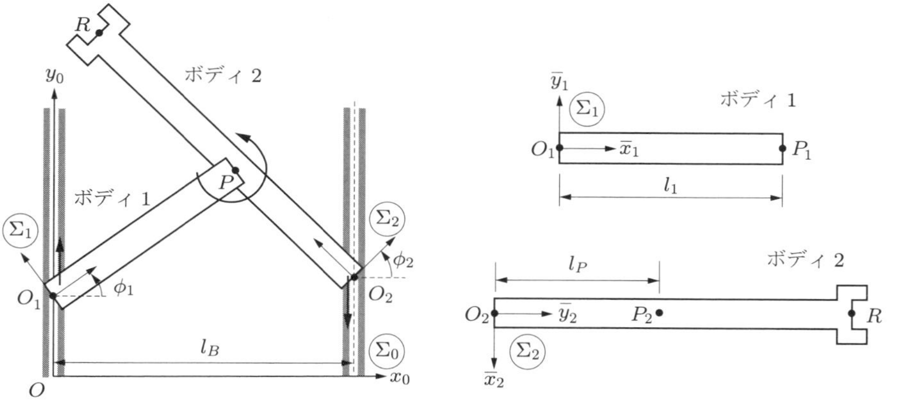

図 4.13　閉ループロボット

第5章 マルチボディシステムの運動学解析

マルチボディシステムは，複数のボディがさまざまな拘束を受けて互いに連成し，その相対的な運動が要求される運動性能を実現するように構成される．本章では，マルチボディシステムの動作・挙動を運動学的に解析する方法について述べる．まず，運動学解析と動力学解析の違いについて説明したあと，第 4 章で定式化した各種の拘束方程式を利用して位置解析，速度解析，および加速度解析を行うための具体的な方法について説明する．

5.1 運動学解析

第 3 章においてみたように，i 番目のボディが拘束を受けない場合，その 2 次元平面内の運動は，次の一般化座標ベクトルによって一義的に記述できる．

$$\boldsymbol{q}_i = \begin{bmatrix} \boldsymbol{R}_i \\ \phi_i \end{bmatrix} = \begin{bmatrix} x_i \\ y_i \\ \phi_i \end{bmatrix} \tag{5.1}$$

図 5.1 に示すように，マルチボディシステムが N 個のボディで構成されている場合，一般化座標の総数は $N_c = 3 \times N$ となる．マルチボディシステム全体の一般化座標ベクトルを次のように定義する．

$$\begin{aligned}\boldsymbol{q} &= [\boldsymbol{q}_1^T \quad \boldsymbol{q}_2^T \quad \cdots \quad \boldsymbol{q}_N^T]^T \\ &= [x_1 \quad y_1 \quad \phi_1 \quad x_2 \quad y_2 \quad \phi_2 \quad \cdots \quad x_N \quad y_N \quad \phi_N]^T\end{aligned}$$

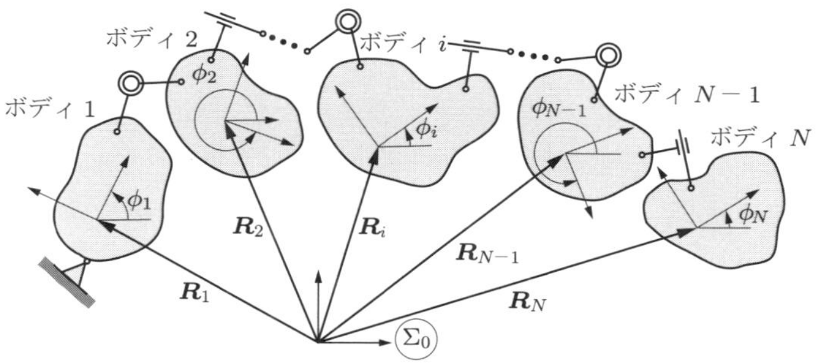

図 5.1 マルチボディシステム

$$= [q_1 \ \ q_2 \ \ q_3 \ \ q_4 \ \ q_5 \ \ q_6 \ \ \cdots \ \ q_{N_c-2} \ \ q_{N_c-1} \ \ q_{N_c}]^T \tag{5.2}$$

マルチボディシステムを構成するボディはジョイント等により互いに拘束されているため，上記の一般化座標はすべてが独立であるわけではない．ジョイント等によって N_h 個の幾何学的な拘束条件が課されるとし，それらをまとめて次のように表す．

$$\boldsymbol{C}_K(\boldsymbol{q}) \equiv [C_K^1(\boldsymbol{q}) \ \ C_K^2(\boldsymbol{q}) \ \ \cdots \ \ C_K^{N_h}(\boldsymbol{q})]^T = \boldsymbol{0} \tag{5.3}$$

もし $N_c > N_h$ であるならば，式 (5.3) の拘束条件は式 (5.2) の $\boldsymbol{q}$ を決定するのに十分ではない．機械システムは構造物とは異なり，相対的な運動が可能なように設計されるので，通常は $N_c > N_h$ である．任意の時刻におけるシステムの位置，姿勢を一義的に表すために必要な最小の変数の数を，システムの**自由度** (degrees of freedom: DOF) という．式 (5.3) の拘束条件がすべて独立であれば，それらを用いて N_h 個の一般化座標を消去することができるので，独立な座標は $N_c - N_h$ 個，すなわちシステムの自由度 N_{dof} は $N_{dof} = N_c - N_h$ である．このマルチボディシステムの運動を決定するためには，次のいずれかを行わなければならない．

- システムに作用する力を定義する．
- 自由度と同数の駆動拘束を与える．

前者の場合，$\boldsymbol{q}(t)$ は作用する力とその結果生じる運動の関係を表す微分方程式，すなわち運動方程式の解となる．このように運動の原因となる力を考慮して運動方程式を導出し，それを解いて運動を求める解析を**動力学解析** (dynamic analysis) とよぶ．動力学解析の具体的な方法については第 III 部で詳しく述べる．

一方，後者の場合，マルチボディシステムの運動を，その原因となっている力については考えることなく運動学的に決定することができる．いま，次のような N_{dof} 個の駆動拘束条件が与えられたとする．

$$\boldsymbol{C}_D(\boldsymbol{q}, t) \equiv [C_D^1(\boldsymbol{q}, t) \ \ C_D^2(\boldsymbol{q}, t) \ \ \cdots \ \ C_D^{N_{dof}}(\boldsymbol{q}, t)]^T = \boldsymbol{0} \tag{5.4}$$

このとき，全拘束条件は式 (5.3) と式 (5.4) をまとめて次のように表せる．

$$\boldsymbol{C}(\boldsymbol{q}, t) = \begin{bmatrix} \boldsymbol{C}_K(\boldsymbol{q}) \\ \boldsymbol{C}_D(\boldsymbol{q}, t) \end{bmatrix} = \boldsymbol{0} \tag{5.5}$$

上式は $N_c = N_h + N_{dof}$ 個の拘束条件であるので，N_c 個の座標 $\boldsymbol{q}(t)$ を決定するのに十分である．したがって，各時刻で上式を満たす $\boldsymbol{q}(t)$ を求め，さらに上式を微分した関係を利用することで，一般化速度 $\dot{\boldsymbol{q}}(t)$ および一般化加速度 $\ddot{\boldsymbol{q}}(t)$ も得ることができる．また，$\boldsymbol{q}, \dot{\boldsymbol{q}}, \ddot{\boldsymbol{q}}$ が求められると，第3章で説明した方法により任意のボディ上の任意の点の位置，速度，加速度を計算することができる．このような解析を**運動学解析** (kinematic analysis) という．以降の節では，運動学解析によってマルチボディシステムの位置，速度，加速度を求める具体的な方法について述べる．

例題 5.1 図 5.2 に示すような 2 関節ロボットアームについて考える．ボディ 1 はグランドと点 O で回転ジョイントにより連結され，ボディ 1 とボディ 2 は点 P で回転ジョイントにより連結されている．このシステムの幾何学的拘束を記述し，自由度を求めよ．

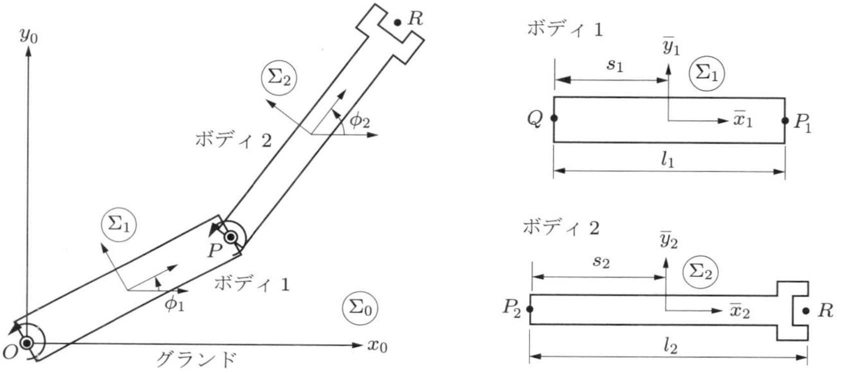

図 5.2 2 関節ロボットアーム

解 ボディ数は 2 であり，全一般化座標ベクトルは次式のようになる．

$$\boldsymbol{q} = [\boldsymbol{q}_1^T \quad \boldsymbol{q}_2^T]^T = [x_1 \quad y_1 \quad \phi_1 \quad x_2 \quad y_2 \quad \phi_2]^T = [q_1 \quad q_2 \quad q_3 \quad q_4 \quad q_5 \quad q_6]^T$$

例題 4.2 で示したように，ボディ 1 が原点 O において回転ジョイントで結合される条件は次式のように書ける．

$$\boldsymbol{C}(\boldsymbol{q}_1) = \begin{bmatrix} x_1 - s_1\cos\phi_1 \\ y_1 - s_1\sin\phi_1 \end{bmatrix} = \boldsymbol{0}$$

また，ボディ 1 とボディ 2 が点 P において回転ジョイントで結合される条件は

$$\boldsymbol{C}(\boldsymbol{q}_1, \boldsymbol{q}_2) = \begin{bmatrix} x_1 + (l_1 - s_1)\cos\phi_1 - x_2 + s_2\cos\phi_2 \\ y_1 + (l_1 - s_1)\sin\phi_1 - y_2 + s_2\sin\phi_2 \end{bmatrix} = \boldsymbol{0}$$

のようになる．これより，全幾何学的拘束は次式のように表せる．

$$\boldsymbol{C}_K(\boldsymbol{q}) = \begin{bmatrix} C_K^1(\boldsymbol{q}) \\ C_K^2(\boldsymbol{q}) \\ C_K^3(\boldsymbol{q}) \\ C_K^4(\boldsymbol{q}) \end{bmatrix} = \begin{bmatrix} x_1 - s_1\cos\phi_1 \\ y_1 - s_1\sin\phi_1 \\ x_1 + (l_1 - s_1)\cos\phi_1 - x_2 + s_2\cos\phi_2 \\ y_1 + (l_1 - s_1)\sin\phi_1 - y_2 + s_2\sin\phi_2 \end{bmatrix} = \boldsymbol{0} \tag{5.6}$$

$N_c = 6$ 個の座標に対して，$N_h = 4$ 個の拘束条件が存在するので，このシステムの自由度は $N_{dof} = 6 - 4 = 2$ である．したがって，この機構の運動学解析を行うためには，2 個の駆動拘束を与える必要がある．

例題 5.2　例題 5.1 の 2 関節ロボットアームについて考える．図 5.3 に示す相対角変位 θ_1, θ_2 が次式を満たすように制御されるとする．

$$\theta_1(t) = \omega t + \theta_{10}, \quad \theta_2(t) = \frac{1}{2}\alpha t^2 + \theta_{20}$$

ここで，t は時間，ω は一定の角速度，α は一定の角加速度，θ_{10} および θ_{20} は初期相対角変位である．このように，関節角が与えられて，ロボットの状態，たとえば先端点 R の位置を求める問題を，ロボット工学では**順運動学** (forward kinematics) とよぶ．駆動拘束を記述し，全拘束条件式 (5.5) を具体的に表せ．

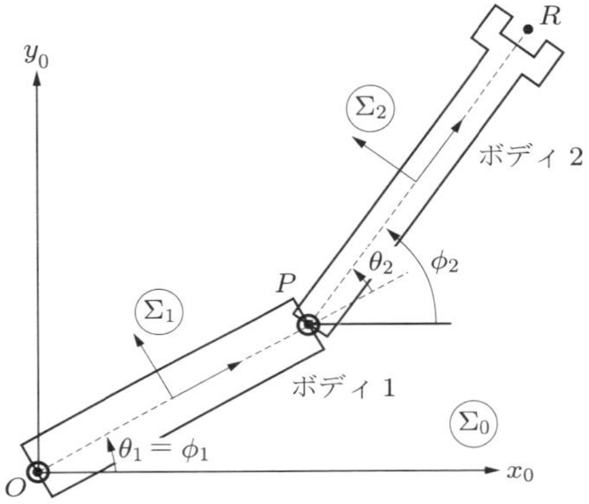

図 5.3　2 関節ロボットアームの順運動学

解　図 5.3 より，$\phi_1 = \theta_1$, $\phi_2 - \phi_1 = \theta_2$ であるので，駆動拘束は次のように記述できる．

$$\boldsymbol{C}_D(\boldsymbol{q}, t) = \begin{bmatrix} C_D^1(\boldsymbol{q}, t) \\ C_D^2(\boldsymbol{q}, t) \end{bmatrix} = \begin{bmatrix} \phi_1 - \theta_1(t) \\ \phi_2 - \phi_1 - \theta_2(t) \end{bmatrix} = \boldsymbol{0}$$

式 (5.6) とあわせることにより，式 (5.5) の全拘束条件は次のように表せる．

$$\boldsymbol{C}(\boldsymbol{q}, t) = \begin{bmatrix} \boldsymbol{C}_K(\boldsymbol{q}) \\ \boldsymbol{C}_D(\boldsymbol{q}, t) \end{bmatrix} = \begin{bmatrix} x_1 - s_1 \cos\phi_1 \\ y_1 - s_1 \sin\phi_1 \\ x_1 + (l_1 - s_1)\cos\phi_1 - x_2 + s_2 \cos\phi_2 \\ y_1 + (l_1 - s_1)\sin\phi_1 - y_2 + s_2 \sin\phi_2 \\ \phi_1 - \theta_1(t) \\ \phi_2 - \phi_1 - \theta_2(t) \end{bmatrix} = \boldsymbol{0} \tag{5.7}$$

例題 5.3　例題 5.1 の 2 関節ロボットアームについて考える．図 5.4 のように先端点 R の位置 $\boldsymbol{r}_2^R = [x_2^R \;\; y_2^R]^T$ が次のような軌道に沿って動くように制御されるとする．

$$x_2^R(t) = vt + c_x, \quad y_2^R(t) = c_y$$

ここで，v は一定の速度，c_x, c_y は初期点の座標である．このように，ロボットの手先位置が与えられて関節角を求める問題を，ロボット工学では**逆運動学** (inverse kinematics) とよぶ．駆動拘束を記述し，全拘束条件式 (5.5) を具体的に表せ．

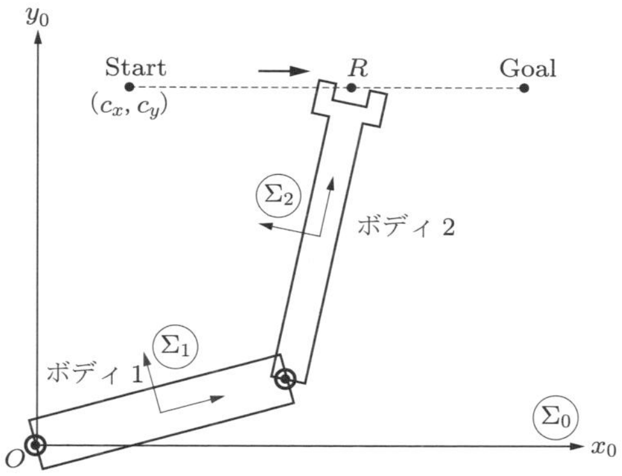

図 5.4　2 関節ロボットアームの逆運動学

解　先端点 R の位置は次のように計算できる.

$$\boldsymbol{r}_2^R = \boldsymbol{R}_2 + \boldsymbol{A}_2 \overline{\boldsymbol{u}}_2^R = \begin{bmatrix} x_2 \\ y_2 \end{bmatrix} + \begin{bmatrix} \cos\phi_2 & -\sin\phi_2 \\ \sin\phi_2 & \cos\phi_2 \end{bmatrix} \begin{bmatrix} l_2 - s_2 \\ 0 \end{bmatrix}$$

$$= \begin{bmatrix} x_2 + (l_2 - s_2)\cos\phi_2 \\ y_2 + (l_2 - s_2)\sin\phi_2 \end{bmatrix}$$

したがって，駆動拘束は次のように記述できる.

$$\boldsymbol{C}_D(\boldsymbol{q}, t) = \begin{bmatrix} C_D^1(\boldsymbol{q}, t) \\ C_D^2(\boldsymbol{q}, t) \end{bmatrix} = \begin{bmatrix} x_2 + (l_2 - s_2)\cos\phi_2 - (vt + c_x) \\ y_2 + (l_2 - s_2)\sin\phi_2 - c_y \end{bmatrix} = \boldsymbol{0}$$

式 (5.6) とあわせることにより，式 (5.5) の全拘束条件は次のように表せる.

$$\boldsymbol{C}(\boldsymbol{q}, t) = \begin{bmatrix} \boldsymbol{C}_K(\boldsymbol{q}) \\ \boldsymbol{C}_D(\boldsymbol{q}, t) \end{bmatrix} = \begin{bmatrix} x_1 - s_1\cos\phi_1 \\ y_1 - s_1\sin\phi_1 \\ x_1 + (l_1 - s_1)\cos\phi_1 - x_2 + s_2\cos\phi_2 \\ y_1 + (l_1 - s_1)\sin\phi_1 - y_2 + s_2\sin\phi_2 \\ x_2 + (l_2 - s_2)\cos\phi_2 - (vt + c_x) \\ y_2 + (l_2 - s_2)\sin\phi_2 - c_y \end{bmatrix} = \boldsymbol{0} \qquad (5.8)$$

5.2　位置解析

マルチボディシステムの自由度と同数の駆動拘束が与えられる場合，式 (5.5) は N_c 個の拘束条件となり，次式のように表すことができる.

$$\boldsymbol{C}(\boldsymbol{q}, t) \equiv [C^1(\boldsymbol{q}, t) \;\; C^2(\boldsymbol{q}, t) \;\; \cdots \;\; C^{N_c}(\boldsymbol{q}, t)]^T = \boldsymbol{0} \qquad (5.9)$$

上式より，N_c 個の未知変数 $\boldsymbol{q} = [q_1 \;\; q_2 \;\; \cdots \;\; q_{N_c}]^T$ を求めることができる．式 (5.9)

は一般に非線形方程式となる．非線形方程式の解法として，たとえば**ニュートン - ラフソン法** (Newton-Raphson method) を用いることができる．ニュートン - ラフソン法は初期推定値 $\boldsymbol{q}^{(0)}$ から始めて，解を次式のように修正していく反復解法である．

$$\boldsymbol{C}_{\boldsymbol{q}}(\boldsymbol{q}^{(k)},t)\Delta\boldsymbol{q}^{(k)} = -\boldsymbol{C}(\boldsymbol{q}^{(k)},t) \tag{5.10}$$

$$\boldsymbol{q}^{(k+1)} = \boldsymbol{q}^{(k)} + \Delta\boldsymbol{q}^{(k)} \quad (k = 0, 1, \ldots) \tag{5.11}$$

ここで，$\boldsymbol{C}_{\boldsymbol{q}}$ は次のような拘束方程式の**ヤコビ行列** (Jacobian matrix) である．

$$\boldsymbol{C}_{\boldsymbol{q}} \equiv \frac{\partial \boldsymbol{C}}{\partial \boldsymbol{q}} = \begin{bmatrix} \dfrac{\partial C^1}{\partial q_1} & \dfrac{\partial C^1}{\partial q_2} & \cdots & \dfrac{\partial C^1}{\partial q_{N_c}} \\ \dfrac{\partial C^2}{\partial q_1} & \dfrac{\partial C^2}{\partial q_2} & \cdots & \dfrac{\partial C^2}{\partial q_{N_c}} \\ \vdots & \vdots & \ddots & \vdots \\ \dfrac{\partial C^{N_c}}{\partial q_1} & \dfrac{\partial C^{N_c}}{\partial q_2} & \cdots & \dfrac{\partial C^{N_c}}{\partial q_{N_c}} \end{bmatrix} \tag{5.12}$$

すなわち，k 回目の繰り返し計算において，式 (5.10) を解いて修正量 $\Delta\boldsymbol{q}^{(k)}$ を求め，それを $\boldsymbol{q}^{(k)}$ に加えて式 (5.11) のように推定値を改良する．式 (5.9) が許容誤差の範囲で満たされるまで上記の計算を繰り返すことで，非線形方程式の解 $\boldsymbol{q}$ が得られる．ニュートン - ラフソン法は，初期推定値 $\boldsymbol{q}^{(0)}$ が適切でない場合，あるいは運動学的拘束を満たす $\boldsymbol{q}$ が存在しない場合には発散する．ニュートン - ラフソン法の詳細については第6章で説明する．拘束条件を満たす一般化座標 $\boldsymbol{q}$ が得られると，第3章で説明したように，ボディ i 上の任意点 P の位置は式 (3.11) により計算できる．

例題 5.4　例題 5.1 の 2 関節ロボットアームに例題 5.2 の駆動拘束が指定される場合について，位置解析を行え．ただし，$l_1 = 0.4\,\mathrm{m}$，$s_1 = 0.2\,\mathrm{m}$，$l_2 = 0.6\,\mathrm{m}$，$s_2 = 0.3\,\mathrm{m}$，$\omega = 2\,\mathrm{rad/s}$，$\alpha = 1\,\mathrm{rad/s^2}$，$\theta_{10} = \theta_{20} = \pi/18\,\mathrm{rad}$ とし，時刻 $t = 0\,\mathrm{s}$ について計算するものとする．ニュートン - ラフソン法の収束判定条件は，すべての j について $|C^j(\boldsymbol{q},t)| < 10^{-4}$ とする．

解　式 (5.7) より，式 (5.9) の拘束条件は次式のようになる．

$$\boldsymbol{C}(\boldsymbol{q},t) = \begin{bmatrix} C^1(\boldsymbol{q},t) \\ C^2(\boldsymbol{q},t) \\ C^3(\boldsymbol{q},t) \\ C^4(\boldsymbol{q},t) \\ C^5(\boldsymbol{q},t) \\ C^6(\boldsymbol{q},t) \end{bmatrix} = \begin{bmatrix} x_1 - s_1\cos\phi_1 \\ y_1 - s_1\sin\phi_1 \\ x_1 + (l_1 - s_1)\cos\phi_1 - x_2 + s_2\cos\phi_2 \\ y_1 + (l_1 - s_1)\sin\phi_1 - y_2 + s_2\sin\phi_2 \\ \phi_1 - (\omega t + \theta_{10}) \\ \phi_2 - \phi_1 - \{(1/2)\alpha t^2 + \theta_{20}\} \end{bmatrix} = \boldsymbol{0} \tag{5.13}$$

上式を一般化座標 $\boldsymbol{q} = [x_1 \;\; y_1 \;\; \phi_1 \;\; x_2 \;\; y_2 \;\; \phi_2]^T$ で偏微分すると，ヤコビ行列は

$$\boldsymbol{C_q} = \begin{bmatrix} 1 & 0 & s_1 \sin\phi_1 & 0 & 0 & 0 \\ 0 & 1 & -s_1 \cos\phi_1 & 0 & 0 & 0 \\ 1 & 0 & -(l_1 - s_1)\sin\phi_1 & -1 & 0 & -s_2 \sin\phi_2 \\ 0 & 1 & (l_1 - s_1)\cos\phi_1 & 0 & -1 & s_2 \cos\phi_2 \\ 0 & 0 & 1 & 0 & 0 & 0 \\ 0 & 0 & -1 & 0 & 0 & 1 \end{bmatrix} \tag{5.14}$$

のように計算できる．$t = 0$ のとき，初期推定値を $\boldsymbol{q}^{(0)} = [0.2 \;\; 0 \;\; 0 \;\; 0.7 \;\; 0 \;\; 0]^T$ とすると，式 (5.10) は次のように評価できる．

$$\begin{bmatrix} 1 & 0 & 0 & 0 & 0 & 0 \\ 0 & 1 & -0.2000 & 0 & 0 & 0 \\ 1 & 0 & 0 & -1 & 0 & 0 \\ 0 & 1 & 0.2000 & 0 & -1 & 0.3000 \\ 0 & 0 & 1 & 0 & 0 & 0 \\ 0 & 0 & -1 & 0 & 0 & 1 \end{bmatrix} \begin{bmatrix} \Delta x_1 \\ \Delta y_1 \\ \Delta\phi_1 \\ \Delta x_2 \\ \Delta y_2 \\ \Delta\phi_2 \end{bmatrix} = \begin{bmatrix} 0 \\ 0 \\ 0 \\ 0 \\ 0.1745 \\ 0.1745 \end{bmatrix}$$

この連立 1 次方程式を解くと，次の値を得る．

$$\Delta\boldsymbol{q}^{(0)} = [0 \;\; 0.0349 \;\; 0.1745 \;\; 0 \;\; 0.1745 \;\; 0.3491]^T$$

式 (5.11) によって $\boldsymbol{q}$ を更新すると，次のようになる．

$$\boldsymbol{q}^{(1)} = \boldsymbol{q}^{(0)} + \Delta\boldsymbol{q}^{(0)} = [0.2000 \;\; 0.0349 \;\; 0.1745 \;\; 0.7000 \;\; 0.1745 \;\; 0.3491]^T$$

得られた $\boldsymbol{q}^{(1)}$ に対して式 (5.10) を再評価すると，次のようになる．

$$\begin{bmatrix} 1 & 0 & 0.0347 & 0 & 0 & 0 \\ 0 & 1 & -0.1970 & 0 & 0 & 0 \\ 1 & 0 & -0.0347 & -1 & 0 & -0.1026 \\ 0 & 1 & 0.1970 & 0 & -1 & 0.2819 \\ 0 & 0 & 1 & 0 & 0 & 0 \\ 0 & 0 & -1 & 0 & 0 & 1 \end{bmatrix} \begin{bmatrix} \Delta x_1 \\ \Delta y_1 \\ \Delta\phi_1 \\ \Delta x_2 \\ \Delta y_2 \\ \Delta\phi_2 \end{bmatrix} = \begin{bmatrix} -0.0030 \\ -0.0002 \\ 0.0211 \\ 0.0023 \\ 0 \\ 0 \end{bmatrix}$$

この連立 1 次方程式を解くと，次の値を得る．

$$\Delta\boldsymbol{q}^{(1)} = [-0.0030 \;\; -0.0002 \;\; 0 \;\; -0.0242 \;\; -0.0025 \;\; 0]^T$$

式 (5.11) によって $\boldsymbol{q}$ を更新すると，次のようになる．

$$\boldsymbol{q}^{(2)} = \boldsymbol{q}^{(1)} + \Delta\boldsymbol{q}^{(1)} = [0.1970 \;\; 0.0347 \;\; 0.1745 \;\; 0.6758 \;\; 0.1721 \;\; 0.3491]^T$$

得られた $\boldsymbol{q}^{(2)}$ に対して拘束条件の残差を評価すると

$$\boldsymbol{C}(\boldsymbol{q}, t) = [0.3731 \;\; -0.2315 \;\; 0.6698 \;\; -0.6118 \;\; -0.3293 \;\; 0.6707]^T \times 10^{-4}$$

となり，収束判定条件を満たすため，$\boldsymbol{q}^{(2)}$ を時刻 $t = 0$ における近似解とする．

5.3　速度解析

拘束方程式 (5.9) を時間で微分すると，次のような速度方程式が得られる．

$$\dot{\boldsymbol{C}} = \boldsymbol{C_q}\dot{\boldsymbol{q}} + \boldsymbol{C}_t = \boldsymbol{0} \tag{5.15}$$

ここで，$\boldsymbol{C_q}$ はヤコビ行列であり，$\boldsymbol{C}_t$ は拘束方程式を時間 t で偏微分したベクトル

$$\boldsymbol{C}_t \equiv \frac{\partial \boldsymbol{C}}{\partial t} = \begin{bmatrix} \dfrac{\partial C^1}{\partial t} & \dfrac{\partial C^2}{\partial t} & \cdots & \dfrac{\partial C^{N_c}}{\partial t} \end{bmatrix}^T \tag{5.16}$$

である．拘束方程式 (5.9) が時間 t を陽に含まない場合，$\boldsymbol{C}_t$ は零ベクトルとなる．式 (5.15) より，一般化速度 $\dot{\boldsymbol{q}}$ に関する次のような線形方程式が得られる．

$$\boldsymbol{C_q}\dot{\boldsymbol{q}} = -\boldsymbol{C}_t \equiv \boldsymbol{\nu} \tag{5.17}$$

位置解析が行われて拘束方程式 (5.9) を満たす $\boldsymbol{q}$ が得られている場合，$\boldsymbol{q}$ の関数となっているヤコビ行列 $\boldsymbol{C_q}$ および右辺ベクトル $\boldsymbol{\nu} = -\boldsymbol{C}_t$ を計算することができる．ヤコビ行列 $\boldsymbol{C_q}$ は正方行列であり，拘束条件がすべて独立であると仮定すると正則になる．したがって，式 (5.17) は一般化速度 $\dot{\boldsymbol{q}}$ に関して解くことができる．速度方程式を満たす一般化速度 $\dot{\boldsymbol{q}}$ が得られると，第 3 章で説明したように，ボディ i 上の任意点 P の速度は式 (3.19) により求めることができる．

例題 5.5　例題 5.4 の問題に対して速度解析を行い，$t = 0$ における一般化速度 $\dot{\boldsymbol{q}}$ を求めよ．

解　式 (5.13) を時間で偏微分すると，次のようになる．

$$\boldsymbol{C}_t = [0\ \ 0\ \ 0\ \ 0\ \ -\omega\ \ -\alpha t]^T \tag{5.18}$$

例題 5.4 で求めたように，$t = 0$ のときに拘束条件を満たす一般化座標の値は

$$\boldsymbol{q} = [0.1970\ \ 0.0347\ \ 0.1745\ \ 0.6758\ \ 0.1721\ \ 0.3491]^T$$

であるので，式 (5.17) を評価すると以下のようになる．

$$\begin{bmatrix} 1 & 0 & 0.0347 & 0 & 0 & 0 \\ 0 & 1 & -0.1970 & 0 & 0 & 0 \\ 1 & 0 & -0.0347 & -1 & 0 & -0.1026 \\ 0 & 1 & 0.1970 & 0 & -1 & 0.2819 \\ 0 & 0 & 1 & 0 & 0 & 0 \\ 0 & 0 & -1 & 0 & 0 & 1 \end{bmatrix} \begin{bmatrix} \dot{x}_1 \\ \dot{y}_1 \\ \dot{\phi}_1 \\ \dot{x}_2 \\ \dot{y}_2 \\ \dot{\phi}_2 \end{bmatrix} = \begin{bmatrix} 0 \\ 0 \\ 0 \\ 0 \\ 2 \\ 0 \end{bmatrix}$$

この連立 1 次方程式を解くことにより，一般化速度 $\dot{\boldsymbol{q}}$ が次のように得られる．

$$\dot{\boldsymbol{q}} = [-0.0695\ \ 0.3939\ \ 2\ \ -0.3441\ \ 1.3517\ \ 2]^T$$

5.4 加速度解析

加速度方程式は，式 (5.15) をさらに時間で微分することによって得られる．

$$\ddot{\boldsymbol{C}} = \frac{d}{dt}(\boldsymbol{C_q}\dot{\boldsymbol{q}} + \boldsymbol{C}_t) = \boldsymbol{0} \tag{5.19}$$

上式を合成関数の微分公式に従って展開すると，次のようになる．

$$\ddot{\boldsymbol{C}} = \frac{\partial}{\partial \boldsymbol{q}}(\boldsymbol{C_q}\dot{\boldsymbol{q}} + \boldsymbol{C}_t)\frac{d\boldsymbol{q}}{dt} + \frac{\partial}{\partial t}(\boldsymbol{C_q}\dot{\boldsymbol{q}} + \boldsymbol{C}_t) = \boldsymbol{0} \tag{5.20}$$

偏微分計算を実行すると，次のように表せる．

$$\ddot{\boldsymbol{C}} = (\boldsymbol{C_q}\dot{\boldsymbol{q}})_{\boldsymbol{q}}\dot{\boldsymbol{q}} + \boldsymbol{C}_{t\boldsymbol{q}}\dot{\boldsymbol{q}} + \boldsymbol{C}_{\boldsymbol{q}t}\dot{\boldsymbol{q}} + \boldsymbol{C_q}\ddot{\boldsymbol{q}} + \boldsymbol{C}_{tt} = \boldsymbol{0} \tag{5.21}$$

さらに，$\boldsymbol{C}_{t\boldsymbol{q}}$, $\boldsymbol{C}_{\boldsymbol{q}t}$ がともに連続であるとき，$\boldsymbol{C}_{t\boldsymbol{q}} = \boldsymbol{C}_{\boldsymbol{q}t}$ が成り立つことに注意して上式を整理すると，次のようになる．

$$\ddot{\boldsymbol{C}} = \boldsymbol{C_q}\ddot{\boldsymbol{q}} + (\boldsymbol{C_q}\dot{\boldsymbol{q}})_{\boldsymbol{q}}\dot{\boldsymbol{q}} + 2\boldsymbol{C}_{\boldsymbol{q}t}\dot{\boldsymbol{q}} + \boldsymbol{C}_{tt} = \boldsymbol{0} \tag{5.22}$$

式 (5.22) より，一般化加速度 $\ddot{\boldsymbol{q}}$ に関する次のような線形方程式が得られる．

$$\boldsymbol{C_q}\ddot{\boldsymbol{q}} = -(\boldsymbol{C_q}\dot{\boldsymbol{q}})_{\boldsymbol{q}}\dot{\boldsymbol{q}} - 2\boldsymbol{C}_{\boldsymbol{q}t}\dot{\boldsymbol{q}} - \boldsymbol{C}_{tt} \equiv \boldsymbol{\gamma} \tag{5.23}$$

位置解析と速度解析が行われて拘束条件を満たす $\boldsymbol{q}$ および $\dot{\boldsymbol{q}}$ が得られている場合，ヤコビ行列 $\boldsymbol{C_q}$ および右辺ベクトル $\boldsymbol{\gamma}$ を計算することができる．したがって，$\boldsymbol{C_q}$ が正則であると仮定すると，式 (5.23) は一般化加速度 $\ddot{\boldsymbol{q}}$ について解くことができる．加速度方程式を満たす一般化加速度 $\ddot{\boldsymbol{q}}$ が得られると，第 3 章で説明したように，ボディ i 上の任意点 P の加速度は式 (3.25) により計算することができる．

例題 5.6 例題 5.4 の問題に対して加速度解析を行い，$t = 0$ における一般化加速度 $\ddot{\boldsymbol{q}}$ を求めよ．

解 式 (5.14) より $\boldsymbol{C_q}$ は時間 t を陽に含んでいないため，$\boldsymbol{C}_{\boldsymbol{q}t} = \boldsymbol{0}$ である．したがって，式 (5.23) の右辺ベクトル $\boldsymbol{\gamma}$ は次のように簡略化される．

$$\gamma = -(\boldsymbol{C_q}\dot{\boldsymbol{q}})_{\boldsymbol{q}}\dot{\boldsymbol{q}} - \boldsymbol{C}_{tt} \tag{5.24}$$

上式において右辺第 1 項の括弧内は，式 (5.14) より次式のように計算できる．

$$\boldsymbol{C_q}\dot{\boldsymbol{q}} = \begin{bmatrix} \dot{x}_1 + s_1\dot{\phi}_1 \sin\phi_1 \\ \dot{y}_1 - s_1\dot{\phi}_1 \cos\phi_1 \\ \dot{x}_1 - (l_1 - s_1)\dot{\phi}_1 \sin\phi_1 - \dot{x}_2 - s_2\dot{\phi}_2 \sin\phi_2 \\ \dot{y}_1 + (l_1 - s_1)\dot{\phi}_1 \cos\phi_1 - \dot{y}_2 + s_2\dot{\phi}_2 \cos\phi_2 \\ \dot{\phi}_1 \\ -\dot{\phi}_1 + \dot{\phi}_2 \end{bmatrix}$$

これより，式 (5.24) の右辺第 1 項は次のように表せる．

$$-(\boldsymbol{C_q\dot{q}})_{\boldsymbol{q}}\boldsymbol{\dot{q}} = -\begin{bmatrix} 0 & 0 & s_1\dot{\phi}_1\cos\phi_1 & 0 & 0 & 0 \\ 0 & 0 & s_1\dot{\phi}_1\sin\phi_1 & 0 & 0 & 0 \\ 0 & 0 & -(l_1-s_1)\dot{\phi}_1\cos\phi_1 & 0 & 0 & -s_2\dot{\phi}_2\cos\phi_2 \\ 0 & 0 & -(l_1-s_1)\dot{\phi}_1\sin\phi_1 & 0 & 0 & -s_2\dot{\phi}_2\sin\phi_2 \\ 0 & 0 & 0 & 0 & 0 & 0 \\ 0 & 0 & 0 & 0 & 0 & 0 \end{bmatrix}\begin{bmatrix} \dot{x}_1 \\ \dot{y}_1 \\ \dot{\phi}_1 \\ \dot{x}_2 \\ \dot{y}_2 \\ \dot{\phi}_2 \end{bmatrix}$$

一方，式 (5.18) をさらに時間で偏微分すると，次のようになる．

$$\boldsymbol{C}_{tt} = [0\ \ 0\ \ 0\ \ 0\ \ 0\ \ -\alpha]^T$$

したがって，式 (5.24) は次式のように求められる．

$$\boldsymbol{\gamma} = -(\boldsymbol{C_q\dot{q}})_{\boldsymbol{q}}\boldsymbol{\dot{q}} - \boldsymbol{C}_{tt} = \begin{bmatrix} -s_1\dot{\phi}_1^2\cos\phi_1 \\ -s_1\dot{\phi}_1^2\sin\phi_1 \\ (l_1-s_1)\dot{\phi}_1^2\cos\phi_1 + s_2\dot{\phi}_2^2\cos\phi_2 \\ (l_1-s_1)\dot{\phi}_1^2\sin\phi_1 + s_2\dot{\phi}_2^2\sin\phi_2 \\ 0 \\ \alpha \end{bmatrix}$$

例題 5.4 の位置解析，例題 5.5 の速度解析の結果より，$t = 0$ のとき，

$$\boldsymbol{q} = [0.1970\ \ 0.0347\ \ 0.1745\ \ 0.6758\ \ 0.1721\ \ 0.3491]^T$$

$$\boldsymbol{\dot{q}} = [-0.0695\ \ 0.3939\ \ 2\ \ -0.3441\ \ 1.3517\ \ 2]^T$$

であるので，式 (5.23) を評価すると以下のようになる．

$$\begin{bmatrix} 1 & 0 & 0.0347 & 0 & 0 & 0 \\ 0 & 1 & -0.1970 & 0 & 0 & 0 \\ 1 & 0 & -0.0347 & -1 & 0 & -0.1026 \\ 0 & 1 & 0.1970 & 0 & -1 & 0.2819 \\ 0 & 0 & 1 & 0 & 0 & 0 \\ 0 & 0 & -1 & 0 & 0 & 1 \end{bmatrix}\begin{bmatrix} \ddot{x}_1 \\ \ddot{y}_1 \\ \ddot{\phi}_1 \\ \ddot{x}_2 \\ \ddot{y}_2 \\ \ddot{\phi}_2 \end{bmatrix} = \begin{bmatrix} -0.7878 \\ -0.1389 \\ 1.9155 \\ 0.5493 \\ 0 \\ 1 \end{bmatrix}$$

この連立 1 次方程式を解くことにより，一般化加速度 $\boldsymbol{\ddot{q}}$ が次のように得られる．

$$\boldsymbol{\ddot{q}} = [-0.7878\ \ -0.1389\ \ 0\ \ -2.8059\ \ -0.4064\ \ 1]^T$$

5.5 運動学解析のプログラム

マルチボディシステムの運動学解析は，式 (5.10) と式 (5.11)，式 (5.17)，および式 (5.23) に基づいて行うことができる．運動学解析の流れを図 5.5 に示す．必要なステップは下記のようになる．

1. 時間を $t = 0$ と初期化し，初期位置の推定値 $\boldsymbol{q}^{(0)}$ を与える．

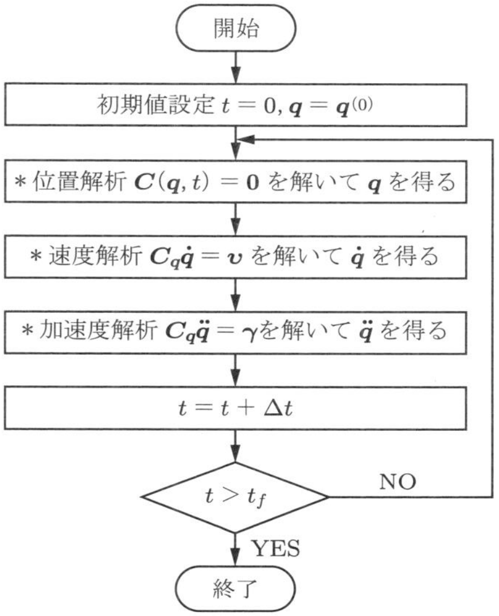

図 5.5 運動学解析のフローチャート

2. 式 (5.10) と式 (5.11) に基づいてニュートン－ラフソン法による繰り返し計算を行い，拘束方程式 (5.9) を満たす $\boldsymbol{q}$ を得る．
3. 速度方程式 (5.17) を評価し，これを解いて $\dot{\boldsymbol{q}}$ を得る．
4. 加速度方程式 (5.23) を評価し，これを解いて $\ddot{\boldsymbol{q}}$ を得る．
5. 時間を $t = t + \Delta t$ と更新し，$t > t_f$（t_f：計算終了時刻）となれば運動学解析を終了する．そうでない場合はステップ 2 へ．

位置解析，速度解析，加速度解析では，いずれもヤコビ行列 $\boldsymbol{C_q}$ を係数行列とする連立 1 次方程式を解く．各時刻において拘束条件を満たす位置 $\boldsymbol{q}$ が求められると，その位置において $\boldsymbol{C_q}$ を一度分解しておけば，異なる右辺ベクトルに対して連立 1 次方程式を解くことにより，速度解析，加速度解析を効率よく行うことができる．連立 1 次方程式の解法の詳細については第 6 章で説明する．以下では，簡単な例題に沿って運動学解析全体の流れを確認し，プログラムの例を示す．

例題 5.7 図 5.6 のような L 型の剛体棒について考える．棒は点 S を y_0 軸上，点 P を x_0 軸上に拘束されて運動するものとする．この棒を角度が $\phi_1 = (1/2)t^2$[rad] となるように駆動するとき，P, Q, S の各点がどのような運動になるか解析せよ．

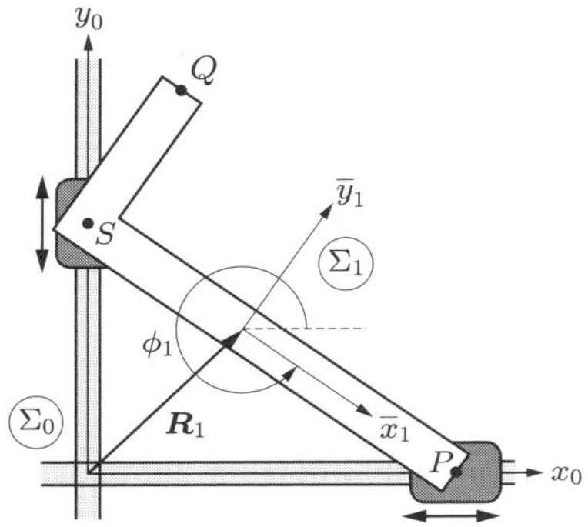

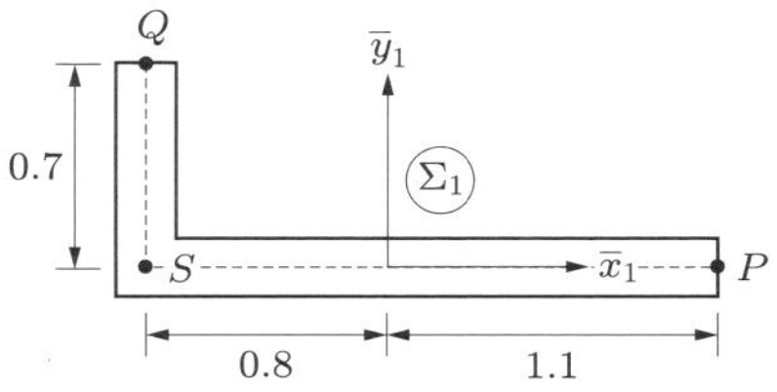

図 5.6　L 型剛体棒

解　点 P の座標は次のように計算できる．

$$\boldsymbol{r}_1^P = \boldsymbol{R}_1 + \boldsymbol{A}_1 \overline{\boldsymbol{u}}_1^P = \begin{bmatrix} x_1 \\ y_1 \end{bmatrix} + \begin{bmatrix} \cos\phi_1 & -\sin\phi_1 \\ \sin\phi_1 & \cos\phi_1 \end{bmatrix} \begin{bmatrix} 1.1 \\ 0 \end{bmatrix} = \begin{bmatrix} x_1 + 1.1\cos\phi_1 \\ y_1 + 1.1\sin\phi_1 \end{bmatrix}$$

点 Q の座標は次のように計算できる．

$$\boldsymbol{r}_1^Q = \boldsymbol{R}_1 + \boldsymbol{A}_1 \overline{\boldsymbol{u}}_1^Q = \begin{bmatrix} x_1 \\ y_1 \end{bmatrix} + \begin{bmatrix} \cos\phi_1 & -\sin\phi_1 \\ \sin\phi_1 & \cos\phi_1 \end{bmatrix} \begin{bmatrix} -0.8 \\ 0.7 \end{bmatrix}$$
$$= \begin{bmatrix} x_1 - 0.8\cos\phi_1 - 0.7\sin\phi_1 \\ y_1 - 0.8\sin\phi_1 + 0.7\cos\phi_1 \end{bmatrix}$$

点 S の座標は次のように計算できる．

$$\boldsymbol{r}_1^S = \boldsymbol{R}_1 + \boldsymbol{A}_1 \overline{\boldsymbol{u}}_1^S = \begin{bmatrix} x_1 \\ y_1 \end{bmatrix} + \begin{bmatrix} \cos\phi_1 & -\sin\phi_1 \\ \sin\phi_1 & \cos\phi_1 \end{bmatrix} \begin{bmatrix} -0.8 \\ 0 \end{bmatrix} = \begin{bmatrix} x_1 - 0.8\cos\phi_1 \\ y_1 - 0.8\sin\phi_1 \end{bmatrix}$$

点 S が y_0 軸上にあるためには，点 S の x 座標が常に 0 でなければならない．

$$C_K^1(\boldsymbol{q}) = x_1 - 0.8\cos\phi_1 = 0 \tag{5.25}$$

点 P が x_0 軸上にあるためには，点 P の y 座標が常に 0 でなければならない．

$$C_K^2(\boldsymbol{q}) = y_1 + 1.1\sin\phi_1 = 0 \tag{5.26}$$

ボディは一つであるので，一般化座標は $\boldsymbol{q} = [x_1 \;\; y_1 \;\; \phi_1]^T$ となり，全座標数は $N_c = 3$ である．これに対して式 (5.25) および式 (5.26) の $N_h = 2$ 個の拘束条件があるので，この系の自由度は $N_{dof} = N_c - N_h = 3 - 2 = 1$ である．駆動拘束は次式のようになる．

$$C_D^1(\boldsymbol{q}, t) = \phi_1 - \frac{1}{2}t^2 = 0 \tag{5.27}$$

これより，全拘束条件は次式のように表せる．

$$\boldsymbol{C}(\boldsymbol{q}, t) = \begin{bmatrix} C_K^1(\boldsymbol{q}) \\ C_K^2(\boldsymbol{q}) \\ C_D^1(\boldsymbol{q}, t) \end{bmatrix} = \begin{bmatrix} x_1 - 0.8\cos\phi_1 \\ y_1 + 1.1\sin\phi_1 \\ \phi_1 - (1/2)t^2 \end{bmatrix} = \boldsymbol{0} \tag{5.28}$$

上式を一般化座標 $\boldsymbol{q} = [x_1 \;\; y_1 \;\; \phi_1]^T$ によって偏微分することにより，ヤコビ行列が

$$\boldsymbol{C_q} = \begin{bmatrix} \dfrac{\partial C_K^1}{\partial x_1} & \dfrac{\partial C_K^1}{\partial y_1} & \dfrac{\partial C_K^1}{\partial \phi_1} \\ \dfrac{\partial C_K^2}{\partial x_1} & \dfrac{\partial C_K^2}{\partial y_1} & \dfrac{\partial C_K^2}{\partial \phi_1} \\ \dfrac{\partial C_D^1}{\partial x_1} & \dfrac{\partial C_D^1}{\partial y_1} & \dfrac{\partial C_D^1}{\partial \phi_1} \end{bmatrix} = \begin{bmatrix} 1 & 0 & 0.8\sin\phi_1 \\ 0 & 1 & 1.1\cos\phi_1 \\ 0 & 0 & 1 \end{bmatrix} \tag{5.29}$$

のように求められる．位置解析を行うための式 (5.10) は次のようになる．

$$\underbrace{\begin{bmatrix} 1 & 0 & 0.8\sin\phi_1 \\ 0 & 1 & 1.1\cos\phi_1 \\ 0 & 0 & 1 \end{bmatrix}}_{\boldsymbol{C_q}} \underbrace{\begin{bmatrix} \Delta x_1 \\ \Delta y_1 \\ \Delta\phi_1 \end{bmatrix}}_{\boldsymbol{\Delta q}} = -\underbrace{\begin{bmatrix} x_1 - 0.8\cos\phi_1 \\ y_1 + 1.1\sin\phi_1 \\ \phi_1 - (1/2)t^2 \end{bmatrix}}_{\boldsymbol{C}} \tag{5.30}$$

上式より $\boldsymbol{\Delta q}$ を求め，更新式 (5.11) すなわち $\boldsymbol{q}^{(k+1)} = \boldsymbol{q}^{(k)} + \boldsymbol{\Delta q}^{(k)}$ によって $\boldsymbol{q}$ を繰り返し修正することにより，拘束方程式 (5.28) を満たす $\boldsymbol{q}$ が得られる．

式 (5.28) を時間で偏微分すると，次式のようになる．

$$\boldsymbol{C}_t = [0 \quad 0 \quad -t]^T$$

したがって，速度解析を行うための式 (5.17) は次式のように表せる．

$$\underbrace{\begin{bmatrix} 1 & 0 & 0.8\sin\phi_1 \\ 0 & 1 & 1.1\cos\phi_1 \\ 0 & 0 & 1 \end{bmatrix}}_{\boldsymbol{C_q}} \underbrace{\begin{bmatrix} \dot{x}_1 \\ \dot{y}_1 \\ \dot{\phi}_1 \end{bmatrix}}_{\dot{\boldsymbol{q}}} = \underbrace{\begin{bmatrix} 0 \\ 0 \\ t \end{bmatrix}}_{\boldsymbol{\nu}} \tag{5.31}$$

上式を解くことにより，一般化速度 $\dot{\boldsymbol{q}}$ が得られる．

また，式 (5.23) の右辺ベクトルを計算すると，次のようになる．

$$\begin{aligned} \boldsymbol{\gamma} &= -(\boldsymbol{C_q}\dot{\boldsymbol{q}})_{\boldsymbol{q}}\dot{\boldsymbol{q}} - 2\boldsymbol{C}_{\boldsymbol{q}t}\dot{\boldsymbol{q}} - \boldsymbol{C}_{tt} \\ &= -\left(\begin{bmatrix} \dot{x}_1 + 0.8\dot{\phi}_1\sin\phi_1 \\ \dot{y}_1 + 1.1\dot{\phi}_1\cos\phi_1 \\ \dot{\phi}_1 \end{bmatrix} \right)_{\boldsymbol{q}} \begin{bmatrix} \dot{x}_1 \\ \dot{y}_1 \\ \dot{\phi}_1 \end{bmatrix} + \begin{bmatrix} 0 \\ 0 \\ 1 \end{bmatrix} \\ &= -\begin{bmatrix} 0 & 0 & 0.8\dot{\phi}_1\cos\phi_1 \\ 0 & 0 & -1.1\dot{\phi}_1\sin\phi_1 \\ 0 & 0 & 0 \end{bmatrix} \begin{bmatrix} \dot{x}_1 \\ \dot{y}_1 \\ \dot{\phi}_1 \end{bmatrix} + \begin{bmatrix} 0 \\ 0 \\ 1 \end{bmatrix} = \begin{bmatrix} -0.8\dot{\phi}_1^2\cos\phi_1 \\ 1.1\dot{\phi}_1^2\sin\phi_1 \\ 1 \end{bmatrix} \end{aligned}$$

これより，加速度解析を行うための式 (5.23) は次のようになる．

$$\underbrace{\begin{bmatrix} 1 & 0 & 0.8\sin\phi_1 \\ 0 & 1 & 1.1\cos\phi_1 \\ 0 & 0 & 1 \end{bmatrix}}_{\boldsymbol{C_q}} \underbrace{\begin{bmatrix} \ddot{x}_1 \\ \ddot{y}_1 \\ \ddot{\phi}_1 \end{bmatrix}}_{\ddot{\boldsymbol{q}}} = \underbrace{\begin{bmatrix} -0.8\dot{\phi}_1^2\cos\phi_1 \\ 1.1\dot{\phi}_1^2\sin\phi_1 \\ 1 \end{bmatrix}}_{\boldsymbol{\gamma}} \tag{5.32}$$

上式を解くことによって，一般化加速度 $\ddot{\boldsymbol{q}}$ が求められる．

以上の定式化のもと，$t = 0\,\mathrm{s}$ から $t = 10\,\mathrm{s}$ まで運動学解析を行う MATLAB のプログ

ラムの例を以下に示す．また，解析結果を図 5.7 に示す．

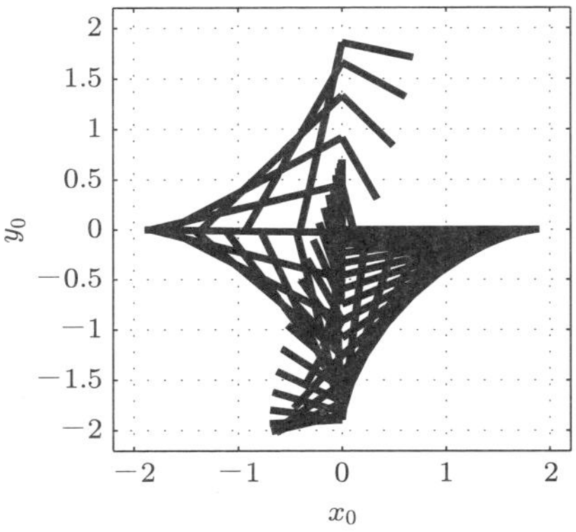

図 5.7　例題 5.7 の解析結果

```
%%% 例題 5.7: 回転する L 型剛体棒の運動学解析 %%%
%====================初期状態====================
q=[0.8; 0.0; 0.0];
%====================時間設定====================
Ts=0; Te=10; dt=0.01;
for t=Ts:dt:Te
    %====================位置解析====================
    iter=0; conv=1;
    while (iter<=100) && (conv==1)
        C =[ q(1)-0.8*cos(q(3));
             q(2)+1.1*sin(q(3));
                q(3)-0.5*t^2   ];
        Cq=[ 1 0 0.8*sin(q(3));
             0 1 1.1*cos(q(3));
             0 0      1       ];
        dq=-Cq\C;
        q=q+dq;
        conv=0;
        for j=1:3
            if(abs(C(j))>0.0001)
                conv=1;
            end
        end
        iter=iter+1;
    end
    %====================速度解析====================
    Cq=[ 1 0 0.8*sin(q(3));
         0 1 1.1*cos(q(3));
         0 0      1       ];
```

```
    Nu=[0;
        0;
        t];
    dq=Cq\Nu;
    %===================加速度解析===================
    Gm=[-0.8*cos(q(3))*dq(3)^2;
          1.1*sin(q(3))*dq(3)^2;
                   1           ];
    ddq=Cq\Gm;
    %=================アニメーション================
    plot([0,0],[0,0]);
    grid;  axis square;
    xmin=-2.2; xmax=2.2; ymin=-2.2; ymax=2.2;
    axis([xmin,xmax,ymin,ymax]);
    xlabel('x0 [m]','FontSize',18);
    ylabel('y0 [m]','FontSize',18);
    hold on;

    xP=q(1)+1.1*cos(q(3));
    yP=q(2)+1.1*sin(q(3));

    xQ=q(1)-0.8*cos(q(3))-0.7*sin(q(3));
    yQ=q(2)-0.8*sin(q(3))+0.7*cos(q(3));

    xS=q(1)-0.8*cos(q(3));
    yS=q(2)-0.8*sin(q(3));

    plot([xQ,xS],[yQ,yS],'linewidth',4);
    plot([xS,xP],[yS,yP],'linewidth',4);

    drawnow
    hold off
    set(1,'doublebuffer','on')
end
```

5.6 機構の特異点

機構によっては，ある状態において運動学解析を実行できない場合がある．ここでは，駆動拘束は考慮せずジョイントによる幾何学的な拘束条件のみを考え，

$$\boldsymbol{C}(\boldsymbol{q},t)=\boldsymbol{C}_K(\boldsymbol{q})=\boldsymbol{0} \tag{5.33}$$

のように表す．N_c 個の一般化座標 $\boldsymbol{q}$ に対して N_h 個の拘束条件が課せられるため，自由度は $N_{dof}=N_c-N_h$ である．したがって，一般化座標は N_c-N_h 個の独立な成分 $\boldsymbol{q}_I$ と N_h 個の従属な成分 $\boldsymbol{q}_D$ に分割することができる．式 (5.33) を時間で微分

し，独立成分と従属成分に分けて記述すると，以下のようになる．

$$\boldsymbol{C_q}\dot{\boldsymbol{q}} = [\boldsymbol{C}_{\boldsymbol{q}_I} \quad \boldsymbol{C}_{\boldsymbol{q}_D}] \begin{bmatrix} \dot{\boldsymbol{q}}_I \\ \dot{\boldsymbol{q}}_D \end{bmatrix} = \boldsymbol{0} \tag{5.34}$$

ここで，$\boldsymbol{C}_{\boldsymbol{q}_I}$ は $N_h \times (N_c - N_h)$ 次元，$\boldsymbol{C}_{\boldsymbol{q}_D}$ は $N_h \times N_h$ 次元の行列である．式 (5.34) は次のように書きなおせる．

$$\boldsymbol{C}_{\boldsymbol{q}_D}\dot{\boldsymbol{q}}_D = -\boldsymbol{C}_{\boldsymbol{q}_I}\dot{\boldsymbol{q}}_I \tag{5.35}$$

上式において $\boldsymbol{C}_{\boldsymbol{q}_D}$ が正則でないとき，すなわち

$$\det \boldsymbol{C}_{\boldsymbol{q}_D} = 0 \tag{5.36}$$

であるとき，その逆行列が存在しないため $\dot{\boldsymbol{q}}_I$ に対応する $\dot{\boldsymbol{q}}_D$ を求めることができない．このような点を機構の**特異点** (singular point) という．

例題 5.8　例題 5.1 の 2 関節ロボットアームの特異点を求めよ．

解　式 (5.6) によって式 (5.33) を定義し，時間で微分すると次式を得る．

$$\boldsymbol{C_q}\dot{\boldsymbol{q}} = \begin{bmatrix} 1 & 0 & s_1\sin\phi_1 & 0 & 0 & 0 \\ 0 & 1 & -s_1\cos\phi_1 & 0 & 0 & 0 \\ 1 & 0 & -(l_1 - s_1)\sin\phi_1 & -1 & 0 & -s_2\sin\phi_2 \\ 0 & 1 & (l_1 - s_1)\cos\phi_1 & 0 & -1 & s_2\cos\phi_2 \end{bmatrix} \begin{bmatrix} \dot{x}_1 \\ \dot{y}_1 \\ \dot{\phi}_1 \\ \dot{x}_2 \\ \dot{y}_2 \\ \dot{\phi}_2 \end{bmatrix} = \boldsymbol{0} \tag{5.37}$$

独立座標を $\boldsymbol{q}_I = [x_2 \quad y_2]^T$，従属座標を $\boldsymbol{q}_D = [x_1 \quad y_1 \quad \phi_1 \quad \phi_2]^T$ とすると，式 (5.35) は

$$\underbrace{\begin{bmatrix} 1 & 0 & s_1\sin\phi_1 & 0 \\ 0 & 1 & -s_1\cos\phi_1 & 0 \\ 1 & 0 & -(l_1 - s_1)\sin\phi_1 & -s_2\sin\phi_2 \\ 0 & 1 & (l_1 - s_1)\cos\phi_1 & s_2\cos\phi_2 \end{bmatrix}}_{\boldsymbol{C}_{\boldsymbol{q}_D}} \underbrace{\begin{bmatrix} \dot{x}_1 \\ \dot{y}_1 \\ \dot{\phi}_1 \\ \dot{\phi}_2 \end{bmatrix}}_{\dot{\boldsymbol{q}}_D} = -\underbrace{\begin{bmatrix} 0 & 0 \\ 0 & 0 \\ -1 & 0 \\ 0 & -1 \end{bmatrix}}_{\boldsymbol{C}_{\boldsymbol{q}_I}} \underbrace{\begin{bmatrix} \dot{x}_2 \\ \dot{y}_2 \end{bmatrix}}_{\dot{\boldsymbol{q}}_I} \tag{5.38}$$

のように表せる．このとき，式 (5.36) は次のようになる．

$$\det \boldsymbol{C}_{\boldsymbol{q}_D} = l_1 s_2(\sin\phi_2\cos\phi_1 - \sin\phi_1\cos\phi_2) = l_1 s_2 \sin(\phi_2 - \phi_1) = 0 \tag{5.39}$$

上式が成り立つのは，$\phi_2 - \phi_1 = n_i\pi$ $(n_i = 0, 1, 2, \ldots)$ となるときである．すなわち，2 関節ロボットアームの特異点は，図 5.8 のように二つのボディが一直線上に並ぶ状態である．

なお，独立座標と従属座標の選び方は一意ではない．たとえば，独立座標を $\boldsymbol{q}_I = [\phi_1 \quad \phi_2]^T$，従属座標を $\boldsymbol{q}_D = [x_1 \quad y_1 \quad x_2 \quad y_2]^T$ とすると，式 (5.35) は次のようになる．

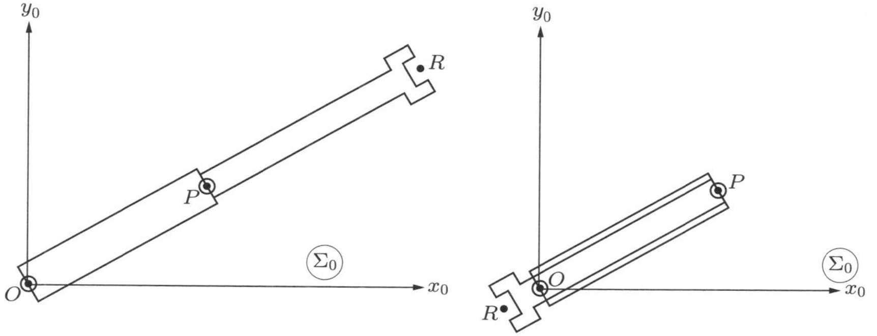

図 5.8　2 関節ロボットアームの特異点

$$\underbrace{\begin{bmatrix} 1 & 0 & 0 & 0 \\ 0 & 1 & 0 & 0 \\ 1 & 0 & -1 & 0 \\ 0 & 1 & 0 & -1 \end{bmatrix}}_{\boldsymbol{C}_{\boldsymbol{q}_D}} \underbrace{\begin{bmatrix} \dot{x}_1 \\ \dot{y}_1 \\ \dot{x}_2 \\ \dot{y}_2 \end{bmatrix}}_{\dot{\boldsymbol{q}}_D} = - \underbrace{\begin{bmatrix} s_1 \sin\phi_1 & 0 \\ -s_1 \cos\phi_1 & 0 \\ -(l_1 - s_1)\sin\phi_1 & -s_2 \sin\phi_2 \\ (l_1 - s_1)\cos\phi_1 & s_2 \cos\phi_2 \end{bmatrix}}_{\boldsymbol{C}_{\boldsymbol{q}_I}} \underbrace{\begin{bmatrix} \dot{\phi}_1 \\ \dot{\phi}_2 \end{bmatrix}}_{\dot{\boldsymbol{q}}_I} \tag{5.40}$$

上式では $\boldsymbol{C}_{\boldsymbol{q}_D}$ が常に正則であるので，指定された任意の $\dot{\boldsymbol{q}}_I$ に対応する $\dot{\boldsymbol{q}}_D$ を常に得ることができる．

演習問題

5.1　例題 5.1 の 2 関節ロボットアームに対して，例題 5.3 の駆動拘束が指定されるとき，全拘束条件は式 (5.8) のように表される．このシステムの位置解析，速度解析，および加速度解析を行うために必要な $\boldsymbol{C}_{\boldsymbol{q}}$，$\boldsymbol{\nu}$，および $\boldsymbol{\gamma}$ を求めよ．

5.2　図 5.9 に示すようなスライダ・クランク機構について考える．ここでは，コネクティン

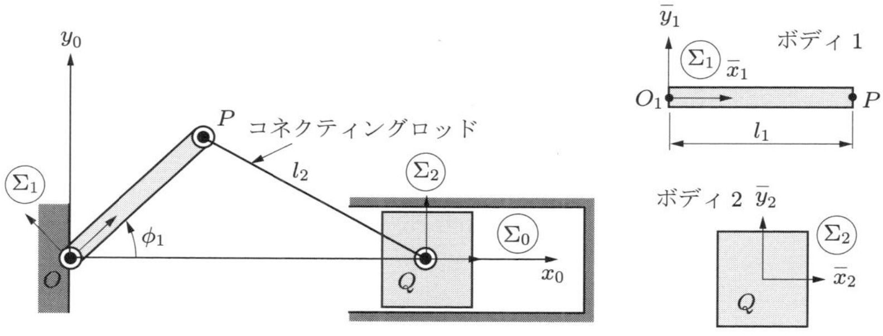

図 5.9　スライダ・クランク機構

グロッドは点 P と点 Q の間の距離を一定の距離 l_2 に保つ距離拘束として表し，2部品で簡略化してモデル化する．クランク軸を角度が $\phi_1 = \omega t$ [rad] となるように動かすものとする．このとき，この機構の全拘束条件を $\boldsymbol{C}(\boldsymbol{q}, t) = \boldsymbol{0}$ の形で表し，位置解析，速度解析，および加速度解析を行うために必要な $\boldsymbol{C_q}$, $\boldsymbol{\nu}$, および $\boldsymbol{\gamma}$ を求めよ．

[力学物語 2]　ガリレオ (Galileo Galilei, 1564〜1642)

ガリレオは，1564年に，斜塔で有名なイタリアのピサで生まれた．姓はガリレイであるが，イタリア人は親しみをこめて，姓より名でガリレオとよんでいる．17歳のとき，ピサ大学の医学部に入学したが，18歳のときに教会のシャンデリアのゆれから振子の等時性を発見したり，宮廷数学者オスティリオ・リッチから数学や物理学を学んで異常な興味を示した．リッチの師匠はタルターリャであり，タルターリャが翻訳した書物からアルキメデスを知った．彼の実験を尊ぶ姿勢は，アルキメデスへの傾倒から生じた．

1587年にトスカーナ大公の推薦状をもらい，ピサ大学の数学講師として1590年まで勤務した．このころ『運動について』を著し（出版は1604年），アリストテレスの運動学に反論している．1592年にヴェネツィアのパドヴァ大学に移り，その後18年間研究生活を送る．パドヴァ大学教授に就任して間もない30歳前後のころ『レ・メカニケー（機械の学問)』を著して，さお秤，てこ，ねじ，輪軸，複滑車などの機械要素の動きをはじめて体系的，数学的に扱った．彼は「モーメント」を物体の回転運動を起こさせる原因として正しく把握した．ガリレオはまた1609年に望遠鏡を自作し，月の地形や木星の衛星，金星の満ち欠け，太陽の黒点などを観測して，当時信じられていたプトレマイオスの天動説を否定し，コペルニクスの地動説の正しさを証明した．彼はケプラーとも文通をする間柄であったが，ケプラーの法則が発表されても「すべての天体は完全な円を描いて運動する」「楕円運動などするわけがない」と批判を続け，認めなかった．

1638年，ガリレオが74歳のころ，動力学に関する研究の総決算として『新科学対話』を著し，有名な落体の法則もこの中で発表された．ガリレオは斜面を使った落下の実験を行い，水時計を用いて時間を計測した．落下の距離は時間の2乗に比例することをつきとめ，この関係を「数学的に記述する」ことで近代科学の基礎を築いた．ガリレオは「自然法則が数式で表せる，それゆえに普遍性・客観性をもつ」と強調している．

第6章 運動学解析における数値計算法

本章では，マルチボディシステムの運動学解析を行う際に必要になる数値計算法の基礎をまとめる．第 5 章でみたように位置解析は非線形方程式を解く問題となり，位置解析，速度解析，加速度解析ともにヤコビ行列を係数行列とする連立 1 次方程式の形に定式化される．非線形方程式および連立 1 次方程式の数値解法は，運動学解析の精度や計算時間に直接影響するため，その原理や特徴を十分に理解しておく必要がある．また，これらの計算法は，のちの動力学解析やリカーシブ定式化においても利用するため非常に重要である．

6.1 連立 1 次方程式

本節では，次のような n 変数の連立 1 次方程式を解く問題について考える．

$$\left\{\begin{array}{l} a_{11}x_1 + a_{12}x_2 + \cdots + a_{1n}x_n = b_1 \\ a_{21}x_1 + a_{22}x_2 + \cdots + a_{2n}x_n = b_2 \\ \qquad\qquad\qquad \vdots \\ a_{n1}x_1 + a_{n2}x_2 + \cdots + a_{nn}x_n = b_n \end{array}\right. \tag{6.1}$$

上式は行列とベクトルを用いて次のように簡潔に表すことができる．

$$\boldsymbol{A}\boldsymbol{x} = \boldsymbol{b} \tag{6.2}$$

ここで，

$$\boldsymbol{A} = \begin{bmatrix} a_{11} & a_{12} & \cdots & a_{1n} \\ a_{21} & a_{22} & \cdots & a_{2n} \\ \vdots & \vdots & \ddots & \vdots \\ a_{n1} & a_{n2} & \cdots & a_{nn} \end{bmatrix}, \quad \boldsymbol{x} = \begin{bmatrix} x_1 \\ x_2 \\ \vdots \\ x_n \end{bmatrix}, \quad \boldsymbol{b} = \begin{bmatrix} b_1 \\ b_2 \\ \vdots \\ b_n \end{bmatrix}$$

であり，$\boldsymbol{A}$ は係数行列，$\boldsymbol{x}$ は解ベクトル，$\boldsymbol{b}$ は右辺ベクトルとよばれる．

連立 1 次方程式を解くとは，n 個の未知数 $x_1, x_2, \ldots, x_n$ が上記の n 個の方程式を同時に満たすようにその値を定めることである．ここでは，代表的な解法であるガウスの消去法と LU 分解法について説明する．

6.1.1 ガウスの消去法

(1) 基本アルゴリズム

ガウスの消去法 (Gaussian elimination) は，**前進消去**と**後退代入**の二つのステップからなる．方程式の一つに適当な定数を乗じて他の方程式との間で加減算を行い，未知数 x_i を一つずつ消去していくと，最後は未知数一つだけの式となる．この過程を前進消去という．最後の式から変数の値を求めたあとは，代入により逐次他の x_i を求めることができる．この過程を後退代入という．

ガウスの消去法の原理を理解するために，3 変数の連立 1 次方程式について考える．

$$\left\{\begin{aligned} a_{11}x_1 + a_{12}x_2 + a_{13}x_3 &= b_1 \\ a_{21}x_1 + a_{22}x_2 + a_{23}x_3 &= b_2 \\ a_{31}x_1 + a_{32}x_2 + a_{33}x_3 &= b_3 \end{aligned}\right. \tag{6.3}$$

まず，前進消去について考える．$a_{ij}^{(1)} = a_{ij}$, $b_i^{(1)} = b_i$ として，式 (6.3) を

$$\left\{\begin{aligned} a_{11}^{(1)}x_1 + a_{12}^{(1)}x_2 + a_{13}^{(1)}x_3 &= b_1^{(1)} \cdots\cdots ① \\ a_{21}^{(1)}x_1 + a_{22}^{(1)}x_2 + a_{23}^{(1)}x_3 &= b_2^{(1)} \cdots\cdots ② \\ a_{31}^{(1)}x_1 + a_{32}^{(1)}x_2 + a_{33}^{(1)}x_3 &= b_3^{(1)} \cdots\cdots ③ \end{aligned}\right. \tag{6.4}$$

のように書きなおす．$a_{11}^{(1)} \neq 0$ と仮定して，①を $a_{11}^{(1)}$ で割ったものを考え，これに $a_{21}^{(1)}$ を乗じたものを②から，$a_{31}^{(1)}$ を乗じたものを③から引き算すると，次式のようになる．

$$\left\{\begin{aligned} a_{11}^{(1)}x_1 + a_{12}^{(1)}x_2 + a_{13}^{(1)}x_3 &= b_1^{(1)} \cdots\cdots ① \\ a_{22}^{(2)}x_2 + a_{23}^{(2)}x_3 &= b_2^{(2)} \cdots\cdots ②' \\ a_{32}^{(2)}x_2 + a_{33}^{(2)}x_3 &= b_3^{(2)} \cdots\cdots ③' \end{aligned}\right. \tag{6.5}$$

ただし，②$'$,③$'$ の係数行列，右辺ベクトルの成分を次のように再定義している．

$$\left\{\begin{aligned} a_{ij}^{(2)} &= a_{ij}^{(1)} - \frac{a_{1j}^{(1)}}{a_{11}^{(1)}} a_{i1}^{(1)} \\ b_i^{(2)} &= b_i^{(1)} - \frac{b_1^{(1)}}{a_{11}^{(1)}} a_{i1}^{(1)} \end{aligned}\right. \tag{6.6}$$

同様に $a_{22}^{(2)} \neq 0$ と仮定して，②$'$ を $a_{22}^{(2)}$ で割ったものを考え，これに $a_{32}^{(2)}$ を乗じたものを ③$'$ から引き算すると，次式のようになる．

$$\left\{\begin{aligned} a_{11}^{(1)}x_1 + a_{12}^{(1)}x_2 + a_{13}^{(1)}x_3 &= b_1^{(1)} \cdots\cdots ① \\ a_{22}^{(2)}x_2 + a_{23}^{(2)}x_3 &= b_2^{(2)} \cdots\cdots ②' \\ a_{33}^{(3)}x_3 &= b_3^{(3)} \cdots\cdots ③'' \end{aligned}\right. \tag{6.7}$$

ただし，③$''$ の係数行列，右辺ベクトルの要素を次のように再定義している．

$$\begin{cases} a_{33}^{(3)} = a_{33}^{(2)} - \dfrac{a_{2j}^{(2)}}{a_{22}^{(2)}} a_{32}^{(2)} \\ b_{3}^{(3)} = b_{3}^{(2)} - \dfrac{b_{2}^{(2)}}{a_{22}^{(2)}} a_{32}^{(2)} \end{cases} \tag{6.8}$$

後退代入の段階では，式 (6.7) を利用して順次 x_i を求めていく．まず，③$''$ から x_3 が得られる．これを ②$'$ に代入して x_2 が求められる．さらにそれを ① に代入して x_1 が計算できる．すなわち，

$$x_3 = \frac{b_3^{(3)}}{a_{33}^{(3)}} \tag{6.9}$$

$$x_2 = \frac{b_2^{(2)} - a_{23}^{(2)} x_3}{a_{22}^{(2)}} \tag{6.10}$$

$$x_1 = \frac{b_1^{(1)} - a_{12}^{(1)} x_2 - a_{13}^{(1)} x_3}{a_{11}^{(1)}} \tag{6.11}$$

により，連立 1 次方程式 (6.3) の解 x_1, x_2, x_3 が得られる．

例題 6.1 次の連立 1 次方程式をガウスの消去法によって解け．

$$\begin{cases} x_1 + 2x_2 + x_3 = 3 & \cdots\cdots ① \\ 3x_1 + 8x_2 + 7x_3 = 5 & \cdots\cdots ② \\ 2x_1 + 7x_2 + 4x_3 = 8 & \cdots\cdots ③ \end{cases} \tag{6.12}$$

解 まず，前進消去を行う．①に 3 を乗じたものを②から，2 を乗じたものを③から引き算すると，次式のようになる．

$$\begin{cases} x_1 + 2x_2 + x_3 = 3 & \cdots\cdots ① \\ 2x_2 + 4x_3 = -4 & \cdots\cdots ②' \\ 3x_2 + 2x_3 = 2 & \cdots\cdots ③' \end{cases} \tag{6.13}$$

②$'$ を 2 で割ったものを考え，これに 3 を乗じたものを ③$'$ から引き算すると，次式のようになる．

$$\begin{cases} x_1 + 2x_2 + x_3 = 3 & \cdots\cdots ① \\ 2x_2 + 4x_3 = -4 & \cdots\cdots ②' \\ -4x_3 = 8 & \cdots\cdots ③'' \end{cases} \tag{6.14}$$

次に後退代入を行う．まず，③$''$ よりただちに $x_3 = -2$ が得られ，これを ②$'$ に代入することにより，

$$x_2 = \frac{-4 - 4x_3}{2} = \frac{-4 - 4 \times -2}{2} = 2$$

となる．さらに，求められた x_3, x_2 を ① に代入することにより，

$$x_1 = 3 - 2x_2 - x_3 = 3 - 2 \times 2 - (-2) = 1$$

が得られる．したがって，連立 1 次方程式の解は $x_1 = 1$, $x_2 = 2$, $x_3 = -2$ である．

以上の計算手順を n 変数の場合に拡張する．式 (6.1) で示した連立 1 次方程式の解 $x_1, x_2, \cdots, x_n$ は，以下の手順によって求めることができる．

1. $i, j = 1, 2, \ldots, n$ に対して，$a_{ij}^{(1)} = a_{ij}$, $b_i^{(1)} = b_i$ とする．
2. $k = 1, 2, \ldots, n-1$ の順に以下の計算を行う（前進消去）．

$$a_{ij}^{(k+1)} = a_{ij}^{(k)} - \frac{a_{kj}^{(k)}}{a_{kk}^{(k)}} a_{ik}^{(k)} \quad (i, j = k+1, k+2, \ldots, n) \tag{6.15}$$

$$b_i^{(k+1)} = b_i^{(k)} - \frac{b_k^{(k)}}{a_{kk}^{(k)}} a_{ik}^{(k)} \quad (i = k+1, k+2, \cdots, n) \tag{6.16}$$

以上により，係数行列は対角要素より下がすべて 0 の上三角行列となる．

3. 次式により，x_i を $i = n, n-1, \ldots, 1$ の順に次々に求める（後退代入）．

$$x_n = \frac{b_n^{(n)}}{a_{nn}^{(n)}} \tag{6.17}$$

$$x_i = \frac{b_i^{(i)} - \displaystyle\sum_{k=i+1}^{n} a_{ik}^{(i)} x_k}{a_{ii}^{(i)}} \tag{6.18}$$

以上により，連立 1 次方程式の解 $x_1, x_2, \ldots, x_n$ が得られる．

前進消去における各段階での対角要素 $a_{kk}^{(k)} (k = 1, 2, \ldots, n)$ を**ピボット** (pivot) という．以上の議論ではピボットが 0 でないと仮定したが，計算途中で 0 になってしまうと解を求めることができない．また，ピボットが他の係数に比べてあまりに小さくなると除算によって他の係数が極端に大きくなり，数値計算の誤差が大きくなる．このようなときは，式の順序（行）を入れ替える（部分選択），あるいは行だけでなく列も入れ替える（完全選択）などを行って計算を進める．

(2)　幾何学的解釈

ガウスの消去法の幾何学的な意味を，2 変数の連立 1 次方程式を用いて考えてみる．

$$\begin{cases} a_{11}x_1 + a_{12}x_2 = b_1 \\ a_{21}x_1 + a_{22}x_2 = b_2 \end{cases} \tag{6.19}$$

$a_{ij}^{(1)} = a_{ij}$, $b_i^{(1)} = b_i$ として式 (6.19) を書きなおすと，次のようになる．

$$\begin{cases} a_{11}^{(1)}x_1 + a_{12}^{(1)}x_2 = b_1^{(1)} \cdots\cdots ① \\ a_{21}^{(1)}x_1 + a_{22}^{(1)}x_2 = b_2^{(1)} \cdots\cdots ② \end{cases} \tag{6.20}$$

①, ②は図 6.1 (a) に示すように x_1 - x_2 平面内の直線となり，その交点が連立 1 次方

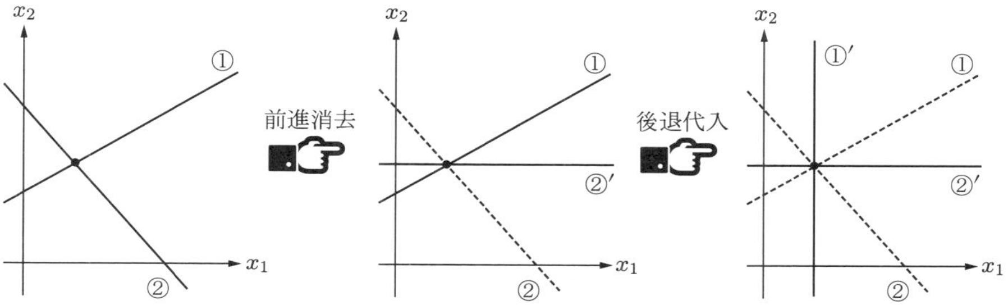

（a）直線①, ②　　（b）②′ // x_1 軸　　（c）①′ ⊥ ②′

図 6.1　ガウスの消去法の幾何学的解釈

程式の解である．$a_{11}^{(1)} \neq 0$ と仮定して①を $a_{11}^{(1)}$ で割ったものを考え，これに $a_{21}^{(1)}$ を乗じたものを②から引き算すると，変数 x_1 が消去された ②′ が得られる（前進消去）．

$$\left\{ \begin{aligned} a_{11}^{(1)} x_1 + a_{12}^{(1)} x_2 &= b_1^{(1)} \cdots\cdots ① \\ a_{22}^{(2)} x_2 &= b_2^{(2)} \cdots\cdots ②' \end{aligned} \right. \tag{6.21}$$

②′ は図 6.1 (b) に示すように x_1 軸に平行な直線となっている．このように，前進消去の過程は，直線を座標軸の一つと平行化することに相当する．

②′ から x_2 が得られ，さらにそれを①に代入すると，次のようになる（後退代入）．

$$\left\{ \begin{aligned} & a_{11}^{(1)} x_1 = b_1^{(1)} - \frac{a_{12}^{(1)} b_2^{(2)}}{a_{22}^{(2)}} \cdots\cdots ①' \\ & a_{22}^{(2)} x_2 = b_2^{(2)} \qquad\qquad \cdots\cdots ②' \end{aligned} \right. \tag{6.22}$$

①′ は図 6.1 (c) に示すように ②′ と直交する直線，すなわち x_2 軸に平行な直線となり，これにより x_1 が得られる．このように，後退代入の過程は，直線を直交化することに相当する．2 変数以上の場合は，各方程式を直線ではなく超平面と考えることで，同様に前進消去を平行化，後退代入を直交化の過程と解釈することができる．

(3)　ガウス変換

式 (6.1) の連立 1 次方程式は，行列とベクトルを用いて式 (6.2) のように表せる．ここでは，式 (6.2) の形に表された連立 1 次方程式の係数行列や右辺ベクトルが，ガウスの消去法の過程でどのように変形されるかをみていく．

まず，式 (6.3) の 3 変数の連立 1 次方程式について考えることにし，これを

$$\underbrace{\begin{bmatrix} a_{11} & a_{12} & a_{13} \\ a_{21} & a_{22} & a_{23} \\ a_{31} & a_{32} & a_{33} \end{bmatrix}}_{\boldsymbol{A}} \underbrace{\begin{bmatrix} x_1 \\ x_2 \\ x_3 \end{bmatrix}}_{\boldsymbol{x}} = \underbrace{\begin{bmatrix} b_1 \\ b_2 \\ b_3 \end{bmatrix}}_{\boldsymbol{b}} \tag{6.23}$$

のように表す．上式において $a_{ij}^{(1)} = a_{ij}, b_i^{(1)} = b_i$ とおき，次式のように表す．

$$\underbrace{\begin{bmatrix} a_{11}^{(1)} & a_{12}^{(1)} & a_{13}^{(1)} \\ a_{21}^{(1)} & a_{22}^{(1)} & a_{23}^{(1)} \\ a_{31}^{(1)} & a_{32}^{(1)} & a_{33}^{(1)} \end{bmatrix}}_{\boldsymbol{A}^{(1)}} \underbrace{\begin{bmatrix} x_1 \\ x_2 \\ x_3 \end{bmatrix}}_{\boldsymbol{x}} = \underbrace{\begin{bmatrix} b_1^{(1)} \\ b_2^{(1)} \\ b_3^{(1)} \end{bmatrix}}_{\boldsymbol{b}^{(1)}} \tag{6.24}$$

式 (6.4) から式 (6.5) に変形したように，$\boldsymbol{A}^{(1)}$ において $a_{21}^{(1)}, a_{31}^{(1)}$ を 0 にするために

$$\boldsymbol{G}_1 = \begin{bmatrix} 1 & 0 & 0 \\ -\alpha_{21} & 1 & 0 \\ -\alpha_{31} & 0 & 1 \end{bmatrix} = \begin{bmatrix} 1 & 0 & 0 \\ 0 & 1 & 0 \\ 0 & 0 & 1 \end{bmatrix} - \begin{bmatrix} 0 \\ \alpha_{21} \\ \alpha_{31} \end{bmatrix} \begin{bmatrix} 1 & 0 & 0 \end{bmatrix} \tag{6.25}$$

なる行列を準備する．ただし，$\alpha_{21} = a_{21}^{(1)}/a_{11}^{(1)}$, $\alpha_{31} = a_{31}^{(1)}/a_{11}^{(1)}$ である．この行列を式 (6.24) の両辺に左側から掛け合わせると，次のようになる．

$$\underbrace{\boldsymbol{G}_1 \boldsymbol{A}^{(1)}}_{\boldsymbol{A}^{(2)}} \boldsymbol{x} = \underbrace{\boldsymbol{G}_1 \boldsymbol{b}^{(1)}}_{\boldsymbol{b}^{(2)}} \tag{6.26}$$

上式において係数行列は

$$\begin{aligned} \boldsymbol{A}^{(2)} = \boldsymbol{G}_1 \boldsymbol{A}^{(1)} &= \begin{bmatrix} 1 & 0 & 0 \\ -\alpha_{21} & 1 & 0 \\ -\alpha_{31} & 0 & 1 \end{bmatrix} \begin{bmatrix} a_{11}^{(1)} & a_{12}^{(1)} & a_{13}^{(1)} \\ a_{21}^{(1)} & a_{22}^{(1)} & a_{23}^{(1)} \\ a_{31}^{(1)} & a_{32}^{(1)} & a_{33}^{(1)} \end{bmatrix} \\ &= \begin{bmatrix} a_{11}^{(1)} & a_{12}^{(1)} & a_{13}^{(1)} \\ a_{21}^{(1)} - \alpha_{21} a_{11}^{(1)} & a_{22}^{(1)} - \alpha_{21} a_{12}^{(1)} & a_{23}^{(1)} - \alpha_{21} a_{12}^{(1)} \\ a_{31}^{(1)} - \alpha_{31} a_{11}^{(1)} & a_{32}^{(1)} - \alpha_{31} a_{12}^{(1)} & a_{33}^{(1)} - \alpha_{31} a_{12}^{(1)} \end{bmatrix} = \begin{bmatrix} a_{11}^{(1)} & a_{12}^{(1)} & a_{13}^{(1)} \\ 0 & a_{22}^{(2)} & a_{23}^{(2)} \\ 0 & a_{32}^{(2)} & a_{33}^{(2)} \end{bmatrix} \end{aligned} \tag{6.27}$$

となり，$a_{21}^{(1)}, a_{31}^{(1)}$ が 0 になっていることが確認できる．

次に，式 (6.5) から式 (6.7) に変形したように，$\boldsymbol{A}^{(2)}$ において $a_{32}^{(2)}$ を 0 にするために

$$\boldsymbol{G}_2 = \begin{bmatrix} 1 & 0 & 0 \\ 0 & 1 & 0 \\ 0 & -\alpha_{32} & 1 \end{bmatrix} = \begin{bmatrix} 1 & 0 & 0 \\ 0 & 1 & 0 \\ 0 & 0 & 1 \end{bmatrix} - \begin{bmatrix} 0 \\ 0 \\ \alpha_{32} \end{bmatrix} \begin{bmatrix} 0 & 1 & 0 \end{bmatrix} \tag{6.28}$$

なる行列を準備する．ただし，$\alpha_{32} = a_{32}^{(2)}/a_{22}^{(2)}$ である．この行列を式 (6.26) の両辺に左側から掛け合わせると，次のようになる．

$$\underbrace{\boldsymbol{G}_2 \boldsymbol{A}^{(2)}}_{\boldsymbol{A}^{(3)}} \boldsymbol{x} = \underbrace{\boldsymbol{G}_2 \boldsymbol{b}^{(2)}}_{\boldsymbol{b}^{(3)}} \tag{6.29}$$

上式において係数行列は

$$\boldsymbol{A}^{(3)} = \boldsymbol{G}_2\boldsymbol{A}^{(2)} = \begin{bmatrix} 1 & 0 & 0 \\ 0 & 1 & 0 \\ 0 & -\alpha_{32} & 1 \end{bmatrix} \begin{bmatrix} a_{11}^{(1)} & a_{12}^{(1)} & a_{13}^{(1)} \\ 0 & a_{22}^{(2)} & a_{23}^{(2)} \\ 0 & a_{32}^{(2)} & a_{33}^{(2)} \end{bmatrix}$$
$$= \begin{bmatrix} a_{11}^{(1)} & a_{12}^{(1)} & a_{13}^{(1)} \\ 0 & a_{22}^{(2)} & a_{23}^{(2)} \\ 0 & a_{32}^{(2)} - \alpha_{32}a_{22}^{(2)} & a_{33}^{(2)} - \alpha_{32}a_{23}^{(2)} \end{bmatrix} = \begin{bmatrix} a_{11}^{(1)} & a_{12}^{(1)} & a_{13}^{(1)} \\ 0 & a_{22}^{(2)} & a_{23}^{(2)} \\ 0 & 0 & a_{33}^{(3)} \end{bmatrix} \tag{6.30}$$

となり，$a_{32}^{(2)}$ が 0 となっていることが確認できる．

式 (6.29) は

$$\begin{bmatrix} a_{11}^{(1)} & a_{12}^{(1)} & a_{13}^{(1)} \\ 0 & a_{22}^{(2)} & a_{23}^{(2)} \\ 0 & 0 & a_{33}^{(3)} \end{bmatrix} \begin{bmatrix} x_1 \\ x_2 \\ x_3 \end{bmatrix} = \begin{bmatrix} b_1^{(1)} \\ b_2^{(2)} \\ b_3^{(3)} \end{bmatrix} \tag{6.31}$$

という形になっているため，後退代入

$$x_3 = \frac{b_3^{(3)}}{a_{33}^{(3)}} \tag{6.32}$$

$$x_2 = \frac{b_2^{(2)} - a_{23}^{(2)}x_3}{a_{22}^{(2)}} \tag{6.33}$$

$$x_1 = \frac{b_1^{(1)} - a_{12}^{(1)}x_2 - a_{13}^{(1)}x_3}{a_{11}^{(1)}} \tag{6.34}$$

により連立 1 次方程式の解 x_1, x_2, x_3 が得られる．上記の計算で用いた $\boldsymbol{G}_1$, $\boldsymbol{G}_2$ は**ガウス変換行列**とよばれている．

以上の計算手順を n 変数の場合に拡張する．連立 1 次方程式

$$\underbrace{\begin{bmatrix} a_{11} & a_{12} & \cdots & a_{1n} \\ a_{21} & a_{22} & \cdots & a_{2n} \\ \vdots & \vdots & \ddots & \vdots \\ a_{n1} & a_{n2} & \cdots & a_{nn} \end{bmatrix}}_{\boldsymbol{A}} \underbrace{\begin{bmatrix} x_1 \\ x_2 \\ \vdots \\ x_n \end{bmatrix}}_{\boldsymbol{x}} = \underbrace{\begin{bmatrix} b_1 \\ b_2 \\ \vdots \\ b_n \end{bmatrix}}_{\boldsymbol{b}} \tag{6.35}$$

の解 $x_1, x_2, \ldots, x_n$ は，以下の手順によって求めることができる．

1. $i, j = 1, 2, \ldots, n$ に対して，$a_{ij}^{(1)} = a_{ij}$, $b_i^{(1)} = b_i$ とする．

$$\underbrace{\begin{bmatrix} a_{11}^{(1)} & a_{12}^{(1)} & \cdots & a_{1n}^{(1)} \\ a_{21}^{(1)} & a_{22}^{(1)} & \cdots & a_{2n}^{(1)} \\ \vdots & \vdots & \ddots & \vdots \\ a_{n1}^{(1)} & a_{n2}^{(1)} & \cdots & a_{nn}^{(1)} \end{bmatrix}}_{\boldsymbol{A}^{(1)}} \underbrace{\begin{bmatrix} x_1 \\ x_2 \\ \vdots \\ x_n \end{bmatrix}}_{\boldsymbol{x}} = \underbrace{\begin{bmatrix} b_1^{(1)} \\ b_2^{(1)} \\ \vdots \\ b_n^{(1)} \end{bmatrix}}_{\boldsymbol{b}^{(1)}} \tag{6.36}$$

2. （前進消去）ガウス変換行列を次式により定義する．

$$\boldsymbol{G}_k = \boldsymbol{E} - \boldsymbol{\alpha}_k \boldsymbol{e}_k^T \tag{6.37}$$

ここで，$\boldsymbol{E}$ は単位行列，$\boldsymbol{e}_k$ は k 番目の要素が 1 で他の要素がすべて 0 の単位ベクトル，$\boldsymbol{\alpha}_k = [0 \ \cdots \ 0 \ \alpha_{k+1,k} \ \alpha_{k+2,k} \ \cdots \ \alpha_{n,k}]^T$ は 0 でない要素が $\alpha_{ik} = a_{ik}^{(k)}/a_{kk}^{(k)}$ のように定義されるベクトルである．$k=1$ から $k=n-1$ まで順次，ガウス変換行列を計算し，式 (6.36) の両辺に左から乗じていくと，次式のようになる．

$$\underbrace{\boldsymbol{G}_{n-1}\boldsymbol{G}_{n-2}\cdots\boldsymbol{G}_2\boldsymbol{G}_1\boldsymbol{A}^{(1)}}_{\boldsymbol{A}^{(n)}}\boldsymbol{x} = \underbrace{\boldsymbol{G}_{n-1}\boldsymbol{G}_{n-2}\cdots\boldsymbol{G}_2\boldsymbol{G}_1\boldsymbol{b}^{(1)}}_{\boldsymbol{b}^{(n)}} \tag{6.38}$$

以上により，係数行列は対角要素より下がすべて 0 の上三角行列となる．

$$\underbrace{\begin{bmatrix} a_{11}^{(1)} & a_{12}^{(1)} & \cdots & a_{1n}^{(1)} \\ 0 & a_{22}^{(2)} & \cdots & a_{2n}^{(2)} \\ \vdots & \ddots & \ddots & \vdots \\ 0 & \ldots & 0 & a_{nn}^{(n)} \end{bmatrix}}_{\boldsymbol{A}^{(n)}} \underbrace{\begin{bmatrix} x_1 \\ x_2 \\ \vdots \\ x_n \end{bmatrix}}_{\boldsymbol{x}} = \underbrace{\begin{bmatrix} b_1^{(1)} \\ b_2^{(2)} \\ \vdots \\ b_n^{(n)} \end{bmatrix}}_{\boldsymbol{b}^{(n)}}$$

3. （後退代入）次式により，x_i を $i = n, n-1, \ldots, 1$ の順に次々に求める．

$$x_n = \frac{b_n^{(n)}}{a_{nn}^{(n)}} \tag{6.39}$$

$$x_i = \frac{b_i^{(i)} - \displaystyle\sum_{k=i+1}^{n} a_{ik}^{(i)} x_k}{a_{ii}^{(i)}} \tag{6.40}$$

以上により，連立 1 次方程式の解 $x_1, x_2, \ldots, x_n$ が得られる．

6.1.2 LU 分解法

ガウスの消去法は，原理が簡明であり，信頼できる方法であるが，計算効率の観点からさらによい方法がある．そのような方法の一つとして，ここでは **LU 分解法** (LU decomposition, LU factorization) について説明する．

正則行列 $\boldsymbol{A}$ は，次のように，対角要素がゼロでない上三角行列 $\boldsymbol{U}$ と対角要素が 1

である下三角行列 $\boldsymbol{L}$ の積に分解することができる．

$$\boldsymbol{A} = \boldsymbol{L}\boldsymbol{U} \tag{6.41}$$

$\boldsymbol{A}$ を $\boldsymbol{L}$ と $\boldsymbol{U}$ の積に分解すると，式 (6.2) の連立 1 次方程式は次式のようになる．

$$\boldsymbol{A}\boldsymbol{x} = \boldsymbol{L}\boldsymbol{U}\boldsymbol{x} = \boldsymbol{b} \tag{6.42}$$

上式は次の二つの問題に分解される．

$$\boldsymbol{L}\boldsymbol{y} = \boldsymbol{b} \tag{6.43}$$

$$\boldsymbol{U}\boldsymbol{x} = \boldsymbol{y} \tag{6.44}$$

すなわち，まず式 (6.43) を $\boldsymbol{y}$ について解き，次に式 (6.44) を $\boldsymbol{x}$ について解けばよい．$\boldsymbol{L}$ も $\boldsymbol{U}$ も三角行列であるので，後退代入により少ない計算量で解くことができる．マルチボディシステムの運動学解析では，同一の係数行列 $\boldsymbol{A}$ に対して右辺ベクトル $\boldsymbol{b}$ が異なる連立 1 次方程式を解くことがしばしばある．そのような場合は，ガウスの消去法によって，$\boldsymbol{b}$ にあわせて何度も同じ $\boldsymbol{A}$ を変形すると効率が悪く，まず $\boldsymbol{A}$ を LU 分解し，三角行列 $\boldsymbol{L}$ と $\boldsymbol{U}$ を用いて $\boldsymbol{b}$ を変形するようにすべきである．

実は，LU 分解はガウスの消去法の計算過程ですでに完了している．このことを，まず 3 変数の連立 1 次方程式の場合について確認する．

$$\underbrace{\begin{bmatrix} a_{11} & a_{12} & a_{13} \\ a_{21} & a_{22} & a_{23} \\ a_{31} & a_{32} & a_{33} \end{bmatrix}}_{\boldsymbol{A}} \underbrace{\begin{bmatrix} x_1 \\ x_2 \\ x_3 \end{bmatrix}}_{\boldsymbol{x}} = \underbrace{\begin{bmatrix} b_1 \\ b_2 \\ b_3 \end{bmatrix}}_{\boldsymbol{b}} \tag{6.45}$$

式 (6.26) と式 (6.29) より，次式が成り立つ．

$$\underbrace{\boldsymbol{G}_2\boldsymbol{G}_1\boldsymbol{A}^{(1)}}_{\boldsymbol{A}^{(3)}}\boldsymbol{x} = \underbrace{\boldsymbol{G}_2\boldsymbol{G}_1\boldsymbol{b}^{(1)}}_{\boldsymbol{b}^{(3)}} \tag{6.46}$$

上式の両辺に左側から $\boldsymbol{G}_1^{-1}\boldsymbol{G}_2^{-1}$ を乗じ，$\boldsymbol{A} = \boldsymbol{A}^{(1)}$ であることに注意すると

$$\boldsymbol{A}\boldsymbol{x} = \underbrace{\boldsymbol{G}_1^{-1}\boldsymbol{G}_2^{-1}}_{\boldsymbol{L}}\underbrace{\boldsymbol{G}_2\boldsymbol{G}_1\boldsymbol{A}^{(1)}}_{\boldsymbol{U}}\boldsymbol{x} = \boldsymbol{b} \tag{6.47}$$

となり，式 (6.42) の形が得られる．ここで，

$$\boldsymbol{U} = \boldsymbol{A}^{(3)} = \boldsymbol{G}_2\boldsymbol{G}_1\boldsymbol{A}^{(1)} = \begin{bmatrix} a_{11}^{(1)} & a_{12}^{(1)} & a_{13}^{(1)} \\ 0 & a_{22}^{(2)} & a_{23}^{(2)} \\ 0 & 0 & a_{33}^{(3)} \end{bmatrix} \tag{6.48}$$

であり，$\boldsymbol{U}$ は上三角行列である．一方，ガウス変換行列 $\boldsymbol{G}_1$, $\boldsymbol{G}_2$ は式 (6.25)，(6.28) で定義され，それぞれ $\boldsymbol{A}^{(1)}$ において $a_{21}^{(1)}$, $a_{31}^{(1)}$ を 0 にする変換，$\boldsymbol{A}^{(2)}$ において $a_{32}^{(1)}$ を 0 にする変換であった．それらの逆行列 $\boldsymbol{G}_1^{-1}$, $\boldsymbol{G}_2^{-1}$ は，その逆の作用をもつ変換であるべきことから，次のように計算できる．

$$\boldsymbol{G}_1^{-1} = \begin{bmatrix} 1 & 0 & 0 \\ \alpha_{21} & 1 & 0 \\ \alpha_{31} & 0 & 1 \end{bmatrix} = \begin{bmatrix} 1 & 0 & 0 \\ 0 & 1 & 0 \\ 0 & 0 & 1 \end{bmatrix} + \begin{bmatrix} 0 \\ \alpha_{21} \\ \alpha_{31} \end{bmatrix} [\ 1\ 0\ 0\ ] \tag{6.49}$$

$$\boldsymbol{G}_2^{-1} = \begin{bmatrix} 1 & 0 & 0 \\ 0 & 1 & 0 \\ 0 & \alpha_{32} & 1 \end{bmatrix} = \begin{bmatrix} 1 & 0 & 0 \\ 0 & 1 & 0 \\ 0 & 0 & 1 \end{bmatrix} + \begin{bmatrix} 0 \\ 0 \\ \alpha_{32} \end{bmatrix} [\ 0\ 1\ 0\ ] \tag{6.50}$$

これより，

$$\boldsymbol{L} = \boldsymbol{G}_1^{-1}\boldsymbol{G}_2^{-1} = \begin{bmatrix} 1 & 0 & 0 \\ \alpha_{21} & 1 & 0 \\ \alpha_{31} & 0 & 1 \end{bmatrix} \begin{bmatrix} 1 & 0 & 0 \\ 0 & 1 & 0 \\ 0 & \alpha_{32} & 1 \end{bmatrix} = \begin{bmatrix} 1 & 0 & 0 \\ \alpha_{21} & 1 & 0 \\ \alpha_{31} & \alpha_{32} & 1 \end{bmatrix} \tag{6.51}$$

と求められ，$\boldsymbol{L}$ は単位下三角行列であることが確認できる．

例題 6.2　次の連立 1 次方程式を LU 分解法によって解け．

$$\underbrace{\begin{bmatrix} 2 & 2 & 1 \\ 3 & 6 & 2 \\ 4 & -2 & 5 \end{bmatrix}}_{\boldsymbol{A}} \underbrace{\begin{bmatrix} x_1 \\ x_2 \\ x_3 \end{bmatrix}}_{\boldsymbol{x}} = \underbrace{\begin{bmatrix} 4 \\ 2 \\ 8 \end{bmatrix}}_{\boldsymbol{b}} \tag{6.52}$$

解　まず，係数行列

$$\boldsymbol{A} = \boldsymbol{A}^{(1)} = \begin{bmatrix} 2 & 2 & 1 \\ 3 & 6 & 2 \\ 4 & -2 & 5 \end{bmatrix}$$

を LU 分解する．式 (6.25) によりガウス変換行列 $\boldsymbol{G}_1$ を求め，$\boldsymbol{A}^{(1)}$ に乗じると，

$$\boldsymbol{G}_1 = \begin{bmatrix} 1 & 0 & 0 \\ -3/2 & 1 & 0 \\ -2 & 0 & 1 \end{bmatrix}, \quad \boldsymbol{A}^{(2)} = \boldsymbol{G}_1\boldsymbol{A}^{(1)} = \begin{bmatrix} 2 & 2 & 1 \\ 0 & 3 & 1/2 \\ 0 & -6 & 3 \end{bmatrix}$$

となる．さらに，式 (6.28) によりガウス変換行列 $\boldsymbol{G}_2$ を求め，$\boldsymbol{A}^{(2)}$ に乗じると，

$$\boldsymbol{G}_2 = \begin{bmatrix} 1 & 0 & 0 \\ 0 & 1 & 0 \\ 0 & 2 & 1 \end{bmatrix}, \quad \boldsymbol{A}^{(3)} = \boldsymbol{G}_2\boldsymbol{A}^{(2)} = \begin{bmatrix} 2 & 2 & 1 \\ 0 & 3 & 1/2 \\ 0 & 0 & 4 \end{bmatrix}$$

となる．これより次式が得られる．

$$\boldsymbol{U} = \boldsymbol{A}^{(3)} = \begin{bmatrix} 2 & 2 & 1 \\ 0 & 3 & 1/2 \\ 0 & 0 & 4 \end{bmatrix}$$

また，式 (6.49) および式 (6.50) より，

$$G_1^{-1} = \begin{bmatrix} 1 & 0 & 0 \\ 3/2 & 1 & 0 \\ 2 & 0 & 1 \end{bmatrix}, \quad G_2^{-1} = \begin{bmatrix} 1 & 0 & 0 \\ 0 & 1 & 0 \\ 0 & -2 & 1 \end{bmatrix}$$

のように計算でき，これより次式を得る．

$$L = G_1^{-1} G_2^{-1} = \begin{bmatrix} 1 & 0 & 0 \\ 3/2 & 1 & 0 \\ 2 & 0 & 1 \end{bmatrix} \begin{bmatrix} 1 & 0 & 0 \\ 0 & 1 & 0 \\ 0 & -2 & 1 \end{bmatrix} = \begin{bmatrix} 1 & 0 & 0 \\ 3/2 & 1 & 0 \\ 2 & -2 & 1 \end{bmatrix}$$

以上により，式 (6.52) の連立1次方程式は次のように表せる．

$$\underbrace{\begin{bmatrix} 2 & 2 & 1 \\ 3 & 6 & 2 \\ 4 & -2 & 5 \end{bmatrix}}_{A} \underbrace{\begin{bmatrix} x_1 \\ x_2 \\ x_3 \end{bmatrix}}_{x} = \underbrace{\begin{bmatrix} 1 & 0 & 0 \\ 3/2 & 1 & 0 \\ 2 & -2 & 1 \end{bmatrix}}_{L} \underbrace{\begin{bmatrix} 2 & 2 & 1 \\ 0 & 3 & 1/2 \\ 0 & 0 & 4 \end{bmatrix}}_{U} \underbrace{\begin{bmatrix} x_1 \\ x_2 \\ x_3 \end{bmatrix}}_{x} = \underbrace{\begin{bmatrix} 4 \\ 2 \\ 8 \end{bmatrix}}_{b}$$

上式は次の二つの問題に分解できる．

$$\underbrace{\begin{bmatrix} 1 & 0 & 0 \\ 3/2 & 1 & 0 \\ 2 & -2 & 1 \end{bmatrix}}_{L} \underbrace{\begin{bmatrix} y_1 \\ y_2 \\ y_3 \end{bmatrix}}_{y} = \underbrace{\begin{bmatrix} 4 \\ 2 \\ 8 \end{bmatrix}}_{b} \tag{6.53}$$

$$\underbrace{\begin{bmatrix} 2 & 2 & 1 \\ 0 & 3 & 1/2 \\ 0 & 0 & 4 \end{bmatrix}}_{U} \underbrace{\begin{bmatrix} x_1 \\ x_2 \\ x_3 \end{bmatrix}}_{x} = \underbrace{\begin{bmatrix} y_1 \\ y_2 \\ y_3 \end{bmatrix}}_{y} \tag{6.54}$$

式 (6.53) より，$y_1 = 4$, $y_2 = -4$, $y_3 = -8$ が得られる．これらの値を式 (6.54) に代入して後退代入を行うことにより，連立1次方程式の解 $x_1 = 4$, $x_2 = -1$, $x_3 = -2$ が得られる．

n 変数の連立1次方程式の場合，LU 分解は式 (6.38) より，次式のようになる．

$$Ax = \underbrace{G_1^{-1} \cdots G_{n-1}^{-1}}_{L} \underbrace{G_{n-1} \cdots G_1 A^{(1)}}_{U} x = b \tag{6.55}$$

ここで，G_k は式 (6.37) で定義されるガウス変換行列であり，その逆行列は

$$G_k^{-1} = E + \alpha_k e_k^T \tag{6.56}$$

により計算できる．前述のように，式 (6.55) は次の二つの問題に分解できる．

$$Ly = b \tag{6.57}$$

$$Ux = y \tag{6.58}$$

式 (6.57) の解は，$L = [l_{ij}]$ とすると，$i = 1, \ldots, n$ の順に次の計算

$$y_i = b_i - \sum_{k=1}^{i-1} l_{ik} y_k \tag{6.59}$$

を行うことで求められる．一方，式 (6.58) の解，すなわち連立 1 次方程式の解は，$\boldsymbol{U} = [u_{ij}]$ とすると，$i = n, \ldots, 1$ の順に次の計算

$$x_i = \frac{y_i - \sum\limits_{k=i+1}^{n} u_{ik} x_k}{u_{ii}} \tag{6.60}$$

を行うことで求められる．

6.2　非線形方程式

高次の代数方程式（たとえば $C(q) = q^5 + 3q^4 - 2q^3 + 7q^2 + 5q + 4 = 0$）や，三角関数・指数関数・対数関数を含む超越方程式（たとえば $C(q) = 2\cos q - 1 = 0$）などの非線形方程式は，一般に解析的に解を求めることができないため，数値的に解を求めることになる．本節では，次のような n 変数の非線形方程式の数値解法について考える．

$$\left\{\begin{array}{l} C^1(q_1, q_2, \ldots, q_n) = 0 \\ C^2(q_1, q_2, \ldots, q_n) = 0 \\ \qquad\qquad \vdots \\ C^n(q_1, q_2, \ldots, q_n) = 0 \end{array}\right. \tag{6.61}$$

上式は，行列とベクトルを用いて次のように簡潔に表すことができる．

$$\boldsymbol{C}(\boldsymbol{q}) = \boldsymbol{0} \tag{6.62}$$

ここで，

$$\boldsymbol{C} = \begin{bmatrix} C^1(q_1, q_2, \ldots, q_n) \\ C^2(q_1, q_2, \ldots, q_n) \\ \vdots \\ C^n(q_1, q_2, \ldots, q_n) \end{bmatrix}, \quad \boldsymbol{q} = \begin{bmatrix} q_1 \\ q_2 \\ \vdots \\ q_n \end{bmatrix}$$

であり，$\boldsymbol{C}$ は方程式を集めたベクトル，$\boldsymbol{q}$ は未知変数を集めたベクトルである．

非線形方程式を解くとは，n 個の未知数 $q_1, q_2, \ldots, q_n$ が上記の n 個の方程式を同時に満たすようにその値を定めることである．ここでは，代表的な解法である**ニュートン - ラフソン法** (Newton-Raphson method) について説明する．

6.2.1 ニュートン - ラフソン法

(1) 1 変数 1 方程式の場合

ニュートン - ラフソン法の基本原理を理解するために，まず 1 変数 1 方程式

$$C(q) = 0 \tag{6.63}$$

の場合について考える．ここでは，$C(q)$ が q に関して微分可能であり，解の近傍で単調に増加または減少すると仮定する．上式を $q = q^{(k)}$ のまわりでテイラー展開すると，次のようになる．

$$C(q) = C(q^{(k)}) + C_q(q^{(k)})(q - q^{(k)}) + \frac{1}{2}C_{qq}(q^{(k)})(q - q^{(k)})^2 + \cdots \tag{6.64}$$

$q = q^{(k)}$ の近傍では $q - q^{(k)}$ が小さくなり，その高次項は無視できるので，上式は

$$C(q) \cong C(q^{(k)}) + C_q(q^{(k)})(q - q^{(k)}) \tag{6.65}$$

のように近似できる．上式で $C(q) = 0$ を満たす $q = q^{(k+1)}$ は，一つの近似値になる．

$$C(q^{(k+1)}) \cong C(q^{(k)}) + C_q(q^{(k)})(q^{(k+1)} - q^{(k)}) = 0 \tag{6.66}$$

上式を $q^{(k+1)}$ について解くと，次式が得られる．

$$q^{(k+1)} = q^{(k)} - \frac{C(q^{(k)})}{C_q(q^{(k)})} \tag{6.67}$$

解の初期推定値 $q = q^{(0)}$ を出発点として，上式による修正を繰り返すと，$q^{(k+1)}$ は非線形方程式の解 α に限りなく近づくことが期待できる．計算手順は次のようになる．

1. $k = 0$ とおき，解の初期推定値 $q = q^{(0)}$ を適当に与える．
2. 次式により $q^{(k+1)}$ を求める．

$$q^{(k+1)} = q^{(k)} - \frac{C(q^{(k)})}{C_q(q^{(k)})}$$

3. 収束判定条件 $|C(q)| < \epsilon$（ϵ：微小な正数）を満たすとき，$q^{(k+1)}$ を解として計算を終了する．そうでない場合，k の値を 1 増やしてステップ 2 へ戻る．

収束判定条件として $|q^{(k+1)} - q^{(k)}| < \epsilon$ （ϵ：微小な正数）が用いられる場合もある．ニュートン - ラフソン法は，初期値 $q^{(0)}$ が適当であれば解の収束が非常に早いが，その選び方によっては解の収束が遅くなったり，収束しないで発散してしまう場合がある．このようなときは，ステップ 1 へ戻って初期値 $q^{(0)}$ を再設定する．

例題 6.3 次の非線形方程式の解をニュートン - ラフソン法によって求めよ．

$$C(q) = \sin 2q - q = 0 \tag{6.68}$$

ただし，初期値は $q^{(0)} = 1$，収束判定条件は $|C(q)| < 10^{-3}$ とする．

解 式 (6.68) を q で偏微分すると，次のようになる．

$$C_q(q) = 2\cos 2q - 1 \tag{6.69}$$

したがって，式 (6.67) を具体的に記述すると，次式のようになる．

$$q^{(k+1)} = q^{(k)} - \frac{C(q^{(k)})}{C_q(q^{(k)})} = q^{(k)} - \frac{\sin 2q^{(k)} - q^{(k)}}{2\cos 2q^{(k)} - 1} \tag{6.70}$$

$q^{(0)} = 1$ のとき，$C(q^{(0)}) = C(1) = -0.091$ より，収束判定条件 $|C(q^{(0)})| < 10^{-3}$ を満足しない．$C_q(q^{(0)}) = C_q(1) = -1.832$ となるので，式 (6.70) より，$q^{(1)}$ が次のように計算される．

$$q^{(1)} = q^{(0)} - \frac{C(q^{(0)})}{C_q(q^{(0)})} = 1 - \frac{C(1)}{C_q(1)} = 0.950$$

$q^{(1)} = 0.950$ のとき，$C(q^{(1)}) = C(0.950) = -0.004$ より，収束判定条件 $|C(q^{(1)})| < 10^{-3}$ を満足しない．$C_q(q^{(1)}) = C_q(0.950) = -1.647$ となるので，式 (6.70) より，$q^{(2)}$ が次のように計算される．

$$q^{(2)} = q^{(1)} - \frac{C(q^{(1)})}{C_q(q^{(1)})} = 0.950 - \frac{C(0.950)}{C_q(0.950)} = 0.948$$

$q^{(2)} = 0.948$ のとき，$C(q^{(2)}) = C(0.948) = -0.0004$ より，収束判定条件 $|C(q^{(2)})| < 10^{-3}$ を満足する．したがって，非線形方程式の数値解は $q = q^{(2)} = 0.948$ となる．

(2)　幾何学的解釈

ニュートン－ラフソン法の幾何学的な意味を考えてみる．非線形方程式 $C(q) = 0$ に対して $p = C(q)$ をグラフ上に曲線として描くと，図 6.2 のようになる．この曲線と q 軸との交点 α が非線形方程式の解である．いま，α の値を解析的に求められないとし，その近似値として $q^{(k)}$ が与えられたとする．$p = C(q)$ の $q = q^{(k)}$ における接線は，点 $(q^{(k)}, C(q^{(k)}))$ を通り，傾きが $C_q(q^{(k)})$ の直線であるので次式のように表せる．

$$p - C(q^{(k)}) = C_q(q^{(k)})(q - q^{(k)}) \tag{6.71}$$

この接線が q 軸と交差する点 $q^{(k+1)}$ は，上式において $p = 0$, $q = q^{(k+1)}$ とおくことにより，次式のように計算できる．

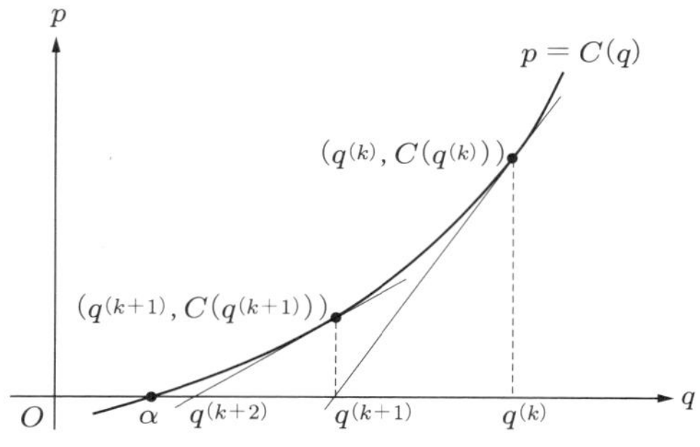

図 6.2　ニュートン－ラフソン法

$$q^{(k+1)} = q^{(k)} - \frac{C(q^{(k)})}{C_q(q^{(k)})} \tag{6.72}$$

上式は式 (6.67) に一致している．得られる $q^{(k+1)}$ は，図 6.2 からもわかるように，$q^{(k)}$ よりも解 α に近づいているはずである．したがって，$q^{(k+1)}$ を新たな出発点として上記の計算を繰り返すことで，解 α に急速に近づくことが期待できる．また，図 6.3 のように多峰性をもつ非線形方程式の場合，初期推定値が適切でないと望ましい解に収束していかないこと，図 6.4 のように変曲点がある場合は発散してしまうことなども理解できる．

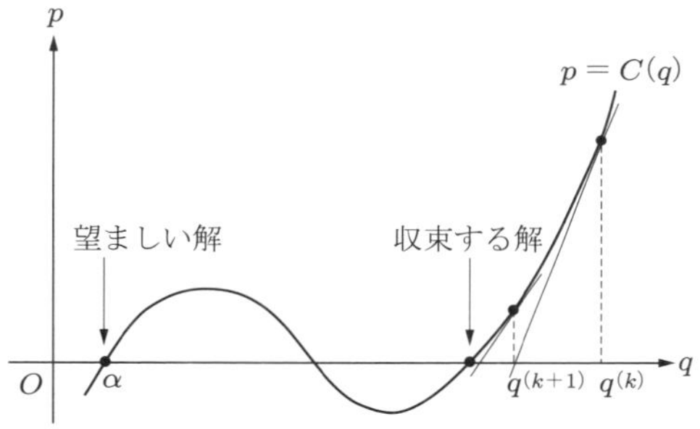

図 6.3 多峰性を有する場合

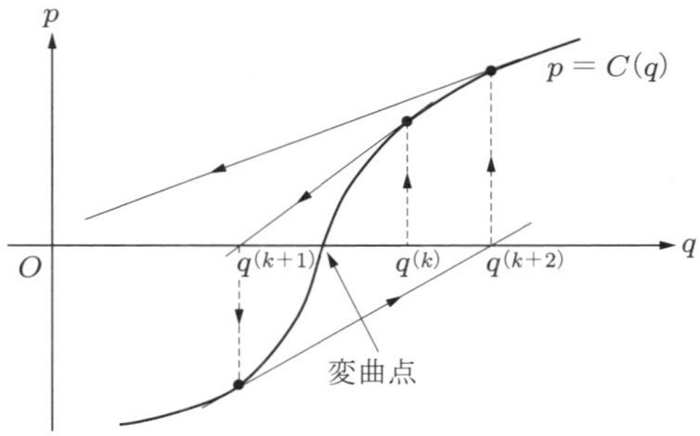

図 6.4 変曲点がある場合

(3) n 変数 n 方程式の場合

次に，ニュートン－ラフソン法を多変数の非線形方程式 (6.62) に適用できるように拡張する．

$$\boldsymbol{C}(\boldsymbol{q}) = \boldsymbol{0} \tag{6.62 再}$$

上式を $\boldsymbol{q} = \boldsymbol{q}^{(k)}$ のまわりでテイラー展開すると，次のようになる．

$$\boldsymbol{C}(\boldsymbol{q}) = \boldsymbol{C}(\boldsymbol{q}^{(k)}) + \boldsymbol{C}_{\boldsymbol{q}}(\boldsymbol{q}^{(k)})\Delta\boldsymbol{q} + \frac{1}{2}\Delta\boldsymbol{q}^T\boldsymbol{C}_{\boldsymbol{qq}}(\boldsymbol{q}^{(k)})\Delta\boldsymbol{q} + \cdots \tag{6.73}$$

ただし，$\Delta \boldsymbol{q} = \boldsymbol{q} - \boldsymbol{q}^{(k)}$ であり，$\boldsymbol{C_q} = \partial \boldsymbol{C}/\partial \boldsymbol{q}$ はヤコビ行列である．$\boldsymbol{q}^{(k)}$ の近傍では，上式は次のように近似できる．

$$\boldsymbol{C}(\boldsymbol{q}) \cong \boldsymbol{C}(\boldsymbol{q}^{(k)}) + \boldsymbol{C_q}(\boldsymbol{q}^{(k)})\Delta \boldsymbol{q} \tag{6.74}$$

上式で $\boldsymbol{C}(\boldsymbol{q}) = \boldsymbol{0}$ を満たす $\boldsymbol{q} = \boldsymbol{q}^{(k+1)}$ は，一つの近似値になる．

$$\boldsymbol{C}(\boldsymbol{q}^{(k+1)}) \cong \boldsymbol{C}(\boldsymbol{q}^{(k)}) + \boldsymbol{C_q}(\boldsymbol{q}^{(k)})\Delta \boldsymbol{q}^{(k)} = \boldsymbol{0} \tag{6.75}$$

ただし，$\Delta \boldsymbol{q}^{(k)} = \boldsymbol{q}^{(k+1)} - \boldsymbol{q}^{(k)}$ とおいている．上式より得られる

$$\boldsymbol{C_q}(\boldsymbol{q}^{(k)})\Delta \boldsymbol{q}^{(k)} = -\boldsymbol{C}(\boldsymbol{q}^{(k)}) \tag{6.76}$$

を $\Delta \boldsymbol{q}^{(k)}$ について解き，推定値 $\boldsymbol{q}^{(k)}$ を次のように修正する．

$$\boldsymbol{q}^{(k+1)} = \boldsymbol{q}^{(k)} + \Delta \boldsymbol{q}^{(k)} \tag{6.77}$$

上式による修正を繰り返すと，$\boldsymbol{q}^{(k+1)}$ は非線形方程式の解に限りなく近づくことが期待できる．収束判定条件は，ϵ を小さな正数として次式を用いる．

$$|\boldsymbol{C}(\boldsymbol{q}^{(k)}, t)| < \epsilon \quad \text{または} \quad |\Delta \boldsymbol{q}^{(k)}| < \epsilon \tag{6.78}$$

第 5 章でみた運動学解析における位置解析では，拘束条件が次のような時間 t に依存する非線形方程式となっている．

$$\boldsymbol{C}(\boldsymbol{q}, t) = \boldsymbol{0} \tag{6.79}$$

上式を各時刻 $t = t_1, t_2, \ldots, t_i, \ldots$ において $\boldsymbol{q}$ に関する非線形方程式として解くことで，位置解析を行うことができる．すなわち，反復公式は次のようになる．

$$\boldsymbol{C_q}(\boldsymbol{q}^{(k)}, t_i)\Delta \boldsymbol{q}^{(k)} = -\boldsymbol{C}(\boldsymbol{q}^{(k)}, t_i) \tag{6.80}$$

$$\boldsymbol{q}^{(k+1)} = \boldsymbol{q}^{(k)} + \Delta \boldsymbol{q}^{(k)} \quad (k = 0, 1, \ldots) \tag{6.81}$$

例題 6.4　次の非線形方程式の解をニュートン－ラフソン法によって求めよ．

$$\boldsymbol{C}(\boldsymbol{q}) = \begin{bmatrix} q_2 - \sin q_1 \\ q_1^2 + (q_2 + 1)^2 - 4 \end{bmatrix} = \boldsymbol{0} \tag{6.82}$$

ただし，初期値は $\boldsymbol{q}^{(0)} = [q_1^{(0)} \ \ q_2^{(0)}]^T = [1 \ \ 1]^T$，収束判定条件は $|\boldsymbol{C}(\boldsymbol{q})| < 10^{-3}$ とする．

解　式 (6.82) を $\boldsymbol{q} = [q_1 \ \ q_2]^T$ で偏微分すると，次のようになる．

$$\boldsymbol{C_q}(\boldsymbol{q}) = \begin{bmatrix} -\cos q_1 & 1 \\ 2q_1 & 2(q_2 + 1) \end{bmatrix}$$

初期値を $\boldsymbol{q}^{(0)} = [q_1^{(0)} \ \ q_2^{(0)}]^T = [1 \ \ 1]^T$ とすると，式 (6.76) は次のように評価できる．

$$\begin{bmatrix} -0.5403 & 1 \\ 2 & 4 \end{bmatrix} \begin{bmatrix} \Delta q_1 \\ \Delta q_2 \end{bmatrix} = -\begin{bmatrix} 0.1585 \\ 1 \end{bmatrix}$$

この連立 1 次方程式を解くと，$\Delta \boldsymbol{q}^{(0)} = [\Delta q_1^{(0)} \ \ \Delta q_2^{(0)}] = [-0.08796 \ \ -0.2060]$ が得られる．式 (6.77) により $\boldsymbol{q}^{(1)}$ を計算すると，次のようになる．

$$\begin{bmatrix} q_1^{(1)} \\ q_2^{(1)} \end{bmatrix} = \begin{bmatrix} q_1^{(0)} \\ q_2^{(0)} \end{bmatrix} + \begin{bmatrix} \Delta q_1^{(0)} \\ \Delta q_2^{(0)} \end{bmatrix} = \begin{bmatrix} 0.9121 \\ 0.7940 \end{bmatrix}$$

得られた $\boldsymbol{q}^{(1)}$ に対して式 (6.82) を評価すると，次のようになる．

$$\boldsymbol{C}(\boldsymbol{q}^{(1)}) = \begin{bmatrix} 0.00327 \\ 0.05018 \end{bmatrix}$$

$|\boldsymbol{C}(\boldsymbol{q}^{(1)})| = 0.050286$ より，収束判定条件 $|\boldsymbol{C}(\boldsymbol{q})| < 10^{-3}$ を満足しない．そこで，$\boldsymbol{q}^{(1)} = [q_1^{(1)} \ \ q_2^{(1)}]^T = [0.912 \ \ 0.794]^T$ において，式 (6.76) を再評価すると，

$$\begin{bmatrix} -0.6122 & 1 \\ 1.824 & 3.588 \end{bmatrix} \begin{bmatrix} \Delta q_1 \\ \Delta q_2 \end{bmatrix} = -\begin{bmatrix} 0.00327 \\ 0.05018 \end{bmatrix}$$

のようになる．この連立 1 次方程式を解くと，$\Delta\boldsymbol{q}^{(1)} = [\Delta q_1^{(1)} \ \ \Delta q_2^{(1)}] = [-0.009563 \ \ -0.009124]$ が得られる．式 (6.77) により $\boldsymbol{q}^{(2)}$ を計算すると，次のようになる．

$$\begin{bmatrix} q_1^{(2)} \\ q_2^{(2)} \end{bmatrix} = \begin{bmatrix} q_1^{(1)} \\ q_2^{(1)} \end{bmatrix} + \begin{bmatrix} \Delta q_1^{(1)} \\ \Delta q_2^{(1)} \end{bmatrix} = \begin{bmatrix} 0.9024 \\ 0.7849 \end{bmatrix}$$

得られた $\boldsymbol{q}^{(2)}$ に対して式 (6.82) を再評価すると，次のようになる．

$$\boldsymbol{C}(\boldsymbol{q}^{(2)}) = \begin{bmatrix} 0.0366 \\ 0.1754 \end{bmatrix} \times 10^{-3}$$

$|\boldsymbol{C}(\boldsymbol{q}^{(2)})| = 0.17921 \times 10^{-3}$ より，収束判定条件 $|\boldsymbol{C}(\boldsymbol{q}^{(2)})| < 10^{-3}$ を満足する．したがって，非線形方程式の数値解は $\boldsymbol{q} = \boldsymbol{q}^{(2)} = [q_1^{(2)} \ \ q_2^{(2)}]^T = [0.9024 \ \ 0.7849]^T$ となる．

演習問題

6.1 次の連立 1 次方程式をガウスの消去法によって解け．

$$\begin{bmatrix} 1 & 2 & 5 \\ 1 & 5 & 2 \\ 3 & 1 & 1 \end{bmatrix} \begin{bmatrix} x_1 \\ x_2 \\ x_3 \end{bmatrix} = \begin{bmatrix} 30 \\ 21 \\ 10 \end{bmatrix}$$

6.2 次の連立 1 次方程式を LU 分解法によって解け．

$$\begin{bmatrix} 2 & 1 & 1 \\ 1 & 3 & 1 \\ 2 & 2 & 4 \end{bmatrix} \begin{bmatrix} x_1 \\ x_2 \\ x_3 \end{bmatrix} = \begin{bmatrix} 8 \\ 12 \\ 14 \end{bmatrix}$$

6.3 次の非線形方程式の解をニュートン - ラフソン法によって求めよ．

$$C(q) = q^3 - 3q + 1 = 0$$

ただし，初期値は $q^{(0)} = 0.0$，収束判定条件は $|C(q)| < 10^{-4}$ とする．

6.4 次の非線形方程式の解をニュートン - ラフソン法によって求めよ．

$$\boldsymbol{C}(\boldsymbol{q}) = \begin{bmatrix} q_1^2 + q_2^2 - 1 \\ q_2 - q_1^3 \end{bmatrix} = \boldsymbol{0}$$

ただし，初期値は $\boldsymbol{q}^{(0)} = [q_1^{(0)} \ \ q_2^{(0)}]^T = [1.0 \ \ 0.5]^T$，収束判定条件は $|\boldsymbol{C}(\boldsymbol{q})| < 10^{-4}$ とする．

第7章 ジョイント拘束ライブラリ

マルチボディシステムの運動学解析を行うためには，拘束方程式，速度方程式，および加速度方程式を定式化する必要がある．拘束方程式については，すでに第4章においてさまざまなタイプのジョイントについて導出を行った．拘束方程式を時間で微分することにより，速度方程式や加速度方程式を得ることができるが，この微分計算を問題に応じて筆算や数式処理で毎回行うのは非効率である．マルチボディダイナミクスの大きな特徴の一つに「汎用性」があげられるが，ジョイントタイプごとにヤコビ行列や速度方程式，加速度方程式の右辺ベクトルを事前に計算しライブラリ化しておけば，運動学解析をシステマティックに行えるようになる．本章では，そのようなジョイント拘束ライブラリについて述べる．

7.1 ライブラリを用いた運動学解析

本節では，運動学解析を行うために必要な式をシステマティックに構築することを考える．まず，マルチボディダイナミクスにおける運動学解析の流れを簡単に確認する．図7.1に示すように，ボディ i の一般化座標は $\boldsymbol{q}_i = [\boldsymbol{R}_i^T \ \ \phi_i]^T$ で定義される．ここで，$\boldsymbol{R}_i$ は絶対座標系の原点からボディ i 座標系の原点までの位置ベクトル，ϕ_i は絶対座標系に対するボディ i の姿勢角である．N 個のボディからなるマルチボディシステムの場合，全一般化座標をまとめると $\boldsymbol{q} = [\boldsymbol{q}_1^T \ \ \boldsymbol{q}_2^T \ \ \cdots \ \ \boldsymbol{q}_N^T]^T$ と表され，$N_c = 3 \times N$ 個の座標となる．マルチボディシステムを構成するボディはジョイント等により拘束されているが，いま，全部で N_h 個の幾何学的拘束があるとし，それら

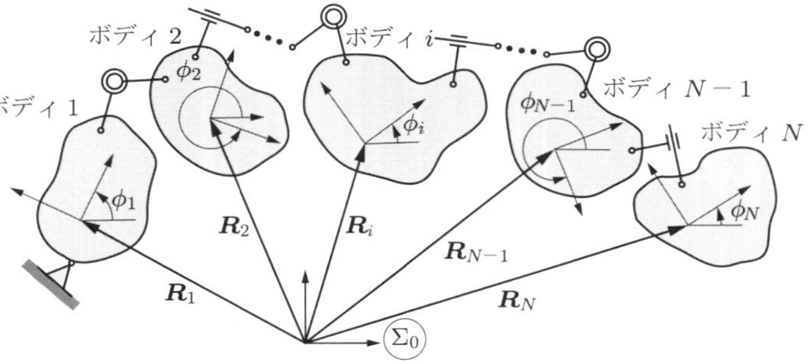

図7.1 マルチボディシステム

をまとめて $\boldsymbol{C}_K(\boldsymbol{q}) = \boldsymbol{0}$ と表す．さらに，自由度 $N_{dof} = N_c - N_h$ と同数の駆動拘束 $\boldsymbol{C}_D(\boldsymbol{q}, t) = \boldsymbol{0}$ が与えられるとすると，全拘束条件は次式のように表せる．

$$\boldsymbol{C}(\boldsymbol{q}, t) = \begin{bmatrix} \boldsymbol{C}_K(\boldsymbol{q}) \\ \boldsymbol{C}_D(\boldsymbol{q}, t) \end{bmatrix} = \boldsymbol{0} \tag{7.1}$$

この非線形方程式は N_c 個の未知数 $\boldsymbol{q}$ に対して N_c 個の条件を与えているので，$\boldsymbol{q}$ について解くことができる．ニュートン－ラフソン法を用いた解法では，式 (7.1) が許容誤差の範囲で満たされるまで次の計算を繰り返すことにより，各時刻における一般化座標 $\boldsymbol{q}(t)$ を求めることができる．

$$\boldsymbol{C}_{\boldsymbol{q}}(\boldsymbol{q}^{(k)}, t)\Delta\boldsymbol{q}^{(k)} = -\boldsymbol{C}(\boldsymbol{q}^{(k)}, t) \tag{7.2}$$

$$\boldsymbol{q}^{(k+1)} = \boldsymbol{q}^{(k)} + \Delta\boldsymbol{q}^{(k)} \quad (k = 0, 1, \ldots) \tag{7.3}$$

ただし，$\boldsymbol{C}_{\boldsymbol{q}} = \partial\boldsymbol{C}/\partial\boldsymbol{q}$ はヤコビ行列である．

式 (7.1) を時間で微分することによって得られる次の速度方程式と加速度方程式を解くことで，各時刻における一般化速度 $\dot{\boldsymbol{q}}(t)$ および一般化加速度 $\ddot{\boldsymbol{q}}(t)$ が得られる．

$$\boldsymbol{C}_{\boldsymbol{q}}\dot{\boldsymbol{q}} = \boldsymbol{\nu} \tag{7.4}$$

$$\boldsymbol{C}_{\boldsymbol{q}}\ddot{\boldsymbol{q}} = \boldsymbol{\gamma} \tag{7.5}$$

ただし，上式の右辺ベクトル $\boldsymbol{\nu}$ および $\boldsymbol{\gamma}$ は，それぞれ次式のように定義される．

$$\boldsymbol{\nu} = -\boldsymbol{C}_t = -\frac{\partial\boldsymbol{C}}{\partial t} \tag{7.6}$$

$$\boldsymbol{\gamma} = -(\boldsymbol{C}_{\boldsymbol{q}}\dot{\boldsymbol{q}})_{\boldsymbol{q}}\dot{\boldsymbol{q}} - 2\boldsymbol{C}_{\boldsymbol{q}t}\dot{\boldsymbol{q}} - \boldsymbol{C}_{tt} \tag{7.7}$$

以上より，マルチボディシステムの運動学解析を行うためには $\boldsymbol{C}$, $\boldsymbol{C}_{\boldsymbol{q}}$, $\boldsymbol{\nu}$，および $\boldsymbol{\gamma}$ を計算する必要があることがわかる．拘束方程式 $\boldsymbol{C}$ については，すでに第 4 章においてさまざまなタイプのジョイントや駆動拘束に対して具体的に定式化を行っている．したがって，解析対象の機構中に存在する拘束に応じてそれらの方程式を組み合わせることにより，$\boldsymbol{C}(\boldsymbol{q}, t)$ をシステマティックに構築することができる．$\boldsymbol{C}(\boldsymbol{q}, t)$ が得られると，それを筆算や数式処理によって微分することで $\boldsymbol{C}_{\boldsymbol{q}}$, $\boldsymbol{\nu}$, $\boldsymbol{\gamma}$ を求めることは可能であるが，毎回，問題に応じてそのような微分計算を行うのは非効率である．そこで，$\boldsymbol{C}_{\boldsymbol{q}}$, $\boldsymbol{\nu}$, $\boldsymbol{\gamma}$ についてもジョイントタイプごとに事前に計算を行っておき，それらを組み合わせることによってシステマティックに構築できるように整備する．

図 7.2 に示すスライダ・クランク機構を例として，$\boldsymbol{C}_{\boldsymbol{q}}$, $\boldsymbol{\nu}$, $\boldsymbol{\gamma}$ が一般にどのような構造になるかについて考える．このシステムは三つのボディで構成されているので，全一般化座標は次のようになる．

$$\boldsymbol{q} = [\boldsymbol{q}_1^T \;\; \boldsymbol{q}_2^T \;\; \boldsymbol{q}_3^T]^T = [x_1 \;\; y_1 \;\; \phi_1 \;\; x_2 \;\; y_2 \;\; \phi_2 \;\; x_3 \;\; y_3 \;\; \phi_3]^T \tag{7.8}$$

ボディ 1 とグランド，ボディ 1 とボディ 2，およびボディ 2 とボディ 3 の間の拘束は

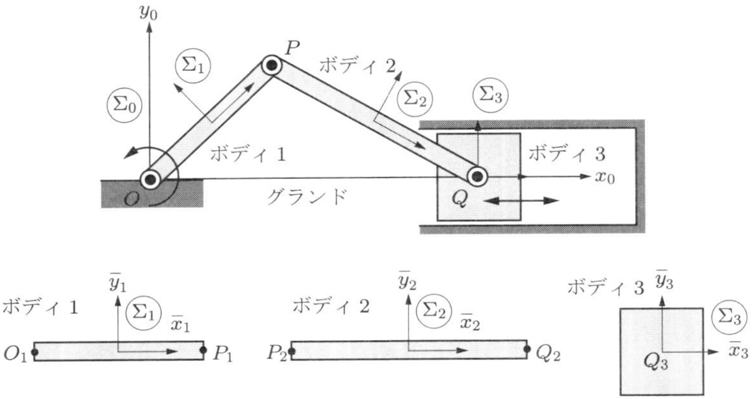

図 7.2　スライダ・クランク機構

いずれも回転ジョイント拘束であり，式 (4.15) より，それぞれ次式のように表せる．

$$\boldsymbol{C}^1(\boldsymbol{q}_1) = \boldsymbol{R}_1 + \boldsymbol{A}_1\overline{\boldsymbol{u}}_1^O = \boldsymbol{0} \tag{7.9}$$

$$\boldsymbol{C}^2(\boldsymbol{q}_1, \boldsymbol{q}_2) = \boldsymbol{R}_1 + \boldsymbol{A}_1\overline{\boldsymbol{u}}_1^P - \boldsymbol{R}_2 - \boldsymbol{A}_2\overline{\boldsymbol{u}}_2^P = \boldsymbol{0} \tag{7.10}$$

$$\boldsymbol{C}^3(\boldsymbol{q}_2, \boldsymbol{q}_3) = \boldsymbol{R}_2 + \boldsymbol{A}_2\overline{\boldsymbol{u}}_2^Q - \boldsymbol{R}_3 - \boldsymbol{A}_3\overline{\boldsymbol{u}}_3^Q = \boldsymbol{0} \tag{7.11}$$

また，ボディ 3 は常に $y_3 = 0, \phi_3 = 0$ となる必要があるので，次の二つの基本拘束

$$C^4(\boldsymbol{q}_3) = y_3 = 0 \tag{7.12}$$

$$C^5(\boldsymbol{q}_3) = \phi_3 = 0 \tag{7.13}$$

を満足する必要がある．式 (7.8) の 9 個の座標に対して，式 (7.9)〜(7.13) の 8 個の拘束があるため，このシステムの自由度は 1 である．ここでは，ボディ 1 の角変位が $\phi_1(t) = \eta(t)$ となるように動かすものとすると，駆動拘束は次式のようになる．

$$C^6(\boldsymbol{q}_1, t) = \phi_1 - \eta(t) = 0 \tag{7.14}$$

以上により，全拘束条件は次のようにまとめられる．

$$\boldsymbol{C}(\boldsymbol{q}, t) = \begin{bmatrix} \boldsymbol{C}^1(\boldsymbol{q}_1) \\ \boldsymbol{C}^2(\boldsymbol{q}_1, \boldsymbol{q}_2) \\ \boldsymbol{C}^3(\boldsymbol{q}_2, \boldsymbol{q}_3) \\ C^4(\boldsymbol{q}_3) \\ C^5(\boldsymbol{q}_3) \\ C^6(\boldsymbol{q}_1, t) \end{bmatrix} = \boldsymbol{0} \tag{7.15}$$

ヤコビ行列 $\boldsymbol{C}_{\boldsymbol{q}}$ は，上式を一般化座標 $\boldsymbol{q} = [\boldsymbol{q}_1^T \;\; \boldsymbol{q}_2^T \;\; \boldsymbol{q}_3^T]^T$ に関して偏微分することにより，次式のように表せる．

$$
\boldsymbol{C_q} = \begin{bmatrix} \boldsymbol{C}^1_{\boldsymbol{q}_1} & \boldsymbol{C}^1_{\boldsymbol{q}_2} & \boldsymbol{C}^1_{\boldsymbol{q}_3} \\ \boldsymbol{C}^2_{\boldsymbol{q}_1} & \boldsymbol{C}^2_{\boldsymbol{q}_2} & \boldsymbol{C}^2_{\boldsymbol{q}_3} \\ \boldsymbol{C}^3_{\boldsymbol{q}_1} & \boldsymbol{C}^3_{\boldsymbol{q}_2} & \boldsymbol{C}^3_{\boldsymbol{q}_3} \\ C^4_{\boldsymbol{q}_1} & C^4_{\boldsymbol{q}_2} & C^4_{\boldsymbol{q}_3} \\ C^5_{\boldsymbol{q}_1} & C^5_{\boldsymbol{q}_2} & C^5_{\boldsymbol{q}_3} \\ C^6_{\boldsymbol{q}_1} & C^6_{\boldsymbol{q}_2} & C^6_{\boldsymbol{q}_3} \end{bmatrix} = \begin{bmatrix} \boldsymbol{C}^1_{\boldsymbol{q}_1} & \boldsymbol{0} & \boldsymbol{0} \\ \boldsymbol{C}^2_{\boldsymbol{q}_1} & \boldsymbol{C}^2_{\boldsymbol{q}_2} & \boldsymbol{0} \\ \boldsymbol{0} & \boldsymbol{C}^3_{\boldsymbol{q}_2} & \boldsymbol{C}^3_{\boldsymbol{q}_3} \\ \boldsymbol{0} & \boldsymbol{0} & C^4_{\boldsymbol{q}_3} \\ \boldsymbol{0} & \boldsymbol{0} & C^5_{\boldsymbol{q}_3} \\ C^6_{\boldsymbol{q}_1} & \boldsymbol{0} & \boldsymbol{0} \end{bmatrix} \tag{7.16}
$$

たとえば，ボディ 1 とボディ 2 の間の回転ジョイント拘束 $\boldsymbol{C}^2$ は，式 (7.10) に示すように $\boldsymbol{q}_1$ と $\boldsymbol{q}_2$ によって記述され，$\boldsymbol{q}_3$ は含まないため $\boldsymbol{C}^2_{\boldsymbol{q}_3} = \boldsymbol{0}$ となる．また，基本拘束 C^4 は，式 (7.12) に示すように $\boldsymbol{q}_3$ のみによって記述されるため，$C^4_{\boldsymbol{q}_1} = \boldsymbol{0}$, $C^4_{\boldsymbol{q}_2} = \boldsymbol{0}$ である．上式より，一般に各ジョイントや駆動拘束についてヤコビ行列 $\boldsymbol{C}_{\boldsymbol{q}_i}$ を事前に求めておけば，j 番目の拘束に対応する行ブロック，i 番目のボディに対応する列ブロックの位置に $\boldsymbol{C}^j_{\boldsymbol{q}_i}$ を挿入していくことにより，システマティックに全体ヤコビ行列 $\boldsymbol{C_q}$ を構築できることがわかる．

一方，速度方程式および加速度方程式の右辺ベクトルは次のような構造になる．

$$
\boldsymbol{\nu} = \begin{bmatrix} \boldsymbol{\nu}^1 \\ \boldsymbol{\nu}^2 \\ \boldsymbol{\nu}^3 \\ \nu^4 \\ \nu^5 \\ \nu^6 \end{bmatrix}, \quad \boldsymbol{\gamma} = \begin{bmatrix} \boldsymbol{\gamma}^1 \\ \boldsymbol{\gamma}^2 \\ \boldsymbol{\gamma}^3 \\ \gamma^4 \\ \gamma^5 \\ \gamma^6 \end{bmatrix} \tag{7.17}
$$

上式より，やはり各ジョイントや駆動拘束について $\boldsymbol{\nu}, \boldsymbol{\gamma}$ を事前に求めておけば，j 番目の拘束に対応する行ブロックに $\boldsymbol{\nu}^j, \boldsymbol{\gamma}^j$ を挿入していくことにより，システマティックに全体の $\boldsymbol{\nu}, \boldsymbol{\gamma}$ を構築できることがわかる．

そこで，本章の以降の節では，第 4 章で取り上げた各種の拘束について $\boldsymbol{C}_{\boldsymbol{q}_i}, \boldsymbol{\nu}, \boldsymbol{\gamma}$ を計算し，ジョイント拘束ライブラリを完成させる．

7.2 基本拘束

4.1 節で説明したように，図 4.3 の点 P_i の x 座標と点 P_j の x 座標の差が常に c_x である場合，その拘束条件は次のように式 (4.8) で記述することができた．

$$
C^x(\boldsymbol{q}_i, \boldsymbol{q}_j) = x_j + \overline{x}^P_j \cos\phi_j - \overline{y}^P_j \sin\phi_j - x_i - \overline{x}^P_i \cos\phi_i + \overline{y}^P_i \sin\phi_i - c_x = 0 \tag{4.8 再}
$$

上式を $\boldsymbol{q}_i = [x_i \ \ y_i \ \ \phi_i]^T$, $\boldsymbol{q}_j = [x_j \ \ y_j \ \ \phi_j]^T$ で偏微分することにより，ヤコビ行列は

$$C^x_{\boldsymbol{q}_i} = [\ -1 \quad 0 \quad \overline{x}^P_i \sin\phi_i + \overline{y}^P_i \cos\phi_i\ ] \tag{7.18}$$

$$C^x_{\boldsymbol{q}_j} = [\ 1 \quad 0 \quad -\overline{x}^P_j \sin\phi_j - \overline{y}^P_j \cos\phi_j\ ] \tag{7.19}$$

のように得られる．式 (4.8) は時間 t を陽に含んでおらず $C^x_t = 0$ となるため，

$$\nu^x = 0 \tag{7.20}$$

である．さらに，$C^x_{\boldsymbol{q}t}, C^x_{tt}$ も 0 であることから，式 (7.7) は次のように簡略化される．

$$\gamma^x = -(C^x_{\boldsymbol{q}}\dot{\boldsymbol{q}})_{\boldsymbol{q}}\dot{\boldsymbol{q}} - 2C^x_{\boldsymbol{q}t}\dot{\boldsymbol{q}} - C^x_{tt} = -(C^x_{\boldsymbol{q}}\dot{\boldsymbol{q}})_{\boldsymbol{q}}\dot{\boldsymbol{q}} \tag{7.21}$$

ここで，

$$\begin{aligned} C^x_{\boldsymbol{q}}\dot{\boldsymbol{q}} &= [\ C^x_{\boldsymbol{q}_i} \quad C^x_{\boldsymbol{q}_j}\ ] \begin{bmatrix} \dot{\boldsymbol{q}}_i \\ \dot{\boldsymbol{q}}_j \end{bmatrix} = C^x_{\boldsymbol{q}_i}\dot{\boldsymbol{q}}_i + C^x_{\boldsymbol{q}_j}\dot{\boldsymbol{q}}_j \\ &= -\dot{x}_i + (\overline{x}^P_i \sin\phi_i + \overline{y}^P_i \cos\phi_i)\dot{\phi}_i + \dot{x}_j - (\overline{x}^P_j \sin\phi_j + \overline{y}^P_j \cos\phi_j)\dot{\phi}_j \equiv G^x \end{aligned} \tag{7.22}$$

とおくと，式 (7.21) は次のように表せる．

$$\gamma^x = -G^x_{\boldsymbol{q}}\dot{\boldsymbol{q}} = -[\ G^x_{\boldsymbol{q}_i} \quad G^x_{\boldsymbol{q}_j}\ ] \begin{bmatrix} \dot{\boldsymbol{q}}_i \\ \dot{\boldsymbol{q}}_j \end{bmatrix} = -G^x_{\boldsymbol{q}_i}\dot{\boldsymbol{q}}_i - G^x_{\boldsymbol{q}_j}\dot{\boldsymbol{q}}_j \tag{7.23}$$

式 (7.22) を $\boldsymbol{q}_i = [x_i \ \ y_i \ \ \phi_i]^T$, $\boldsymbol{q}_j = [x_j \ \ y_j \ \ \phi_j]^T$ で偏微分すると，

$$G^x_{\boldsymbol{q}_i} = [\ 0 \quad 0 \quad (\overline{x}^P_i \cos\phi_i - \overline{y}^P_i \sin\phi_i)\dot{\phi}_i\ ] \tag{7.24}$$

$$G^x_{\boldsymbol{q}_j} = [\ 0 \quad 0 \quad -(\overline{x}^P_j \cos\phi_j - \overline{y}^P_j \sin\phi_j)\dot{\phi}_j\ ] \tag{7.25}$$

となるので，これらを式 (7.23) に代入することにより次式が得られる．

$$\gamma^x = -(\overline{x}^P_i \cos\phi_i - \overline{y}^P_i \sin\phi_i)\dot{\phi}^2_i + (\overline{x}^P_j \cos\phi_j - \overline{y}^P_j \sin\phi_j)\dot{\phi}^2_j \tag{7.26}$$

同様に，図 4.3 の点 P_i の y 座標と点 P_j の y 座標の差が常に c_y である場合，その拘束条件は次のように式 (4.9) で記述することができた．

$$C^y(\boldsymbol{q}_i, \boldsymbol{q}_j) = y_j + \overline{x}^P_j \sin\phi_j + \overline{y}^P_j \cos\phi_j - y_i - \overline{x}^P_i \sin\phi_i - \overline{y}^P_i \cos\phi_i - c_y = 0 \tag{4.9 再}$$

上式を $\boldsymbol{q}_i = [x_i \ \ y_i \ \ \phi_i]^T$, $\boldsymbol{q}_j = [x_j \ \ y_j \ \ \phi_j]^T$ で偏微分することにより，ヤコビ行列は

$$C^y_{\boldsymbol{q}_i} = [\ 0 \quad -1 \quad -\overline{x}^P_i \cos\phi_i + \overline{y}^P_i \sin\phi_i\ ] \tag{7.27}$$

$$C^y_{\boldsymbol{q}_j} = [\ 0 \quad 1 \quad \overline{x}^P_j \cos\phi_j - \overline{y}^P_j \sin\phi_j\ ] \tag{7.28}$$

のように得られる．式 (4.9) は時間を陽に含んでいないため，

$$\nu^y = 0 \tag{7.29}$$

である．また，γ^x の場合と同様の手順で計算を行うことにより，次式が得られる．

$$\gamma^y = -(\overline{x}_i^P \sin\phi_i + \overline{y}_i^P \cos\phi_i)\dot{\phi}_i^2 + (\overline{x}_j^P \sin\phi_j + \overline{y}_j^P \cos\phi_j)\dot{\phi}_j^2 \tag{7.30}$$

一方，ボディ i の姿勢とボディ j の姿勢の差が常に c_ϕ である場合，拘束条件は

$$C^\phi(\boldsymbol{q}_i, \boldsymbol{q}_j) = \phi_j - \phi_i - c_\phi = 0 \tag{4.10 再}$$

のように記述することができた．上式を $\boldsymbol{q}_i = [x_i \;\; y_i \;\; \phi_i]^T$, $\boldsymbol{q}_j = [x_j \;\; y_j \;\; \phi_j]^T$ で偏微分することにより，ヤコビ行列は次式のように求められる．

$$C^\phi_{\boldsymbol{q}_i} = [\; 0 \quad 0 \quad -1 \;] \tag{7.31}$$

$$C^\phi_{\boldsymbol{q}_j} = [\; 0 \quad 0 \quad 1 \;] \tag{7.32}$$

式 (4.10) は時間を陽に含んでいないため，

$$\nu^\phi = 0 \tag{7.33}$$

となる．また，式 (7.7) に従って計算することにより，

$$\gamma^\phi = 0 \tag{7.34}$$

となることも容易に確認できる．

なお，一般化座標に対して課せられる拘束条件式 (4.1)〜(4.3) に対する $C_{\boldsymbol{q}_i}$, ν, γ は，上記の特別な場合として計算することができる．

7.3 距離拘束

図 4.5 (b) に示すように，ボディ i 上の点 P_i とボディ j 上の点 P_j が一定の距離 c (> 0) に保たれるとき，その拘束条件は次のように式 (4.14) で記述することができた．

$$C^d(\boldsymbol{q}_i, \boldsymbol{q}_j) = (\boldsymbol{r}_i^P - \boldsymbol{r}_j^P)^T(\boldsymbol{r}_i^P - \boldsymbol{r}_j^P) - c^2 = 0 \tag{4.14 再}$$

上式を $\boldsymbol{q}_i = [\boldsymbol{R}_i^T \;\; \phi_i]^T$, $\boldsymbol{q}_j = [\boldsymbol{R}_j^T \;\; \phi_j]^T$ で偏微分すると，次のようになる．

$$C^d_{\boldsymbol{q}_i} = 2(\boldsymbol{r}_i^P - \boldsymbol{r}_j^P)^T \frac{\partial \boldsymbol{r}_i^P}{\partial \boldsymbol{q}_i} = 2(\boldsymbol{r}_i^P - \boldsymbol{r}_j^P)^T [\boldsymbol{E} \;\; \boldsymbol{A}_i \boldsymbol{V} \overline{\boldsymbol{u}}_i^P]$$

$$C^d_{\boldsymbol{q}_j} = -2(\boldsymbol{r}_i^P - \boldsymbol{r}_j^P)^T \frac{\partial \boldsymbol{r}_j^P}{\partial \boldsymbol{q}_j} = -2(\boldsymbol{r}_i^P - \boldsymbol{r}_j^P)^T [\boldsymbol{E} \;\; \boldsymbol{A}_j \boldsymbol{V} \overline{\boldsymbol{u}}_j^P]$$

すなわち，ヤコビ行列は次式のように計算できる．

$$C^d_{\boldsymbol{q}_i} = 2[\ (\boldsymbol{r}^P_i - \boldsymbol{r}^P_j)^T \quad (\boldsymbol{A}_i \boldsymbol{V} \overline{\boldsymbol{u}}^P_i)^T (\boldsymbol{r}^P_i - \boldsymbol{r}^P_j)\ ] \tag{7.35}$$

$$C^d_{\boldsymbol{q}_j} = -2[\ (\boldsymbol{r}^P_i - \boldsymbol{r}^P_j)^T \quad (\boldsymbol{A}_j \boldsymbol{V} \overline{\boldsymbol{u}}^P_j)^T (\boldsymbol{r}^P_i - \boldsymbol{r}^P_j)\ ] \tag{7.36}$$

式 (4.14) は時間を陽に含んでいないため，

$$\nu^d = 0 \tag{7.37}$$

である．式 (4.14) を時間で微分し，

$$\dot{C}^d = C^d_{\boldsymbol{q}} \dot{\boldsymbol{q}} + C^d_t = C^d_{\boldsymbol{q}} \dot{\boldsymbol{q}} = 2(\boldsymbol{r}^P_i - \boldsymbol{r}^P_j)^T (\dot{\boldsymbol{r}}^P_i - \dot{\boldsymbol{r}}^P_j) \equiv G^d$$

とおく．さらに，上式を $\boldsymbol{q}$ で偏微分すると，次式のようになる．

$$\begin{aligned} G^d_{\boldsymbol{q}} &= 2(\dot{\boldsymbol{r}}^P_i - \dot{\boldsymbol{r}}^P_j)^T \frac{\partial}{\partial \boldsymbol{q}} (\boldsymbol{r}^P_i - \boldsymbol{r}^P_j) + 2(\boldsymbol{r}^P_i - \boldsymbol{r}^P_j)^T \frac{\partial}{\partial \boldsymbol{q}} (\dot{\boldsymbol{r}}^P_i - \dot{\boldsymbol{r}}^P_j) \\ &= 2(\dot{\boldsymbol{r}}^P_i - \dot{\boldsymbol{r}}^P_j)^T [\boldsymbol{E} \ \ \boldsymbol{A}_i \boldsymbol{V} \overline{\boldsymbol{u}}^P_i \ \ -\boldsymbol{E} \ \ -\boldsymbol{A}_j \boldsymbol{V} \overline{\boldsymbol{u}}^P_j] \\ &\quad + 2(\boldsymbol{r}^P_i - \boldsymbol{r}^P_j)^T [\boldsymbol{0} \ \ -\boldsymbol{A}_i \overline{\boldsymbol{u}}^P_i \dot{\phi}_i \ \ \boldsymbol{0} \ \ \boldsymbol{A}_j \overline{\boldsymbol{u}}^P_j \dot{\phi}_j] \end{aligned}$$

式 (7.7) より，$C^d_{\boldsymbol{q}t} = \boldsymbol{0}$, $C^d_{tt} = 0$ であることに注意すると次式を得る．

$$\begin{aligned} \gamma^d &= -(C^d_{\boldsymbol{q}} \dot{\boldsymbol{q}})_{\boldsymbol{q}} \dot{\boldsymbol{q}} - 2C^d_{\boldsymbol{q}t} \dot{\boldsymbol{q}} - C^d_{tt} = -(C^d_{\boldsymbol{q}} \dot{\boldsymbol{q}})_{\boldsymbol{q}} \dot{\boldsymbol{q}} = -G^d_{\boldsymbol{q}} \dot{\boldsymbol{q}} \\ &= -2(\dot{\boldsymbol{r}}^P_i - \dot{\boldsymbol{r}}^P_j)^T (\dot{\boldsymbol{R}}_i + \boldsymbol{A}_i \boldsymbol{V} \overline{\boldsymbol{u}}^P_i \dot{\phi}_i - \dot{\boldsymbol{R}}_j - \boldsymbol{A}_j \boldsymbol{V} \overline{\boldsymbol{u}}^P_j \dot{\phi}_j) \\ &\quad - 2(\boldsymbol{r}^P_i - \boldsymbol{r}^P_j)^T (-\boldsymbol{A}_i \overline{\boldsymbol{u}}^P_i \dot{\phi}^2_i + \boldsymbol{A}_j \overline{\boldsymbol{u}}^P_j \dot{\phi}^2_j) \end{aligned}$$

上式を整理することにより，次式が得られる．

$$\gamma^d = -2\{(\dot{\boldsymbol{r}}^P_i - \dot{\boldsymbol{r}}^P_j)^T (\dot{\boldsymbol{r}}^P_i - \dot{\boldsymbol{r}}^P_j) - (\overline{\boldsymbol{u}}^{PT}_i \boldsymbol{A}^T_i \dot{\phi}^2_i - \overline{\boldsymbol{u}}^{PT}_j \boldsymbol{A}^T_j \dot{\phi}^2_j)(\boldsymbol{r}^P_i - \boldsymbol{r}^P_j)\} \tag{7.38}$$

なお，図 4.5 (a) のような固定点からの距離拘束式 (4.13) の $C_{\boldsymbol{q}_i}$, ν, γ は，上記の特別な場合として計算することができる．

7.4　回転ジョイント

図 4.6 に示すようにボディ i とボディ j が点 P で回転ジョイントによって結合されているとき，その拘束条件は次のように式 (4.15) で記述することができた．

$$\boldsymbol{C}^r(\boldsymbol{q}_i, \boldsymbol{q}_j) = \boldsymbol{r}^P_i - \boldsymbol{r}^P_j = \boldsymbol{R}_i + \boldsymbol{A}_i \overline{\boldsymbol{u}}^P_i - \boldsymbol{R}_j - \boldsymbol{A}_j \overline{\boldsymbol{u}}^P_j = \boldsymbol{0} \tag{4.15 再}$$

上式を $\boldsymbol{q}_i = [\boldsymbol{R}^T_i \ \ \phi_i]^T$, $\boldsymbol{q}_j = [\boldsymbol{R}^T_j \ \ \phi_j]^T$ で偏微分することにより，ヤコビ行列は

$$C^r_{\boldsymbol{q}_i} = [\boldsymbol{E} \quad \boldsymbol{A}_i \boldsymbol{V} \overline{\boldsymbol{u}}_i^P] \tag{7.39}$$

$$C^r_{\boldsymbol{q}_j} = -[\boldsymbol{E} \quad \boldsymbol{A}_j \boldsymbol{V} \overline{\boldsymbol{u}}_j^P] \tag{7.40}$$

のように求められる．式 (4.15) は時間を陽に含まないので，

$$\boldsymbol{\nu}^r = \boldsymbol{0} \tag{7.41}$$

となる．また，式 (7.7) に従って計算することにより，次式が得られる（演習問題 7.1）．

$$\boldsymbol{\gamma}^r = \boldsymbol{A}_i \overline{\boldsymbol{u}}_i^P \dot{\phi}_i^2 - \boldsymbol{A}_j \overline{\boldsymbol{u}}_j^P \dot{\phi}_j^2 \tag{7.42}$$

7.5 直動ジョイント

図 4.8 に示す直動ジョイントの拘束条件は，次のように式 (4.21) で表すことができた．

$$\boldsymbol{C}^{t(i,j)} = \begin{bmatrix} (\boldsymbol{r}_j^P - \boldsymbol{r}_i^P)^T \boldsymbol{u}^{\perp} \\ \phi_j - \phi_i - c \end{bmatrix} = \boldsymbol{0} \qquad (4.21\,再)$$

ただし，$\boldsymbol{u}$ は次のように定義される直動軸方向の単位ベクトルである．

$$\boldsymbol{u} = \frac{1}{h}\boldsymbol{h}, \quad \boldsymbol{h} = \boldsymbol{A}_i(\overline{\boldsymbol{u}}_i^Q - \overline{\boldsymbol{u}}_i^P)$$

ここで，

$$\frac{\partial \boldsymbol{u}^{\perp}}{\partial \boldsymbol{q}_i} = \frac{\partial}{\partial \boldsymbol{q}_i}(\boldsymbol{V}\boldsymbol{u}) = \frac{1}{h}\boldsymbol{V}\frac{\partial \boldsymbol{h}}{\partial \boldsymbol{q}_i} = \frac{1}{h}\boldsymbol{V}[\boldsymbol{0} \quad \boldsymbol{V}\boldsymbol{h}] = [\boldsymbol{0} \quad -\boldsymbol{u}]$$

$$\frac{\partial \boldsymbol{u}^{\perp}}{\partial \boldsymbol{q}_j} = \boldsymbol{0}$$

という関係があることに注意すると，

$$\begin{aligned} \frac{\partial}{\partial \boldsymbol{q}_i}\{(\boldsymbol{r}_j^P - \boldsymbol{r}_i^P)\boldsymbol{u}^{\perp}\} &= (\boldsymbol{u}^{\perp})^T \frac{\partial}{\partial \boldsymbol{q}_i}(\boldsymbol{r}_j^P - \boldsymbol{r}_i^P) + (\boldsymbol{r}_j^P - \boldsymbol{r}_i^P)^T \frac{\partial \boldsymbol{u}^{\perp}}{\partial \boldsymbol{q}_i} \\ &= -(\boldsymbol{u}^{\perp})^T[\boldsymbol{E} \quad \boldsymbol{A}_i\boldsymbol{V}\overline{\boldsymbol{u}}_i^P] + (\boldsymbol{r}_j^P - \boldsymbol{r}_i^P)^T[\boldsymbol{0} \quad -\boldsymbol{u}] \\ &= [-(\boldsymbol{u}^{\perp})^T \quad -(\boldsymbol{u}^{\perp})^T\boldsymbol{A}_i\boldsymbol{V}\overline{\boldsymbol{u}}_i^P - (\boldsymbol{r}_j^P - \boldsymbol{r}_i^P)^T\boldsymbol{u}] \end{aligned}$$

$$\begin{aligned} \frac{\partial}{\partial \boldsymbol{q}_j}\{(\boldsymbol{r}_j^P - \boldsymbol{r}_i^P)\boldsymbol{u}^{\perp}\} &= (\boldsymbol{u}^{\perp})^T \frac{\partial}{\partial \boldsymbol{q}_j}(\boldsymbol{r}_j^P - \boldsymbol{r}_i^P) + (\boldsymbol{r}_j^P - \boldsymbol{r}_i^P)^T \frac{\partial \boldsymbol{u}^{\perp}}{\partial \boldsymbol{q}_j} \\ &= (\boldsymbol{u}^{\perp})^T[\boldsymbol{E} \quad \boldsymbol{A}_j\boldsymbol{V}\overline{\boldsymbol{u}}_j^P] \\ &= [(\boldsymbol{u}^{\perp})^T \quad (\boldsymbol{u}^{\perp})^T\boldsymbol{A}_j\boldsymbol{V}\overline{\boldsymbol{u}}_j^P] \end{aligned}$$

と計算できるので，式 (4.21) のヤコビ行列は次のように求められる．

$$\boldsymbol{C}^t_{\boldsymbol{q}_i} = \begin{bmatrix} -(\boldsymbol{u}^\perp)^T & -\boldsymbol{u}^T(\boldsymbol{A}_i\overline{\boldsymbol{u}}^P_i + \boldsymbol{r}^P_j - \boldsymbol{r}^P_i) \\ \boldsymbol{0} & -1 \end{bmatrix} \tag{7.43}$$

$$\boldsymbol{C}^t_{\boldsymbol{q}_j} = \begin{bmatrix} (\boldsymbol{u}^\perp)^T & \boldsymbol{u}^T\boldsymbol{A}_j\overline{\boldsymbol{u}}^P_j \\ \boldsymbol{0} & 1 \end{bmatrix} \tag{7.44}$$

式 (4.21) は時間を陽に含んでいないため，

$$\boldsymbol{\nu}^t = \boldsymbol{0} \tag{7.45}$$

となる．式 (7.7) は次式のように展開することができる．

$$\boldsymbol{\gamma}^t = -(\boldsymbol{G}^t_{\boldsymbol{R}_i}\dot{\boldsymbol{R}}_i + \boldsymbol{G}^t_{\phi_i}\dot{\phi}_i + \boldsymbol{G}^t_{\boldsymbol{R}_j}\dot{\boldsymbol{R}}_j + \boldsymbol{G}^t_{\phi_j}\dot{\phi}_j) \tag{7.46}$$

ここで，

$$\boldsymbol{G}^t \equiv \boldsymbol{C}^t_{\boldsymbol{q}}\dot{\boldsymbol{q}} = \begin{bmatrix} (\boldsymbol{u}^\perp)^T(\dot{\boldsymbol{R}}_j - \dot{\boldsymbol{R}}_i) - \boldsymbol{u}^T(\boldsymbol{R}_j - \boldsymbol{R}_i)\dot{\phi}_i + \boldsymbol{u}^T\boldsymbol{A}_j\overline{\boldsymbol{u}}^P_j(\dot{\phi}_j - \dot{\phi}_i) \\ \dot{\phi}_j - \dot{\phi}_i \end{bmatrix} \tag{7.47}$$

とおいている．式 (7.47) を式 (7.46) に代入して整理すると，次式が得られる（演習問題 7.2）．

$$\boldsymbol{\gamma}^t = \begin{bmatrix} 2\boldsymbol{u}^T(\dot{\boldsymbol{R}}_j - \dot{\boldsymbol{R}}_i)\dot{\phi}_i + (\boldsymbol{u}^\perp)^T(\boldsymbol{R}_j - \boldsymbol{R}_i)\dot{\phi}_i^2 + (\boldsymbol{u}^\perp)^T\boldsymbol{A}_j\overline{\boldsymbol{u}}^P_j(\dot{\phi}_j - \dot{\phi}_i)^2 \\ 0 \end{bmatrix} \tag{7.48}$$

7.6 歯　車

図 4.10 に示す歯車間の拘束条件は，次のように式 (4.28) で表すことができた．

$$C^g(\boldsymbol{q}_i, \boldsymbol{q}_j) = (\boldsymbol{r}^P_i - \boldsymbol{r}^P_j)^T\boldsymbol{u}^\perp = -(x^P_i - x^P_j)\sin\theta + (y^P_i - y^P_j)\cos\theta = 0 \tag{4.28 再}$$

ただし，$\boldsymbol{u}$ は点 P_i と点 P_j を結ぶ線上の単位ベクトルである．

$$\boldsymbol{u} = \begin{bmatrix} \cos\theta \\ \sin\theta \end{bmatrix}, \quad \boldsymbol{u}^\perp = \boldsymbol{V}\boldsymbol{u} = \begin{bmatrix} -\sin\theta \\ \cos\theta \end{bmatrix} \tag{7.49}$$

ここで，θ は次のように定義される角度である．

$$\theta = \frac{R_i(\phi_i + \theta_i) + R_j(\phi_j + \theta_j) - R_j\pi}{R_i + R_j} \tag{7.50}$$

式 (7.49) および式 (7.50) より，

$$\frac{\partial \boldsymbol{u}^{\perp}}{\partial \phi_i} = \frac{\partial \boldsymbol{u}^{\perp}}{\partial \theta}\frac{\partial \theta}{\partial \phi_i} = -\boldsymbol{u}\left(\frac{R_i}{R_i + R_j}\right)$$

$$\frac{\partial \boldsymbol{u}^{\perp}}{\partial \phi_j} = \frac{\partial \boldsymbol{u}^{\perp}}{\partial \theta}\frac{\partial \theta}{\partial \phi_j} = -\boldsymbol{u}\left(\frac{R_j}{R_i + R_j}\right)$$

という関係が成り立つことに注意して，式 (4.28) を $\boldsymbol{q}_i = [\boldsymbol{R}_i^T \quad \phi_i]^T$, $\boldsymbol{q}_j = [\boldsymbol{R}_j^T \quad \phi_j]^T$ で偏微分することにより，ヤコビ行列は次式のように求められる．

$$C^g_{\boldsymbol{q}_i} = \left[\begin{array}{cc} (\boldsymbol{u}^{\perp})^T & (\boldsymbol{A}_i \boldsymbol{V} \overline{\boldsymbol{u}}_i^P)^T \boldsymbol{u}^{\perp} - (\boldsymbol{r}_i^P - \boldsymbol{r}_j^P)^T \boldsymbol{u}\left(\dfrac{R_i}{R_i + R_j}\right) \end{array} \right] \tag{7.51}$$

$$C^g_{\boldsymbol{q}_j} = \left[\begin{array}{cc} -(\boldsymbol{u}^{\perp})^T & -(\boldsymbol{A}_j \boldsymbol{V} \overline{\boldsymbol{u}}_j^P)^T \boldsymbol{u}^{\perp} - (\boldsymbol{r}_i^P - \boldsymbol{r}_j^P)^T \boldsymbol{u}\left(\dfrac{R_j}{R_i + R_j}\right) \end{array} \right] \tag{7.52}$$

式 (4.28) は時間を陽に含まないので

$$\nu^g = 0 \tag{7.53}$$

となる．また，式 (7.7) に従って計算すると，次式が得られる．

$$\begin{aligned} \gamma^g = {} & 2(\dot{\boldsymbol{r}}_i^P - \dot{\boldsymbol{r}}_j^P)^T \boldsymbol{u}\left(\frac{R_i\dot{\phi}_i + R_j\dot{\phi}_j}{R_i + R_j}\right) + (\boldsymbol{A}_i \overline{\boldsymbol{u}}_i^P \dot{\phi}_i^2 - \boldsymbol{A}_j \overline{\boldsymbol{u}}_j^P \dot{\phi}_j^2)^T \boldsymbol{u}^{\perp} \\ & + (\boldsymbol{r}_i^P - \boldsymbol{r}_j^P)^T \boldsymbol{u}^{\perp}\left(\frac{R_i\dot{\phi}_i + R_j\dot{\phi}_j}{R_i + R_j}\right)^2 \end{aligned} \tag{7.54}$$

7.7 駆動拘束

4.6 節で説明したように，一般に駆動拘束 $\boldsymbol{C}_D(\boldsymbol{q}, t) = \boldsymbol{0}$ は，対応する幾何学的拘束 $\boldsymbol{C}_K(\boldsymbol{q}) = \boldsymbol{0}$ を利用して次のように式 (4.37) で記述することができた．

$$\boldsymbol{C}_D(\boldsymbol{q}, t) = \boldsymbol{C}_K(\boldsymbol{q}) - \boldsymbol{\eta}(t) = \boldsymbol{0} \tag{4.37 再}$$

ここで，$\boldsymbol{\eta}(t)$ は与えられる時間軌道である．上式を $\boldsymbol{q}$ で偏微分すると，ヤコビ行列は

$$(\boldsymbol{C}_D)_{\boldsymbol{q}} = (\boldsymbol{C}_K)_{\boldsymbol{q}} \tag{7.55}$$

のようになる．すなわち，駆動拘束のヤコビ行列は，対応する幾何学的拘束のヤコビ行列に一致する．式 (4.37) を t で偏微分すると $(\boldsymbol{C}_D)_t = (\boldsymbol{C}_K)_t - \boldsymbol{\eta}_t = -\dot{\boldsymbol{\eta}}(t)$ となるので，駆動拘束の速度方程式の右辺ベクトル $\boldsymbol{\nu}_D = -(\boldsymbol{C}_D)_t$ は，次のように計算できる．

$$\boldsymbol{\nu}_D = \dot{\boldsymbol{\eta}}(t) \tag{7.56}$$

また，式 (4.37) を 2 回時間で微分すると $\ddot{\boldsymbol{C}}_D = \ddot{\boldsymbol{C}}_K - \ddot{\boldsymbol{\eta}}(t) = \boldsymbol{0}$ となるので，式 (7.7) より，駆動拘束の加速度方程式の右辺ベクトル $\boldsymbol{\gamma}_D$ は，対応する幾何学的拘束の加速度方程式の右辺ベクトル $\boldsymbol{\gamma}_K$ を利用して，次のように求めることができる．

$$\boldsymbol{\gamma}_D = \boldsymbol{\gamma}_K + \ddot{\boldsymbol{\eta}}(t) \tag{7.57}$$

ただし，距離拘束のみは，対応する駆動拘束

$$C^d(\boldsymbol{q}_i, \boldsymbol{q}_j, t) = (\boldsymbol{r}_i^P - \boldsymbol{r}_j^P)^T(\boldsymbol{r}_i^P - \boldsymbol{r}_j^P) - c(t)^2 = 0 \tag{7.58}$$

において，$\eta(t) = c(t)^2$ と再定義して計算を行う必要がある．

演習問題

7.1 式 (7.42) を導出せよ．

7.2 式 (7.48) を導出せよ．

[力学物語 3]　ニュートン (Sir Isaac Newton, 1642〜1727)

ニュートンは，ガリレオが没した 1642 年のクリスマスに，イギリスのリンカーンシャー州グランサムの南方，約 10 km のウールスソープという小村に生まれた．子供のころはひ弱であったが，科学に興味をもっており，独力で水車を使った製粉機や自分用の木製柱時計を作るなどの非凡さをみせていた．ニュートンの才能に気づいた叔父ウィリアム・エイスコーのすすめで 1661 年，19 歳のときに，ケンブリッジ大学トリニティカレッジに給費生として入学した．当時の大学のカリキュラムは依然としてスコラ哲学，すなわち主としてアリストテレスの学説に基づいていたが，ニュートンは図書館で当時の先端的な数学・自然哲学などの本をむさぼり読んでいた．彼はまた，よき師にめぐり合えた．アイザック・バローである．ケンブリッジ大学に 1663 年に新設されたルーカス数学講座の初代教授に就任したバローは，ニュートンの才能を高く評価し，さまざまな支援を行った．1664 年にバローのおかげもあって奨学生になり，その翌年 1665 年に学位を授与された．

1665 年から 1666 年にかけて，ヨーロッパを襲ったペストの大流行の影響でケンブリッジ大学も閉鎖され，ニュートンは故郷のウールスソープへと戻り，すでにカレッジで得ていた着想について自由に思考する時間を得た．この 18 か月の間に彼の三大業績といわれる「万有引力」の発見，「光学」の実験，「微積分法」の発明，はすべて成し遂げられ，「驚異の年」といわれている．1667 年にペストがおさまると，ケンブリッジ大学に戻ってトリニティカレッジのフェローとなり，2 年後の 1669 年，27 歳のときに，バローからポストを譲られる形でルーカス教授職に就任した．万有引力による惑星運動の説明は 24 歳から着手，一時中断したが，37 歳から研究を再開し，天文学者エドモンド・ハレーのすすめで，自然哲学の数学的原理『プリンキピア』(1687) に体系化した．光学では反射望遠鏡を発明し，光の粒子説を展開，その研究成果は著書『光学』(1704) にまとめられた．微積分法は 24 歳ごろに発明していたが，論文が一般に認められず，のちにライプニッツとの間に優先論争が起こっている．

1688 年，46 歳のときに，下院議員になるが，政治には興味が薄いためかほとんど発言せず，記録に残っている議会での唯一の発言は「議長，窓を閉めてください」である．54 歳でロンドンに移って造幣局監事となり，57 歳で同局長官に就任している．このときは非常に熱心に職務に当たり，在職中は偽金造りが激減したようである．造幣局に勤めてからは錬金術に没頭し，いっさいの科学的研究を行っていない．1705 年に，アン女王からナイトの称号を授けられ，61 歳から 84 歳まで 24 年間，王立協会会長を務めた．

第 III 部　動力学解析

第8章
動力学の基礎

物体に働く力の作用とその結果によって生じる運動の関係を研究する力学の一分野を，**動力学** (dynamics) という．本章では，まず，質点および質点系の動力学について復習したあと，重心にボディ座標系を設定した場合の剛体の運動方程式について説明する．その後，マルチボディシステムの運動方程式を導出する際の基礎となる解析力学の考え方，すなわち，仮想変位，仮想仕事，仮想仕事の原理，およびダランベールの原理について説明する．これらの考え方を用いて，次章においてマルチボディシステムの運動方程式が導かれる．

8.1 ニュートンの運動の法則

物体に働く力とその結果生じる運動の関係について述べた次の基本的な 3 法則を**ニュートンの運動の法則** (Newton's laws of motion) とよぶ．

- 第 1 法則（慣性の法則）…外部から力の作用を受けない限り，物体はいつまでも静止しているか，または，等速直線運動をする．
- 第 2 法則（運動の法則）…物体に外力が働くときは，その方向に力の大きさに比例する加速度を生じる．
- 第 3 法則（作用・反作用の法則）…二つの物体間に作用しあう力は，同一の直線上にあって，大きさが等しく向きが反対である．

以上の法則は，質点に対して述べられたものであるが，適切に解釈することによって，質点系や剛体，マルチボディシステムに対しても適用することができる．

8.2 質点の動力学

ニュートンの運動の第 2 法則より，作用する力を $\boldsymbol{f}$，質点の加速度を $\ddot{\boldsymbol{r}}$ とすると，次のような運動方程式を得る（図 8.1 (a)）．

$$m\ddot{\boldsymbol{r}} = \boldsymbol{f} \tag{8.1}$$

ここで，比例定数 m を**質量** (mass) という．図 8.1 (b) に示すように複数の力 $\boldsymbol{f}_1$, $\boldsymbol{f}_2, \ldots, \boldsymbol{f}_n$ が同時に質点に作用する場合，上式の $\boldsymbol{f}$ はそれらの合力，すなわち $\boldsymbol{f} = \sum_{i=1}^{n} \boldsymbol{f}_i$ となる．式 (8.1) を x 方向と y 方向の成分に分けて表示すると次式のよ

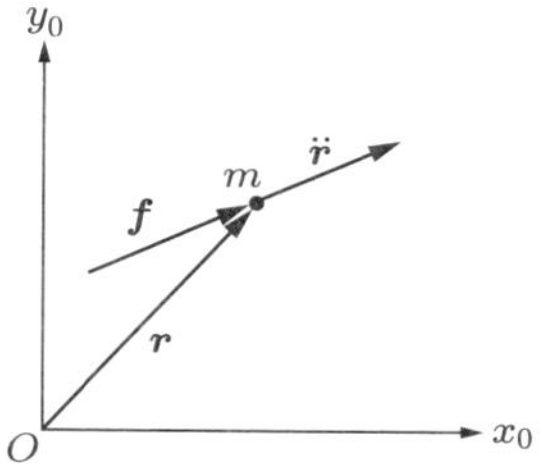

（a）第 2 法則

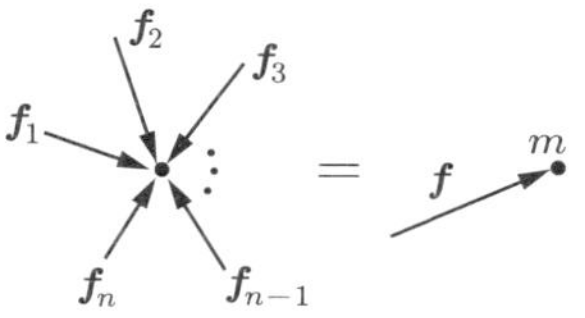

（b）複数の力が作用する場合

図 8.1 質点の動力学

うになる．

$$m\ddot{x} = f_x \tag{8.2}$$

$$m\ddot{y} = f_y \tag{8.3}$$

ここで，f_x, f_y はそれぞれ力 $\boldsymbol{f}$ の x 方向と y 方向の成分である．式 (8.2), (8.3) は行列とベクトルを用いて，次のように書くこともできる．

$$\begin{bmatrix} m & 0 \\ 0 & m \end{bmatrix} \begin{bmatrix} \ddot{x} \\ \ddot{y} \end{bmatrix} = \begin{bmatrix} f_x \\ f_y \end{bmatrix} \tag{8.4}$$

8.3 内力，外力，拘束力

ニュートンの運動の第 1 法則と第 2 法則は，一つの物体に作用する力と運動の関係について述べている．それに対して，第 3 法則は二つの物体間の相互作用に関するものである．すなわち，図 8.2 のように，物体 A が物体 B に対して作用力 $\boldsymbol{f}$ を及ぼす場合，逆に物体 B は物体 A に対して $\boldsymbol{f}$ と大きさが等しく，向きが反対の反作用力 $-\boldsymbol{f}$，すなわち**反力** (reaction force) を及ぼす．この法則は，物体 A，B が静止していても，運動していても成り立つ．物体 A，B をひとまとめにして一つの系 C とみなす場合には，物体 A，B 間の作用力，反作用力は互いに打ち消しあう．そのため，物体 A，B それぞれの運動方程式から系 C に関する運動方程式を導くと，これらの

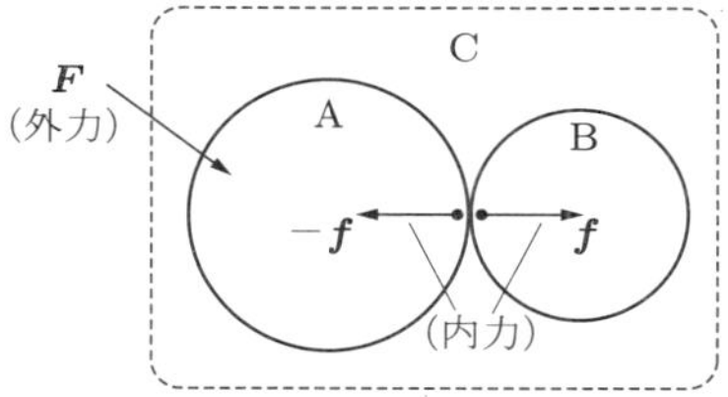

図 8.2 外力と内力

力の組は現れない．このような力の組を**内力** (internal force) という．これに対して，系 C の外部から作用する力 $\boldsymbol{F}$ を**外力** (external force) という．物体 A，B 間の作用力 $\boldsymbol{f}$，反作用力 $-\boldsymbol{f}$ は系 C からみれば内力であるが，系 C を構成する個々の物体 A，B からみれば外力である．このように，どの部分に着目するかにより，同じ力でも内力になったり，外力になったりすることに注意する．

二つの物体 A，B が接触または結合しているときに生じる反力によって，物体 A が物体 B に対して特定の相対運動のみができるように拘束される場合，物体 A の運動を拘束する力であることを強調して，この反力を**拘束力** (constraint force) という．この拘束力も物体 A からみると一つの外力であり，物体 A，B 全体からみると内力とみなせる．拘束力の例としては，図 8.3 (a) に示す**垂直抗力** (normal force)，図 (b) に示す**張力** (tension)，図 (c) に示す**軸力** (axial force) などがある．張力はロープが張られる方向にのみ働くが，軸力は引張力，圧縮力いずれにもなる．一般に，拘束力を受ける物体が移動可能な方向は，拘束力の方向と直交する．

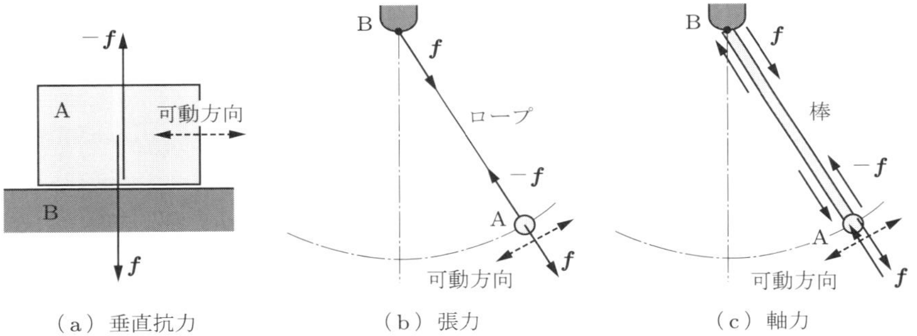

図 8.3　拘束力の例

8.4　質点系の動力学

複数の質点から構成される系を**質点系** (system of particles) とよぶ．ここでは，図 8.4 に示すような N 個の質点からなる質点系の動力学について考える．第 i 番目の質点の質量を m_i，絶対座標系からみた位置ベクトルを $\boldsymbol{r}_i$，質点に系の外部から作用する外力を $\boldsymbol{f}_i$，j 番目の質点から i 番目の質点に作用する内力を $\boldsymbol{f}_{ij}$ とする．ただし，質点自身におよぼす内力はゼロ，すなわち $\boldsymbol{f}_{ii} = \boldsymbol{0}$ である．このとき，i 番目の質点の運動方程式は次式で表せる．

$$m_i \ddot{\boldsymbol{r}}_i = \boldsymbol{f}_i + \sum_{j=1}^{N} \boldsymbol{f}_{ij} \quad (i = 1, \ldots, N) \tag{8.5}$$

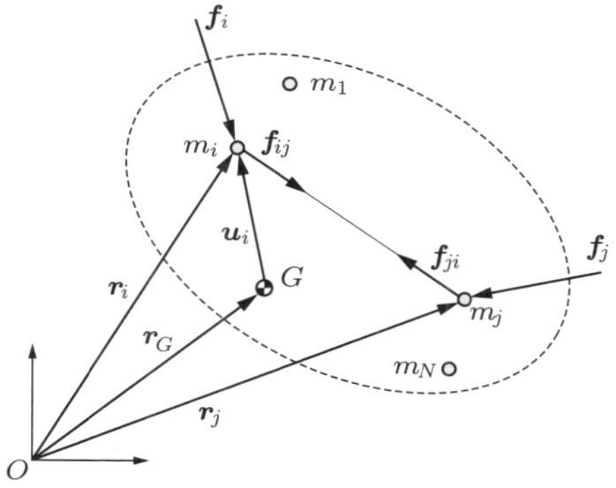

図 8.4　質点系の動力学

N 個の質点について上式を加え合わせると，次のようになる．

$$\sum_{i=1}^{N} m_i \ddot{\boldsymbol{r}}_i = \sum_{i=1}^{N} \boldsymbol{f}_i + \sum_{i=1}^{N}\sum_{j=1}^{N} \boldsymbol{f}_{ij} \tag{8.6}$$

上式の右辺第 2 項は次式のように計算できる．

$$\begin{aligned}\sum_{i=1}^{N}\sum_{j=1}^{N} \boldsymbol{f}_{ij} &= \cdots + \boldsymbol{f}_{ij} + \boldsymbol{f}_{ji} + \cdots \\ &= \cdots + \boldsymbol{f}_{ij} - \boldsymbol{f}_{ij} + \cdots = \boldsymbol{0}\end{aligned} \tag{8.7}$$

ここで，内力は作用・反作用の法則に従い $\boldsymbol{f}_{ij} + \boldsymbol{f}_{ji} = \boldsymbol{0}$ であるので，$\boldsymbol{f}_{ji} = -\boldsymbol{f}_{ij}$ となることを用いた．したがって，式 (8.6) は次式のように書きなおすことができる．

$$\sum_{i=1}^{N} m_i \ddot{\boldsymbol{r}}_i = \sum_{i=1}^{N} \boldsymbol{f}_i \tag{8.8}$$

質点系の全質量を m，外力の総和を $\boldsymbol{f}$ と定義する．すなわち，

$$m = \sum_{i=1}^{N} m_i \tag{8.9}$$

$$\boldsymbol{f} = \sum_{i=1}^{N} \boldsymbol{f}_i \tag{8.10}$$

とする．また，質点系全体の重心 G の位置ベクトルを $\boldsymbol{r}_G$ とすると，重心の定義より

$$\boldsymbol{r}_G = \left(\sum_{i=1}^{N} m_i \boldsymbol{r}_i\right) \Bigg/ \left(\sum_{i=1}^{N} m_i\right) = \frac{1}{m}\sum_{i=1}^{N} m_i \boldsymbol{r}_i \tag{8.11}$$

が成り立つ．上式の両辺に m を乗じると次の関係を得る．

$$m\boldsymbol{r}_G = \sum_{i=1}^{N} m_i \boldsymbol{r}_i \tag{8.12}$$

上式を 2 回時間で微分すると，次のようになる．

$$m\ddot{\boldsymbol{r}}_G = \sum_{i=1}^{N} m_i \ddot{\boldsymbol{r}}_i \tag{8.13}$$

上式と式 (8.8) を比較し，式 (8.10) を用いると，重心に関する次の運動方程式を得る．

$$m\ddot{\boldsymbol{r}}_G = \boldsymbol{f} \tag{8.14}$$

上式より，質点系の重心の運動は，系の全質量が重心に集中し，全外力がその重心に作用すると考えたときの運動に等しいことがわかる．

図 8.4 に示すように，原点 O から i 番目の質点までの位置ベクトル $\boldsymbol{r}_i$ は，原点 O から重心 G までの位置ベクトル $\boldsymbol{r}_G$ と重心 G から i 番目の質点までの位置ベクトル $\boldsymbol{u}_i$ の和である．そこで，$\boldsymbol{r}_i = \boldsymbol{r}_G + \boldsymbol{u}_i$ を式 (8.12) に代入すると，次式のようになる．

$$m\boldsymbol{r}_G = \sum_{i=1}^{N} m_i(\boldsymbol{r}_G + \boldsymbol{u}_i) = \left(\sum_{i=1}^{N} m_i\right)\boldsymbol{r}_G + \sum_{i=1}^{N} m_i\boldsymbol{u}_i = m\boldsymbol{r}_G + \sum_{i=1}^{N} m_i\boldsymbol{u}_i$$

これより，次の関係を得る．

$$\sum_{i=1}^{N} m_i\boldsymbol{u}_i = \boldsymbol{0} \tag{8.15}$$

さらに，上式を時間で微分することにより，次の関係が成り立つこともわかる．

$$\sum_{i=1}^{N} m_i\dot{\boldsymbol{u}}_i = \boldsymbol{0}, \quad \sum_{i=1}^{N} m_i\ddot{\boldsymbol{u}}_i = \boldsymbol{0} \tag{8.16}$$

式 (8.15) および式 (8.16) は，以降の議論でしばしば利用する重要な関係式である．

8.5 剛体の動力学

3.2 節でみたように，平面内を自由に運動する剛体ボディの運動を記述するためには三つの座標を定義する必要がある．すなわち，絶対座標系 Σ_0 の原点からみたボディ上の基準点 O_i の位置と，ボディの回転角度である．ここでは，ボディ上の基準点 O_i を剛体の重心 G と一致させることとし，その位置ベクトルを $\boldsymbol{R} = [x \quad y]^T$ と表す．また，$\overline{x}$ 軸が x_0 軸となす角 ϕ を回転座標として用いる．このとき，ボディの運動は次の一般化座標によって記述することができる．

$$\boldsymbol{q} = \begin{bmatrix} \boldsymbol{R} \\ \phi \end{bmatrix} = \begin{bmatrix} x \\ y \\ \phi \end{bmatrix} \tag{8.17}$$

図 8.5 に示すように剛体をきわめて多くの微小な質量要素に分割し，それらを質点とみなせば，剛体は質点間の距離が変わらない特殊な質点系とみなすことができる．

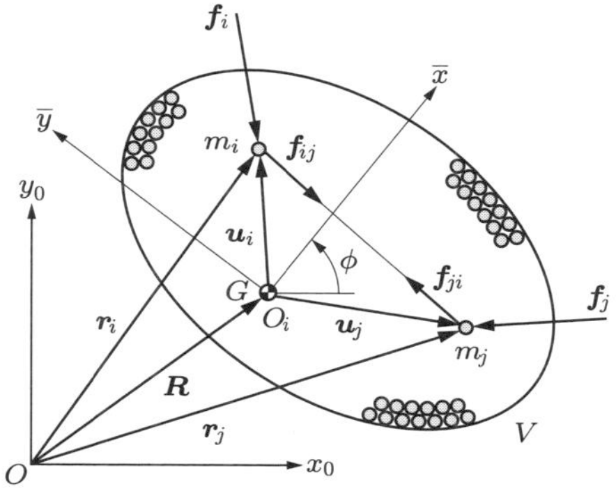

図 8.5　剛体の動力学

したがって，原点 O からみた重心の位置ベクトルが $\boldsymbol{R}$ であることに注意すると，剛体の並進運動の運動方程式は，式 (8.14) より次式のようになる．

$$m\ddot{\boldsymbol{R}} = \boldsymbol{f} \tag{8.18}$$

ただし，剛体を無限個の質点からなる質点系とみなすので，式 (8.9) および式 (8.10) は次式のように書き換えられる．

$$m = \lim_{N\to\infty} \sum_{i=1}^{N} m_i = \int_V dm \tag{8.19}$$

$$\boldsymbol{f} = \lim_{N\to\infty} \sum_{i=1}^{N} \boldsymbol{f}_i = \int_V \boldsymbol{f}_m dm \tag{8.20}$$

ここで，dm は微小質量要素の質量，$\boldsymbol{f}_m$ は剛体の単位質量あたりに作用する外力であり，$\int_V$ は剛体の全領域 V にわたって積分することを意味する．

次に剛体の回転運動について考える．i 番目の質点の加速度ベクトルは，式 (3.22) と式 (3.27) を i 番目の質点の位置にあてはめることにより，次式のように表せる．

$$\ddot{\boldsymbol{r}}_i = \ddot{\boldsymbol{R}} + \boldsymbol{u}_i^{\perp}\ddot{\phi} - \boldsymbol{u}_i\dot{\phi}^2 \tag{8.21}$$

上式を質点系の運動方程式 (8.5) に代入すると，次式のようになる．

$$m_i(\ddot{\boldsymbol{R}} + \boldsymbol{u}_i^{\perp}\ddot{\phi} - \boldsymbol{u}_i\dot{\phi}^2) = \boldsymbol{f}_i + \sum_{j=1}^{N} \boldsymbol{f}_{ij} \quad (i = 1, \ldots, N) \tag{8.22}$$

上式の両辺に左から $\boldsymbol{u}_i^{\perp}$ の転置を乗じ，i について総和をとると次式が得られる．

$$\sum_{i=1}^{N} \{m_i(\boldsymbol{u}_i^{\perp})^T(\ddot{\boldsymbol{R}} + \boldsymbol{u}_i^{\perp}\ddot{\phi} - \boldsymbol{u}_i\dot{\phi}^2)\} = \sum_{i=1}^{N}(\boldsymbol{u}_i^{\perp})^T\left(\boldsymbol{f}_i + \sum_{j=1}^{N} \boldsymbol{f}_{ij}\right) \tag{8.23}$$

上式の左辺第 1 項は，$\boldsymbol{u}_i^{\perp} = \boldsymbol{V}\boldsymbol{u}_i$ であることに注意すると次のようになる．

$$\sum_{i=1}^{N} m_i(\boldsymbol{u}_i^{\perp})^T \ddot{\boldsymbol{R}} = \sum_{i=1}^{N} m_i(\boldsymbol{V}\boldsymbol{u}_i)^T \ddot{\boldsymbol{R}} = \left(\sum_{i=1}^{N} m_i \boldsymbol{u}_i\right)^T \boldsymbol{V}^T \ddot{\boldsymbol{R}} = 0 \tag{8.24}$$

ただし，式 (8.15) の関係を用いた．式 (8.23) の左辺第 2 項は次のようになる．

$$\sum_{i=1}^{N} m_i(\boldsymbol{u}_i^{\perp})^T \boldsymbol{u}_i^{\perp} \ddot{\phi} = \sum_{i=1}^{N} m_i \boldsymbol{u}_i^T \boldsymbol{V}^T \boldsymbol{V} \boldsymbol{u}_i \ddot{\phi} = \sum_{i=1}^{N} m_i \boldsymbol{u}_i^T \boldsymbol{u}_i \ddot{\phi} = \left(\sum_{i=1}^{N} m_i u_i^2\right) \ddot{\phi} \tag{8.25}$$

ただし，$\boldsymbol{V}^T\boldsymbol{V} = \boldsymbol{E}$ という関係を利用し，$|\boldsymbol{u}_i| = u_i$ と定義している．また，式 (8.23) の左辺第 3 項は次のように計算することができる．

$$-\sum_{i=1}^{N} m_i(\boldsymbol{u}_i^{\perp})^T \boldsymbol{u}_i \dot{\phi}^2 = -\sum_{i=1}^{N} m_i(\boldsymbol{u}_i \times \boldsymbol{u}_i)\dot{\phi}^2 = 0 \tag{8.26}$$

一方，式 (8.23) の右辺第 1 項は次式のように書ける．

$$\sum_{i=1}^{N} (\boldsymbol{u}_i^{\perp})^T \boldsymbol{f}_i = \sum_{i=1}^{N} \boldsymbol{u}_i \times \boldsymbol{f}_i \tag{8.27}$$

さらに，式 (8.23) の右辺第 2 項は次のように計算することができる．

$$\begin{aligned}\sum_{i=1}^{N} (\boldsymbol{u}_i^{\perp})^T \sum_{j=1}^{N} \boldsymbol{f}_{ij} &= \cdots + (\boldsymbol{u}_i^{\perp})^T \boldsymbol{f}_{ij} + (\boldsymbol{u}_j^{\perp})^T \boldsymbol{f}_{ji} + \cdots \\ &= \cdots + \boldsymbol{u}_i \times \boldsymbol{f}_{ij} + \boldsymbol{u}_j \times \boldsymbol{f}_{ji} + \cdots \\ &= \cdots + \boldsymbol{u}_i \times \boldsymbol{f}_{ij} - \boldsymbol{u}_j \times \boldsymbol{f}_{ij} + \cdots \\ &= \cdots + (\boldsymbol{u}_i - \boldsymbol{u}_j) \times \boldsymbol{f}_{ij} + \cdots = 0\end{aligned} \tag{8.28}$$

ただし，作用・反作用の法則より $\boldsymbol{f}_{ij} + \boldsymbol{f}_{ji} = \boldsymbol{0}$ であるので $\boldsymbol{f}_{ji} = -\boldsymbol{f}_{ij}$ となること，および図 8.5 に示すように $\boldsymbol{u}_i - \boldsymbol{u}_j$ と $\boldsymbol{f}_{ij}$ は平行であるのでそれらの外積は 0 となることを用いた．

式 (8.24)〜(8.28) を式 (8.23) に代入すると，次式が得られる．

$$\left(\sum_{i=1}^{N} m_i u_i^2\right) \ddot{\phi} = \sum_{i=1}^{N} \boldsymbol{u}_i \times \boldsymbol{f}_i \tag{8.29}$$

剛体を無限個の質点からなる質点系とみなすと，上式左辺の括弧内および右辺は，それぞれ次式のように書ける．

$$I = \lim_{N\to\infty} \sum_{i=1}^{N} m_i u_i^2 = \int_V u^2 dm \tag{8.30}$$

$$\tau = \lim_{N\to\infty} \sum_{i=1}^{N} \boldsymbol{u}_i \times \boldsymbol{f}_i = \int_V \boldsymbol{u} \times \boldsymbol{f}_m dm \tag{8.31}$$

ここで，$\boldsymbol{u}$ は重心から任意の微小質量要素までの位置ベクトルであり，$|\boldsymbol{u}| = u$ と定

義している．式 (8.30) によって定義される I は剛体の重心まわりの**慣性モーメント** (moment of inertia) とよばれる．式 (8.31) の τ は重心まわりの外力のモーメントの総和である．式 (8.30) と式 (8.31) を式 (8.29) に代入することにより，剛体の回転運動の運動方程式が次のように得られる．

$$I\ddot{\phi} = \tau \tag{8.32}$$

式 (8.18) と式 (8.32) をまとめると，次式のように表すことができる．

$$\begin{bmatrix} m\boldsymbol{E} & 0 \\ 0 & I \end{bmatrix} \begin{bmatrix} \ddot{\boldsymbol{R}} \\ \ddot{\phi} \end{bmatrix} = \begin{bmatrix} \boldsymbol{f} \\ \tau \end{bmatrix} \tag{8.33}$$

上式は次のように書くこともできる．

$$\begin{bmatrix} m & 0 & 0 \\ 0 & m & 0 \\ 0 & 0 & I \end{bmatrix} \begin{bmatrix} \ddot{x} \\ \ddot{y} \\ \ddot{\phi} \end{bmatrix} = \begin{bmatrix} f_x \\ f_y \\ \tau \end{bmatrix} \tag{8.34}$$

さらに，以降の議論では上式をまとめて次のように書くこともある．

$$\boldsymbol{M}\ddot{\boldsymbol{q}} = \boldsymbol{Q} \tag{8.35}$$

本節では，ボディ座標系の原点 O_i を重心 G に一致させる場合について考えたが，それらが一致しない，より一般的な場合の運動方程式については第 9 章で説明する．

8.6 仮想仕事の原理

マルチボディシステムの運動方程式は，仮想仕事の原理を用いると効率よく導出することができる．本節では，仕事，仮想変位，仮想仕事について復習したあと，力がつり合って平衡状態にある系に対して成り立つ仮想仕事の原理について説明する．

8.6.1 仕事，仮想変位，仮想仕事

図 8.6 (a) のように，大きさ f の力を受けている物体がその力の方向に r だけ変位したとき，力は物体に対して

$$W = fr \tag{8.36}$$

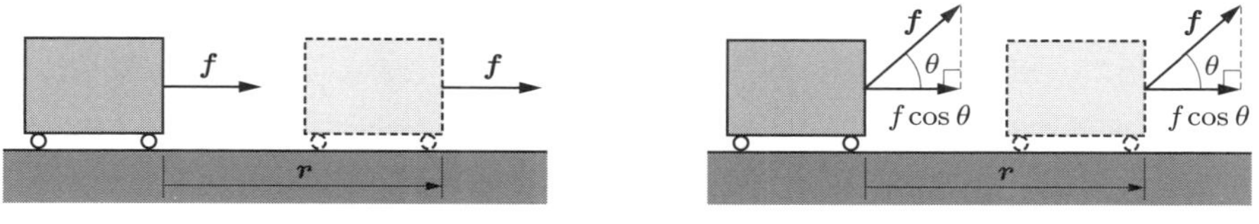

（a）力の方向＝変位の方向　（b）力の方向≠変位の方向

図 8.6　仕事

だけの**仕事** (work) をしたという．図 8.6 (b) のように，力と変位の方向が角度 θ だけ異なる場合，物体を r だけ変位させる力の成分は $f\cos\theta$ であるので，仕事は

$$W = fr\cos\theta \tag{8.37}$$

のようになる．式 (8.36)，(8.37) より，力と変位をそれぞれベクトル $\boldsymbol{f}$ と $\boldsymbol{r}$ で表すとき，仕事は次のように両者の内積によって表すことができる．

$$W = \boldsymbol{f}\cdot\boldsymbol{r} = \boldsymbol{f}^T\boldsymbol{r} \tag{8.38}$$

力と変位が直交する方向であるとき，仕事は 0 になる．

次に，実際の変位 $\boldsymbol{r}$ ではなく，物体が動きうる方向の任意の微小な変位を考え，これを $\delta\boldsymbol{r}$ と表して**仮想変位** (virtual displacement) とよぶ．作用する力 $\boldsymbol{f}$ がこの仮想変位 $\delta\boldsymbol{r}$ によってなす仕事を**仮想仕事** (virtual work) とよぶ．すなわち，仮想仕事は

$$\delta W = \boldsymbol{f}\cdot\delta\boldsymbol{r} = \boldsymbol{f}^T\delta\boldsymbol{r} \tag{8.39}$$

のように定義される．仮想変位 $\delta\boldsymbol{r}$ は，実際に動かすのではなく，わずかに動かしてみたとすればどのようになるかを仮想するということである．したがって，この仮想変位 $\delta\boldsymbol{r}$ によって物体に作用する力 $\boldsymbol{f}$ は変化しない．また，物体が拘束を受けている場合は，その拘束条件を常に満たすように仮想変位を考えるものとする．物体が動いている場合，仮想変位は各瞬間瞬間において時間を止めて考える．したがって，位置ベクトル $\boldsymbol{r}$ が一般化座標 $\boldsymbol{q}$ と時間 t の関数 $\boldsymbol{r} = \boldsymbol{r}(\boldsymbol{q}, t)$ であるとすると，速度ベクトル $\dot{\boldsymbol{r}}$ や微小時間 dt 内に生じる実際の変位 $d\boldsymbol{r}$ は

$$\dot{\boldsymbol{r}} = \frac{d\boldsymbol{r}}{dt} = \frac{\partial\boldsymbol{r}}{\partial\boldsymbol{q}}\frac{d\boldsymbol{q}}{dt} + \frac{\partial\boldsymbol{r}}{\partial t} \tag{8.40}$$

$$d\boldsymbol{r} = \frac{\partial\boldsymbol{r}}{\partial\boldsymbol{q}}d\boldsymbol{q} + \frac{\partial\boldsymbol{r}}{\partial t}dt = \dot{\boldsymbol{r}}dt \tag{8.41}$$

と表されるが，仮想変位 $\delta\boldsymbol{r}$ は時間を止めて考えるため

$$\delta\boldsymbol{r} = \frac{\partial\boldsymbol{r}}{\partial\boldsymbol{q}}\delta\boldsymbol{q} \tag{8.42}$$

となり，$\dot{\boldsymbol{r}}$ や $d\boldsymbol{r}$ とは異なる．ここで，$\delta\boldsymbol{q}$ は一般化座標 $\boldsymbol{q}$ の仮想変位である．

8.6.2 仮想仕事の原理

次に，複数の力がつり合って平衡状態にある系の仮想仕事について考える．ここでは例として，図 8.7 (a) のような一つの質点に大きさが同じ三つの外力 $\boldsymbol{f}_1^e$, $\boldsymbol{f}_2^e$, $\boldsymbol{f}_3^e$ が 120° の角度で作用してつり合っている場合を考える．このとき，次式が成り立つ．

$$\boldsymbol{f}_1^e + \boldsymbol{f}_2^e + \boldsymbol{f}_3^e = \boldsymbol{0} \tag{8.43}$$

拘束がない場合，仮想変位 $\delta\boldsymbol{r}$ は図 8.7 (b) に示すように任意の方向をとりうるが，式 (8.43) が成り立つため，当然それらの合力がなす仮想仕事は 0 になる．

$$\delta W = (\boldsymbol{f}_1^e + \boldsymbol{f}_2^e + \boldsymbol{f}_3^e)^T\delta\boldsymbol{r} = 0 \tag{8.44}$$

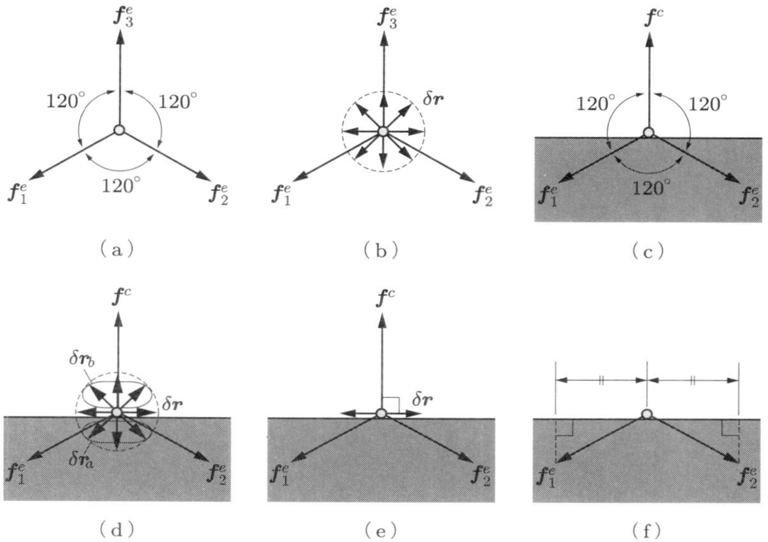

図 8.7 仮想仕事の原理

逆に仮想仕事が 0 であるとき，上式が任意の仮想変位 $\delta \boldsymbol{r}$ に対して成り立つためには式 (8.43) が成立する必要がある．すなわち，次の二つの命題は，一方が他方の必要十分条件になっている．

「系が静的につり合っている」$\Longleftrightarrow$「仮想仕事が 0」

このことは，複数の力がつり合っていて静的平衡状態にある系に一般的に成り立ち，**仮想仕事の原理** (principle of virtual work) とよばれている．

さらに，外力だけでなく拘束力も作用して静的平衡状態にある系の仮想仕事について考える．例として，図 8.7 (c) のように外力 $\boldsymbol{f}_1^e$ と $\boldsymbol{f}_2^e$ が 120° の角度で作用して質点を床に押し付け，その反力として拘束力である垂直抗力 $\boldsymbol{f}^c$ が作用し，それら三つの力がつり合っている場合を考える．このとき，次式が成り立つ．

$$\boldsymbol{f}_1^e + \boldsymbol{f}_2^e + \boldsymbol{f}^c = \boldsymbol{0} \tag{8.45}$$

上式が成り立つため，図 8.7 (b) と同様に，図 8.7 (d) のように任意の仮想変位 $\delta \boldsymbol{r}$ に対して仮想仕事が 0 になる．

$$\delta W = (\boldsymbol{f}_1^e + \boldsymbol{f}_2^e + \boldsymbol{f}^c)^T \delta \boldsymbol{r} = 0 \tag{8.46}$$

ただし，図 8.7 (d) の $\delta \boldsymbol{r}_a$ のように下方を向く仮想変位は床にめり込んでしまうため無意味であり，また，質点が外力 $\boldsymbol{f}_1^e$ と $\boldsymbol{f}_2^e$ によって床に押し付けられ，その反力として垂直抗力 $\boldsymbol{f}^c$ が作用している状況下で $\delta \boldsymbol{r}_b$ のように上方を向く仮想変位を考えるのも不自然である．そのため，図 8.7 (e) のように，実際に動かせる方向である床に沿った方向のみの仮想変位を考える．このように系が拘束を受ける場合，仮想変位はその拘束条件を常に満たすようにとる．このとき，拘束力 $\boldsymbol{f}^c$ に対して仮想変位 $\delta\boldsymbol{r}$ は垂直であるので，拘束力がする仮想仕事は 0 になる．

$$(\boldsymbol{f}^c)^T\delta\boldsymbol{r} = 0 \tag{8.47}$$

このように，拘束条件を満たす仮想変位に対して拘束力が仮想仕事をしないような拘束を**滑らかな拘束**とよぶ．式 (8.46) に式 (8.47) を代入することにより，

$$\delta W = (\boldsymbol{f}_1^e + \boldsymbol{f}_2^e)^T\delta\boldsymbol{r} = 0 \tag{8.48}$$

を得る．上式は図 8.7 (f) に示すように，外力 $\boldsymbol{f}_1^e$ と $\boldsymbol{f}_2^e$ の床面に沿った成分が等しいことを意味する．このように滑らかな拘束を含む系が静的につり合っているための条件は，外力による仮想仕事が 0 であることである．力のつり合いの式 (8.45) では拘束力 $\boldsymbol{f}^c$ が含まれているのに対し，仮想仕事の式 (8.48) には拘束力が現れないことに注意する．そのため，仮想仕事の原理を用いることで，拘束力を考慮することなく静的平衡状態を直接求めることができるため，非常に有力な方法である．

8.6.3　質点系への適用

N 個の質点からなる質点系の場合について考える．ある質点系が外力 $\boldsymbol{f}_i^e$ と拘束力 $\boldsymbol{f}_i^c$ を受けて静的平衡状態にあるとする．このとき，次式が成り立つ．

$$\boldsymbol{f}_i^e + \boldsymbol{f}_i^c = \boldsymbol{0} \quad (i = 1, \ldots, N) \tag{8.49}$$

この静的なつり合い状態での各質点の位置ベクトルを $\boldsymbol{r}_1, \ldots, \boldsymbol{r}_N$ とし，この位置からの仮想変位 $\delta\boldsymbol{r}_1, \ldots, \delta\boldsymbol{r}_N$ を考える．このとき各質点に作用する力がなす仮想仕事は，次式のように表せる．

$$\delta W_i = (\boldsymbol{f}_i^e + \boldsymbol{f}_i^c)^T\delta\boldsymbol{r}_i = 0 \quad (i = 1, \ldots, N) \tag{8.50}$$

ここで，外力による仮想仕事 δW_i^{ext} と拘束力による仮想仕事 δW_i^{con} を

$$\delta W_i^{ext} = (\boldsymbol{f}_i^e)^T\delta\boldsymbol{r}_i \tag{8.51}$$

$$\delta W_i^{con} = (\boldsymbol{f}_i^c)^T\delta\boldsymbol{r}_i \tag{8.52}$$

と定義すると，式 (8.50) は次式のように書きなおせる．

$$\delta W_i = \delta W_i^{ext} + \delta W_i^{con} = 0 \quad (i = 1, \ldots, N) \tag{8.53}$$

全質点について総和をとると，次式のようになる．

$$\sum_{i=1}^{N}\delta W_i = \sum_{i=1}^{N}\delta W_i^{ext} + \sum_{i=1}^{N}\delta W_i^{con} = 0 \tag{8.54}$$

ここで，拘束が滑らかであるとすると次式が成り立つ．

$$\sum_{i=1}^{N}\delta W_i^{con} = \sum_{i=1}^{N}(\boldsymbol{f}_i^c)^T\delta\boldsymbol{r}_i = 0 \tag{8.55}$$

上式において，個々の δW_i^{cos} は 0 とならない場合もあるが，系全体の総和は 0 になる．式 (8.55) を式 (8.54) に代入すると，次式を得る．

$$\sum_{i=1}^{N} \delta W_i^{ext} = \sum_{i=1}^{N} (\boldsymbol{f}_i^e)^T \delta \boldsymbol{r}_i = 0 \tag{8.56}$$

上式は，「質点系が静的につり合っているための条件は，外力による仮想仕事が 0 であること」を意味しており，仮想仕事の原理は質点系についても成り立つ．

各質点の位置 $\boldsymbol{r}_i$ が，次のように一般化座標 $\boldsymbol{q}$ の関数として与えられるとする．

$$\boldsymbol{r}_i = \boldsymbol{r}_i(\boldsymbol{q}) \quad (i = 1, \ldots, N) \tag{8.57}$$

このとき，質点 i の仮想変位 $\delta \boldsymbol{r}_i$ は次式のように表せる．

$$\delta \boldsymbol{r}_i = \frac{\partial \boldsymbol{r}_i}{\partial \boldsymbol{q}} \delta \boldsymbol{q} \tag{8.58}$$

式 (8.58) を式 (8.56) に代入して整理すると，次のようになる．

$$\sum_{i=1}^{N} \delta W_i^{ext} = \left\{ \sum_{i=1}^{N} (\boldsymbol{f}_i^e)^T \frac{\partial \boldsymbol{r}_i}{\partial \boldsymbol{q}} \right\} \delta \boldsymbol{q} = (\boldsymbol{Q}^e)^T \delta \boldsymbol{q} = 0 \tag{8.59}$$

ここで，$\boldsymbol{Q}^e$ は次のように定義される，一般化座標 $\boldsymbol{q}$ に対応する一般化外力である．

$$\boldsymbol{Q}^e = \sum_{i=1}^{N} \left(\frac{\partial \boldsymbol{r}_i}{\partial \boldsymbol{q}} \right)^T \boldsymbol{f}_i^e \tag{8.60}$$

式 (8.59) が任意の $\delta \boldsymbol{q}$ に対して成り立つことから，次式が得られる．

$$\boldsymbol{Q}^e = \boldsymbol{0} \tag{8.61}$$

例題 8.1 図 8.8 のように，二つの質点 i, j が棒によって結合されて平面上に静止している．棒は伸び縮みしないと仮定すると，二つの質点の相対運動は拘束され，棒が両端の質点に及ぼす軸力は拘束力となる．この拘束が滑らかな拘束であることを確認せよ．

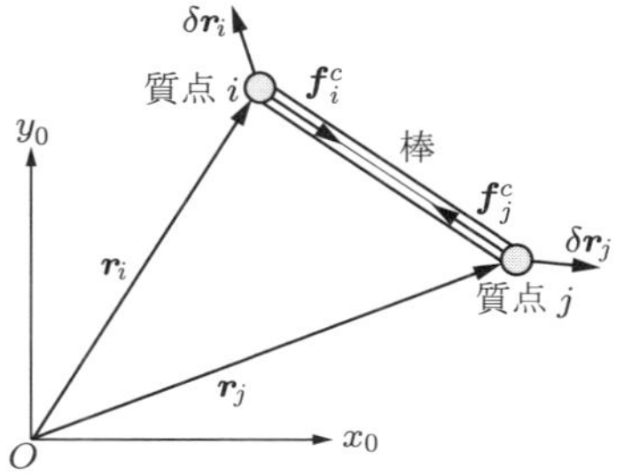

図 8.8 棒によって結合された二つの質点

解 二つの質点の位置ベクトルを $\boldsymbol{r}_i$ および $\boldsymbol{r}_j$ とすると，棒によって 2 点間の距離が不変となる条件は次式のように表すことができる．

$$(\boldsymbol{r}_i - \boldsymbol{r}_j)^T (\boldsymbol{r}_i - \boldsymbol{r}_j) = c_1 \tag{8.62}$$

ここで，c_1 は定数である．上式を時間で微分すると，次式のようになる．

$$2(\boldsymbol{r}_i - \boldsymbol{r}_j)^T(\dot{\boldsymbol{r}}_i - \dot{\boldsymbol{r}}_j) = 0 \tag{8.63}$$

上式より，二つの質点が式 (8.62) の拘束を満たしながら運動する場合，仮想変位 $\delta\boldsymbol{r}_i$ と $\delta\boldsymbol{r}_j$ は，次式を満たす必要があることがわかる．

$$(\boldsymbol{r}_i - \boldsymbol{r}_j)^T(\delta\boldsymbol{r}_i - \delta\boldsymbol{r}_j) = 0 \tag{8.64}$$

質点 i に作用する軸力 $\boldsymbol{f}_i^c$ は，作用線が軸方向であるので次式のように表せる．

$$\boldsymbol{f}_i^c = c_2(\boldsymbol{r}_i - \boldsymbol{r}_j) \tag{8.65}$$

ここで，c_2 は定数である．質点 j に作用する軸力を $\boldsymbol{f}_j^c$ とすると，作用・反作用の法則より $\boldsymbol{f}_j^c = -\boldsymbol{f}_i^c$ であるので，これらの拘束力による仮想仕事は次式のように表せる．

$$\delta W^{con} = (\boldsymbol{f}_i^c)^T\delta\boldsymbol{r}_i + (\boldsymbol{f}_j^c)^T\delta\boldsymbol{r}_j = (\boldsymbol{f}_i^c)^T\delta\boldsymbol{r}_i - (\boldsymbol{f}_i^c)^T\delta\boldsymbol{r}_j = (\boldsymbol{f}_i^c)^T(\delta\boldsymbol{r}_i - \delta\boldsymbol{r}_j) \tag{8.66}$$

上式に式 (8.65) を代入し，式 (8.64) を考慮すると次式が成り立つことがわかる．

$$\delta W^{con} = c_2(\boldsymbol{r}_i - \boldsymbol{r}_j)^T(\delta\boldsymbol{r}_i - \delta\boldsymbol{r}_j) = 0 \tag{8.67}$$

したがって，この拘束は滑らかな拘束である．個々の仮想仕事 $\delta W_i^{con} = (\boldsymbol{f}_i^c)^T\delta\boldsymbol{r}_i$，$\delta W_j^{con} = (\boldsymbol{f}_j^c)^T\delta\boldsymbol{r}_j$ は 0 とならないが，それらの和は 0 となっている．

8.6.4　剛体への適用

本項では，剛体の場合について考える．ある剛体に作用する外力の総和を $\boldsymbol{f}^e$，拘束力の総和を $\boldsymbol{f}^c$，外モーメントの総和を τ^e，拘束モーメントの総和を τ^c とする．剛体が静的平衡状態にあるとすると，次式が成り立つ．

$$\boldsymbol{f}^e + \boldsymbol{f}^c = \boldsymbol{0} \tag{8.68}$$

$$\tau^e + \tau^c = 0 \tag{8.69}$$

この静的なつり合い状態での剛体の重心の位置ベクトルを $\boldsymbol{R}$，回転角を ϕ とし，この位置・姿勢からの仮想変位 $\delta\boldsymbol{R}$ および仮想角変位 $\delta\phi$ を考えると，仮想仕事は次式のように表せる．

$$\delta W = (\boldsymbol{f}^e + \boldsymbol{f}^c)^T\delta\boldsymbol{R} + (\tau^e + \tau^c)\delta\phi = 0 \tag{8.70}$$

ここで，外力による仮想仕事 δW^{ext} と拘束力による仮想仕事 δW^{con} を

$$\delta W^{ext} = (\boldsymbol{f}^e)^T\delta\boldsymbol{R} + \tau^e\delta\phi \tag{8.71}$$

$$\delta W^{con} = (\boldsymbol{f}^c)^T\delta\boldsymbol{R} + \tau^c\delta\phi \tag{8.72}$$

と定義すると，式 (8.70) は次式のように書きなおせる．

$$\delta W = \delta W^{ext} + \delta W^{con} = 0 \tag{8.73}$$

ここで，拘束が滑らかであるとすると次式が成り立つ．

$$\delta W^{con} = (\boldsymbol{f}^c)^T\delta\boldsymbol{R} + (\tau^c)\delta\phi = 0 \tag{8.74}$$

式 (8.74) を式 (8.73) に代入すると次式を得る.

$$\delta W^{ext} = (\boldsymbol{f}^e)^T \delta \boldsymbol{R} + (\tau^e)\delta\phi = 0 \tag{8.75}$$

上式は,「剛体が静的につり合っているための条件は, 外力および外モーメントによる仮想仕事が 0 であること」を意味しており, 仮想仕事の原理は剛体に対しても成り立つ.

ここで, $\boldsymbol{R}$ と ϕ を系の独立な一般化座標 $\boldsymbol{q}$ を用いて次のように表す.

$$\boldsymbol{R} = \boldsymbol{R}(\boldsymbol{q}) \tag{8.76}$$

$$\phi = \phi(\boldsymbol{q}) \tag{8.77}$$

これらの仮想変位は次のように計算することができる.

$$\delta \boldsymbol{R} = \frac{\partial \boldsymbol{R}}{\partial \boldsymbol{q}} \delta \boldsymbol{q} \tag{8.78}$$

$$\delta \phi = \frac{\partial \phi}{\partial \boldsymbol{q}} \delta \boldsymbol{q} \tag{8.79}$$

式 (8.78) と式 (8.79) を式 (8.75) に代入すると, 次のようになる.

$$\delta W^{ext} = \left\{ (\boldsymbol{f}^e)^T \frac{\partial \boldsymbol{R}}{\partial \boldsymbol{q}} + (\tau^e) \frac{\partial \phi}{\partial \boldsymbol{q}} \right\} \delta \boldsymbol{q} = (\boldsymbol{Q}^e)^T \delta \boldsymbol{q} = 0 \tag{8.80}$$

ここで, $\boldsymbol{Q}^e$ は次のように定義される, 一般化座標 $\boldsymbol{q}$ に対応する一般化外力である.

$$\boldsymbol{Q}^e = \left(\frac{\partial \boldsymbol{R}}{\partial \boldsymbol{q}} \right)^T \boldsymbol{f}^e + \left(\frac{\partial \phi}{\partial \boldsymbol{q}} \right)^T \tau^e \tag{8.81}$$

式 (8.80) が任意の $\delta \boldsymbol{q}$ に対して成り立つことから, 次式が得られる.

$$\boldsymbol{Q}^e = \boldsymbol{0} \tag{8.82}$$

例題 8.2 図 8.9 のように質量 m, 長さ $2l$ の一様でまっすぐな棒が一端を滑らかな鉛直壁に接し, 壁から a の距離にある滑らかな水平釘にかけられている. このとき, 棒の平衡位置 ϕ を仮想仕事の原理を用いて求めよ.

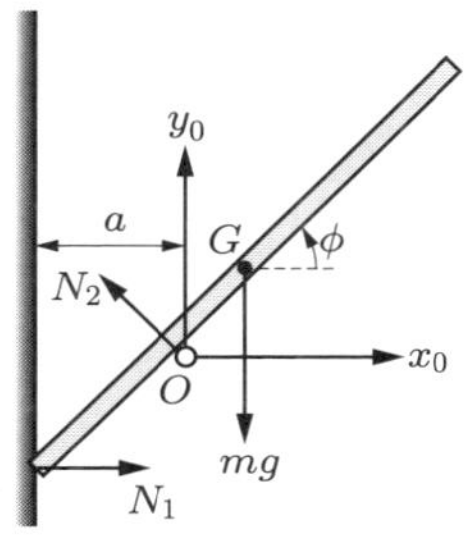

図 8.9 壁に立てかけた棒

解 一般化座標を $q = \phi$ とすると, 幾何学的な関係から, 絶対座標系の原点 O から重心 G までの位置ベクトルは, ϕ の関数として次式のように表せる.

$$\boldsymbol{R} = \begin{bmatrix} l\cos\phi - a \\ l\sin\phi - a\tan\phi \end{bmatrix} \tag{8.83}$$

式 (8.78) より $\boldsymbol{R}$ の仮想変位を求めると，次のようになる．

$$\delta\boldsymbol{R} = \frac{\partial \boldsymbol{R}}{\partial \phi}\delta\phi = \begin{bmatrix} -l\sin\phi \\ l\cos\phi - a/\cos^2\phi \end{bmatrix}\delta\phi \tag{8.84}$$

外力は重力のみであり，重力は重心まわりにトルクを生じさせないので次のようになる．

$$\boldsymbol{f}^e = \begin{bmatrix} 0 \\ -mg \end{bmatrix}, \quad \tau^e = 0 \tag{8.85}$$

壁および釘からの抗力 N_1, N_2 は接触点の仮想変位に対して垂直であり，仮想仕事をしない．したがって，系がつり合うためには，仮想仕事の原理より，外力のみの仮想仕事が 0 になる必要がある．

$$\begin{aligned} \delta W^{ext} &= (\boldsymbol{f}^e)^T\delta\boldsymbol{R} + (\tau^e)\delta\phi \\ &= [0 \quad -mg]\begin{bmatrix} -l\sin\phi \\ l\cos\phi - a/\cos^2\phi \end{bmatrix}\delta\phi + 0\delta\phi \\ &= -mg\left(l\cos\phi - \frac{a}{\cos^2\phi}\right)\delta\phi = 0 \end{aligned} \tag{8.86}$$

上式が任意の $\delta\phi$ について成り立つためには

$$l\cos\phi - \frac{a}{\cos^2\phi} = 0 \tag{8.87}$$

でなければならない．これより平衡位置が次のように求められる．

$$\phi = \cos^{-1}\left(\sqrt[3]{\frac{a}{l}}\right) \tag{8.88}$$

8.7 ダランベールの原理

仮想仕事の原理は，力がつり合って平衡状態にある系に対して成り立つものであるが，ダランベールの原理の考え方を利用することによって，動いているものに対しても適用できるようになる．本節では，まずダランベールの原理について説明したあと，それと仮想仕事の原理を組み合わせることで拘束系の運動方程式が効率よく導出できることを示す．

8.7.1 ダランベールの原理

外力は，たとえば重力であれば mg，ばね力であれば kx のように，通常その形が既知であり取り扱いが容易である．一方，拘束力は解析の初期段階では未知の力であり，つり合い方程式や運動方程式を解いてはじめて求められるのに加え，一般にその方向や大きさが系の状態や運動によって変わるため取り扱いが難しい．ダランベールは，拘束を受ける質点系の運動について考察し，拘束力を使わないで運動を表現する原理を見出した．図 8.10 のように，N 個の質点からなる系のある質点 i に外力 $\boldsymbol{f}_i$ が働くとき，もし拘束がなく自由に動けるのであれば，$\boldsymbol{f}_i$ の向きに加速度を生じるはずである．しかし，実際には質点 i は他の質点から拘束を受けるため，自由に動ける場合とは異なる加速度が生じ，力 $\boldsymbol{f}_i^{act}$ が働いたときと同じ結果になったとする．そこで，力 $\boldsymbol{f}_i$ を $\boldsymbol{f}_i^{act}$ と $\boldsymbol{f}_i^{loss}$ に分解すると，質点系の拘束は「力 $\boldsymbol{f}_i^{loss}$ を無効にする働きをもつ」と考えることができる．$\boldsymbol{f}_i^{loss}$ を損失力とよべば，「拘束を受ける質点系において損失力の系はつり合う」と考えることができる．すなわち，次式が成り立つ．

$$\sum_{i=1}^{N} \boldsymbol{f}_i^{loss} = \boldsymbol{0} \tag{8.89}$$

質点 i の質量を m_i，実際に生じる加速度を $\ddot{\boldsymbol{r}}_i$ とすると $\boldsymbol{f}_i^{loss} = \boldsymbol{f}_i + (-\boldsymbol{f}_i^{act}) = \boldsymbol{f}_i + (-m_i\ddot{\boldsymbol{r}}_i)$ であるので，上式は

$$\sum_{i=1}^{N} \{\boldsymbol{f}_i + (-m_i\ddot{\boldsymbol{r}}_i)\} = \boldsymbol{0} \tag{8.90}$$

のように書きなおすことができる．上式には拘束力が含まれていないことに注意する．式 (8.90) は実質的に式 (8.8) と等価であるが，動力学の問題に「つり合う」という考え方を導入した点が重要である．この表現によれば，拘束のない 1 質点の場合は，ニュートンの運動の第 2 法則 $\boldsymbol{f} = m\ddot{\boldsymbol{r}}$ に対して次式のように表される．

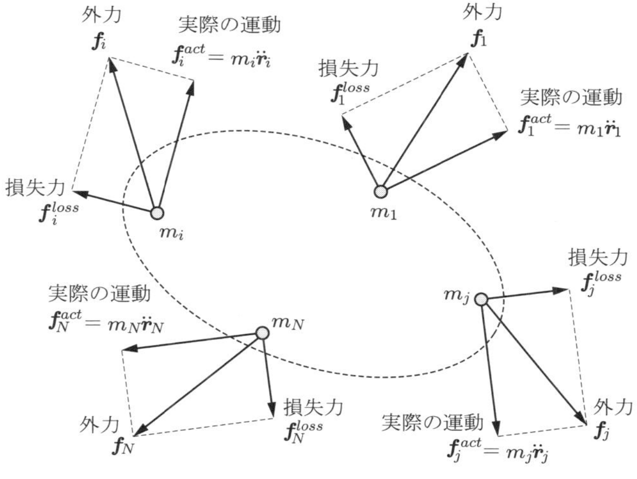

図 8.10 ダランベールの原理

$$\boldsymbol{f} + (-m\ddot{\boldsymbol{r}}) = \boldsymbol{0} \tag{8.91}$$

上式の $-m\ddot{\boldsymbol{r}}$ は実際に作用する力ではないが，これを質点が加速度運動することに基づく見かけの力とみなし，**慣性力** (inertia force) とよぶ．式 (8.91) は，運動中の質点に作用する実際の外力と，見かけの力である慣性力とが常につり合っていると解釈することができる．このように，運動法則を「運動は力と慣性力がつり合うように起こる」と表現する考え方を**ダランベールの原理** (d'Alembert's principle) という．これは，動力学に静力学的表現を与えたもので，仮想仕事の原理の適用を可能とし，動力学に新しい解析的方法が導入されるきっかけとなったものである．

8.7.2 質点系への適用

N 個の質点からなる質点系の運動をダランベールの原理を用いて表現し，仮想仕事の原理を適用することを考える．ある質点 i が外力 $\boldsymbol{f}_i^e$ と拘束力 $\boldsymbol{f}_i^c$ を受けて運動するとき，運動方程式は次式のようになる．

$$m_i\ddot{\boldsymbol{r}}_i = \boldsymbol{f}_i^e + \boldsymbol{f}_i^c \quad (i = 1, \ldots, N) \tag{8.92}$$

ダランベールの原理より，これを次のように書き換えてみる．

$$\boldsymbol{f}_i^e + \boldsymbol{f}_i^c - m_i\ddot{\boldsymbol{r}}_i = \boldsymbol{0} \quad (i = 1, \ldots, N) \tag{8.93}$$

上記のように運動法則が力のつり合いの形に表現されれば，これに仮想仕事の原理を適用できることになる．すなわち，運動は各瞬間瞬間にそれから微小変位 $\delta\boldsymbol{r}$ をさせた運動を仮想するとき，次式が成り立つように起こる．

$$\delta W_i = (\boldsymbol{f}_i^e + \boldsymbol{f}_i^c - m_i\ddot{\boldsymbol{r}}_i)^T\delta\boldsymbol{r}_i = 0 \quad (i = 1, \ldots, N) \tag{8.94}$$

ここで，外力，拘束力，慣性力による仮想仕事をそれぞれ

$$\delta W_i^{ext} = (\boldsymbol{f}_i^e)^T\delta\boldsymbol{r}_i \tag{8.95}$$

$$\delta W_i^{con} = (\boldsymbol{f}_i^c)^T\delta\boldsymbol{r}_i \tag{8.96}$$

$$\delta W_i^{ine} = -m_i\ddot{\boldsymbol{r}}_i^T\delta\boldsymbol{r}_i \tag{8.97}$$

と定義すると，式 (8.94) は次式のように書きなおせる．

$$\delta W_i = \delta W_i^{ext} + \delta W_i^{con} + \delta W_i^{ine} = 0 \quad (i = 1, \ldots, N) \tag{8.98}$$

すべての質点に対して総和をとると，次式のようになる．

$$\sum_{i=1}^{N}\delta W_i = \sum_{i=1}^{N}\delta W_i^{ext} + \sum_{i=1}^{N}\delta W_i^{con} + \sum_{i=1}^{N}\delta W_i^{ine} = 0 \tag{8.99}$$

拘束が滑らかであるとき，次式が成り立つ．

$$\sum_{i=1}^{N}\delta W_i^{con} = \sum_{i=1}^{N}(\boldsymbol{f}_i^c)^T\delta\boldsymbol{r}_i = 0 \tag{8.100}$$

このとき，式 (8.99) は次式のように書きなおせる．

$$\delta W = \sum_{i=1}^{N} \delta W_i = \sum_{i=1}^{N} \delta W_i^{ext} + \sum_{i=1}^{N} \delta W_i^{ine} = 0 \tag{8.101}$$

上式に式 (8.95) と式 (8.97) を代入すると，次式が得られる．

$$\delta W = \sum_{i=1}^{N} (\boldsymbol{f}_i^e - m_i \ddot{\boldsymbol{r}}_i)^T \delta \boldsymbol{r}_i = 0 \tag{8.102}$$

各質点の位置 $\boldsymbol{r}_i$ が，次のように一般化座標 $\boldsymbol{q}$ の関数として与えられるとする．

$$\boldsymbol{r}_i = \boldsymbol{r}_i(\boldsymbol{q}) \quad (i = 1, \ldots, N) \tag{8.103}$$

このとき，質点 i の仮想変位 $\delta \boldsymbol{r}_i$ は次式のように表せる．

$$\delta \boldsymbol{r}_i = \frac{\partial \boldsymbol{r}_i}{\partial \boldsymbol{q}} \delta \boldsymbol{q} \tag{8.104}$$

一方，質点 i の加速度 $\ddot{\boldsymbol{r}}_i$ は次式のように表せる．

$$\ddot{\boldsymbol{r}}_i = \frac{\partial \boldsymbol{r}_i}{\partial \boldsymbol{q}} \ddot{\boldsymbol{q}} + \boldsymbol{a}_i^v, \quad \boldsymbol{a}_i^v = \left(\dot{\overline{\frac{\partial \boldsymbol{r}_i}{\partial \boldsymbol{q}}}} \right) \dot{\boldsymbol{q}} \tag{8.105}$$

式 (8.104) と式 (8.105) を式 (8.102) に代入すると，次式のようになる．

$$\delta W = \sum_{i=1}^{N} \left\{ \boldsymbol{f}_i^e - m_i \left(\frac{\partial \boldsymbol{r}_i}{\partial \boldsymbol{q}} \ddot{\boldsymbol{q}} + \boldsymbol{a}_i^v \right) \right\}^T \frac{\partial \boldsymbol{r}_i}{\partial \boldsymbol{q}} \delta \boldsymbol{q} = 0 \tag{8.106}$$

さらに，

$$\boldsymbol{Q}^e = \sum_{i=1}^{N} \left(\frac{\partial \boldsymbol{r}_i}{\partial \boldsymbol{q}} \right)^T \boldsymbol{f}_i^e \tag{8.107}$$

$$\boldsymbol{M} = \sum_{i=1}^{N} m_i \left(\frac{\partial \boldsymbol{r}_i}{\partial \boldsymbol{q}} \right)^T \left(\frac{\partial \boldsymbol{r}_i}{\partial \boldsymbol{q}} \right) \tag{8.108}$$

$$\boldsymbol{Q}^v = -\sum_{i=1}^{N} m_i \left(\frac{\partial \boldsymbol{r}_i}{\partial \boldsymbol{q}} \right)^T \boldsymbol{a}_i^v \tag{8.109}$$

と定義すると，式 (8.106) は次式のように整理することができる．

$$\delta W = (\boldsymbol{Q}^e - \boldsymbol{M}\ddot{\boldsymbol{q}} + \boldsymbol{Q}^v)^T \delta \boldsymbol{q} = 0 \tag{8.110}$$

ここで，$\boldsymbol{M}$ および $\boldsymbol{Q}^e$ は一般化座標 $\boldsymbol{q}$ に関して表された質量行列および力ベクトルであり，それぞれ，**一般化質量行列** (generalized mass matrix) および**一般化力** (generalized force) とよばれる．上式において，一般化座標 $\boldsymbol{q}$ は独立であり，仮想変位 $\delta \boldsymbol{q}$ は任意の値をとることができるので，以下の運動方程式が得られる．

$$\boldsymbol{M}\ddot{\boldsymbol{q}} = \boldsymbol{Q}^e + \boldsymbol{Q}^v \tag{8.111}$$

例題 8.3 図 8.11 に示す振子の振れ角 ϕ の変化を表す運動方程式を，ダランベールの原理と仮想仕事の原理を用いて導出せよ．ただし，おもりの質量を m，ロープの長さを l とする．

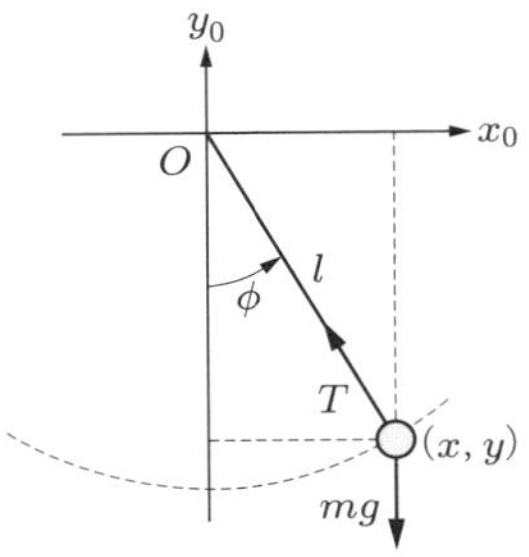

図 8.11 振子

解 一般化座標を $q = \phi$ とすると，絶対座標系の原点 O からみた質点の位置ベクトルは次のように表せる．

$$\boldsymbol{r} = \begin{bmatrix} x \\ y \end{bmatrix} = \begin{bmatrix} l\sin\phi \\ -l\cos\phi \end{bmatrix} \tag{8.112}$$

質点の仮想変位は，式 (8.104) より次のように計算できる．

$$\delta\boldsymbol{r} = \begin{bmatrix} \delta x \\ \delta y \end{bmatrix} = \frac{\partial \boldsymbol{r}}{\partial \phi}\delta\phi = \begin{bmatrix} l\cos\phi \\ l\sin\phi \end{bmatrix}\delta\phi \tag{8.113}$$

一方，質点の加速度ベクトルは，式 (8.105) より以下のように求められる．

$$\ddot{\boldsymbol{r}} = \begin{bmatrix} \ddot{x} \\ \ddot{y} \end{bmatrix} = \frac{\partial \boldsymbol{r}}{\partial \phi}\ddot{\phi} + \boldsymbol{a}^v = \begin{bmatrix} l\cos\phi \\ l\sin\phi \end{bmatrix}\ddot{\phi} + \begin{bmatrix} -l\dot{\phi}^2\sin\phi \\ l\dot{\phi}^2\cos\phi \end{bmatrix} \tag{8.114}$$

系に作用する外力は重力のみであり，次式のように表せる．

$$\boldsymbol{f}^e = \begin{bmatrix} 0 \\ -mg \end{bmatrix} \tag{8.115}$$

拘束力である張力 T は質点の移動方向に対して常に垂直であり，仮想仕事をしないので，ダランベールの原理および仮想仕事の原理より次式が成り立つ必要がある．

$$\begin{aligned} \delta W &= (\boldsymbol{f}^e - m\ddot{\boldsymbol{r}})^T\delta\boldsymbol{r} \\ &= [-m\ddot{x} \quad -mg - m\ddot{y}]\begin{bmatrix} \delta x \\ \delta y \end{bmatrix} \\ &= [-m(l\ddot{\phi}\cos\phi - l\dot{\phi}^2\sin\phi) \quad -mg - m(l\ddot{\phi}\sin\phi + l\dot{\phi}^2\cos\phi)]\begin{bmatrix} l\cos\phi \\ l\sin\phi \end{bmatrix}\delta\phi \\ &= (-ml^2\ddot{\phi} - mgl\sin\phi)\delta\phi = 0 \end{aligned} \tag{8.116}$$

上式が任意の $\delta\phi$ について成り立つためには

$$-ml^2\ddot{\phi} - mgl\sin\phi = 0 \tag{8.117}$$

でなければならない．これより，運動方程式が次のように求められる．

$$\ddot{\phi} + \frac{g}{l}\sin\phi = 0 \tag{8.118}$$

8.7.3 剛体への適用

剛体の運動をダランベールの原理によって表し，仮想仕事の原理を適用することを考える．剛体の重心の位置ベクトルを $\boldsymbol{R}$，回転角を ϕ，作用する外力を $\boldsymbol{f}^e$，外トルクを τ^e，拘束力を $\boldsymbol{f}^c$，拘束トルクを τ^c とする．このとき，重心の並進運動および回転運動の運動方程式は，式 (8.18) と式 (8.32) より次のように書ける．

$$m\ddot{\boldsymbol{R}} = \boldsymbol{f}^e + \boldsymbol{f}^c \tag{8.119}$$

$$I\ddot{\phi} = \tau^e + \tau^c \tag{8.120}$$

ダランベールの原理より，上式は次のように書きなおすことができる．

$$\boldsymbol{f}^e + \boldsymbol{f}^c - m\ddot{\boldsymbol{R}} = \boldsymbol{0} \tag{8.121}$$

$$\tau^e + \tau^c - I\ddot{\phi} = 0 \tag{8.122}$$

上記のように運動法則が力とトルクのつり合いの形に表現されれば，これに仮想仕事の原理を適用できることになる．すなわち，運動は各瞬間瞬間に仮想変位 $\delta\boldsymbol{R}$ と仮想角変位 $\delta\phi$ に対して仮想仕事が 0 になるように生じる．

$$\delta W = (\boldsymbol{f}^e + \boldsymbol{f}^c - m\ddot{\boldsymbol{R}})^T\delta\boldsymbol{R} + (\tau^e + \tau^c - I\ddot{\phi})\delta\phi = 0 \tag{8.123}$$

ここで，外力，拘束力，慣性力による仮想仕事をそれぞれ

$$\delta W^{ext} = (\boldsymbol{f}^e)^T\delta\boldsymbol{R} + \tau^e\delta\phi \tag{8.124}$$

$$\delta W^{con} = (\boldsymbol{f}^c)^T\delta\boldsymbol{R} + \tau^c\delta\phi \tag{8.125}$$

$$\delta W^{ine} = -m\ddot{\boldsymbol{R}}^T\delta\boldsymbol{R} - I\ddot{\phi}\delta\phi \tag{8.126}$$

と定義すると，式 (8.123) は次式のように書きなおせる．

$$\delta W = \delta W^{ext} + \delta W^{con} + \delta W^{ine} \tag{8.127}$$

拘束が滑らかであるとき次式が成り立つ．

$$\delta W^{con} = 0 \tag{8.128}$$

このとき，式 (8.127) は次式のように書きなおせる．

$$\delta W = \delta W^{ext} + \delta W^{ine} = (\boldsymbol{f}^e - m\ddot{\boldsymbol{R}})^T\delta\boldsymbol{R} + (\tau^e - I\ddot{\phi})\delta\phi = 0 \tag{8.129}$$

ここで，$\boldsymbol{R}$ と ϕ を系の独立な一般化座標 $\boldsymbol{q}$ を用いて次のように表す．

$$\boldsymbol{R} = \boldsymbol{R}(\boldsymbol{q}) \tag{8.130}$$

$$\phi = \phi(\boldsymbol{q}) \tag{8.131}$$

これらの仮想変位は，次式のように求めることができる．

$$\delta\boldsymbol{R} = \frac{\partial\boldsymbol{R}}{\partial\boldsymbol{q}}\delta\boldsymbol{q} \tag{8.132}$$

$$\delta\phi = \frac{\partial\phi}{\partial\boldsymbol{q}}\delta\boldsymbol{q} \tag{8.133}$$

一方，加速度は次式のように表すことができる．

$$\ddot{\boldsymbol{R}} = \frac{\partial \boldsymbol{R}}{\partial \boldsymbol{q}}\ddot{\boldsymbol{q}} + \boldsymbol{a}^v_{\boldsymbol{R}}, \quad \boldsymbol{a}^v_{\boldsymbol{R}} = \left(\dot{\overline{\frac{\partial \boldsymbol{R}}{\partial \boldsymbol{q}}}}\right)\dot{\boldsymbol{q}} \tag{8.134}$$

$$\ddot{\phi} = \frac{\partial \phi}{\partial \boldsymbol{q}}\delta\boldsymbol{q} + a^v_{\phi}, \quad a^v_{\phi} = \left(\dot{\overline{\frac{\partial \phi}{\partial \boldsymbol{q}}}}\right)\dot{\boldsymbol{q}} \tag{8.135}$$

式 (8.132)～(8.135) を式 (8.129) に代入すると，次のようになる．

$$\delta W = \left\{\boldsymbol{f}^e - m\left(\frac{\partial \boldsymbol{R}}{\partial \boldsymbol{q}}\ddot{\boldsymbol{q}} + \boldsymbol{a}^v_{\boldsymbol{R}}\right)\right\}^T \frac{\partial \boldsymbol{R}}{\partial \boldsymbol{q}}\delta\boldsymbol{q} + \left\{\tau^e - I\left(\frac{\partial \phi}{\partial \boldsymbol{q}}\ddot{\boldsymbol{q}} + a^v_{\phi}\right)\right\}^T \frac{\partial \phi}{\partial \boldsymbol{q}}\delta\boldsymbol{q}$$
$$= 0 \tag{8.136}$$

さらに，

$$\boldsymbol{Q}^e = \left(\frac{\partial \boldsymbol{R}}{\partial \boldsymbol{q}}\right)^T \boldsymbol{f}^e + \left(\frac{\partial \phi}{\partial \boldsymbol{q}}\right)^T \tau^e \tag{8.137}$$

$$\boldsymbol{M} = m\left(\frac{\partial \boldsymbol{R}}{\partial \boldsymbol{q}}\right)^T \left(\frac{\partial \boldsymbol{R}}{\partial \boldsymbol{q}}\right) + I\left(\frac{\partial \phi}{\partial \boldsymbol{q}}\right)^T \left(\frac{\partial \phi}{\partial \boldsymbol{q}}\right) \tag{8.138}$$

$$\boldsymbol{Q}^v = -m\left(\frac{\partial \boldsymbol{R}}{\partial \boldsymbol{q}}\right)^T \boldsymbol{a}^v_{\boldsymbol{R}} - I\left(\frac{\partial \phi}{\partial \boldsymbol{q}}\right)^T a^v_{\phi} \tag{8.139}$$

と定義すると，式 (8.136) は次式のように整理することができる．

$$\delta W = (\boldsymbol{Q}^e - \boldsymbol{M}\ddot{\boldsymbol{q}} + \boldsymbol{Q}^v)^T \delta\boldsymbol{q} = 0 \tag{8.140}$$

上式において，一般化座標 $\boldsymbol{q}$ は独立であり，仮想変位 $\delta\boldsymbol{q}$ は任意の値をとることができるので，以下の運動方程式が得られる．

$$\boldsymbol{M}\ddot{\boldsymbol{q}} = \boldsymbol{Q}^e + \boldsymbol{Q}^v \tag{8.141}$$

演習問題

8.1　図 8.12 のように，滑らかな半径 a の半球殻に質量 m，長さ $2l$ の一様な棒が立てかけてあるときの，棒の平衡位置を仮想仕事の原理を用いて求めよ．

8.2　図 8.13 のように，半径 a，質量 m，重心まわりの慣性モーメント I のヨーヨーに質量のない糸が巻かれ，天井から吊り下げられている．このヨーヨーが回転しながら落下するときの落下加速度を，ダランベールの原理と仮想仕事の原理を用いて求めよ．

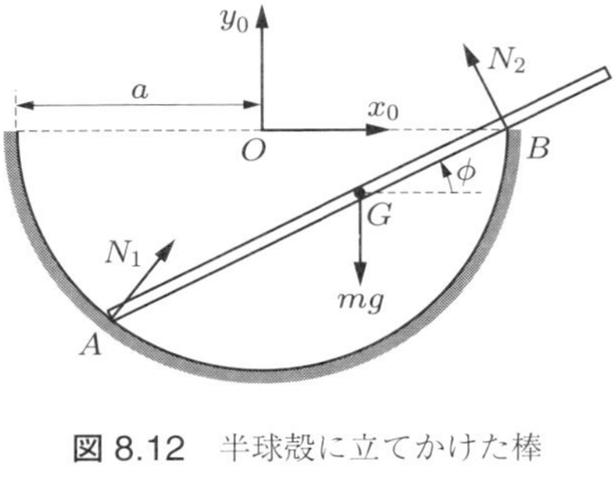

図 8.12　半球殻に立てかけた棒

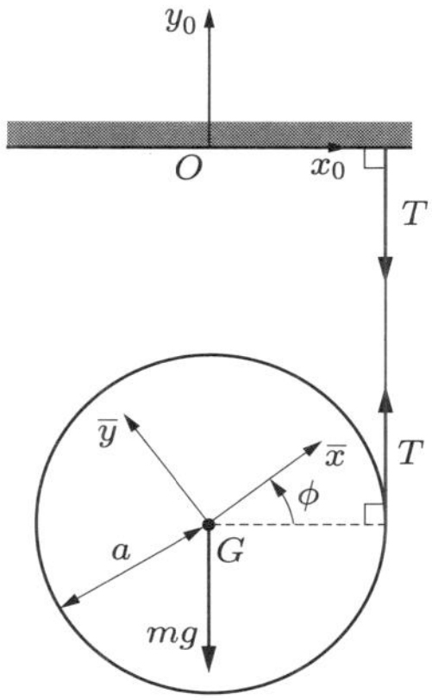

図 8.13　ヨーヨー

[力学物語 4]　ニュートンとプリンキピア

ニュートン以前，ガリレオによってすでに落体の法則や慣性の法則が発見されていた．また，ケプラーによってティコ・ブラーエの膨大な観測結果から惑星の軌道に関する 3 法則が見出されていた．これら先人の業績を集大成し，古典力学の基礎を築いたのがニュートンであり，その金字塔といわれるのが『プリンキピア』である．同書の原文はラテン語で書かれており，構成は「序文」,「定義」,「公理」, 第 1 編「(真空中の) 物体の運動」, 第 2 編「(抵抗のある媒質中での) 物体の運動」, 第 3 編「世界体系」となっている．まず「定義」では質量，運動量，力などが定義され，続く「公理」ではいわゆる運動の 3 法則が提示されている．第 1 編ではケプラーの法則の証明ほか，惑星運動のさまざまな力学問題が扱われる．第 2 編では，抵抗と速度の関係を種々仮定したときの媒質中の運動，振動，波動，流体の円運動などが述べられている．第 3 編では宇宙の数学的なしくみを扱っており，天体の運動も地上物体の運動も，万有引力の法則によって統一的に説明できることが示されている．

プリンキピアはコペルニクスの地動説の数学的な証明になっており，また同書によって「自然現象を数学によって記述し，これを解いて現象を説明する」という新しい研究方法が確立された．つまり，プリンキピアは近代の自然観の出発点であり，かつ近代科学の出発点でもある．しかし，プリンキピアは当時研究が進み始めていた微積分はいっさい用いられておらず，全編，幾何学的図形とその極限操作によって説明されているため難解であり，いわゆる「運動方程式」も同書には現れない．このような難解な「ニュートンの力学」が，いまのわれわれにも理解できるような形に書き換えられ,「ニュートン力学」となったのは，オイラー，ダランベール，ラグランジュといったヨーロッパ大陸 18 世紀の学者たちの貢献による．それにはニュートン以後，さらに 100 年の歳月が必要であった．

第9章 マルチボディシステムの運動方程式

本章では，まず剛体に力や力のモーメントが作用するときに，それらに対応する一般化力を仮想仕事を用いて求める方法について説明する．その後，さまざまなタイプの外力に対応する一般化力を計算するとともに，拘束力に対応する一般化力の構造や性質についても説明する．さらに，拘束を受ける剛体の一般的な運動方程式を導出し，多数の剛体の運動方程式を拘束を考慮して組み合わせることで，マルチボディシステムの一般的な運動方程式を定式化する．

9.1 一般化力

図 1.4 のように，マルチボディシステムでは，複数のボディがジョイントや力要素を介して複雑に連成している．本節では，ジョイントや力要素によりボディに力や力のモーメント（トルク）が作用するときに，それらによる一般化座標 $\boldsymbol{q}$ に対応した一般化力を，仮想仕事を用いて求める方法について説明する．

図 9.1 に示すように，ボディ i 上の点 P に外部から力 $\boldsymbol{f}_i$ が作用し，かつ点 P のまわりにトルク τ_i が作用する場合を考える．平面問題の場合，ある点にトルク τ_i が作用するとき，ボディ上の任意点まわりのトルクも τ_i となる．第 3 章で説明したように，ボディ i の運動は次の一般化座標によって一義的に記述できる．

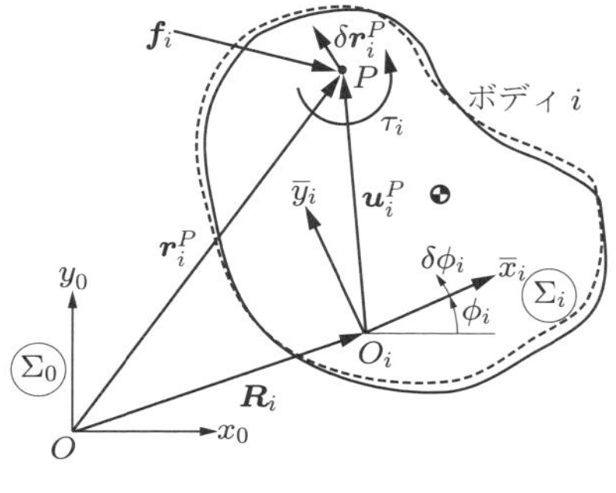

図 9.1 仮想仕事と一般化力

$$\boldsymbol{q}_i = \begin{bmatrix} \boldsymbol{R}_i \\ \phi_i \end{bmatrix} \tag{9.1}$$

ボディ上の任意点 P の位置ベクトルは，次式のように表すことができる．

$$\boldsymbol{r}_i^P = \boldsymbol{R}_i + \boldsymbol{A}_i \overline{\boldsymbol{u}}_i^P \tag{9.2}$$

ここで，$\overline{\boldsymbol{u}}_i^P$ はボディ i 座標系の原点 O_i から点 P までの位置ベクトル $\boldsymbol{u}_i^P$ をボディ i 座標系で成分表示したベクトル，$\boldsymbol{A}_i$ は次のように定義される回転行列である．

$$\boldsymbol{A}_i = \begin{bmatrix} \cos\phi_i & -\sin\phi_i \\ \sin\phi_i & \cos\phi_i \end{bmatrix} \tag{9.3}$$

点 P の仮想変位 $\delta\boldsymbol{r}_i^P$ は次のように表せる．

$$\delta\boldsymbol{r}_i^P = \delta\boldsymbol{R}_i + \delta(\boldsymbol{A}_i \overline{\boldsymbol{u}}_i^P) \tag{9.4}$$

上式において，$\boldsymbol{A}_i \overline{\boldsymbol{u}}_i^P$ は ϕ_i のみに依存するので次式のように書くことができる．

$$\delta\boldsymbol{r}_i^P = \delta\boldsymbol{R}_i + (\boldsymbol{A}_i)_\phi \overline{\boldsymbol{u}}_i^P \delta\phi_i \tag{9.5}$$

ここで，

$$(\boldsymbol{A}_i)_\phi = \frac{\partial \boldsymbol{A}_i}{\partial \phi_i} = \begin{bmatrix} -\sin\phi_i & -\cos\phi_i \\ \cos\phi_i & -\sin\phi_i \end{bmatrix} = \boldsymbol{A}_i \boldsymbol{V} \tag{9.6}$$

であるので，式 (9.5) は次式のように表せる．

$$\delta\boldsymbol{r}_i^P = \delta\boldsymbol{R}_i + \boldsymbol{A}_i \boldsymbol{V} \overline{\boldsymbol{u}}_i^P \delta\phi_i \tag{9.7}$$

上式はさらに，次のようにまとめることができる．

$$\delta\boldsymbol{r}_i^P = [\boldsymbol{E} \quad \boldsymbol{A}_i \boldsymbol{V} \overline{\boldsymbol{u}}_i^P] \begin{bmatrix} \delta\boldsymbol{R}_i \\ \delta\phi_i \end{bmatrix} = \boldsymbol{L}_i \delta\boldsymbol{q}_i \tag{9.8}$$

ここで，$\delta\boldsymbol{q}_i = [\delta\boldsymbol{R}_i^T \quad \delta\phi_i]^T$ は一般化座標 $\boldsymbol{q}_i$ の仮想変位であり，$\boldsymbol{L}_i$ は

$$\boldsymbol{L}_i = [\boldsymbol{E} \quad \boldsymbol{A}_i \boldsymbol{V} \overline{\boldsymbol{u}}_i^P] \tag{9.9}$$

のように定義される 2×3 次元行列である．

力による仮想仕事は，力ベクトルと力が作用する点の仮想変位との内積によって定義される．一方，力のモーメントによる仮想仕事は，力のモーメントとボディの仮想角変位との積によって定義される．したがって，全仮想仕事は次のようになる．

$$\delta W_i = \boldsymbol{f}_i^T \delta\boldsymbol{r}_i^P + \tau_i \delta\phi_i \tag{9.10}$$

式 (9.7) を式 (9.10) に代入して整理すると，次式のようになる．

$$\begin{aligned} \delta W_i &= \boldsymbol{f}_i^T (\delta\boldsymbol{R}_i + \boldsymbol{A}_i \boldsymbol{V} \overline{\boldsymbol{u}}_i^P \delta\phi_i) + \tau_i \delta\phi_i \\ &= \boldsymbol{f}_i^T \delta\boldsymbol{R}_i + (\boldsymbol{f}_i^T \boldsymbol{A}_i \boldsymbol{V} \overline{\boldsymbol{u}}_i^P + \tau_i) \delta\phi_i \\ &= (\boldsymbol{Q}_i^R)^T \delta\boldsymbol{R}_i + Q_i^\phi \delta\phi_i = \boldsymbol{Q}_i^T \delta\boldsymbol{q}_i \end{aligned} \tag{9.11}$$

ここで，

$$\boldsymbol{Q}_i = \begin{bmatrix} \boldsymbol{Q}_i^R \\ Q_i^\phi \end{bmatrix} = \begin{bmatrix} \boldsymbol{f}_i \\ (\boldsymbol{A}_i \boldsymbol{V} \overline{\boldsymbol{u}}_i^P)^T \boldsymbol{f}_i + \tau_i \end{bmatrix} = \begin{bmatrix} \boldsymbol{E} & \boldsymbol{0} \\ (\boldsymbol{A}_i \boldsymbol{V} \overline{\boldsymbol{u}}_i^P)^T & 1 \end{bmatrix} \begin{bmatrix} \boldsymbol{f}_i \\ \tau_i \end{bmatrix} \tag{9.12}$$

は一般化座標 $\boldsymbol{q}_i$ に対応する**一般化力** (generalized forces) とよばれる．$\boldsymbol{Q}_i^R$ は並進座標 $\boldsymbol{R}_i$ に対応する一般化力，Q_i^ϕ は回転座標 ϕ_i に対応する一般化力である．以上のように，仮想仕事の計算から，一般化座標に対応する一般化力を求めることができる．

9.2 一般化外力

機械システムには，重力やばね，ダンパ，アクチュエータなどによる力およびトルクが作用する．マルチボディダイナミクスでは，力やトルクを発生するこれらの要素を**力要素** (force element) とよぶ．力要素によりボディ i に作用する外力 $\boldsymbol{f}_i^e$ および外トルク τ_i^e に対応する**一般化外力**（generalized external forces）を $\boldsymbol{Q}_i^e$ とすると，$\boldsymbol{Q}_i^e$ は，9.1 節で説明したように，それらがなす仮想仕事 δW^{ext} を計算することで求められる．

$$\delta W_i^{ext} = (\boldsymbol{f}_i^e)^T \delta \boldsymbol{r}_i^P + \tau_i^e \delta \phi_i = (\boldsymbol{Q}_i^e)^T \delta \boldsymbol{q}_i \tag{9.13}$$

さまざまな力要素に対応する一般化外力 $\boldsymbol{Q}_i^e$ を事前に求めてライブラリ化しておくことで，マルチボディシステムの運動方程式を構築する際に，各力要素による外力をシステマティックに追加できるようになる．本節では，主要な力要素の一般化外力を求める．

9.2.1 重　力

ボディに働く重力の合力の作用点が重心であるので，重心 G にボディ i の全質量 m_i が集中したとして重力を計算すればよい．すなわち，重力加速度を g とすると，図 9.2 に示すように絶対座標系の y 軸の負の向きに $m_i g$ が作用するので，重力は次のように表せる．

$$\boldsymbol{f}_i^e = \begin{bmatrix} 0 \\ -m_i g \end{bmatrix} \tag{9.14}$$

絶対座標系の原点 O からみた重心 G の位置ベクトルは，次のように表せる．

$$\boldsymbol{r}_i^G = \boldsymbol{R}_i + \boldsymbol{A}_i \overline{\boldsymbol{u}}_i^G \tag{9.15}$$

ここで，$\overline{\boldsymbol{u}}_i^G = [\overline{x}_i^G \;\; \overline{y}_i^G]^T$ は，ボディ i 座標系の原点 O_i からみた重心 G の位置ベクトル $\boldsymbol{u}_i^G$ を，ボディ i 座標系で成分表示したものである．重力による仮想仕事は

$$\delta W_i^{ext} = (\boldsymbol{f}_i^e)^T \delta \boldsymbol{r}_i^G = (\boldsymbol{Q}_i^e)^T \delta \boldsymbol{q}_i \tag{9.16}$$

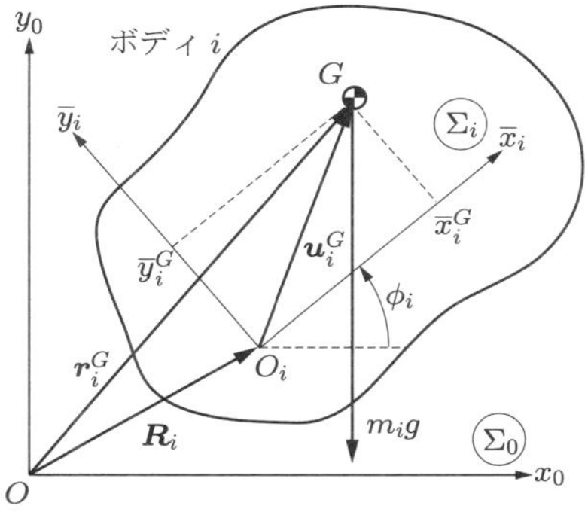

図 9.2　重力

のようになり，これより重力に対応する一般化外力が次のように求められる．

$$\boldsymbol{Q}_i^e = \begin{bmatrix} \boldsymbol{Q}_i^R \\ Q_i^\phi \end{bmatrix} = \begin{bmatrix} \boldsymbol{f}_i^e \\ (\boldsymbol{A}_i \boldsymbol{V} \overline{\boldsymbol{u}}_i^G)^T \boldsymbol{f}_i^e \end{bmatrix} = \begin{bmatrix} 0 \\ -m_i g \\ -m_i g(\overline{x}_i^G \cos\phi_i - \overline{y}_i^G \sin\phi_i) \end{bmatrix} \tag{9.17}$$

特に，ボディ i 座標系の原点 O_i を重心 G に設置する場合は $\overline{\boldsymbol{u}}_i^G = [\overline{x}_i^G \;\; \overline{y}_i^G]^T = \boldsymbol{0}$ となるので，次式のように簡略化される．

$$\boldsymbol{Q}_i^e = \begin{bmatrix} 0 \\ -m_i g \\ 0 \end{bmatrix} \tag{9.18}$$

9.2.2　並進ばね，ダンパ，アクチュエータ

図 9.3 に示すように，二つのボディ i と j が並進ばね，ダンパ，およびアクチュエータによって結合される場合について考える．ばね定数を k，減衰係数を c，アクチュエータの駆動力を f_a とする．この力要素はボディ i 上の点 P_i とボディ j 上の点 P_j の間に接続されるとする．ばね，ダンパ，アクチュエータによる力は，それぞれ点 P_i と点 P_j を結ぶ線に沿った方向に作用し，それらの合力は次式のように表せる．

$$f_s = -k(l - l_0) - c\dot{l} + f_a \tag{9.19}$$

ここで，l は現在のばねの長さ，l_0 はばねの自然長，$\dot{l}$ は l の時間微分であり，二つのボディを引き離す方向の力を正と定義している．

点 P_j から点 P_i へのベクトルを絶対座標系で表すと，次のようになる．

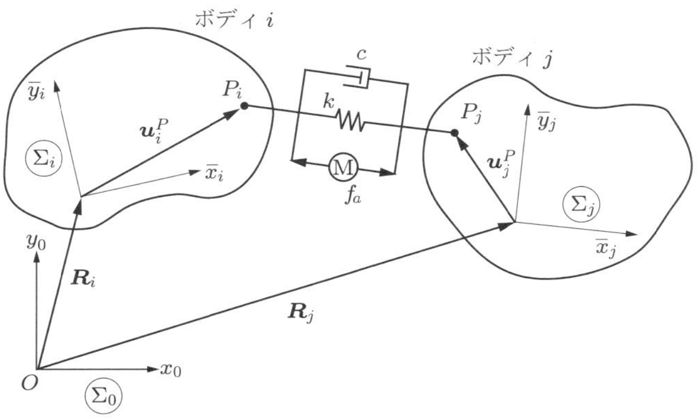

図 9.3　並進ばね，ダンパ，アクチュエータ

$$\boldsymbol{d}_{ij} = \boldsymbol{r}_i^P - \boldsymbol{r}_j^P = \boldsymbol{R}_i + \boldsymbol{A}_i \overline{\boldsymbol{u}}_i^P - \boldsymbol{R}_j - \boldsymbol{A}_j \overline{\boldsymbol{u}}_j^P \tag{9.20}$$

上式で定義される $\boldsymbol{d}_{ij}$ を用いて，現在のばねの長さは次のように計算できる．

$$l = |\boldsymbol{d}_{ij}| = (\boldsymbol{d}_{ij}^T \boldsymbol{d}_{ij})^{1/2} \tag{9.21}$$

また，速度 $\dot{l}$ は，上式を時間で微分することにより次式のように求められる．

$$\dot{l} = \frac{\partial l}{\partial \boldsymbol{q}} \dot{\boldsymbol{q}} = (\boldsymbol{d}_{ij}^T \boldsymbol{d}_{ij})^{-1/2} \boldsymbol{d}_{ij}^T \frac{\partial \boldsymbol{d}_{ij}}{\partial \boldsymbol{q}} \dot{\boldsymbol{q}} = \frac{\boldsymbol{d}_{ij}^T}{l} \frac{\partial \boldsymbol{d}_{ij}}{\partial \boldsymbol{q}} \dot{\boldsymbol{q}} \tag{9.22}$$

一方，長さ l の仮想変位は次式のように表せる．

$$\delta l = \frac{\partial l}{\partial \boldsymbol{q}} \delta \boldsymbol{q} = (\boldsymbol{d}_{ij}^T \boldsymbol{d}_{ij})^{-1/2} \boldsymbol{d}_{ij}^T \frac{\partial \boldsymbol{d}_{ij}}{\partial \boldsymbol{q}} \delta \boldsymbol{q} = \frac{\boldsymbol{d}_{ij}^T}{l} \frac{\partial \boldsymbol{d}_{ij}}{\partial \boldsymbol{q}} \delta \boldsymbol{q} \tag{9.23}$$

ここで，$\boldsymbol{q}$ はボディ i とボディ j の座標をまとめた次のようなベクトルである．

$$\boldsymbol{q} = [\boldsymbol{q}_i^T \quad \boldsymbol{q}_j^T]^T = [\boldsymbol{R}_i^T \quad \phi_i \quad \boldsymbol{R}_j^T \quad \phi_j]^T \tag{9.24}$$

式 (9.23) を $\boldsymbol{q}_i$ と $\boldsymbol{q}_j$ に分けて記述すると，次のようになる．

$$\delta l = \frac{\boldsymbol{d}_{ij}^T}{l} \begin{bmatrix} \dfrac{\partial \boldsymbol{d}_{ij}}{\partial \boldsymbol{q}_i} & \dfrac{\partial \boldsymbol{d}_{ij}}{\partial \boldsymbol{q}_j} \end{bmatrix} \begin{bmatrix} \delta \boldsymbol{q}_i \\ \delta \boldsymbol{q}_j \end{bmatrix} \tag{9.25}$$

ここで，$\partial \boldsymbol{d}_{ij}/\partial \boldsymbol{q}_i$ および $\partial \boldsymbol{d}_{ij}/\partial \boldsymbol{q}_j$ は次のような行列である．

$$\frac{\partial \boldsymbol{d}_{ij}}{\partial \boldsymbol{q}_i} = [\boldsymbol{E} \quad \boldsymbol{A}_i \boldsymbol{V} \overline{\boldsymbol{u}}_i^P] = \boldsymbol{L}_i \tag{9.26}$$

$$\frac{\partial \boldsymbol{d}_{ij}}{\partial \boldsymbol{q}_j} = -[\boldsymbol{E} \quad \boldsymbol{A}_j \boldsymbol{V} \overline{\boldsymbol{u}}_j^P] = -\boldsymbol{L}_j \tag{9.27}$$

　式 (9.19) の力による仮想仕事は次式のように計算できる．

$$\delta W^{ext} = f_s \delta l \tag{9.28}$$

式 (9.28) に式 (9.25) を代入すると，次のようになる．

$$\delta W^{ext} = f_s \frac{\boldsymbol{d}_{ij}^T}{l} \begin{bmatrix} \dfrac{\partial \boldsymbol{d}_{ij}}{\partial \boldsymbol{q}_i} & \dfrac{\partial \boldsymbol{d}_{ij}}{\partial \boldsymbol{q}_j} \end{bmatrix} \begin{bmatrix} \delta \boldsymbol{q}_i \\ \delta \boldsymbol{q}_j \end{bmatrix} = \boldsymbol{Q}_i^T \delta \boldsymbol{q}_i + \boldsymbol{Q}_j^T \delta \boldsymbol{q}_j \tag{9.29}$$

これより，ボディ i とボディ j の一般化座標 $\boldsymbol{q}_i, \boldsymbol{q}_j$ に対応する一般化外力はそれぞれ

$$\boldsymbol{Q}_i^e = \begin{bmatrix} \boldsymbol{Q}_i^R \\ Q_i^\phi \end{bmatrix} = f_s \left(\frac{\partial \boldsymbol{d}_{ij}}{\partial \boldsymbol{q}_i} \right)^T \frac{\boldsymbol{d}_{ij}}{l} = f_s \begin{bmatrix} \boldsymbol{E} \\ (\boldsymbol{A}_i \boldsymbol{V} \overline{\boldsymbol{u}}_i^P)^T \end{bmatrix} \frac{\boldsymbol{d}_{ij}}{l} = \boldsymbol{L}_i^T \boldsymbol{f}^e \tag{9.30}$$

$$\boldsymbol{Q}_j^e = \begin{bmatrix} \boldsymbol{Q}_j^R \\ Q_j^\phi \end{bmatrix} = f_s \left(\frac{\partial \boldsymbol{d}_{ij}}{\partial \boldsymbol{q}_j} \right)^T \frac{\boldsymbol{d}_{ij}}{l} = -f_s \begin{bmatrix} \boldsymbol{E} \\ (\boldsymbol{A}_j \boldsymbol{V} \overline{\boldsymbol{u}}_j^P)^T \end{bmatrix} \frac{\boldsymbol{d}_{ij}}{l} = -\boldsymbol{L}_j^T \boldsymbol{f}^e \tag{9.31}$$

のように求められる．ただし，$\boldsymbol{f}^e = f_s \boldsymbol{d}_{ij}/l$ はボディ間に働く外力ベクトルである．

9.2.3 回転ばね，ダンパ，アクチュエータ

図 9.4 に示すように，二つのボディ i と j が点 P において回転ジョイントによって結合され，さらに回転ばね，ダンパ，およびアクチュエータが付加される場合について考える．ばね定数を k_r，減衰係数を c_r，アクチュエータの駆動トルクを τ_a とする．この力要素による合モーメントは次式のように表せる．

$$\tau_s = -k_r(\theta - \theta_0) - c_r\dot{\theta} + \tau_a \tag{9.32}$$

ここで，θ_0 はボディ i と j の初期相対角度，θ は次のような相対角変位である．

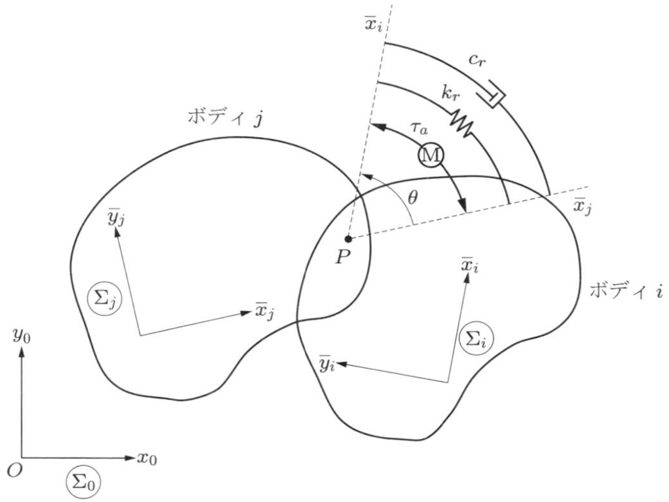

図 9.4 回転ばね，ダンパ，アクチュエータ

$$\theta = \phi_i - \phi_j \tag{9.33}$$

上式を微分することにより，相対角速度 $\dot{\theta}$ は次式のように求められる．

$$\dot{\theta} = \dot{\phi}_i - \dot{\phi}_j \tag{9.34}$$

また，相対角変位 θ の仮想角変位は次のようになる．

$$\delta\theta = \delta\phi_i - \delta\phi_j \tag{9.35}$$

式 (9.32) のモーメントによる仮想仕事は次式のように表せる．

$$\delta W^{ext} = \tau_s \delta\theta \tag{9.36}$$

式 (9.36) に式 (9.32) と式 (9.35) を代入すると，次式のようになる．

$$\delta W^{ext} = \{-k_r(\theta - \theta_0) - c_r\dot{\theta} + \tau_a\}(\delta\phi_i - \delta\phi_j) = Q_i^{\phi}\delta\phi_i + Q_j^{\phi}\delta\phi_j \tag{9.37}$$

これより，ボディ i とボディ j の一般化座標 $\boldsymbol{q}_i, \boldsymbol{q}_j$ に対応する一般化外力はそれぞれ

$$\boldsymbol{Q}_i^e = \begin{bmatrix} \boldsymbol{Q}_i^R \\ Q_i^{\phi} \end{bmatrix} = \begin{bmatrix} \boldsymbol{0} \\ -k_r(\theta - \theta_0) - c_r\dot{\theta} + \tau_a \end{bmatrix} \tag{9.38}$$

$$\boldsymbol{Q}_j^e = \begin{bmatrix} \boldsymbol{Q}_j^R \\ Q_j^{\phi} \end{bmatrix} = -\begin{bmatrix} \boldsymbol{0} \\ -k_r(\theta - \theta_0) - c_r\dot{\theta} + \tau_a \end{bmatrix} \tag{9.39}$$

のように求められる．

9.3　一般化拘束力

マルチボディシステムは複数のボディがジョイントによって結合されており，各ボディはそれらのジョイントから拘束力を受ける．ボディ i の点 P に作用する拘束力 $\boldsymbol{f}_i^c$ および拘束トルク τ_i^c に関する**一般化拘束力** (generalized constraint forces) を $\boldsymbol{Q}_i^c$ とすると，拘束力による仮想仕事 δW_i^{con} は次式のように表すことができる．

$$\delta W_i^{con} = (\boldsymbol{f}_i^c)^T \delta\boldsymbol{r}_i^P + \tau_i^c \delta\phi_i = (\boldsymbol{Q}_i^c)^T \delta\boldsymbol{q}_i \tag{9.40}$$

ただし，拘束力 $\boldsymbol{f}_i^c$ や拘束トルク τ_i^c は，運動を解いてはじめて求められるものであり，一般化拘束力 $\boldsymbol{Q}_i^c$ も運動方程式を構築する段階では未知の力である．

第4章で説明したように，ジョイント等による幾何学的拘束は，一般に

$$\boldsymbol{C}(\boldsymbol{q}) = \boldsymbol{0} \tag{9.41}$$

のような代数方程式で記述される．上式の拘束によってボディ i に加えられる一般化拘束力は，一般に次式のように表される．

$$\boldsymbol{Q}_i^c = -\boldsymbol{C}_{\boldsymbol{q}_i}^T \boldsymbol{\lambda} \tag{9.42}$$

ここで，$\boldsymbol{\lambda}$ は拘束条件式 (9.41) と同じ次元をもつ未知ベクトルであり，**ラグランジュ**

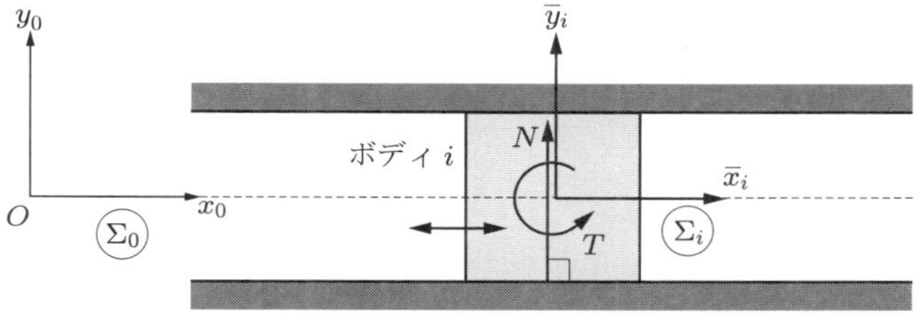

図 9.5 滑らかな溝に沿って動く物体の拘束力

乗数 (Lagrange multipliers) とよばれる．上式の厳密な導出は 9.5 節で行うが，本節の以下では具体的な拘束の例を通して，拘束力が上式の構造になることや，ラグランジュ乗数の物理的な意味，および拘束力による仮想仕事が 0 になる性質についてみていく．

まず，図 9.5 のように滑らかな溝に沿って動くボディ i の運動について考える．図に示すように座標系を設定すると，ボディ i は y 方向の並進運動および回転運動が拘束される．一般化座標を $\boldsymbol{q}_i = [x_i \ \ y_i \ \ \phi_i]^T$ とすると，拘束条件は次式のように表せる．

$$\boldsymbol{C}(\boldsymbol{q}_i) = \begin{bmatrix} y_i \\ \phi_i \end{bmatrix} = \boldsymbol{0} \tag{9.43}$$

上式より，拘束方程式のヤコビ行列は次のように計算できる．

$$\boldsymbol{C}_{\boldsymbol{q}_i} = \begin{bmatrix} 0 & 1 & 0 \\ 0 & 0 & 1 \end{bmatrix} \tag{9.44}$$

ボディ i に作用する拘束力は，壁から受ける y 方向の垂直抗力 N および回転運動を制限する拘束トルク T である．拘束されていない x 軸方向の拘束力は 0 である．したがって，ラグランジュ乗数を $\boldsymbol{\lambda} = [\lambda_1 \ \ \lambda_2]^T$ とすると，この拘束による一般化拘束力は次のように表せる．

$$\boldsymbol{Q}_i^c = \begin{bmatrix} (Q_i^c)^x \\ (Q_i^c)^y \\ (Q_i^c)^\phi \end{bmatrix} = \begin{bmatrix} 0 \\ N \\ T \end{bmatrix} = \begin{bmatrix} 0 & 0 \\ 1 & 0 \\ 0 & 1 \end{bmatrix} \begin{bmatrix} N \\ T \end{bmatrix} = -\boldsymbol{C}_{\boldsymbol{q}_i}^T \boldsymbol{\lambda} \tag{9.45}$$

上式は式 (9.42) の形式となっている．また，ラグランジュ乗数は未知反力（$N = -\lambda_1$）および未知反トルク（$T = -\lambda_2$）を表していることがわかる．

式 (9.43) の拘束条件より，仮想変位は次式を満たす必要がある．

$$\delta \boldsymbol{C} = \begin{bmatrix} \delta y_i \\ \delta \phi_i \end{bmatrix} = \boldsymbol{0} \tag{9.46}$$

よって，式 (9.45) の拘束力による仮想仕事は，次のように 0 になることが確認できる．

$$\delta W^{con} = (\boldsymbol{Q}_i^c)^T \delta \boldsymbol{q}_i = [(Q_i^c)^x \ \ (Q_i^c)^y \ \ (Q_i^c)^\phi] \begin{bmatrix} \delta x_i \\ \delta y_i \\ \delta \phi_i \end{bmatrix} = [0 \ \ N \ \ T] \begin{bmatrix} \delta x_i \\ 0 \\ 0 \end{bmatrix} = 0 \tag{9.47}$$

次に，図 9.6 のように，ボディ i とボディ j が点 P において摩擦のない回転ジョイントによって結合される場合を考える．図に示すように座標系を設定すると，絶対座標系からみたボディ i 上の点 P_i の位置とボディ j 上の点 P_j の位置が常に一致するように拘束される．ボディ i とボディ j の一般化座標をそれぞれ $\boldsymbol{q}_i = [x_i \ \ y_i \ \ \phi_i]^T$, $\boldsymbol{q}_j = [x_j \ \ y_j \ \ \phi_j]^T$ とすると，拘束条件は次式のように表せる．

$$\begin{aligned} \boldsymbol{C}(\boldsymbol{q}_i, \boldsymbol{q}_j) &= \boldsymbol{r}_i^P - \boldsymbol{r}_j^P = \boldsymbol{R}_i + \boldsymbol{A}_i \overline{\boldsymbol{u}}_i^P - \boldsymbol{R}_j - \boldsymbol{A}_j \overline{\boldsymbol{u}}_j^P \\ &= \begin{bmatrix} x_i + s_i \cos\phi_i - x_j + s_j \cos\phi_j \\ y_i + s_i \sin\phi_i - y_j + s_j \sin\phi_j \end{bmatrix} = \boldsymbol{0} \end{aligned} \tag{9.48}$$

上式より，拘束方程式のヤコビ行列は次式のように計算できる．

$$\boldsymbol{C}_{\boldsymbol{q}_i} = \begin{bmatrix} 1 & 0 & -s_i \sin\phi_i \\ 0 & 1 & s_i \cos\phi_i \end{bmatrix} \tag{9.49}$$

$$\boldsymbol{C}_{\boldsymbol{q}_j} = \begin{bmatrix} -1 & 0 & -s_j \sin\phi_j \\ 0 & -1 & s_j \cos\phi_j \end{bmatrix} \tag{9.50}$$

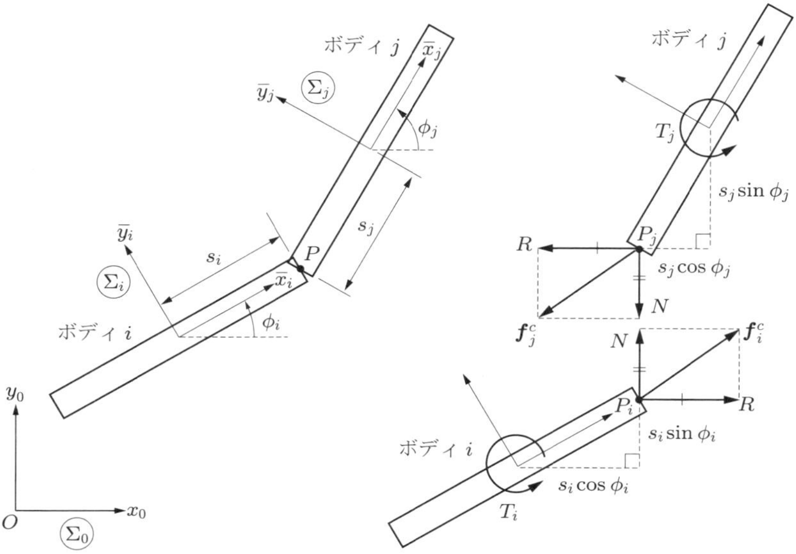

図 9.6　摩擦のない回転ジョイントにおける拘束力

点 P における拘束力の水平方向と垂直方向の成分をそれぞれ R, N とすると，作用・反作用の法則より，拘束力 $\boldsymbol{f}_i^c$ と $\boldsymbol{f}_j^c$ は次式のように表せる．

$$\boldsymbol{f}_i^c = \begin{bmatrix} R \\ N \end{bmatrix}, \quad \boldsymbol{f}_j^c = \begin{bmatrix} -R \\ -N \end{bmatrix} = -\boldsymbol{f}_i^c \tag{9.51}$$

これらの拘束力により，各ボディ座標系の原点まわりにそれぞれ

$$T_i = -Rs_i \sin\phi_i + Ns_i \cos\phi_i \tag{9.52}$$

$$T_j = -Rs_j \sin\phi_j + Ns_j \cos\phi_j \tag{9.53}$$

のようなトルクが作用する．したがって，ラグランジュ乗数を $\boldsymbol{\lambda} = [\lambda_1 \ \ \lambda_2]^T$ とすると，この拘束による一般化拘束力は次のように表せる．

$$\boldsymbol{Q}_i^c = \begin{bmatrix} (Q_i^c)^x \\ (Q_i^c)^y \\ (Q_i^c)^\phi \end{bmatrix} = \begin{bmatrix} R \\ N \\ T_i \end{bmatrix} = \begin{bmatrix} 1 & 0 \\ 0 & 1 \\ -s_i \sin\phi_i & s_i \cos\phi_i \end{bmatrix} \begin{bmatrix} R \\ N \end{bmatrix} = -\boldsymbol{C}_{\boldsymbol{q}_i}^T \boldsymbol{\lambda} \tag{9.54}$$

$$\boldsymbol{Q}_j^c = \begin{bmatrix} (Q_j^c)^x \\ (Q_j^c)^y \\ (Q_j^c)^\phi \end{bmatrix} = \begin{bmatrix} -R \\ -N \\ T_j \end{bmatrix} = \begin{bmatrix} -1 & 0 \\ 0 & -1 \\ -s_j \sin\phi_j & s_j \cos\phi_j \end{bmatrix} \begin{bmatrix} R \\ N \end{bmatrix} = -\boldsymbol{C}_{\boldsymbol{q}_j}^T \boldsymbol{\lambda} \tag{9.55}$$

上式は式 (9.42) の形式となっている．また，ラグランジュ乗数は未知反力（$R = -\lambda_1, N = -\lambda_2$）を表していることがわかる．

式 (9.48) の拘束条件より，仮想変位は次式を満たす必要がある．

$$\delta \boldsymbol{C} = \delta \boldsymbol{r}_i^P - \delta \boldsymbol{r}_j^P = \boldsymbol{0} \tag{9.56}$$

式 (9.51) の拘束力によりなされる仮想仕事は；次式のように計算できる．

$$\delta W_i^{con} = (\boldsymbol{f}_i^c)^T \delta \boldsymbol{r}_i^P, \quad \delta W_j^{con} = (\boldsymbol{f}_j^c)^T \delta \boldsymbol{r}_j^P \tag{9.57}$$

これらは個々には 0 とはならないが，両者の和である全仮想仕事は，$\boldsymbol{f}_j^c = -\boldsymbol{f}_i^c$ および式 (9.56) の関係より，次のように 0 になることが確認できる．

$$\begin{aligned} \delta W^{con} &= \delta W_i^{con} + \delta W_j^{con} = (\boldsymbol{f}_i^c)^T \delta \boldsymbol{r}_i^P + (\boldsymbol{f}_j^c)^T \delta \boldsymbol{r}_j^P \\ &= (\boldsymbol{f}_i^c)^T \delta \boldsymbol{r}_i^P - (\boldsymbol{f}_i^c)^T \delta \boldsymbol{r}_j^P = (\boldsymbol{f}_i^c)^T (\delta \boldsymbol{r}_i^P - \delta \boldsymbol{r}_j^P) = 0 \end{aligned} \tag{9.58}$$

9.4 剛体の一般的な運動方程式

本節では，マルチボディシステムを構成する一つのボディの運動方程式を導出する．8.5 節では，ボディ座標系の原点を重心に一致させた場合の剛体の運動方程式を

導出したが，本節ではより一般的に，それらが一致していない場合について考察する．図 9.7 に示すように，あるボディ i に着目する．ボディ i は力要素から外力を受け，ジョイント拘束により他のボディとの相対的な運動が拘束される．ジョイントによる拘束は，ジョイントを仮想的に切断し，そのかわりにジョイントが存在している場合とまったく同じ運動になるようにジョイント部に拘束力を加えると考える．

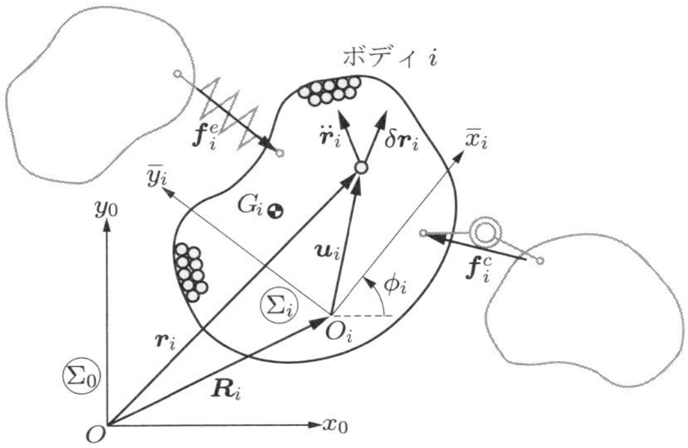

図 9.7　外力と拘束力が作用する剛体ボディ

第 8 章で説明したように，ボディ i の仮想仕事は次式のように表せる．

$$\delta W_i = \delta W_i^{ext} + \delta W_i^{con} + \delta W_i^{ine} = 0 \tag{8.98 再}$$

ここで，δW_i^{ext} は外力による仮想仕事，δW_i^{con} は拘束力による仮想仕事，δW_i^{ine} は慣性力による仮想仕事である．9.2 節および 9.3 節で説明したように，δW_i^{ext} および δW_i^{con} は一般化外力 $\boldsymbol{Q}_i^e$ と一般化拘束力 $\boldsymbol{Q}_i^c$，および一般化座標 $\boldsymbol{q}_i = [\boldsymbol{R}_i^T \ \ \phi_i]^T$ の仮想変位 $\delta\boldsymbol{q}_i$ を用いて次式のように表せる．

$$\delta W_i^{ext} = (\boldsymbol{Q}_i^e)^T \delta\boldsymbol{q}_i \tag{9.59}$$

$$\delta W_i^{con} = (\boldsymbol{Q}_i^c)^T \delta\boldsymbol{q}_i \tag{9.60}$$

そこで，以下では慣性力による仮想仕事 δW_i^{ine} について考える．

図 9.7 に示すように，剛体を微小な体積 dV_i を有するきわめて多くの質量要素に分割する．その各要素の密度を ρ_i とすると，絶対座標系の原点 O からみて $\boldsymbol{r}_i$ の位置にある要素の質量は $\rho_i dV_i$ となるので，その要素の慣性力による仮想仕事 $d(\delta W_i^{ine})$ は

$$d(\delta W_i^{ine}) = \{-(\rho_i dV_i)\ddot{\boldsymbol{r}}_i\}^T \delta\boldsymbol{r}_i \tag{9.61}$$

のようになる．ボディ i 全体の慣性力による仮想仕事は次式のように表せる．

$$\delta W_i^{ine} = \int_{V_i} d(\delta W_i^{ine}) = -\int_{V_i} \rho_i \ddot{\boldsymbol{r}}_i^T \delta\boldsymbol{r}_i dV_i \tag{9.62}$$

ただし，$\int_{V_i}$ はボディ i の全領域にわたる積分を意味している．

ボディ i 上の任意点の位置ベクトル $\boldsymbol{r}_i$ は次式のように表せる．

$$\boldsymbol{r}_i = \boldsymbol{R}_i + \boldsymbol{A}_i\overline{\boldsymbol{u}}_i \tag{9.63}$$

上式を時間で微分すると，次式のようになる．

$$\dot{\boldsymbol{r}}_i = \dot{\boldsymbol{R}}_i + \boldsymbol{A}_i\boldsymbol{V}\overline{\boldsymbol{u}}_i\dot{\phi}_i = [\boldsymbol{E} \quad \boldsymbol{A}_i\boldsymbol{V}\overline{\boldsymbol{u}}_i]\begin{bmatrix}\dot{\boldsymbol{R}}_i \\ \dot{\phi}_i\end{bmatrix} = \boldsymbol{L}_i\dot{\boldsymbol{q}}_i \tag{9.64}$$

ここで，$\dot{\boldsymbol{q}}_i = [\dot{\boldsymbol{R}}_i^T \quad \dot{\phi}_i]^T$ は一般化速度であり，$\boldsymbol{L}_i$ は

$$\boldsymbol{L}_i = [\boldsymbol{E} \quad \boldsymbol{A}_i\boldsymbol{V}\overline{\boldsymbol{u}}_i] \tag{9.65}$$

のように定義される 2×3 次元行列である．式 (9.64) をさらに時間で微分すると

$$\ddot{\boldsymbol{r}}_i = \boldsymbol{L}_i\ddot{\boldsymbol{q}}_i + \dot{\boldsymbol{L}}_i\dot{\boldsymbol{q}}_i = \boldsymbol{L}_i\ddot{\boldsymbol{q}}_i + \boldsymbol{a}_i^v \tag{9.66}$$

のようになる．ただし，$\boldsymbol{a}_i^v$ は次式のように定義される 2 次元ベクトルである．

$$\boldsymbol{a}_i^v = \dot{\boldsymbol{L}}_i\dot{\boldsymbol{q}}_i = [\boldsymbol{0} \quad -\boldsymbol{A}_i\overline{\boldsymbol{u}}_i\dot{\phi}_i]\begin{bmatrix}\dot{\boldsymbol{R}}_i \\ \dot{\phi}_i\end{bmatrix} = -\boldsymbol{A}_i\overline{\boldsymbol{u}}_i(\dot{\phi}_i)^2 \tag{9.67}$$

一方，位置 $\boldsymbol{r}_i$ における仮想変位は次式のように表せる．

$$\delta\boldsymbol{r}_i = \delta\boldsymbol{R}_i + \boldsymbol{A}_i\boldsymbol{V}\overline{\boldsymbol{u}}_i\delta\phi_i = [\boldsymbol{E} \quad \boldsymbol{A}_i\boldsymbol{V}\overline{\boldsymbol{u}}_i]\begin{bmatrix}\delta\boldsymbol{R}_i \\ \delta\phi_i\end{bmatrix} = \boldsymbol{L}_i\delta\boldsymbol{q}_i \tag{9.68}$$

式 (9.66) および式 (9.68) を式 (9.62) に代入し，整理すると次式を得る．

$$\begin{aligned}\delta W_i^{ine} &= -\int_{V_i}\rho_i(\boldsymbol{L}_i\ddot{\boldsymbol{q}}_i + \boldsymbol{a}_i^v)^T\boldsymbol{L}_i\delta\boldsymbol{q}_i dV_i \\ &= -\left\{\left(\int_{V_i}\rho_i\boldsymbol{L}_i^T\boldsymbol{L}_i dV_i\right)\ddot{\boldsymbol{q}}_i + \left(\int_{V_i}\rho_i\boldsymbol{L}_i^T\boldsymbol{a}_i^v dV_i\right)\right\}^T\delta\boldsymbol{q}_i \\ &= (-\boldsymbol{M}_i\ddot{\boldsymbol{q}}_i + \boldsymbol{Q}_i^v)^T\delta\boldsymbol{q}_i\end{aligned} \tag{9.69}$$

ここで，$\boldsymbol{M}_i$ は次式のように定義される行列であり，**一般化質量行列**（generalized mass matrix）とよばれる．

$$\begin{aligned}\boldsymbol{M}_i &= \int_{V_i}\rho_i\boldsymbol{L}_i^T\boldsymbol{L}_i dV_i = \int_{V_i}\rho_i\begin{bmatrix}\boldsymbol{E} \\ (\boldsymbol{A}_i\boldsymbol{V}\overline{\boldsymbol{u}}_i)^T\end{bmatrix}[\boldsymbol{E} \quad \boldsymbol{A}_i\boldsymbol{V}\overline{\boldsymbol{u}}_i]dV_i \\ &= \int_{V_i}\rho_i\begin{bmatrix}\boldsymbol{E} & \boldsymbol{A}_i\boldsymbol{V}\overline{\boldsymbol{u}}_i \\ (\boldsymbol{A}_i\boldsymbol{V}\overline{\boldsymbol{u}}_i)^T & \overline{\boldsymbol{u}}_i^T\boldsymbol{V}^T\boldsymbol{A}_i^T\boldsymbol{A}_i\boldsymbol{V}\overline{\boldsymbol{u}}_i\end{bmatrix}dV_i \equiv \begin{bmatrix}\boldsymbol{M}_i^{RR} & \boldsymbol{M}_i^{R\phi} \\ \boldsymbol{M}_i^{\phi R} & M_i^{\phi\phi}\end{bmatrix}\end{aligned} \tag{9.70}$$

一般化質量行列の各要素は次のように計算できる．

$$\boldsymbol{M}_i^{RR} = \int_{V_i}\rho_i\boldsymbol{E}dV_i = m_i\boldsymbol{E} \tag{9.71}$$

$$\boldsymbol{M}_i^{R\phi} = (\boldsymbol{M}_i^{\phi R})^T = \boldsymbol{A}_i\boldsymbol{V}\int_{V_i}\rho_i\overline{\boldsymbol{u}}_i dV_i \tag{9.72}$$

$$M_i^{\phi\phi} = \int_{V_i}\rho_i\overline{\boldsymbol{u}}_i^T\overline{\boldsymbol{u}}_i dV_i \tag{9.73}$$

ただし，$m_i = \int_{V_i} \rho_i dV_i$ はボディ i の質量である．また，式 (9.73) の計算では $\boldsymbol{A}_i^T \boldsymbol{A}_i = \boldsymbol{E}$, $\boldsymbol{V}^T \boldsymbol{V} = \boldsymbol{E}$ より，次式が成り立つことを用いた．

$$\overline{\boldsymbol{u}}_i^T \boldsymbol{V}^T \boldsymbol{A}_i^T \boldsymbol{A}_i \boldsymbol{V} \overline{\boldsymbol{u}}_i = \overline{\boldsymbol{u}}_i^T \boldsymbol{V}^T \boldsymbol{V} \overline{\boldsymbol{u}}_i = \overline{\boldsymbol{u}}_i^T \overline{\boldsymbol{u}}_i \tag{9.74}$$

一方，$\boldsymbol{Q}_i^v$ は次式のように定義されるベクトルであり，**速度 2 乗慣性力ベクトル**（quadratic velocity vector）とよばれる．

$$\begin{aligned}\boldsymbol{Q}_i^v &= -\int_{V_i} \rho_i \boldsymbol{L}_i^T \boldsymbol{a}_i^v dV_i = -\int_{V_i} \rho_i \begin{bmatrix} \boldsymbol{E} \\ (\boldsymbol{A}_i \boldsymbol{V} \overline{\boldsymbol{u}}_i)^T \end{bmatrix} \{-\boldsymbol{A}_i \overline{\boldsymbol{u}}_i (\dot{\phi}_i)^2\} dV_i \\ &= \int_{V_i} \rho_i \begin{bmatrix} \boldsymbol{A}_i \overline{\boldsymbol{u}}_i (\dot{\phi}_i)^2 \\ \overline{\boldsymbol{u}}_i^T \boldsymbol{A}_i^T \boldsymbol{V}^T \boldsymbol{A}_i \overline{\boldsymbol{u}}_i (\dot{\phi}_i)^2 \end{bmatrix} dV_i \equiv \begin{bmatrix} (\boldsymbol{Q}_i^v)^R \\ (\boldsymbol{Q}_i^v)^\phi \end{bmatrix}\end{aligned} \tag{9.75}$$

速度 2 乗慣性力ベクトルの各要素は次式のように求められる．

$$(\boldsymbol{Q}_i^v)^R = \boldsymbol{A}_i \int_{V_i} \rho_i \overline{\boldsymbol{u}}_i dV_i \cdot (\dot{\phi}_i)^2 \tag{9.76}$$

$$(\boldsymbol{Q}_i^v)^\phi = 0 \tag{9.77}$$

ただし，式 (9.77) の計算においては，$\boldsymbol{V}$ が歪対称行列であるため，式 (2.61) より

$$\overline{\boldsymbol{u}}_i^T \boldsymbol{A}_i^T \boldsymbol{V}^T \boldsymbol{A}_i \overline{\boldsymbol{u}}_i = -\boldsymbol{u}_i^T \boldsymbol{V} \boldsymbol{u}_i = 0 \tag{9.78}$$

が成り立つことを用いた．

式 (8.98) に式 (9.59), (9.60)，および (9.69) を代入すると，次式のようになる．

$$\delta W_i = (\boldsymbol{Q}_i^e + \boldsymbol{Q}_i^c - \boldsymbol{M}_i \ddot{\boldsymbol{q}}_i + \boldsymbol{Q}_i^v)^T \delta \boldsymbol{q}_i = 0 \tag{9.79}$$

上式が任意の $\delta \boldsymbol{q}_i$ について成り立つためには，中辺の括弧の中が $\boldsymbol{0}$ でなければならない．この条件より，ボディ i の一般的な運動方程式が次式のように得られる．

$$\boldsymbol{M}_i \ddot{\boldsymbol{q}}_i = \boldsymbol{Q}_i^e + \boldsymbol{Q}_i^c + \boldsymbol{Q}_i^v \tag{9.80}$$

上式を詳しく書くと，次式のようになる．

$$\begin{bmatrix} \boldsymbol{M}_i^{RR} & \boldsymbol{M}_i^{R\phi} \\ \boldsymbol{M}_i^{\phi R} & M_i^{\phi\phi} \end{bmatrix} \begin{bmatrix} \ddot{\boldsymbol{R}}_i \\ \ddot{\phi}_i \end{bmatrix} = \begin{bmatrix} (\boldsymbol{Q}_i^e)^R \\ (\boldsymbol{Q}_i^e)^\phi \end{bmatrix} + \begin{bmatrix} (\boldsymbol{Q}_i^c)^R \\ (\boldsymbol{Q}_i^c)^\phi \end{bmatrix} + \begin{bmatrix} (\boldsymbol{Q}_i^v)^R \\ 0 \end{bmatrix} \tag{9.81}$$

例題 9.1　ボディ i の質量が m_i，重心 G まわりの慣性モーメントが I_i，ボディ i 座標系の原点 O_i から重心 G までの位置ベクトルが $\boldsymbol{u}_i^G$ であるとき，ボディ i の一般化質量行列 $\boldsymbol{M}_i$ および速度 2 乗慣性力ベクトル $\boldsymbol{Q}_i^v$ を求めよ．また，ボディ i 座標系の原点 O_i を重心 G に一致させるとき，式 (9.81) の運動方程式が式 (8.33) と同じ形になることを確認せよ．

解　図 9.8 に示すように，ボディ i 座標系の原点 O_i からボディ i 上のある質量要素までの位置ベクトル $\boldsymbol{u}_i$ は，O_i から G までの位置ベクトル $\boldsymbol{u}_i^G$ と G から質量要素までの位置ベクトル $\boldsymbol{u}_i'$ の和となっている．この関係をボディ i 座標系で成分表示すると，

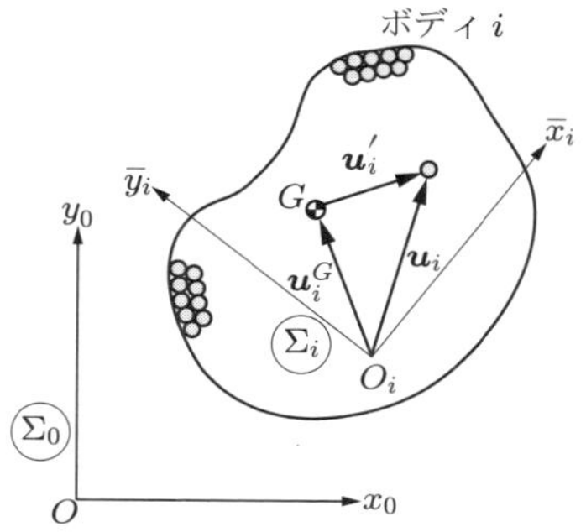

図 9.8 ボディ座標系と重心の関係

$$\overline{\boldsymbol{u}}_i = \overline{\boldsymbol{u}}_i^G + \overline{\boldsymbol{u}}_i' \tag{9.82}$$

のようになる．重心の定義より，$\overline{\boldsymbol{u}}_i^G$ は次式のように計算することができる．

$$\overline{\boldsymbol{u}}_i^G = \int_{V_i} \rho_i \overline{\boldsymbol{u}}_i dV_i \Big/ \int_{V_i} \rho_i dV_i = \frac{1}{m_i} \int_{V_i} \rho_i \overline{\boldsymbol{u}}_i dV_i \tag{9.83}$$

上式の両辺に $m_i = \int_{V_i} \rho_i dV_i$ を乗じ，式 (9.82) を代入すると次式のようになる．

$$m_i \overline{\boldsymbol{u}}_i^G = \int_{V_i} \rho_i (\overline{\boldsymbol{u}}_i^G + \overline{\boldsymbol{u}}_i') dV_i = \underbrace{\left(\int_{V_i} \rho_i dV_i \right)}_{m_i} \overline{\boldsymbol{u}}_i^G + \int_{V_i} \rho_i \overline{\boldsymbol{u}}_i' dV_i \tag{9.84}$$

これより次式が成り立つことがわかる．

$$\int_{V_i} \rho_i \overline{\boldsymbol{u}}_i' dV_i = \boldsymbol{0} \tag{9.85}$$

よって，式 (9.72) と式 (9.73) に式 (9.82) を代入すると，次式のようになる．

$$\begin{aligned} \boldsymbol{M}_i^{R\phi} &= \boldsymbol{A}_i \boldsymbol{V} \int_{V_i} \rho_i \overline{\boldsymbol{u}}_i dV_i = \boldsymbol{A}_i \boldsymbol{V} \int_{V_i} \rho_i (\overline{\boldsymbol{u}}_i^G + \overline{\boldsymbol{u}}_i') dV_i \\ &= \boldsymbol{A}_i \boldsymbol{V} \underbrace{\left(\int_{V_i} \rho_i dV_i \right)}_{m_i} \overline{\boldsymbol{u}}_i^G + \boldsymbol{A}_i \boldsymbol{V} \underbrace{\left(\int_{V_i} \rho_i \overline{\boldsymbol{u}}_i' dV_i \right)}_{\boldsymbol{0}} = m_i \boldsymbol{A}_i \boldsymbol{V} \overline{\boldsymbol{u}}_i^G \end{aligned} \tag{9.86}$$

$$\begin{aligned} M_i^{\phi\phi} &= \int_{V_i} \rho_i \overline{\boldsymbol{u}}_i^T \overline{\boldsymbol{u}}_i dV_i = \int_{V_i} \rho_i (\overline{\boldsymbol{u}}_i^G + \overline{\boldsymbol{u}}_i')^T (\overline{\boldsymbol{u}}_i^G + \overline{\boldsymbol{u}}_i') dV_i \\ &= \underbrace{\left(\int_{V_i} \rho_i dV_i \right)}_{m_i} \overline{\boldsymbol{u}}_i^{GT} \overline{\boldsymbol{u}}_i^G + 2 \overline{\boldsymbol{u}}_i^{GT} \underbrace{\left(\int_{V_i} \rho_i \overline{\boldsymbol{u}}_i' dV_i \right)}_{\boldsymbol{0}} + \underbrace{\left(\int_{V_i} \rho_i \overline{\boldsymbol{u}}_i'^T \overline{\boldsymbol{u}}_i' dV_i \right)}_{I_i} \\ &= I_i + m_i |\overline{\boldsymbol{u}}_i^G|^2 \end{aligned} \tag{9.87}$$

式 (9.87) は，重心まわりの慣性モーメント I_i から距離 $|\overline{\boldsymbol{u}}_i^G|$ だけ離れた O_i まわりの慣性モーメント $M_i^{\phi\phi}$ を求める式となっており，**平行軸の定理** (theorem of parallel axis) とよばれている．これより，一般化質量行列は次式のように求められる．

$$\boldsymbol{M}_i = \begin{bmatrix} \boldsymbol{M}_i^{RR} & \boldsymbol{M}_i^{R\phi} \\ \boldsymbol{M}_i^{\phi R} & M_i^{\phi\phi} \end{bmatrix} = \begin{bmatrix} m_i \boldsymbol{E} & m_i \boldsymbol{A}_i \boldsymbol{V} \overline{\boldsymbol{u}}_i^G \\ \text{Sym.} & I_i + m_i |\overline{\boldsymbol{u}}_i^G|^2 \end{bmatrix} \tag{9.88}$$

ここで，Sym. は対称行列であることを意味する．

一方，式 (9.76) に式 (9.82) を代入すると次式のようになる．

$$\begin{aligned}(\boldsymbol{Q}_i^v)^R &= \boldsymbol{A}_i \int_{V_i} \rho_i \overline{\boldsymbol{u}}_i dV_i \cdot (\dot{\phi}_i)^2 = \boldsymbol{A}_i \int_{V_i} \rho_i (\overline{\boldsymbol{u}}_i^G + \overline{\boldsymbol{u}}_i') dV_i \cdot (\dot{\phi}_i)^2 \\ &= \boldsymbol{A}_i \underbrace{\left(\int_{V_i} \rho_i dV_i \right)}_{m_i} \overline{\boldsymbol{u}}_i^G (\dot{\phi}_i)^2 + \boldsymbol{A}_i \underbrace{\left(\int_{V_i} \rho_i \overline{\boldsymbol{u}}_i' dV_i \right)}_{\boldsymbol{0}} (\dot{\phi}_i)^2 \\ &= m_i \boldsymbol{A}_i \overline{\boldsymbol{u}}_i^G (\dot{\phi}_i)^2 \end{aligned} \tag{9.89}$$

これより，速度 2 乗慣性力ベクトルは次式のように求められる．

$$\boldsymbol{Q}_i^v = \begin{bmatrix} (\boldsymbol{Q}_i^v)^R \\ (\boldsymbol{Q}_i^v)^\phi \end{bmatrix} = \begin{bmatrix} m_i \boldsymbol{A}_i \overline{\boldsymbol{u}}_i^G (\dot{\phi}_i)^2 \\ 0 \end{bmatrix} \tag{9.90}$$

特に，ボディ i 座標系の原点 O_i を重心 G に一致させる場合は $\overline{\boldsymbol{u}}_i^G = \boldsymbol{0}$ となるので，一般化質量行列は対角行列，速度 2 乗慣性力ベクトルは零ベクトルとなり，式 (9.81) の運動方程式は次式のようになる．

$$\begin{bmatrix} m_i \boldsymbol{E} & \boldsymbol{0} \\ \boldsymbol{0} & I_i \end{bmatrix} \begin{bmatrix} \ddot{\boldsymbol{R}}_i \\ \ddot{\phi}_i \end{bmatrix} = \begin{bmatrix} (\boldsymbol{Q}_i^e)^R \\ (\boldsymbol{Q}_i^e)^\phi \end{bmatrix} + \begin{bmatrix} (\boldsymbol{Q}_i^c)^R \\ (\boldsymbol{Q}_i^c)^\phi \end{bmatrix} \tag{9.91}$$

上式は式 (8.33) と同じ形になっている．

9.5　マルチボディシステムの運動方程式

N 個のボディがジョイントや力要素を介して複雑に連成したマルチボディシステムの運動方程式について考える．一つのボディの運動方程式は式 (9.80) の形式になるので，N 個のボディについて並べると次のようになる．

$$\begin{cases} \boldsymbol{M}_1 \ddot{\boldsymbol{q}}_1 = \boldsymbol{Q}_1^e + \boldsymbol{Q}_1^c + \boldsymbol{Q}_1^v \\ \boldsymbol{M}_2 \ddot{\boldsymbol{q}}_2 = \boldsymbol{Q}_2^e + \boldsymbol{Q}_2^c + \boldsymbol{Q}_2^v \\ \boldsymbol{M}_3 \ddot{\boldsymbol{q}}_3 = \boldsymbol{Q}_3^e + \boldsymbol{Q}_3^c + \boldsymbol{Q}_3^v \\ \qquad\qquad \vdots \\ \boldsymbol{M}_N \ddot{\boldsymbol{q}}_N = \boldsymbol{Q}_N^e + \boldsymbol{Q}_N^c + \boldsymbol{Q}_N^v \end{cases} \tag{9.92}$$

全ボディの運動方程式をまとめると，次のように表せる．

$$\begin{bmatrix} \boldsymbol{M}_1 & \boldsymbol{0} & \boldsymbol{0} & \cdots & \boldsymbol{0} \\ \boldsymbol{0} & \boldsymbol{M}_2 & \boldsymbol{0} & \cdots & \boldsymbol{0} \\ \boldsymbol{0} & \boldsymbol{0} & \boldsymbol{M}_3 & \ddots & \vdots \\ \vdots & \vdots & \ddots & \ddots & \boldsymbol{0} \\ \boldsymbol{0} & \boldsymbol{0} & \cdots & \boldsymbol{0} & \boldsymbol{M}_N \end{bmatrix} \begin{bmatrix} \ddot{\boldsymbol{q}}_1 \\ \ddot{\boldsymbol{q}}_2 \\ \ddot{\boldsymbol{q}}_3 \\ \vdots \\ \ddot{\boldsymbol{q}}_N \end{bmatrix} = \begin{bmatrix} \boldsymbol{Q}_1^e \\ \boldsymbol{Q}_2^e \\ \boldsymbol{Q}_3^e \\ \vdots \\ \boldsymbol{Q}_N^e \end{bmatrix} + \begin{bmatrix} \boldsymbol{Q}_1^c \\ \boldsymbol{Q}_2^c \\ \boldsymbol{Q}_3^c \\ \vdots \\ \boldsymbol{Q}_N^c \end{bmatrix} + \begin{bmatrix} \boldsymbol{Q}_1^v \\ \boldsymbol{Q}_2^v \\ \boldsymbol{Q}_3^v \\ \vdots \\ \boldsymbol{Q}_N^v \end{bmatrix} \tag{9.93}$$

以下では，上式を簡潔に次式のように書く．

$$\boldsymbol{M}\ddot{\boldsymbol{q}} = \boldsymbol{Q}^e + \boldsymbol{Q}^c + \boldsymbol{Q}^v \tag{9.94}$$

ただし，各行列およびベクトルは次のように定義している．

$$\boldsymbol{M} = \begin{bmatrix} \boldsymbol{M}_1 & \boldsymbol{0} & \boldsymbol{0} & \cdots & \boldsymbol{0} \\ \boldsymbol{0} & \boldsymbol{M}_2 & \boldsymbol{0} & \cdots & \boldsymbol{0} \\ \boldsymbol{0} & \boldsymbol{0} & \boldsymbol{M}_3 & \ddots & \vdots \\ \vdots & \vdots & \ddots & \ddots & \boldsymbol{0} \\ \boldsymbol{0} & \boldsymbol{0} & \cdots & \boldsymbol{0} & \boldsymbol{M}_N \end{bmatrix} \tag{9.95}$$

$$\boldsymbol{q} = [\boldsymbol{q}_1^T \quad \boldsymbol{q}_2^T \quad \boldsymbol{q}_3^T \quad \cdots \quad \boldsymbol{q}_N^T]^T \tag{9.96}$$

$$\boldsymbol{Q}^e = [(\boldsymbol{Q}_1^e)^T \quad (\boldsymbol{Q}_2^e)^T \quad (\boldsymbol{Q}_3^e)^T \quad \cdots \quad (\boldsymbol{Q}_N^e)^T]^T \tag{9.97}$$

$$\boldsymbol{Q}^c = [(\boldsymbol{Q}_1^c)^T \quad (\boldsymbol{Q}_2^c)^T \quad (\boldsymbol{Q}_3^c)^T \quad \cdots \quad (\boldsymbol{Q}_N^c)^T]^T \tag{9.98}$$

$$\boldsymbol{Q}^v = [(\boldsymbol{Q}_1^v)^T \quad (\boldsymbol{Q}_2^v)^T \quad (\boldsymbol{Q}_3^v)^T \quad \cdots \quad (\boldsymbol{Q}_N^v)^T]^T \tag{9.99}$$

図 9.9 に示すように，N 個のボディ間に N_m 個のジョイントが存在し，各ジョイントによる拘束条件が次のように表されるとする．

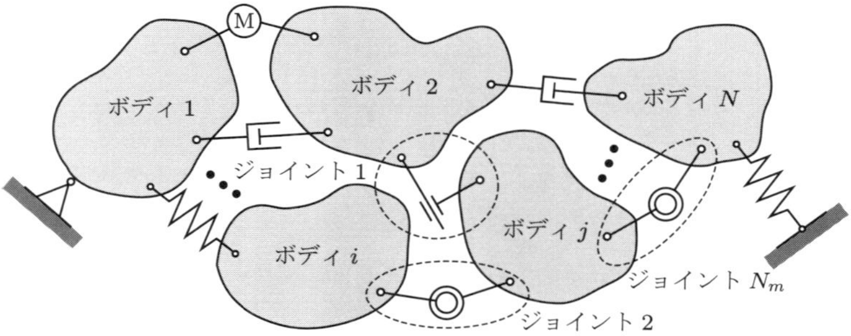

図 9.9 マルチボディシステム

$$\begin{cases} \boldsymbol{C}^1(\boldsymbol{q},t)=\boldsymbol{0} \\ \boldsymbol{C}^2(\boldsymbol{q},t)=\boldsymbol{0} \\ \qquad\vdots \\ \boldsymbol{C}^{N_m}(\boldsymbol{q},t)=\boldsymbol{0} \end{cases} \tag{9.100}$$

k 番目のジョイントによってボディ i が受ける一般化拘束力 $\boldsymbol{Q}_i^k$ は，$\boldsymbol{C}^k=\boldsymbol{0}$ に対応するラグランジュ乗数を $\boldsymbol{\lambda}^k$ とすると，一般に次式のように表せる．

$$\begin{cases} \boldsymbol{Q}_i^1=-(\boldsymbol{C}_{\boldsymbol{q}_i}^1)^T\boldsymbol{\lambda}^1 \\ \boldsymbol{Q}_i^2=-(\boldsymbol{C}_{\boldsymbol{q}_i}^2)^T\boldsymbol{\lambda}^2 \\ \qquad\vdots \\ \boldsymbol{Q}_i^{N_m}=-(\boldsymbol{C}_{\boldsymbol{q}_i}^{N_m})^T\boldsymbol{\lambda}^{N_m} \end{cases} \tag{9.101}$$

したがって，ボディ i に作用する全一般化拘束力 $\boldsymbol{Q}_i^c$ は，次式のように求められる．

$$\begin{aligned} \boldsymbol{Q}_i^c &= \boldsymbol{Q}_i^1+\boldsymbol{Q}_i^2+\cdots+\boldsymbol{Q}_i^{N_m} = -(\boldsymbol{C}_{\boldsymbol{q}_i}^1)^T\boldsymbol{\lambda}^1-(\boldsymbol{C}_{\boldsymbol{q}_i}^2)^T\boldsymbol{\lambda}^2-\cdots-(\boldsymbol{C}_{\boldsymbol{q}_i}^{N_m})^T\boldsymbol{\lambda}^{N_m} \\ &= -[(\boldsymbol{C}_{\boldsymbol{q}_i}^1)^T \quad (\boldsymbol{C}_{\boldsymbol{q}_i}^2)^T\cdots(\boldsymbol{C}_{\boldsymbol{q}_i}^{N_m})^T]\begin{bmatrix}\boldsymbol{\lambda}^1\\ \boldsymbol{\lambda}^2\\ \vdots\\ \boldsymbol{\lambda}^{N_m}\end{bmatrix} = -\boldsymbol{C}_{\boldsymbol{q}_i}^T\boldsymbol{\lambda} \end{aligned} \tag{9.102}$$

ただし，全拘束条件と全ラグランジュ乗数をまとめて次のように定義している．

$$\boldsymbol{C}=[(\boldsymbol{C}^1)^T \quad (\boldsymbol{C}^2)^T \quad \cdots \quad (\boldsymbol{C}^{N_m})^T]^T \tag{9.103}$$

$$\boldsymbol{\lambda}=[(\boldsymbol{\lambda}^1)^T \quad (\boldsymbol{\lambda}^2)^T \quad \cdots \quad (\boldsymbol{\lambda}^{N_m})^T]^T \tag{9.104}$$

マルチボディシステム全体の拘束力は，次式のようにまとめることができる．

$$\boldsymbol{Q}^c=\begin{bmatrix}\boldsymbol{Q}_1^c\\ \boldsymbol{Q}_2^c\\ \vdots\\ \boldsymbol{Q}_N^c\end{bmatrix}=\begin{bmatrix}-\boldsymbol{C}_{\boldsymbol{q}_1}^T\boldsymbol{\lambda}\\ -\boldsymbol{C}_{\boldsymbol{q}_2}^T\boldsymbol{\lambda}\\ \vdots\\ -\boldsymbol{C}_{\boldsymbol{q}_N}^T\boldsymbol{\lambda}\end{bmatrix}=-[\boldsymbol{C}_{\boldsymbol{q}_1} \quad \boldsymbol{C}_{\boldsymbol{q}_2} \quad \cdots \quad \boldsymbol{C}_{\boldsymbol{q}_N}]^T\boldsymbol{\lambda}=-\boldsymbol{C}_{\boldsymbol{q}}^T\boldsymbol{\lambda} \tag{9.105}$$

式 (9.105) を式 (9.94) に代入することにより，マルチボディシステムの運動方程式が

$$\boldsymbol{M}\ddot{\boldsymbol{q}}+\boldsymbol{C}_{\boldsymbol{q}}^T\boldsymbol{\lambda}=\boldsymbol{Q}^e+\boldsymbol{Q}^v \tag{9.106}$$

のように得られる．

以上では，拘束力が式 (9.101) の形になると仮定して議論を行ったが，以下では仮想仕事の原理に基づいて，より厳密にマルチボディシステムの運動方程式を導出する．ボディ i の仮想仕事は次のように書ける．

$$\delta W_i=\delta W_i^{ext}+\delta W_i^{con}+\delta W_i^{ine}=0 \tag{9.107}$$

N 個のボディについて上式の総和をとると，次のようになる．

$$\sum_{i=1}^{N} \delta W_i = \sum_{i=1}^{N} \delta W_i^{ext} + \sum_{i=1}^{N} \delta W_i^{con} + \sum_{i=1}^{N} \delta W_i^{ine} = 0 \tag{9.108}$$

拘束力による仮想仕事は個々では 0 にならない場合もあるが，総和は 0 になり，

$$\sum_{i=1}^{N} \delta W_i^{con} = 0 \tag{9.109}$$

が成り立つ．式 (9.109) を式 (9.108) に代入すると，次式のようになる．

$$\sum_{i=1}^{N} (\delta W_i^{ine} + \delta W_i^{ext}) = 0 \tag{9.110}$$

式 (9.59) と式 (9.69) を式 (9.110) に代入して整理すると，次のように表せる．

$$\sum_{i=1}^{N} (\boldsymbol{M}_i \ddot{\boldsymbol{q}}_i - \boldsymbol{Q}_i^e - \boldsymbol{Q}_i^v)^T \delta \boldsymbol{q}_i = 0 \tag{9.111}$$

上式は次のように書くこともできる．

$$\begin{bmatrix} \boldsymbol{M}_1 \ddot{\boldsymbol{q}}_1 - \boldsymbol{Q}_1^e - \boldsymbol{Q}_1^v \\ \boldsymbol{M}_2 \ddot{\boldsymbol{q}}_2 - \boldsymbol{Q}_2^e - \boldsymbol{Q}_2^v \\ \boldsymbol{M}_3 \ddot{\boldsymbol{q}}_3 - \boldsymbol{Q}_3^e - \boldsymbol{Q}_3^v \\ \vdots \\ \boldsymbol{M}_N \ddot{\boldsymbol{q}}_N - \boldsymbol{Q}_N^e - \boldsymbol{Q}_N^v \end{bmatrix}^T \begin{bmatrix} \delta \boldsymbol{q}_1 \\ \delta \boldsymbol{q}_2 \\ \delta \boldsymbol{q}_3 \\ \vdots \\ \delta \boldsymbol{q}_N \end{bmatrix} = 0 \tag{9.112}$$

さらに，次のように変形することができる．

$$\left\{ \begin{bmatrix} \boldsymbol{M}_1 & \boldsymbol{0} & \boldsymbol{0} & \cdots & \boldsymbol{0} \\ \boldsymbol{0} & \boldsymbol{M}_2 & \boldsymbol{0} & \cdots & \boldsymbol{0} \\ \boldsymbol{0} & \boldsymbol{0} & \boldsymbol{M}_3 & \ddots & \vdots \\ \vdots & \vdots & \ddots & \ddots & \boldsymbol{0} \\ \boldsymbol{0} & \boldsymbol{0} & \cdots & \boldsymbol{0} & \boldsymbol{M}_N \end{bmatrix} \begin{bmatrix} \ddot{\boldsymbol{q}}_1 \\ \ddot{\boldsymbol{q}}_2 \\ \ddot{\boldsymbol{q}}_3 \\ \vdots \\ \ddot{\boldsymbol{q}}_N \end{bmatrix} - \begin{bmatrix} \boldsymbol{Q}_1^e \\ \boldsymbol{Q}_2^e \\ \boldsymbol{Q}_3^e \\ \vdots \\ \boldsymbol{Q}_N^e \end{bmatrix} - \begin{bmatrix} \boldsymbol{Q}_1^v \\ \boldsymbol{Q}_2^v \\ \boldsymbol{Q}_3^v \\ \vdots \\ \boldsymbol{Q}_N^v \end{bmatrix} \right\}^T \begin{bmatrix} \delta \boldsymbol{q}_1 \\ \delta \boldsymbol{q}_2 \\ \delta \boldsymbol{q}_3 \\ \vdots \\ \delta \boldsymbol{q}_N \end{bmatrix}$$
$$= 0 \tag{9.113}$$

式 (9.95)～(9.99) の表記を用いて上式を簡潔に表すと，次のようになる．

$$(\boldsymbol{M}\ddot{\boldsymbol{q}} - \boldsymbol{Q}^e - \boldsymbol{Q}^v)^T \delta \boldsymbol{q} = 0 \tag{9.114}$$

マルチボディシステムに N_m 個のジョイントが存在し，それによって N_h 個の独立な拘束条件が課されるとする．全拘束条件をまとめて次式のように表す．

$$\boldsymbol{C}(\boldsymbol{q}, t) = \boldsymbol{0} \tag{9.115}$$

仮想変位は上式の拘束条件を常に満足するようにとらなければならない．すなわち，

$$\delta \boldsymbol{C} = \boldsymbol{C}_{\boldsymbol{q}} \delta \boldsymbol{q} = \boldsymbol{0} \tag{9.116}$$

が成り立つように選ぶ必要がある．上式に N_h 次元のラグランジュ乗数ベクトル $\boldsymbol{\lambda}$ を乗じると，次式のようになる．

$$\boldsymbol{\lambda}^T \boldsymbol{C}_{\boldsymbol{q}} \delta \boldsymbol{q} = 0 \tag{9.117}$$

式 (9.114) に常に 0 である式 (9.117) を加えても，その和は 0 になる．

$$(\boldsymbol{M}\ddot{\boldsymbol{q}} - \boldsymbol{Q}^e - \boldsymbol{Q}^v)^T \delta \boldsymbol{q} + \boldsymbol{\lambda}^T \boldsymbol{C}_{\boldsymbol{q}} \delta \boldsymbol{q} = 0 \tag{9.118}$$

すなわち，次式が成り立つ．

$$(\boldsymbol{M}\ddot{\boldsymbol{q}} - \boldsymbol{Q}^e - \boldsymbol{Q}^v + \boldsymbol{C}_{\boldsymbol{q}}^T \boldsymbol{\lambda})^T \delta \boldsymbol{q} = 0 \tag{9.119}$$

前述のように，式 (9.115) で表される N_h 個の拘束条件があるため，N_c 個の一般化座標 $\boldsymbol{q}$ は独立ではなく，その仮想変位 $\delta \boldsymbol{q}$ も任意にとることはできない．そこで，一般化座標 $\boldsymbol{q}$ を，$N_c - N_h$ 個の独立な成分 $\boldsymbol{q}_I$ と N_h 個の従属な成分 $\boldsymbol{q}_D$ に分割する．

$$\boldsymbol{q} = \begin{bmatrix} \boldsymbol{q}_I \\ \boldsymbol{q}_D \end{bmatrix} \tag{9.120}$$

これに対応させて $\boldsymbol{M}, \boldsymbol{Q}^e, \boldsymbol{Q}^v, \boldsymbol{C}_{\boldsymbol{q}}$ も分割すると，式 (9.119) は次のように表せる．

$$\left\{ \begin{bmatrix} \boldsymbol{M}^{II} & \boldsymbol{M}^{ID} \\ \boldsymbol{M}^{DI} & \boldsymbol{M}^{DD} \end{bmatrix} \begin{bmatrix} \ddot{\boldsymbol{q}}_I \\ \ddot{\boldsymbol{q}}_D \end{bmatrix} - \begin{bmatrix} (\boldsymbol{Q}^e)^I \\ (\boldsymbol{Q}^e)^D \end{bmatrix} - \begin{bmatrix} (\boldsymbol{Q}^v)^I \\ (\boldsymbol{Q}^v)^D \end{bmatrix} + \begin{bmatrix} \boldsymbol{C}_{\boldsymbol{q}_I}^T \\ \boldsymbol{C}_{\boldsymbol{q}_D}^T \end{bmatrix} \boldsymbol{\lambda} \right\}^T \begin{bmatrix} \delta \boldsymbol{q}_I \\ \delta \boldsymbol{q}_D \end{bmatrix} = 0 \tag{9.121}$$

上式を展開すると次のようになる．

$$\begin{aligned} &\{\boldsymbol{M}^{II}\ddot{\boldsymbol{q}}_I + \boldsymbol{M}^{ID}\ddot{\boldsymbol{q}}_D - (\boldsymbol{Q}^e)^I - (\boldsymbol{Q}^v)^I + \boldsymbol{C}_{\boldsymbol{q}_I}^T \boldsymbol{\lambda}\}^T \delta \boldsymbol{q}_I + \\ &\{\boldsymbol{M}^{DI}\ddot{\boldsymbol{q}}_I + \boldsymbol{M}^{DD}\ddot{\boldsymbol{q}}_D - (\boldsymbol{Q}^e)^D - (\boldsymbol{Q}^v)^D + \boldsymbol{C}_{\boldsymbol{q}_D}^T \boldsymbol{\lambda}\}^T \delta \boldsymbol{q}_D = 0 \end{aligned} \tag{9.122}$$

上式の左辺第 2 項の中括弧内が $\boldsymbol{0}$，すなわち

$$\boldsymbol{M}^{DI}\ddot{\boldsymbol{q}}_I + \boldsymbol{M}^{DD}\ddot{\boldsymbol{q}}_D - (\boldsymbol{Q}^e)^D - (\boldsymbol{Q}^v)^D + \boldsymbol{C}_{\boldsymbol{q}_D}^T \boldsymbol{\lambda} = \boldsymbol{0} \tag{9.123}$$

が成り立つように，次のようにラグランジュ乗数を決定する†．

$$\boldsymbol{\lambda} = (\boldsymbol{C}_{\boldsymbol{q}_D}^T)^{-1} \{(\boldsymbol{Q}^e)^D + (\boldsymbol{Q}^v)^D - \boldsymbol{M}^{DI}\ddot{\boldsymbol{q}}_I - \boldsymbol{M}^{DD}\ddot{\boldsymbol{q}}_D\} \tag{9.124}$$

このとき，式 (9.122) は次式のようになる．

$$\{\boldsymbol{M}^{II}\ddot{\boldsymbol{q}}_I + \boldsymbol{M}^{ID}\ddot{\boldsymbol{q}}_D - (\boldsymbol{Q}^e)^I - (\boldsymbol{Q}^v)^I + \boldsymbol{C}_{\boldsymbol{q}_I}^T \boldsymbol{\lambda}\}^T \delta \boldsymbol{q}_I = 0 \tag{9.125}$$

上式において $\boldsymbol{q}_I$ は独立座標であるため，仮想変位 $\delta \boldsymbol{q}_I$ は任意にとれる．したがって，任意の $\delta \boldsymbol{q}_I$ に対して上式が成り立つためには，次の条件を満たす必要がある．

$$\boldsymbol{M}^{II}\ddot{\boldsymbol{q}}_I + \boldsymbol{M}^{ID}\ddot{\boldsymbol{q}}_D - (\boldsymbol{Q}^e)^I - (\boldsymbol{Q}^v)^I + \boldsymbol{C}_{\boldsymbol{q}_I}^T \boldsymbol{\lambda} = \boldsymbol{0} \tag{9.126}$$

式 (9.123) と式 (9.126) をまとめると，次式のようになる．

$$\begin{bmatrix} \boldsymbol{M}^{II} & \boldsymbol{M}^{ID} \\ \boldsymbol{M}^{DI} & \boldsymbol{M}^{DD} \end{bmatrix} \begin{bmatrix} \ddot{\boldsymbol{q}}_I \\ \ddot{\boldsymbol{q}}_D \end{bmatrix} + \begin{bmatrix} \boldsymbol{C}_{\boldsymbol{q}_I}^T \\ \boldsymbol{C}_{\boldsymbol{q}_D}^T \end{bmatrix} \boldsymbol{\lambda} = \begin{bmatrix} (\boldsymbol{Q}^e)^I \\ (\boldsymbol{Q}^e)^D \end{bmatrix} + \begin{bmatrix} (\boldsymbol{Q}^v)^I \\ (\boldsymbol{Q}^v)^D \end{bmatrix} \tag{9.127}$$

† N_h 個の拘束条件がすべて独立であれば，一般性を失うことなく，$N_h \times N_h$ 次元行列 $\boldsymbol{C}_{\boldsymbol{q}_D}$ は正則と仮定できる．

すなわち，マルチボディシステムの運動方程式が次式のように得られる．

$$\boldsymbol{M}\ddot{\boldsymbol{q}} + \boldsymbol{C}_{\boldsymbol{q}}^T\boldsymbol{\lambda} = \boldsymbol{Q}^e + \boldsymbol{Q}^v \tag{9.128}$$

上式は，式 (9.106) と一致している．また，式 (9.94) と比較することにより，

$$\boldsymbol{Q}^c = -\boldsymbol{C}_{\boldsymbol{q}}^T\boldsymbol{\lambda} \tag{9.129}$$

であることが確認できる．

例題 9.2 二つの剛体ボディがばねによって結合された図 9.10 のような 2 重振子の運動方程式を式 (9.128) の形式で表せ．座標系は図中に示すように定義するものとする．ボディ i の質量を m_i，重心まわりの慣性モーメントを I_i，長さを l_i とし，重心は $s_i = l_i/2$ の位置にあるとする．また，ばねのばね定数を k，自然長を l_0，重力加速度を g とする．

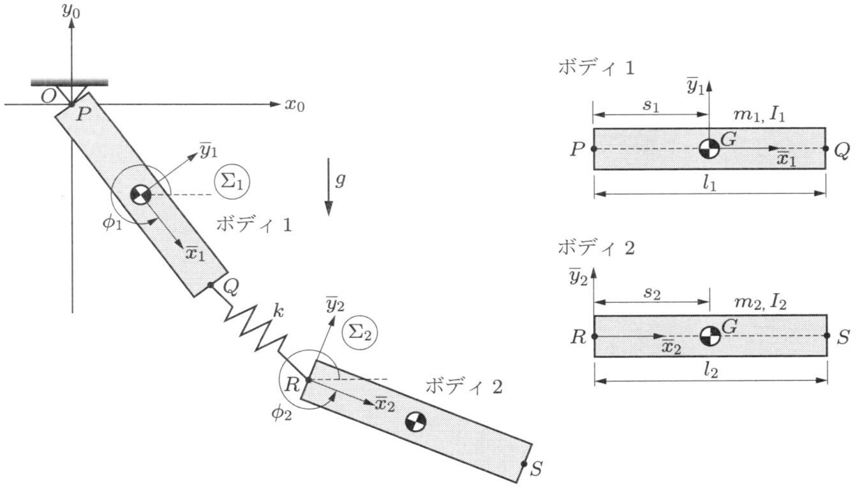

図 9.10 ばねで結合された 2 重振子

解 ボディ数は $N = 2$ であるので，式 (9.128) の運動方程式は次式のようになる．

$$\begin{bmatrix} \boldsymbol{M}_1 & \boldsymbol{0} \\ \boldsymbol{0} & \boldsymbol{M}_2 \end{bmatrix} \begin{bmatrix} \ddot{\boldsymbol{q}}_1 \\ \ddot{\boldsymbol{q}}_2 \end{bmatrix} + \begin{bmatrix} \boldsymbol{C}_{\boldsymbol{q}_1}^T \\ \boldsymbol{C}_{\boldsymbol{q}_2}^T \end{bmatrix} \boldsymbol{\lambda} = \begin{bmatrix} \boldsymbol{Q}_1^e \\ \boldsymbol{Q}_2^e \end{bmatrix} + \begin{bmatrix} \boldsymbol{Q}_1^v \\ \boldsymbol{Q}_2^v \end{bmatrix}$$

ここで，一般化座標は $\boldsymbol{q} = [\boldsymbol{q}_1^T \;\; \boldsymbol{q}_2^T]^T$, $\boldsymbol{q}_i = [x_i \;\; y_i \;\; \phi_i]^T$ である．ボディ座標系の原点から各点への位置ベクトルをボディ座標系で成分表示すると，次のようになる．

$$\bar{\boldsymbol{u}}_1^P = \begin{bmatrix} -s_1 \\ 0 \end{bmatrix}, \quad \bar{\boldsymbol{u}}_1^G = \begin{bmatrix} 0 \\ 0 \end{bmatrix}, \quad \bar{\boldsymbol{u}}_1^Q = \begin{bmatrix} s_1 \\ 0 \end{bmatrix}, \quad \bar{\boldsymbol{u}}_2^R = \begin{bmatrix} 0 \\ 0 \end{bmatrix}, \quad \bar{\boldsymbol{u}}_2^G = \begin{bmatrix} s_2 \\ 0 \end{bmatrix}$$

系に存在するジョイント拘束は一つであり，ボディ 1 上の点 P が絶対座標系の原点 O に回転ジョイントで結合される．この条件は次式のように表すことができる．

$$\boldsymbol{C}(\boldsymbol{q}) = \boldsymbol{R}_1 + \boldsymbol{A}_1\overline{\boldsymbol{u}}_1^P = \begin{bmatrix} x_1 \\ y_1 \end{bmatrix} + \begin{bmatrix} \cos\phi_1 & -\sin\phi_1 \\ \sin\phi_1 & \cos\phi_1 \end{bmatrix}\begin{bmatrix} -s_1 \\ 0 \end{bmatrix} = \begin{bmatrix} x_1 - s_1\cos\phi_1 \\ y_1 - s_1\sin\phi_1 \end{bmatrix} = \boldsymbol{0}$$

上式より，ヤコビ行列は次のように求められる．

$$\boldsymbol{C}_{\boldsymbol{q}_1} = \begin{bmatrix} 1 & 0 & s_1\sin\phi_1 \\ 0 & 1 & -s_1\cos\phi_1 \end{bmatrix}, \quad \boldsymbol{C}_{\boldsymbol{q}_2} = \begin{bmatrix} 0 & 0 & 0 \\ 0 & 0 & 0 \end{bmatrix}$$

ボディ 1 は重心 G，ボディ 2 は点 R にボディ座標系を設定していることに注意すると，一般化質量行列 $\boldsymbol{M}_i$ および速度 2 乗慣性力ベクトル $\boldsymbol{Q}_i^v$ は，式 (9.88) および式 (9.90) より次式のように計算できる．

$$\boldsymbol{M}_1 = \begin{bmatrix} m_1\boldsymbol{E} & \boldsymbol{0} \\ \boldsymbol{0} & I_1 \end{bmatrix} = \begin{bmatrix} m_1 & 0 & 0 \\ 0 & m_1 & 0 \\ 0 & 0 & I_1 \end{bmatrix}, \quad \boldsymbol{Q}_1^v = \begin{bmatrix} 0 \\ 0 \\ 0 \end{bmatrix}$$

$$\boldsymbol{M}_2 = \begin{bmatrix} m_2\boldsymbol{E} & m_2\boldsymbol{A}_2\boldsymbol{V}\overline{\boldsymbol{u}}_2^G \\ \text{Sym.} & I_2 + m_2|\overline{\boldsymbol{u}}_2^G|^2 \end{bmatrix} = \begin{bmatrix} m_2 & 0 & -m_2s_2\sin\phi_2 \\ 0 & m_2 & m_2s_2\cos\phi_2 \\ -m_2s_2\sin\phi_2 & m_2s_2\cos\phi_2 & I_2 + m_2s_2^2 \end{bmatrix}$$

$$\boldsymbol{Q}_2^v = \begin{bmatrix} m_2\boldsymbol{A}_2\overline{\boldsymbol{u}}_2^G(\dot{\phi}_2)^2 \\ \boldsymbol{0} \end{bmatrix} = \begin{bmatrix} m_2s_2\cos\phi_2(\dot{\phi}_2)^2 \\ m_2s_2\sin\phi_2(\dot{\phi}_2)^2 \\ 0 \end{bmatrix}$$

外力としては，重力とばね力が作用している．一般化外力 $\boldsymbol{Q}_i^e$ は，重力による一般化外力 $\boldsymbol{Q}_i^g$ とばね力による一般化外力 $\boldsymbol{Q}_i^s$ の和となる．

$$\boldsymbol{Q}_1^e = \boldsymbol{Q}_1^g + \boldsymbol{Q}_1^s, \quad \boldsymbol{Q}_2^e = \boldsymbol{Q}_2^g + \boldsymbol{Q}_2^s$$

重力による一般化外力は，式 (9.17) より次式のようになる．

$$\boldsymbol{Q}_1^g = \begin{bmatrix} \boldsymbol{E} \\ (\boldsymbol{A}_1\boldsymbol{V}\overline{\boldsymbol{u}}_1^G)^T \end{bmatrix}\boldsymbol{f}_1^e = \begin{bmatrix} 0 \\ -m_1g \\ 0 \end{bmatrix}, \quad \boldsymbol{Q}_2^g = \begin{bmatrix} \boldsymbol{E} \\ (\boldsymbol{A}_2\boldsymbol{V}\overline{\boldsymbol{u}}_2^G)^T \end{bmatrix}\boldsymbol{f}_2^e = \begin{bmatrix} 0 \\ -m_2g \\ -m_2gs_2\cos\phi_2 \end{bmatrix}$$

一方，点 R から点 Q へのベクトルおよび点 R と点 Q の間の距離は

$$\boldsymbol{d}_{12} = \boldsymbol{r}_1^Q - \boldsymbol{r}_2^R = \boldsymbol{R}_1 + \boldsymbol{A}_1\overline{\boldsymbol{u}}_1^Q - \boldsymbol{R}_2 = \begin{bmatrix} x_1 + s_1\cos\phi_1 - x_2 \\ y_1 + s_1\sin\phi_1 - y_2 \end{bmatrix}$$

$$l = |\boldsymbol{d}_{12}| = \sqrt{\{(x_1 - x_2) + s_1\cos\phi_1\}^2 + \{(y_1 - y_2) + s_1\sin\phi_1\}^2}$$

のように求められるので，式 (9.30) と式 (9.31) より，ばねによる一般化外力は

$$\boldsymbol{Q}_1^s = -k(l - l_0)\begin{bmatrix} \boldsymbol{E} \\ (\boldsymbol{A}_1\boldsymbol{V}\overline{\boldsymbol{u}}_1^Q)^T \end{bmatrix}\frac{\boldsymbol{d}_{12}}{l}, \quad \boldsymbol{Q}_2^s = k(l - l_0)\begin{bmatrix} \boldsymbol{E} \\ (\boldsymbol{A}_2\boldsymbol{V}\overline{\boldsymbol{u}}_2^R)^T \end{bmatrix}\frac{\boldsymbol{d}_{12}}{l}$$

のように計算できる．

演習問題

9.1 図 9.11 のような L 型の剛体棒が点 S を y_0 軸上，点 P を x_0 軸上に拘束されて運動する．点 O と点 P の間にばねが付加されている．ボディの質量を m_1，重心まわりの慣性モーメントを I_1，ばねのばね定数を k，自然長を l_0 とする．この機構の運動方程式を式 (9.128) の形式で表せ．

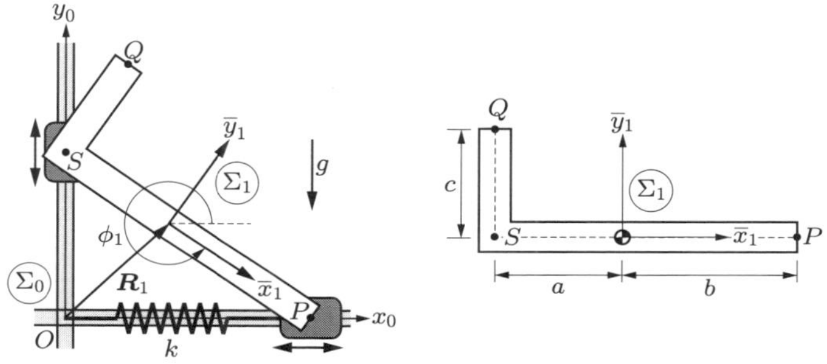

図 9.11 ばねが付加された L 型の剛体棒

9.2 二つのボディからなる図 9.12 のような機構について考える．ボディ 1 は，滑らかなガイドに沿って動き，ばね定数 k のばねによって支持されている．ボディ 2 は，回転ジョイントによってボディ 1 に結合されている．ボディ i の質量を m_i，重心まわりの慣性モーメントを I_i とする．ボディ i 座標系は，原点をボディ i の重心と一致させて設置する．絶対座標系は，ばねが自然長 l_0 のときにボディ 1 座標系と一致するように定義する．この機構の運動方程式を式 (9.128) の形式で表せ．

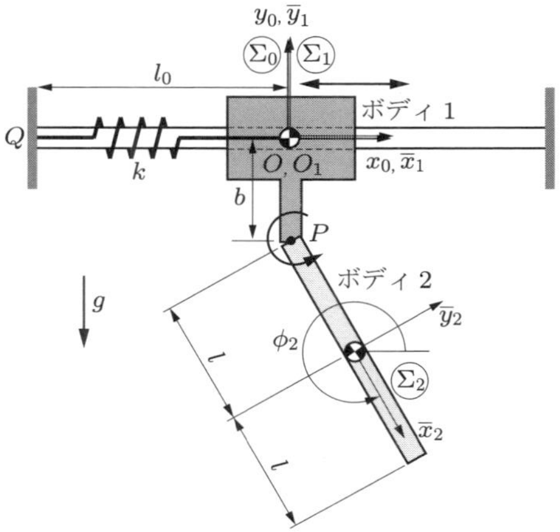

図 9.12 ガイドに沿って水平に動く振子

第10章 マルチボディシステムの動力学解析

第 9 章では，マルチボディシステムの一般的な運動方程式を導出した．マルチボディシステムの動作・挙動は，運動方程式にジョイント等による拘束条件式を随伴した微分代数方程式を解くことによって決定される．動力学解析は，力/トルクが与えられて運動を求める順動力学解析と，運動が与えられて力/トルクを求める逆動力学解析に大別される．また，解析手法としては，ラグランジュ乗数を導入して運動方程式の次元を拡大し，拘束条件式と連立して解く拡大法と，拘束条件を利用して従属座標を消去し，独立座標のみの最小次元運動方程式に帰着する消去法に分類される．本章では，マルチボディシステムの順動力学解析および逆動力学解析を行うための主要な方法について説明する．

10.1 動力学解析

マルチボディシステムでは，図 1.4 のように，複数のボディがジョイントや力要素を介して複雑に連成している．ジョイント等による拘束条件は，第 4 章でみたように，一般に N_c 個の一般化座標 $\boldsymbol{q}$ に関する N_h 個の代数方程式として

$$\boldsymbol{C}(\boldsymbol{q}, t) = \boldsymbol{0} \tag{10.1}$$

のように記述できる．一方，マルチボディシステムの運動方程式は，第 9 章でみたように，一般に次のような N_c 個の微分方程式によって表せる．

$$\boldsymbol{M}\ddot{\boldsymbol{q}} + \boldsymbol{C}_{\boldsymbol{q}}^T \boldsymbol{\lambda} = \boldsymbol{Q}^v + \boldsymbol{Q}^e \tag{10.2}$$

ここで，$\boldsymbol{M}$ は $N_c \times N_c$ 次元の一般化質量行列，$\boldsymbol{C}_{\boldsymbol{q}}$ は $N_h \times N_c$ 次元のヤコビ行列，$\boldsymbol{\lambda}$ は N_h 次元のラグランジュ乗数ベクトル，$\boldsymbol{Q}^v$ は N_c 次元の速度 2 乗慣性力ベクトル，$\boldsymbol{Q}^e$ は N_c 次元の一般化外力ベクトルである．式 (10.2) では $N_c + N_h$ 個の未知数 $(\boldsymbol{q}, \boldsymbol{\lambda})$ に対して，N_c 個の条件しか与えていない．これを補うのは当然，拘束条件式 (10.1) である．すなわち，マルチボディシステムの運動は次の方程式の組を解くことで求められる．

$$\begin{cases} \boldsymbol{M}\ddot{\boldsymbol{q}} + \boldsymbol{C}_{\boldsymbol{q}}^T \boldsymbol{\lambda} = \boldsymbol{Q}^v + \boldsymbol{Q}^e & \text{(10.3a)} \\ \boldsymbol{C}(\boldsymbol{q}, t) = \boldsymbol{0} & \text{(10.3b)} \end{cases}$$

このような微分方程式と代数方程式を連立した方程式を**微分代数方程式** (differential-algebraic equation: DAE) という．

マルチボディシステムの動力学解析手法は，式 (10.3) のようにラグランジュ乗数を導入して自由度よりも大きな次元の運動方程式を構築し，拘束条件式を随伴して解析を行う**拡大法** (augmented formulation) と，拘束条件式を用いて従属座標を消去し，独立座標のみで記述された自由度と同じ次元の運動方程式に帰着して解析を行う**消去法** (embedding technique) に大別される．

一般化外力ベクトル $\boldsymbol{Q}^e$ を，ばねやダンパ，重力などの受動的な力要素による一般化外力 $\boldsymbol{Q}^p$ と，アクチュエータなどの能動的な力要素による一般化外力 $\boldsymbol{Q}^a$ に分けて表す．後者は一般に，アクチュエータなどによって印加される力/トルクをまとめて $\boldsymbol{f}^a$ と定義すると，適当な変換行列 $\boldsymbol{H}$ を用いて $\boldsymbol{Q}^a = \boldsymbol{H}\boldsymbol{f}^a$ のように表すことができる．このとき，式 (10.3) は次のように書きなおせる．

$$\begin{cases} \boldsymbol{M}\ddot{\boldsymbol{q}} + \boldsymbol{C}_{\boldsymbol{q}}^T\boldsymbol{\lambda} = \boldsymbol{Q}^v + \boldsymbol{Q}^p + \boldsymbol{H}\boldsymbol{f}^a & \text{(10.4a)} \\ \boldsymbol{C}(\boldsymbol{q}, t) = \boldsymbol{0} & \text{(10.4b)} \end{cases}$$

一般に，アクチュエータ駆動力/トルク $\boldsymbol{f}^a$ が与えられたときに，それによって発生するはずの運動を求める問題を**順動力学** (forward dynamics) という．順動力学計算は，対象とするシステムの動力学シミュレーションを行う際に必要となる．

式 (10.4) に，さらに $N_c - N_h$ 個の拘束条件 $\hat{\boldsymbol{C}}(\boldsymbol{q}, t) = \boldsymbol{0}$ が課されるとする．

$$\begin{cases} \boldsymbol{M}\ddot{\boldsymbol{q}} + \boldsymbol{C}_{\boldsymbol{q}}^T\boldsymbol{\lambda} = \boldsymbol{Q}^v + \boldsymbol{Q}^p + \boldsymbol{H}\boldsymbol{f}^a & \text{(10.5a)} \\ \boldsymbol{C}(\boldsymbol{q}, t) = \boldsymbol{0} & \text{(10.5b)} \\ \hat{\boldsymbol{C}}(\boldsymbol{q}, t) = \boldsymbol{0} & \text{(10.5c)} \end{cases}$$

このとき，マルチボディシステムの運動は式 (10.5b) と式 (10.5c) をあわせた N_c 個の拘束条件によって運動学的に決定される．この指定された運動を生じさせるために必要なアクチュエータ駆動力/トルク $\boldsymbol{f}^a$ を求める問題を**逆動力学** (inverse dynamics) という．逆動力学計算は，動的制御の指令値を計算する場合や，設計段階で想定される望ましい運動を実現するために必要なアクチュエータ所要力を評価する場合などに必要となる．

10.2 順動力学

10.2.1 拡大法

順動力学解析では，アクチュエータ駆動力/トルク $\boldsymbol{f}^a$ が既知である．たとえば，動作時間区間 $[0, t_f]$ において，駆動力/トルクが時間の関数として $\boldsymbol{f}^a(t) = \boldsymbol{a}_2 t^2 + \boldsymbol{a}_1 t + \boldsymbol{a}_0$（$\boldsymbol{a}_0, \boldsymbol{a}_1, \boldsymbol{a}_2$ は定数ベクトル）のように与えられる場合や，フィードバック制御の形で $\boldsymbol{f}^a = \ddot{\boldsymbol{q}}_d - \boldsymbol{K}_D(\dot{\boldsymbol{q}} - \dot{\boldsymbol{q}}_d) - \boldsymbol{K}_P(\boldsymbol{q} - \boldsymbol{q}_d)$（$\boldsymbol{q}_d(t)$ は目標軌道，$\boldsymbol{K}_D, \boldsymbol{K}_P$ はフィードバッ

クゲイン行列）のように与えられる場合などが考えられる．一方，受動的な力要素による一般化外力 $\boldsymbol{Q}^p$ や速度 2 乗慣性力 $\boldsymbol{Q}^v$ も，通常は $\boldsymbol{q}$ および $\dot{\boldsymbol{q}}$ の関数であるので，一般化力は一般に次のように表すことができる．

$$\boldsymbol{Q}(\boldsymbol{q}, \dot{\boldsymbol{q}}, t) = \boldsymbol{Q}^v + \boldsymbol{Q}^p + \boldsymbol{H}\boldsymbol{f}^a \tag{10.6}$$

このとき，式 (10.4) は次のように書きなおせる．

$$\begin{cases} \boldsymbol{M}\ddot{\boldsymbol{q}} + \boldsymbol{C}_{\boldsymbol{q}}^T\boldsymbol{\lambda} = \boldsymbol{Q} & (10.7\text{a}) \\ \boldsymbol{C}(\boldsymbol{q}, t) = \boldsymbol{0} & (10.7\text{b}) \end{cases}$$

上式のように運動方程式と位置レベルの拘束条件式を連立したものを，**Index-3 の微分代数方程式**とよぶ．

位置レベルの拘束条件式 (10.7b) を時間で微分すると，次の関係が得られる．

$$\dot{\boldsymbol{C}} = \boldsymbol{C}_{\boldsymbol{q}}\dot{\boldsymbol{q}} - \boldsymbol{\nu} = \boldsymbol{0}, \quad \boldsymbol{\nu} = -\boldsymbol{C}_t \tag{10.8}$$

運動方程式に上式から得られる速度拘束式を随伴すると，次式のようになる．

$$\begin{cases} \boldsymbol{M}\ddot{\boldsymbol{q}} + \boldsymbol{C}_{\boldsymbol{q}}^T\boldsymbol{\lambda} = \boldsymbol{Q} & (10.9\text{a}) \\ \boldsymbol{C}_{\boldsymbol{q}}\dot{\boldsymbol{q}} = \boldsymbol{\nu} & (10.9\text{b}) \end{cases}$$

上式のように運動方程式と速度レベルの拘束条件式を連立したものを，**Index-2 の微分代数方程式**とよぶ．

式 (10.8) をさらに時間で微分することにより，次の関係が得られる．

$$\ddot{\boldsymbol{C}} = \boldsymbol{C}_{\boldsymbol{q}}\ddot{\boldsymbol{q}} - \gamma = \boldsymbol{0}, \quad \gamma = -(\boldsymbol{C}_{\boldsymbol{q}}\dot{\boldsymbol{q}})_{\boldsymbol{q}}\dot{\boldsymbol{q}} - 2\boldsymbol{C}_{\boldsymbol{q}t}\dot{\boldsymbol{q}} - \boldsymbol{C}_{tt} \tag{10.10}$$

運動方程式に上式から得られる加速度拘束式を随伴すると，次式のようになる．

$$\begin{cases} \boldsymbol{M}\ddot{\boldsymbol{q}} + \boldsymbol{C}_{\boldsymbol{q}}^T\boldsymbol{\lambda} = \boldsymbol{Q} & (10.11\text{a}) \\ \boldsymbol{C}_{\boldsymbol{q}}\ddot{\boldsymbol{q}} = \gamma & (10.11\text{b}) \end{cases}$$

上式のように運動方程式と加速度レベルの拘束条件式を連立したものを，**Index-1 の微分代数方程式**とよぶ．

Index は微分代数方程式と常微分方程式の距離を表す指標†であり，高 Index の微分代数方程式は一般に数値的に解くことが難しいため，Index を低減して解かれることが多い．特に，Index-1 に低減された式 (10.11) は

$$\begin{bmatrix} \boldsymbol{M} & \boldsymbol{C}_{\boldsymbol{q}}^T \\ \boldsymbol{C}_{\boldsymbol{q}} & \boldsymbol{0} \end{bmatrix} \begin{bmatrix} \ddot{\boldsymbol{q}} \\ \boldsymbol{\lambda} \end{bmatrix} = \begin{bmatrix} \boldsymbol{Q} \\ \gamma \end{bmatrix} \tag{10.12}$$

のようにまとめられ，この線形方程式を解くことにより，ただちに $\ddot{\boldsymbol{q}}$ および $\boldsymbol{\lambda}$ が得られる．したがって，状態変数およびその時間微分を

† 微分代数方程式の Index の厳密な定義については文献[19]を参照のこと．

$$\boldsymbol{y} = \begin{bmatrix} \boldsymbol{q} \\ \dot{\boldsymbol{q}} \end{bmatrix}, \quad \dot{\boldsymbol{y}} = \begin{bmatrix} \dot{\boldsymbol{q}} \\ \ddot{\boldsymbol{q}} \end{bmatrix} \tag{10.13}$$

と定義すると，次のような常微分方程式を構成することができる．

$$\dot{\boldsymbol{y}} = \boldsymbol{F}(\boldsymbol{y}, t) \tag{10.14}$$

上式に適切な数値積分法を適用することで，時刻 t の位置，速度 $\boldsymbol{y}(t)$ から少し未来の時刻 $t + \Delta t$ の位置，速度 $\boldsymbol{y}(t + \Delta t)$ を計算することができる．

$$\dot{\boldsymbol{y}}(t) \xrightarrow{\text{数値積分}} \boldsymbol{y}(t + \Delta t) \tag{10.15}$$

以上のプロセスを繰り返すことで数値シミュレーションを行うことが可能である．また，ラグランジュ乗数 $\boldsymbol{\lambda}$ から，後述する方法により，ジョイントにおける拘束力も計算することができる．

例題 10.1 例題 4.2 および 5.1 と同じ図 10.1 のような，2 関節ロボットアームについて考える．ボディ 1 はグランドと点 O で回転ジョイントにより連結され，ボディ 1 とボディ 2 は点 P で回転ジョイントにより連結されている．ボディ i の質量を m_i，重心まわりの慣性モーメントを I_i とし，モータによって関節 i に印加されるトルクを τ_i とする．ボディ i 座標系の原点をボディ i の重心に一致させて定義する．このシステムの運動を微分代数方程式 (10.12) の形式で表せ．

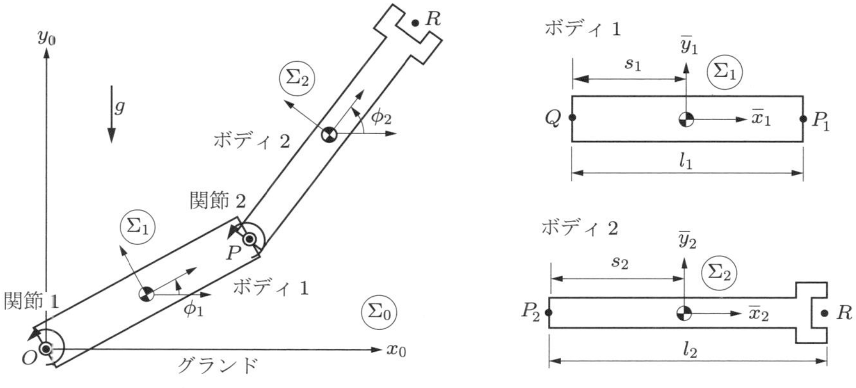

図 10.1 2 関節ロボットアーム

解 2 個のボディからなるシステムであるため，式 (10.12) は次のように表せる．

$$\begin{bmatrix} \boldsymbol{M}_1 & \boldsymbol{0} & \boldsymbol{C}_{\boldsymbol{q}_1}^T \\ \boldsymbol{0} & \boldsymbol{M}_2 & \boldsymbol{C}_{\boldsymbol{q}_2}^T \\ \boldsymbol{C}_{\boldsymbol{q}_1} & \boldsymbol{C}_{\boldsymbol{q}_2} & \boldsymbol{0} \end{bmatrix} \begin{bmatrix} \ddot{\boldsymbol{q}}_1 \\ \ddot{\boldsymbol{q}}_2 \\ \boldsymbol{\lambda} \end{bmatrix} = \begin{bmatrix} \boldsymbol{Q}_1^v + \boldsymbol{Q}_1^p + \boldsymbol{H}_1 \boldsymbol{f}^a \\ \boldsymbol{Q}_2^v + \boldsymbol{Q}_2^p + \boldsymbol{H}_2 \boldsymbol{f}^a \\ \boldsymbol{\gamma} \end{bmatrix} \tag{10.16}$$

例題 4.2 の結果より，全幾何学的拘束条件は次のように記述できる．

$$\boldsymbol{C}(\boldsymbol{q},t) = \begin{bmatrix} \boldsymbol{C}^1 \\ \boldsymbol{C}^2 \end{bmatrix} = \begin{bmatrix} x_1 - s_1\cos\phi_1 \\ y_1 - s_1\sin\phi_1 \\ x_1 + (l_1 - s_1)\cos\phi_1 - x_2 + s_2\cos\phi_2 \\ y_1 + (l_1 - s_1)\sin\phi_1 - y_2 + s_2\sin\phi_2 \end{bmatrix} = \boldsymbol{0} \tag{10.17}$$

ここで，$\boldsymbol{C}^1 = \boldsymbol{0}$ はボディ 1 が原点 O において回転ジョイントで結合される条件，$\boldsymbol{C}^2 = \boldsymbol{0}$ はボディ 1 とボディ 2 が点 P において回転ジョイントで結合される条件である．式 (10.17) を一般化座標 $\boldsymbol{q}_1 = [x_1 \quad y_1 \quad \phi_1]^T$, $\boldsymbol{q}_2 = [x_2 \quad y_2 \quad \phi_2]^T$ で偏微分することにより，ヤコビ行列が次式のように求められる．

$$\boldsymbol{C}_{\boldsymbol{q}_1} = \begin{bmatrix} 1 & 0 & s_1\sin\phi_1 \\ 0 & 1 & -s_1\cos\phi_1 \\ 1 & 0 & -(l_1 - s_1)\sin\phi_1 \\ 0 & 1 & (l_1 - s_1)\cos\phi_1 \end{bmatrix}, \quad \boldsymbol{C}_{\boldsymbol{q}_2} = \begin{bmatrix} 0 & 0 & 0 \\ 0 & 0 & 0 \\ -1 & 0 & -s_2\sin\phi_2 \\ 0 & -1 & s_2\cos\phi_2 \end{bmatrix} \tag{10.18}$$

一方，$\boldsymbol{\gamma}$ は例題 5.6 の結果より，次式のようになる．

$$\boldsymbol{\gamma} = -(\boldsymbol{C}_{\boldsymbol{q}}\dot{\boldsymbol{q}})_{\boldsymbol{q}}\dot{\boldsymbol{q}} - 2\boldsymbol{C}_{\boldsymbol{q}t}\dot{\boldsymbol{q}} - \boldsymbol{C}_{tt} = \begin{bmatrix} -s_1\dot{\phi}_1^2\cos\phi_1 \\ -s_1\dot{\phi}_1^2\sin\phi_1 \\ (l_1 - s_1)\dot{\phi}_1^2\cos\phi_1 + s_2\dot{\phi}_2^2\cos\phi_2 \\ (l_1 - s_1)\dot{\phi}_1^2\sin\phi_1 + s_2\dot{\phi}_2^2\sin\phi_2 \end{bmatrix} \tag{10.19}$$

ボディ i 座標系の原点をボディ i の重心に一致させているので，式 (9.88) および式 (9.90) より，一般化質量行列 $\boldsymbol{M}_i$ および速度 2 乗慣性力ベクトル $\boldsymbol{Q}_i^v$ は次のようになる．

$$\boldsymbol{M}_1 = \begin{bmatrix} m_1 & 0 & 0 \\ 0 & m_1 & 0 \\ 0 & 0 & I_1 \end{bmatrix}, \quad \boldsymbol{Q}_1^v = \begin{bmatrix} 0 \\ 0 \\ 0 \end{bmatrix}, \quad \boldsymbol{M}_2 = \begin{bmatrix} m_2 & 0 & 0 \\ 0 & m_2 & 0 \\ 0 & 0 & I_2 \end{bmatrix}, \quad \boldsymbol{Q}_2^v = \begin{bmatrix} 0 \\ 0 \\ 0 \end{bmatrix} \tag{10.20}$$

受動的な外力として作用するのは重力のみであり，ボディ i 座標系の原点をボディ i の重心に一致させているので，重力による一般化力は式 (9.18) より次のようになる．

$$\boldsymbol{Q}_1^p = \begin{bmatrix} 0 \\ -m_1 g \\ 0 \end{bmatrix}, \quad \boldsymbol{Q}_2^p = \begin{bmatrix} 0 \\ -m_2 g \\ 0 \end{bmatrix} \tag{10.21}$$

モータによる駆動トルクをまとめて $\boldsymbol{f}^a = [\tau_1 \quad \tau_2]^T$ と表す．ボディ 1 には関節 1 に設置したモータから印加されるトルク τ_1 と関節 2 に設置したモータからの反トルク $-\tau_2$ が作用し，ボディ 2 には関節 2 に設置したモータから印加されるトルク τ_2 が加わる．したがって，各ボディに作用する能動的な外力による一般化力は，式 (9.38) と式 (9.39) より，

$$
\boldsymbol{Q}_1^a = \begin{bmatrix} 0 \\ 0 \\ \tau_1 \end{bmatrix} - \begin{bmatrix} 0 \\ 0 \\ \tau_2 \end{bmatrix} = \underbrace{\begin{bmatrix} 0 & 0 \\ 0 & 0 \\ 1 & -1 \end{bmatrix}}_{\boldsymbol{H}_1} \underbrace{\begin{bmatrix} \tau_1 \\ \tau_2 \end{bmatrix}}_{\boldsymbol{f}^a}, \quad \boldsymbol{Q}_2^a = \begin{bmatrix} 0 \\ 0 \\ \tau_2 \end{bmatrix} = \underbrace{\begin{bmatrix} 0 & 0 \\ 0 & 0 \\ 0 & 1 \end{bmatrix}}_{\boldsymbol{H}_2} \underbrace{\begin{bmatrix} \tau_1 \\ \tau_2 \end{bmatrix}}_{\boldsymbol{f}^a} \tag{10.22}
$$

となる．以上により，微分代数方程式 (10.16) すなわち (10.12) が構築できる．

(1) 拘束安定化

式 (10.11) あるいは式 (10.12) では，本来の位置レベルの拘束条件 $\boldsymbol{C} = \boldsymbol{0}$ ではなく，それを 2 回時間で微分した次の加速度レベルの拘束条件を随伴している．

$$
\ddot{\boldsymbol{C}} = \boldsymbol{0} \tag{10.23}
$$

上式が成り立つとき，初期時刻 $t = 0$ において $\boldsymbol{C}(0) = \boldsymbol{0}$, $\dot{\boldsymbol{C}}(0) = \boldsymbol{0}$ であれば，恒等的に $\boldsymbol{C}(t) \equiv \boldsymbol{0}$ となるが，実際には数値計算の誤差が外乱 $\boldsymbol{d}(t)$ として加わるので，

$$
\ddot{\boldsymbol{C}} = \boldsymbol{d} \tag{10.24}
$$

のようになる．たとえば，上式の第 k 番目の成分に外乱としてインパルス状の誤差が加わる場合，$\boldsymbol{d}(t) = \delta(t)\boldsymbol{e}_k$ となる．ここで，$\delta(t)$ はデルタ関数，$\boldsymbol{e}_k$ は第 k 成分が 1 の単位ベクトルである．このとき，拘束条件の第 k 成分の時間応答は

$$
C^k(t) = t \tag{10.25}
$$

のようになり，時間の経過とともに誤差が増大していく．式 (10.23) は原点に 2 重極を有するシステムとなっており，s をラプラス演算子としてブロック線図で表すと図 10.2 のようになる．そこで，外乱が加わっても誤差を 0 に保つために，式 (10.23) に次のようなフィードバック制御を追加する．

$$
\ddot{\boldsymbol{C}} = \boldsymbol{u} \tag{10.26}
$$

$$
\boldsymbol{u} = -2\alpha\dot{\boldsymbol{C}} - \beta^2\boldsymbol{C} \tag{10.27}
$$

すなわち，加速度レベルの拘束条件を次のように修正する．

$$
\ddot{\boldsymbol{C}} + 2\alpha\dot{\boldsymbol{C}} + \beta^2\boldsymbol{C} = \boldsymbol{0} \tag{10.28}
$$

ここで，α と β は任意の定数である．この修正された系に外乱として誤差 $\boldsymbol{d}(t)$ が加わるときは，次のように表せる．

$$
\ddot{\boldsymbol{C}} + 2\alpha\dot{\boldsymbol{C}} + \beta^2\boldsymbol{C} = \boldsymbol{d} \tag{10.29}
$$

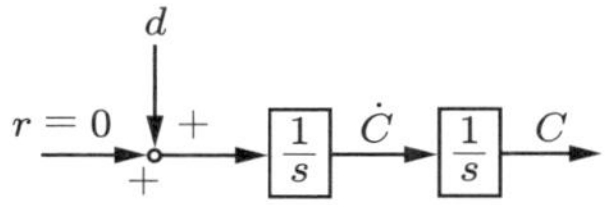

図 10.2 原点に 2 重極を有する誤差システム

先ほどと同様に，上式の第 k 番目の成分に外乱としてインパルス状の誤差 $\boldsymbol{d}(t) = \delta(t)\boldsymbol{e}_k$ が加わる場合について考える．このとき，拘束条件の第 k 成分の時間応答は次式のようになる．

$$C^k(t) = \begin{cases} \dfrac{1}{\sqrt{\beta^2-\alpha^2}} e^{-\alpha t} \sin\sqrt{\beta^2-\alpha^2}\,t & (\alpha^2-\beta^2<0 \text{ の場合}) \\ te^{-\alpha t} & (\alpha^2-\beta^2=0 \text{ の場合}) \\ \dfrac{1}{2\sqrt{\alpha^2-\beta^2}} e^{(-\alpha+\sqrt{\alpha^2-\beta^2})t} - \dfrac{1}{2\sqrt{\alpha^2-\beta^2}} e^{(-\alpha-\sqrt{\alpha^2-\beta^2})t} \\ \qquad (\alpha^2-\beta^2>0 \text{ の場合}) \end{cases} \tag{10.30}$$

上式より，$\alpha > 0$ であればいずれの場合も指数関数のべき乗の時間係数が負となり，誤差が 0 に収束することがわかる．以上のフィードバック制御を行った系のブロック線図を図 10.3 に示す．

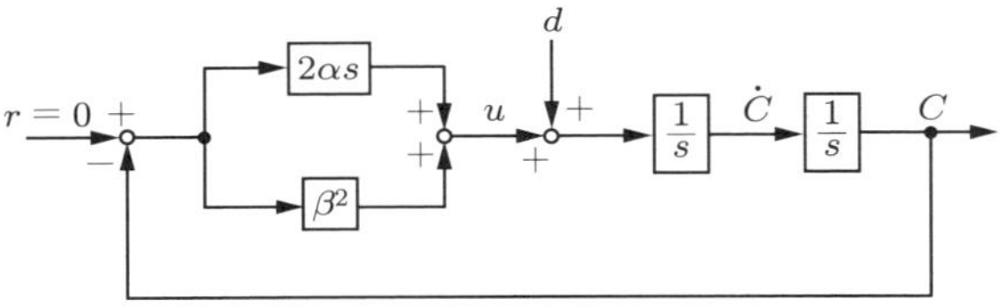

図 10.3　フィードバック制御を行った誤差システム

そこで，誤差の拡大を抑制するために，式 (10.23) のかわりに式 (10.28) を用いることを考える．式 (10.28) に式 (10.10) を代入して整理すると，次式のようになる．

$$\boldsymbol{C_q}\ddot{\boldsymbol{q}} = \boldsymbol{\gamma} - 2\alpha\dot{\boldsymbol{C}} - \beta^2\boldsymbol{C} \tag{10.31}$$

運動方程式に上式を随伴することにより，式 (10.12) は次のように修正される．

$$\begin{bmatrix} \boldsymbol{M} & \boldsymbol{C_q}^T \\ \boldsymbol{C_q} & \boldsymbol{0} \end{bmatrix} \begin{bmatrix} \ddot{\boldsymbol{q}} \\ \boldsymbol{\lambda} \end{bmatrix} = \begin{bmatrix} \boldsymbol{Q} \\ \boldsymbol{\gamma} - 2\alpha\dot{\boldsymbol{C}} - \beta^2\boldsymbol{C} \end{bmatrix} \tag{10.32}$$

式 (10.12) のかわりに式 (10.32) を解くことで，誤差の拡大を抑制することができる．以上のように誤差のフィードバックを追加して拘束方程式の安定化を図る手法を**バウムガルテの安定化法** (Baumgarte's constraint stabilization method) という．フィードバックゲイン α, β の一般的な最適調整則は知られていないが，通常は $\alpha = \beta = 1$〜50 程度の値が用いられることが多い．

10.2.2 消去法

再び式 (10.7) の微分代数方程式について考える.

$$\begin{cases} \boldsymbol{M}\ddot{\boldsymbol{q}} + \boldsymbol{C}_{\boldsymbol{q}}^T\boldsymbol{\lambda} = \boldsymbol{Q} \\ \boldsymbol{C}(\boldsymbol{q}, t) = \boldsymbol{0} \end{cases} \tag{10.7 再}$$

N_c 個の一般化座標 $\boldsymbol{q}$ に対して N_h 個の独立な拘束条件 $\boldsymbol{C} = \boldsymbol{0}$ が存在するので，このシステムの自由度は $N_{dof} = N_c - N_h$ である．そこで，一般化座標 $\boldsymbol{q}$ を $N_c - N_h$ 個の独立座標 $\boldsymbol{q}_I$ と N_h 個の従属座標 $\boldsymbol{q}_D$ に分割する．

$$\boldsymbol{q} = \begin{bmatrix} \boldsymbol{q}_I \\ \boldsymbol{q}_D \end{bmatrix} \tag{10.33}$$

上記の分割に対応させて，式 (10.9b) の速度レベルの拘束条件も次のように分割する．

$$\boldsymbol{C}_{\boldsymbol{q}}\dot{\boldsymbol{q}} = [\boldsymbol{C}_{\boldsymbol{q}_I} \quad \boldsymbol{C}_{\boldsymbol{q}_D}] \begin{bmatrix} \dot{\boldsymbol{q}}_I \\ \dot{\boldsymbol{q}}_D \end{bmatrix} = \boldsymbol{C}_{\boldsymbol{q}_I}\dot{\boldsymbol{q}}_I + \boldsymbol{C}_{\boldsymbol{q}_D}\dot{\boldsymbol{q}}_D = \boldsymbol{\nu} \tag{10.34}$$

ここで，$\boldsymbol{C}_{\boldsymbol{q}_I}$ は $N_h \times (N_c - N_h)$ 次元の行列，$\boldsymbol{C}_{\boldsymbol{q}_D}$ は $N_h \times N_h$ 次元の行列である．拘束条件がすべて独立であるとすると，一般性を失うことなく $\boldsymbol{C}_{\boldsymbol{q}_D}$ は正則と仮定することができ，式 (10.34) より次の関係が得られる．

$$\dot{\boldsymbol{q}}_D = -\boldsymbol{C}_{\boldsymbol{q}_D}^{-1}\boldsymbol{C}_{\boldsymbol{q}_I}\dot{\boldsymbol{q}}_I - \boldsymbol{C}_{\boldsymbol{q}_D}^{-1}\boldsymbol{\nu} \tag{10.35}$$

これより，一般化速度 $\dot{\boldsymbol{q}}$ は独立座標の速度 $\dot{\boldsymbol{q}}_I$ を用いて次式のように表せる．

$$\dot{\boldsymbol{q}} = \begin{bmatrix} \dot{\boldsymbol{q}}_I \\ \dot{\boldsymbol{q}}_D \end{bmatrix} = \begin{bmatrix} \boldsymbol{E} \\ -\boldsymbol{C}_{\boldsymbol{q}_D}^{-1}\boldsymbol{C}_{\boldsymbol{q}_I} \end{bmatrix} \dot{\boldsymbol{q}}_I + \begin{bmatrix} \boldsymbol{0} \\ -\boldsymbol{C}_{\boldsymbol{q}_D}^{-1}\boldsymbol{\nu} \end{bmatrix} \tag{10.36}$$

ここで，

$$\boldsymbol{B} = \begin{bmatrix} \boldsymbol{E} \\ -\boldsymbol{C}_{\boldsymbol{q}_D}^{-1}\boldsymbol{C}_{\boldsymbol{q}_I} \end{bmatrix}, \quad \boldsymbol{\kappa} = \begin{bmatrix} \boldsymbol{0} \\ -\boldsymbol{C}_{\boldsymbol{q}_D}^{-1}\boldsymbol{\nu} \end{bmatrix} \tag{10.37}$$

と定義すると，式 (10.36) は次のように簡潔に表現できる．

$$\dot{\boldsymbol{q}} = \boldsymbol{B}\dot{\boldsymbol{q}}_I + \boldsymbol{\kappa} \tag{10.38}$$

行列 $\boldsymbol{B}$ は**速度変換行列** (velocity transformation matrix) とよばれている．

同様に，式 (10.11b) の加速度レベルの拘束条件も次のように分割して表す．

$$\boldsymbol{C}_{\boldsymbol{q}}\ddot{\boldsymbol{q}} = [\boldsymbol{C}_{\boldsymbol{q}_I} \quad \boldsymbol{C}_{\boldsymbol{q}_D}] \begin{bmatrix} \ddot{\boldsymbol{q}}_I \\ \ddot{\boldsymbol{q}}_D \end{bmatrix} = \boldsymbol{C}_{\boldsymbol{q}_I}\ddot{\boldsymbol{q}}_I + \boldsymbol{C}_{\boldsymbol{q}_D}\ddot{\boldsymbol{q}}_D = \boldsymbol{\gamma} \tag{10.39}$$

上式より次の関係が得られる．

$$\ddot{\boldsymbol{q}}_D = -\boldsymbol{C}_{\boldsymbol{q}_D}^{-1}\boldsymbol{C}_{\boldsymbol{q}_I}\ddot{\boldsymbol{q}}_I + \boldsymbol{C}_{\boldsymbol{q}_D}^{-1}\boldsymbol{\gamma} \tag{10.40}$$

これより，一般化加速度 $\ddot{\boldsymbol{q}}$ は，独立座標の加速度 $\ddot{\boldsymbol{q}}_I$ を用いて次のように表せる．

$$\ddot{\boldsymbol{q}} = \begin{bmatrix} \ddot{\boldsymbol{q}}_I \\ \ddot{\boldsymbol{q}}_D \end{bmatrix} = \begin{bmatrix} \boldsymbol{E} \\ -\boldsymbol{C}_{\boldsymbol{q}_D}^{-1}\boldsymbol{C}_{\boldsymbol{q}_I} \end{bmatrix} \ddot{\boldsymbol{q}}_I + \begin{bmatrix} \boldsymbol{0} \\ \boldsymbol{C}_{\boldsymbol{q}_D}^{-1}\boldsymbol{\gamma} \end{bmatrix} \tag{10.41}$$

ここで，

$$\boldsymbol{\sigma} = \begin{bmatrix} \mathbf{0} \\ \boldsymbol{C}_{\boldsymbol{q}_D}^{-1}\boldsymbol{\gamma} \end{bmatrix} \tag{10.42}$$

と定義すると，式 (10.41) は次のように簡潔に表現できる．

$$\ddot{\boldsymbol{q}} = \boldsymbol{B}\ddot{\boldsymbol{q}}_I + \boldsymbol{\sigma} \tag{10.43}$$

式 (10.43) を式 (10.7a) に代入すると，次式のようになる．

$$\boldsymbol{M}(\boldsymbol{B}\ddot{\boldsymbol{q}}_I + \boldsymbol{\sigma}) + \boldsymbol{C}_{\boldsymbol{q}}^T\boldsymbol{\lambda} = \boldsymbol{Q} \tag{10.44}$$

上式の両辺に左から $\boldsymbol{B}^T$ を乗じると，次式が得られる．

$$\boldsymbol{B}^T\boldsymbol{M}\boldsymbol{B}\ddot{\boldsymbol{q}}_I + \boldsymbol{B}^T\boldsymbol{M}\boldsymbol{\sigma} + \boldsymbol{B}^T\boldsymbol{C}_{\boldsymbol{q}}^T\boldsymbol{\lambda} = \boldsymbol{B}^T\boldsymbol{Q} \tag{10.45}$$

ここで，

$$\boldsymbol{B}^T\boldsymbol{C}_{\boldsymbol{q}}^T = [\boldsymbol{E} \quad -(\boldsymbol{C}_{\boldsymbol{q}_D}^{-1}\boldsymbol{C}_{\boldsymbol{q}_I})^T] \begin{bmatrix} \boldsymbol{C}_{\boldsymbol{q}_I}^T \\ \boldsymbol{C}_{\boldsymbol{q}_D}^T \end{bmatrix} = \boldsymbol{C}_{\boldsymbol{q}_I}^T - \boldsymbol{C}_{\boldsymbol{q}_I}^T\boldsymbol{C}_{\boldsymbol{q}_D}^{-T}\boldsymbol{C}_{\boldsymbol{q}_D}^T = \mathbf{0} \tag{10.46}$$

となることに注意すると，式 (10.45) は次のように整理できる．

$$\boldsymbol{B}^T\boldsymbol{M}\boldsymbol{B}\ddot{\boldsymbol{q}}_I = \boldsymbol{B}^T(\boldsymbol{Q} - \boldsymbol{M}\boldsymbol{\sigma}) \tag{10.47}$$

さらに，

$$\boldsymbol{M}^I = \boldsymbol{B}^T\boldsymbol{M}\boldsymbol{B} \tag{10.48}$$

$$\boldsymbol{Q}^I = \boldsymbol{B}^T(\boldsymbol{Q} - \boldsymbol{M}\boldsymbol{\sigma}) \tag{10.49}$$

と定義すると，式 (10.47) は次のように表せる．

$$\boldsymbol{M}^I\ddot{\boldsymbol{q}}_I = \boldsymbol{Q}^I \tag{10.50}$$

上式は，従属変数 $\boldsymbol{q}_D$ およびラグランジュ乗数 $\boldsymbol{\lambda}$ が消去され，独立座標 $\boldsymbol{q}_I$ のみによって記述された最小次元の運動方程式となっている．この線形方程式を解くことによって $\ddot{\boldsymbol{q}}_I$ が得られる．したがって，状態変数およびその時間微分を

$$\boldsymbol{y} = \begin{bmatrix} \boldsymbol{q}_I \\ \dot{\boldsymbol{q}}_I \end{bmatrix}, \quad \dot{\boldsymbol{y}} = \begin{bmatrix} \dot{\boldsymbol{q}}_I \\ \ddot{\boldsymbol{q}}_I \end{bmatrix} \tag{10.51}$$

と定義すると，式 (10.50) は次のような常微分方程式に帰着できる．

$$\dot{\boldsymbol{y}} = \boldsymbol{F}(\boldsymbol{y}, t) \tag{10.52}$$

上式に適切な数値積分法を適用することで，時刻 t の位置，速度 $\boldsymbol{y}(t)$ から少し未来の時刻 $t + \Delta t$ の位置，速度 $y(t + \Delta t)$ を求めることができる．

$$\dot{\boldsymbol{y}}(t) \xrightarrow{\text{数値積分}} \boldsymbol{y}(t + \Delta t) \tag{10.53}$$

独立成分 $\boldsymbol{q}_I, \dot{\boldsymbol{q}}_I, \ddot{\boldsymbol{q}}_I$ が得られると，式 (10.7b) の拘束条件，式 (10.35)，および式 (10.40) より，従属成分 $\boldsymbol{q}_D, \dot{\boldsymbol{q}}_D, \ddot{\boldsymbol{q}}_D$ を計算することができる．

例題 10.2 例題 10.1 の 2 関節ロボットアームについて考える．独立座標を $\boldsymbol{q}_I = [\phi_1 \;\; \phi_2]^T$ とするとき，式 (10.50) の形式の最小次元運動方程式を導出せよ．

解 例題 10.1 では一般化座標を $\boldsymbol{q} = [\boldsymbol{q}_1^T \;\; \boldsymbol{q}_2^T]^T$, $\boldsymbol{q}_1 = [x_1 \;\; y_1 \;\; \phi_1]^T$, $\boldsymbol{q}_2 = [x_2 \;\; y_2 \;\; \phi_2]^T$ と定義し，式 (10.7) の各行列およびベクトルを以下のように求めた．

$$\boldsymbol{M} = \begin{bmatrix} \boldsymbol{M}_1 & \boldsymbol{0} \\ \boldsymbol{0} & \boldsymbol{M}_2 \end{bmatrix} = \begin{bmatrix} m_1 & 0 & 0 & 0 & 0 & 0 \\ 0 & m_1 & 0 & 0 & 0 & 0 \\ 0 & 0 & I_1 & 0 & 0 & 0 \\ 0 & 0 & 0 & m_2 & 0 & 0 \\ 0 & 0 & 0 & 0 & m_2 & 0 \\ 0 & 0 & 0 & 0 & 0 & I_2 \end{bmatrix} \tag{10.54}$$

$$\boldsymbol{C}_{\boldsymbol{q}} = [\boldsymbol{C}_{\boldsymbol{q}_1} \;\; \boldsymbol{C}_{\boldsymbol{q}_2}] = \begin{bmatrix} 1 & 0 & s_1 \sin\phi_1 & 0 & 0 & 0 \\ 0 & 1 & -s_1 \cos\phi_1 & 0 & 0 & 0 \\ 1 & 0 & -(l_1 - s_1)\sin\phi_1 & -1 & 0 & -s_2 \sin\phi_2 \\ 0 & 1 & (l_1 - s_1)\cos\phi_1 & 0 & -1 & s_2 \cos\phi_2 \end{bmatrix} \tag{10.55}$$

$$\boldsymbol{Q} = \begin{bmatrix} \boldsymbol{Q}_1^v \\ \boldsymbol{Q}_2^v \end{bmatrix} + \begin{bmatrix} \boldsymbol{Q}_1^p \\ \boldsymbol{Q}_2^p \end{bmatrix} + \begin{bmatrix} \boldsymbol{H}_1 \\ \boldsymbol{H}_2 \end{bmatrix} \boldsymbol{f}^a = \begin{bmatrix} 0 \\ -m_1 g \\ 0 \\ 0 \\ -m_2 g \\ 0 \end{bmatrix} + \begin{bmatrix} 0 & 0 \\ 0 & 0 \\ 1 & -1 \\ 0 & 0 \\ 0 & 0 \\ 0 & 1 \end{bmatrix} \begin{bmatrix} \tau_1 \\ \tau_2 \end{bmatrix} \tag{10.56}$$

本例題では消去法を用いるため，一般化座標を $\boldsymbol{q} = [\boldsymbol{q}_I^T \;\; \boldsymbol{q}_D^T]^T$, $\boldsymbol{q}_I = [\phi_1 \;\; \phi_2]^T$, $\boldsymbol{q}_D = [x_1 \;\; y_1 \;\; x_2 \;\; y_2]^T$ と再定義し，これに対応させて式 (10.54)〜(10.56) の各行列およびベクトルの要素を並べ替えると，以下のようになる．

$$\boldsymbol{M} = \begin{bmatrix} I_1 & 0 & 0 & 0 & 0 & 0 \\ 0 & I_2 & 0 & 0 & 0 & 0 \\ 0 & 0 & m_1 & 0 & 0 & 0 \\ 0 & 0 & 0 & m_1 & 0 & 0 \\ 0 & 0 & 0 & 0 & m_2 & 0 \\ 0 & 0 & 0 & 0 & 0 & m_2 \end{bmatrix} \tag{10.57}$$

$$\boldsymbol{C}_{\boldsymbol{q}} = [\boldsymbol{C}_{\boldsymbol{q}_I} \;\; \boldsymbol{C}_{\boldsymbol{q}_D}] = \begin{bmatrix} s_1 \sin\phi_1 & 0 & 1 & 0 & 0 & 0 \\ -s_1 \cos\phi_1 & 0 & 0 & 1 & 0 & 0 \\ -(l_1 - s_1)\sin\phi_1 & -s_2 \sin\phi_2 & 1 & 0 & -1 & 0 \\ (l_1 - s_1)\cos\phi_1 & s_2 \cos\phi_2 & 0 & 1 & 0 & -1 \end{bmatrix} \tag{10.58}$$

$$\boldsymbol{Q} = \boldsymbol{Q}^v + \boldsymbol{Q}^p + \boldsymbol{H}\boldsymbol{f}^a = \underbrace{\begin{bmatrix} 0 \\ 0 \\ 0 \\ -m_1 g \\ 0 \\ -m_2 g \end{bmatrix}}_{\boldsymbol{Q}^p} + \underbrace{\begin{bmatrix} 1 & -1 \\ 0 & 1 \\ 0 & 0 \\ 0 & 0 \\ 0 & 0 \\ 0 & 0 \end{bmatrix}}_{\boldsymbol{H}} \underbrace{\begin{bmatrix} \tau_1 \\ \tau_2 \end{bmatrix}}_{\boldsymbol{f}^a} \tag{10.59}$$

このとき，式 (10.39) を具体的に求めると，次式のようになる．

$$\underbrace{\begin{bmatrix} s_1 \sin\phi_1 & 0 \\ -s_1 \cos\phi_1 & 0 \\ -(l_1 - s_1)\sin\phi_1 & -s_2 \sin\phi_2 \\ (l_1 - s_1)\cos\phi_1 & s_2 \cos\phi_2 \end{bmatrix}}_{\boldsymbol{C}_{\boldsymbol{q}_I}} \underbrace{\begin{bmatrix} \ddot{\phi}_1 \\ \ddot{\phi}_2 \end{bmatrix}}_{\ddot{\boldsymbol{q}}_I} + \underbrace{\begin{bmatrix} 1 & 0 & 0 & 0 \\ 0 & 1 & 0 & 0 \\ 1 & 0 & -1 & 0 \\ 0 & 1 & 0 & -1 \end{bmatrix}}_{\boldsymbol{C}_{\boldsymbol{q}_D}} \underbrace{\begin{bmatrix} \ddot{x}_1 \\ \ddot{y}_1 \\ \ddot{x}_2 \\ \ddot{y}_2 \end{bmatrix}}_{\ddot{\boldsymbol{q}}_D} = \boldsymbol{\gamma} \tag{10.60}$$

これより，式 (10.43) は次式のように計算できる．

$$\underbrace{\begin{bmatrix} \ddot{\phi}_1 \\ \ddot{\phi}_2 \\ \ddot{x}_1 \\ \ddot{y}_1 \\ \ddot{x}_2 \\ \ddot{y}_2 \end{bmatrix}}_{\ddot{\boldsymbol{q}}} = \underbrace{\begin{bmatrix} 1 & 0 \\ 0 & 1 \\ -s_1 \sin\phi_1 & 0 \\ s_1 \cos\phi_1 & 0 \\ -l_1 \sin\phi_1 & -s_2 \sin\phi_2 \\ l_1 \cos\phi_1 & s_2 \cos\phi_2 \end{bmatrix}}_{\boldsymbol{B}} \underbrace{\begin{bmatrix} \ddot{\phi}_1 \\ \ddot{\phi}_2 \end{bmatrix}}_{\ddot{\boldsymbol{q}}_I} + \underbrace{\begin{bmatrix} 0 \\ 0 \\ -s_1 \dot{\phi}_1^2 \cos\phi_1 \\ -s_1 \dot{\phi}_1^2 \sin\phi_1 \\ -l_1 \dot{\phi}_1^2 \cos\phi_1 - s_2 \dot{\phi}_2^2 \cos\phi_2 \\ -l_1 \dot{\phi}_1^2 \sin\phi_1 - s_2 \dot{\phi}_2^2 \sin\phi_2 \end{bmatrix}}_{\boldsymbol{\sigma}} \tag{10.61}$$

式 (10.57), (10.59)，および (10.61) より，式 (10.48) と式 (10.49) を計算すると

$$\boldsymbol{M}^I = \boldsymbol{B}^T \boldsymbol{M} \boldsymbol{B} = \begin{bmatrix} I_1 + m_1 s_1^2 + m_2 l_1^2 & m_2 l_1 s_2 \cos(\phi_2 - \phi_1) \\ m_2 l_1 s_2 \cos(\phi_2 - \phi_1) & I_2 + m_2 s_2^2 \end{bmatrix}$$

$$\boldsymbol{Q}^I = \boldsymbol{B}^T(\boldsymbol{Q} - \boldsymbol{M}\boldsymbol{\sigma}) = \begin{bmatrix} -(m_1 s_1 + m_2 l_1) g \cos\phi_1 + \tau_1 - \tau_2 + m_2 l_1 s_2 \dot{\phi}_2^2 \sin(\phi_2 - \phi_1) \\ -m_2 s_2 g \cos\phi_2 + \tau_2 - m_2 l_1 s_2 \dot{\phi}_1^2 \sin(\phi_2 - \phi_1) \end{bmatrix}$$

となる．以上の結果を用いることで，式 (10.50) の形式の最小次元運動方程式を得る．

10.3　順動力学解析のプログラム

10.3.1　拡大法

拡大法によるマルチボディシステムの動力学解析は，式 (10.12)，または式 (10.32)

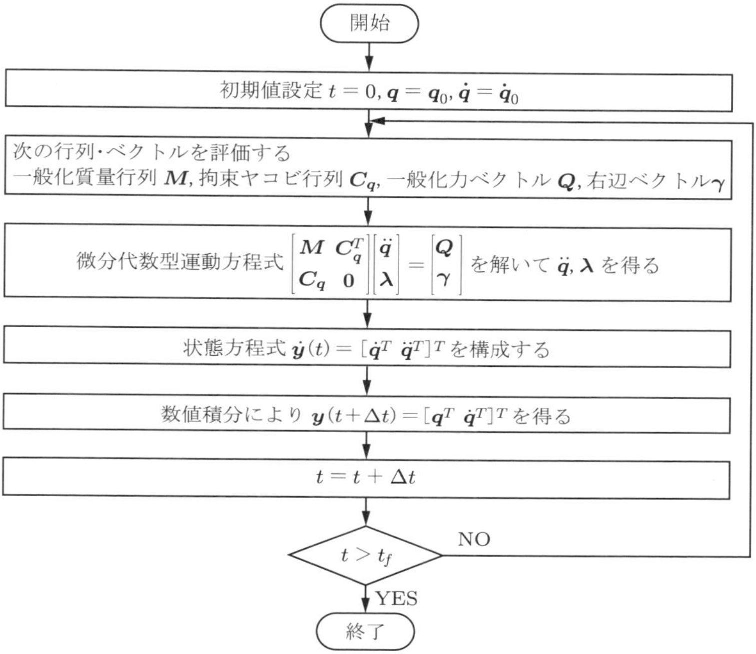

図 10.4　順動力学解析（拡大法）のフローチャート

を用いて行うことができる．計算の流れを図 10.4 に示す．必要なステップは下記のようになる．

1. 時間を $t = 0$ と初期化し，初期位置 $\boldsymbol{q}_0$ および初期速度 $\dot{\boldsymbol{q}}_0$ を与える．
2. 一般化質量行列 $\boldsymbol{M}$，ヤコビ行列 $\boldsymbol{C_q}$，一般化力ベクトル $\boldsymbol{Q}$，加速度レベルの拘束条件の右辺ベクトル $\boldsymbol{\gamma}$ を計算する．
3. 微分代数方程式 (10.12)，またはバウムガルテの安定化法を用いて修正を加えた式 (10.32) を解き，$\ddot{\boldsymbol{q}}$ および $\boldsymbol{\lambda}$ を得る．
4. 状態方程式 $\dot{\boldsymbol{y}}(t) = [\dot{\boldsymbol{q}}^T \ \ \ddot{\boldsymbol{q}}^T]^T$ を構成する．
5. 数値積分を行って Δt 後の状態 $\boldsymbol{y}(t + \Delta t) = [\boldsymbol{q}^T \ \ \dot{\boldsymbol{q}}^T]^T$ を計算する．
6. 時間を $t = t + \Delta t$ と更新し，$t > t_f$（t_f：計算終了時刻）となれば動力学解析を終了する．そうでない場合はステップ 2 へ．

ステップ 3 において必要になる連立 1 次方程式の解法については，すでに第 6 章で説明した．ステップ 5 で必要となる数値積分による微分方程式の解法については，第 11 章で詳しく説明する．以下では，簡単な例題に沿って拡大法による動力学解析全体の流れを確認し，プログラムの例を示す．

例題 10.3　図 10.5 のような剛体振子の順動力学解析を拡大法によって行え．ただし，ボディの長さを $l_1 = 1.0\,\mathrm{m}$，質量を $m_1 = 5.0\,\mathrm{kg}$，重心まわりの慣性モーメントを $I_1 = m_1 l_1^2/12$，点 P と重心 G の間の距離を $s_1 = 0.5\,\mathrm{m}$ とする．

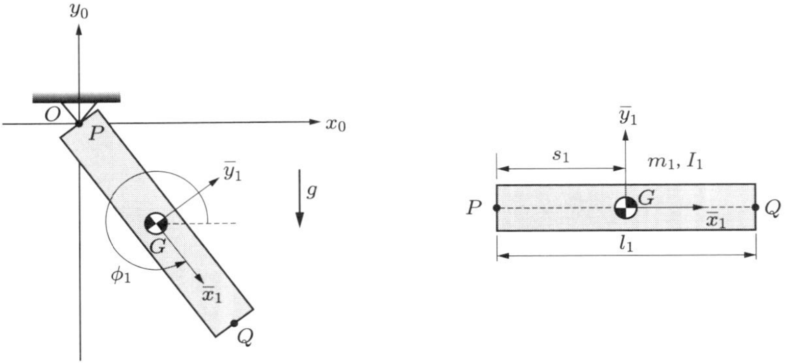

図 10.5　剛体振子

解　点 P および点 Q の座標は，それぞれ次式のように計算できる．

$$\boldsymbol{r}_1^P = \boldsymbol{R}_1 + \boldsymbol{A}_1\overline{\boldsymbol{u}}_1^P = \begin{bmatrix} x_1 \\ y_1 \end{bmatrix} + \begin{bmatrix} \cos\phi_1 & -\sin\phi_1 \\ \sin\phi_1 & \cos\phi_1 \end{bmatrix} \begin{bmatrix} -s_1 \\ 0 \end{bmatrix} \tag{10.62}$$

$$\boldsymbol{r}_1^Q = \boldsymbol{R}_1 + \boldsymbol{A}_1\overline{\boldsymbol{u}}_1^Q = \begin{bmatrix} x_1 \\ y_1 \end{bmatrix} + \begin{bmatrix} \cos\phi_1 & -\sin\phi_1 \\ \sin\phi_1 & \cos\phi_1 \end{bmatrix} \begin{bmatrix} l_1 - s_1 \\ 0 \end{bmatrix} \tag{10.63}$$

点 P が支点（原点）O に回転ジョイントで結合される拘束条件は次のように記述できる．

$$\boldsymbol{C} = \begin{bmatrix} C^1 \\ C^2 \end{bmatrix} = \boldsymbol{r}_1^P = \begin{bmatrix} x_1 - s_1\cos\phi_1 \\ y_1 - s_1\sin\phi_1 \end{bmatrix} = \begin{bmatrix} 0 \\ 0 \end{bmatrix} \tag{10.64}$$

式 (10.64) を時間で微分すると，次式のようになる．

$$\dot{\boldsymbol{C}} = \begin{bmatrix} \dot{C}^1 \\ \dot{C}^2 \end{bmatrix} = \begin{bmatrix} \dot{x}_1 + s_1\sin\phi_1\dot{\phi}_1 \\ \dot{y}_1 - s_1\cos\phi_1\dot{\phi}_1 \end{bmatrix} = \underbrace{\begin{bmatrix} 1 & 0 & s_1\sin\phi_1 \\ 0 & 1 & -s_1\cos\phi_1 \end{bmatrix}}_{\boldsymbol{C_q}} \underbrace{\begin{bmatrix} \dot{x}_1 \\ \dot{y}_1 \\ \dot{\phi}_1 \end{bmatrix}}_{\dot{\boldsymbol{q}}} = \begin{bmatrix} 0 \\ 0 \end{bmatrix} \tag{10.65}$$

上式をさらに時間で微分すると，次の関係が得られる．

$$\begin{aligned} \ddot{\boldsymbol{C}} &= \begin{bmatrix} \ddot{C}^1 \\ \ddot{C}^2 \end{bmatrix} = \begin{bmatrix} \ddot{x}_1 + s_1\sin\phi_1\ddot{\phi}_1 + s_1\cos\phi_1\dot{\phi}_1^2 \\ \ddot{y}_1 - s_1\cos\phi_1\ddot{\phi}_1 + s_1\sin\phi_1\dot{\phi}_1^2 \end{bmatrix} \\ &= \underbrace{\begin{bmatrix} 1 & 0 & s_1\sin\phi_1 \\ 0 & 1 & -s_1\cos\phi_1 \end{bmatrix}}_{\boldsymbol{C_q}} \underbrace{\begin{bmatrix} \ddot{x}_1 \\ \ddot{y}_1 \\ \ddot{\phi}_1 \end{bmatrix}}_{\ddot{\boldsymbol{q}}} - \underbrace{\begin{bmatrix} -s_1\dot{\phi}_1^2\cos\phi_1 \\ -s_1\dot{\phi}_1^2\sin\phi_1 \end{bmatrix}}_{\boldsymbol{\gamma}} = \begin{bmatrix} 0 \\ 0 \end{bmatrix} \end{aligned} \tag{10.66}$$

一方，ボディ座標系の原点を重心に一致させているので，非拘束状態の運動方程式は

$$\underbrace{\begin{bmatrix} m_1 & 0 & 0 \\ 0 & m_1 & 0 \\ 0 & 0 & I_1 \end{bmatrix}}_{\boldsymbol{M}} \underbrace{\begin{bmatrix} \ddot{x}_1 \\ \ddot{y}_1 \\ \ddot{\phi}_1 \end{bmatrix}}_{\ddot{\boldsymbol{q}}} = \underbrace{\begin{bmatrix} 0 \\ -m_1 g \\ 0 \end{bmatrix}}_{\boldsymbol{Q}} \tag{10.67}$$

のようになる．以上より，式 (10.12) の形式の微分代数方程式が次のように構築できる．

$$\left[\begin{array}{ccc|cc} m_1 & 0 & 0 & 1 & 0 \\ 0 & m_1 & 0 & 0 & 1 \\ 0 & 0 & I_1 & s_1 \sin\phi_1 & -s_1\cos\phi_1 \\ \hline 1 & 0 & s_1\sin\phi_1 & 0 & 0 \\ 0 & 1 & -s_1\cos\phi_1 & 0 & 0 \end{array}\right] \left[\begin{array}{c} \ddot{x}_1 \\ \ddot{y}_1 \\ \ddot{\phi}_1 \\ \hline \lambda_1 \\ \lambda_2 \end{array}\right] = \left[\begin{array}{c} 0 \\ -m_1 g \\ 0 \\ \hline -s_1\dot{\phi}_1^2\cos\phi_1 \\ -s_1\dot{\phi}_1^2\sin\phi_1 \end{array}\right] \tag{10.68}$$

バウムガルテの安定化法を用いる場合は，上式の右辺の第 4, 5 行に誤差のフィードバック項 $-2\alpha\dot{\boldsymbol{C}} - \beta^2\boldsymbol{C}$ を加えて計算を行う．

以上の定式化のもと，$t = 0\,\mathrm{s}$ から $t = 5\,\mathrm{s}$ まで順動力学解析を行う MATLAB のプログラムの例を以下に示す．また，解析結果を図 10.6 および図 10.7 に示す．

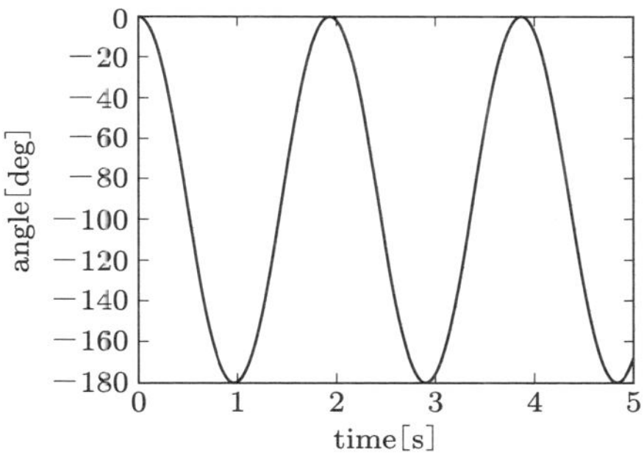

図 10.6　例題 10.3 の結果：振子の回転角（$\alpha = \beta = 10$ の場合）

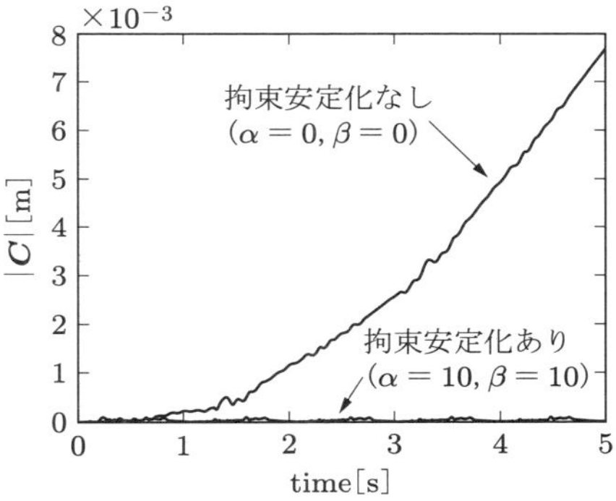

図 10.7　例題 10.3 の結果：拘束条件の誤差

```
%%% 例題 10.3:剛体振子の順動力学解析（拡大法）%%%
function Pendulum1
clear all
global s1 m1 I1 g
%============パラメータ設定===================
l1=1.0;            %（長さ）
s1=0.5;            %（軸と重心の距離）
g=9.81;            %（重力加速度）
m1=5.0;            %（質量）
I1=m1*l1^2/12;     %（慣性モーメント）
%============数値積分==========================
```

```
TSPAN=[0:1E-2:5];
X0=[l1/2 0 0 0 0 0]';
[t,X]=ode45(@func,TSPAN,X0);
%============アニメーション====================
for i=1:length(X)
    figure(1);plot([0,0],[0,0]);
    grid; axis square;
    xmin=-1.2; xmax=1.2; ymin=-1.4; ymax=1.0;
    axis([xmin,xmax,ymin,ymax]);
    hold on;
    xP=X(i,1)-s1*cos(X(i,3));
    yP=X(i,2)-s1*sin(X(i,3));
    xQ=X(i,1)+(l1-s1)*cos(X(i,3));
    yQ=X(i,2)+(l1-s1)*sin(X(i,3));
    plot([xP,xQ],[yP,yQ],'linewidth',4);
    drawnow
    hold off
    set(1,'doublebuffer','on')
end
%============グラフ作成========================
figure(2);plot(t,X(:,3)*180/pi)
xlabel('time [s]','FontSize',18);
ylabel('angle [deg]','FontSize',18);
%============状態方程式========================
function dXdt=func(t,X)
global s1 m1 I1 g
%============運動方程式========================
M=[m1  0  0;      %（一般化質量行列）
    0 m1  0;
    0  0 I1];
Q=[   0;          %（一般化外力）
    -m1*g;
      0];
Cq=[1 0  s1*sin(X(3));
    0 1 -s1*cos(X(3))];
A =[  M      Cq';
     Cq  zeros(2,2)];
%（バウムガルテの安定化法なし）%%%%%%%%%%%%%%%%%
Gm=[-s1*cos(X(3))*X(6)^2;
    -s1*sin(X(3))*X(6)^2];
%（バウムガルテの安定化法あり）%%%%%%%%%%%%%%%%%
alph=50;
beta=50;
C =[X(1)-s1*cos(X(3));
    X(2)-s1*sin(X(3))];
C1=[X(4)+s1*sin(X(3))*X(6);
    X(5)-s1*cos(X(3))*X(6)];
Gm=[-s1*cos(X(3))*X(6)^2;
    -s1*sin(X(3))*X(6)^2]-2*alph*C1-(beta^2)*C;
```

```
RHS=[Q;
     Gm];
ACC=A\RHS;
dXdt=zeros(6,1);
dXdt(1:3)=X(4:6);
dXdt(4:6)=ACC(1:3);
```

10.3.2 消去法

消去法によるマルチボディシステムの動力学解析は，式 (10.50) を用いて行うことができる．計算の流れを図 10.8 に示す．必要なステップは下記のようになる．

1. 時間を $t = 0$ と初期化し，独立座標の初期位置 $\boldsymbol{q}_{I0}$ および初期速度 $\dot{\boldsymbol{q}}_{I0}$ を与える．
2. 一般化質量行列 $\boldsymbol{M}$，速度変換行列 $\boldsymbol{B}$，一般化力ベクトル $\boldsymbol{Q}$，速度 2 乗ベクトル $\boldsymbol{\sigma}$ を計算する．
3. 最小次元運動方程式 (10.50) を解き，独立座標の加速度 $\ddot{\boldsymbol{q}}_I$ を得る．
4. 状態方程式 $\dot{\boldsymbol{y}}(t) = [\dot{\boldsymbol{q}}_I^T \quad \ddot{\boldsymbol{q}}_I^T]^T$ を構成する．

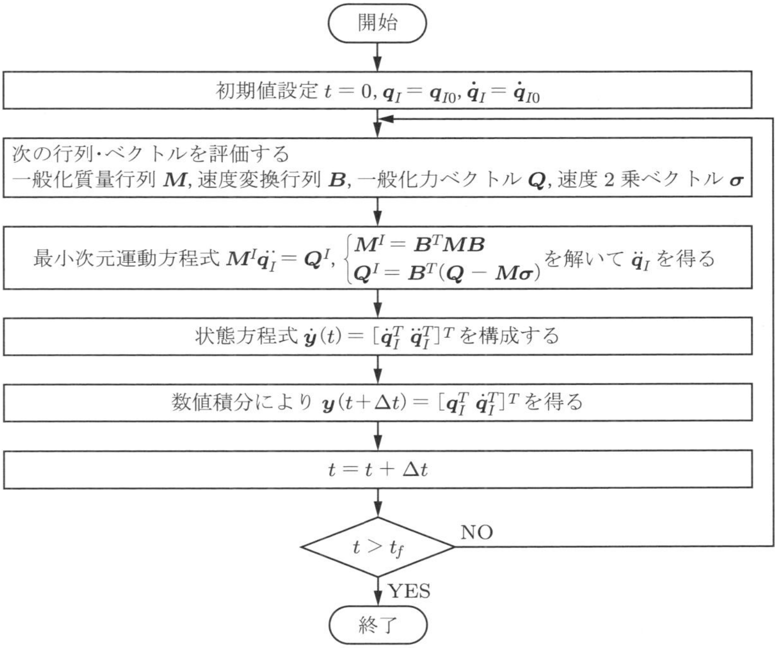

図 10.8 順動力学解析（消去法）のフローチャート

5. 数値積分を行って Δt 後の状態 $\boldsymbol{y}(t+\Delta t) = [\boldsymbol{q}_I^T \quad \dot{\boldsymbol{q}}_I^T]^T$ を計算する．
6. 時間を $t = t + \Delta t$ と更新し，$t > t_f$（t_f：計算終了時刻）となれば動力学解析を終了する．そうでない場合はステップ 2 へ．

以下では，簡単な例題に沿って消去法による順動力学解析全体の流れを確認し，プログラムの例を示す．

例題 10.4　例題 10.3 の剛体振子の順動力学解析を消去法によって行え．

解　例題 10.3 では，$\boldsymbol{q} = [x_1 \quad y_1 \quad \phi_1]^T$ に対して，一般化質量行列，一般化力，およびヤコビ行列を次のように求めた．

$$\boldsymbol{M} = \begin{bmatrix} m_1 & 0 & 0 \\ 0 & m_1 & 0 \\ 0 & 0 & I_1 \end{bmatrix}, \quad \boldsymbol{Q} = \begin{bmatrix} 0 \\ -m_1 g \\ 0 \end{bmatrix}, \quad \boldsymbol{C_q} = \begin{bmatrix} 1 & 0 & s_1 \sin\phi_1 \\ 0 & 1 & -s_1\cos\phi_1 \end{bmatrix} \tag{10.69}$$

ここでは，$\boldsymbol{q}_I = \phi_1$, $\boldsymbol{q}_D = [x_1 \quad y_1]^T$ とし，$\boldsymbol{q} = [\boldsymbol{q}_I^T \quad \boldsymbol{q}_D^T] = [\phi_1 \quad x_1 \quad y_1]^T$ のように再定義する．これに対応させて一般化質量行列および一般化力を並べ替えると，次のようになる．

$$\boldsymbol{M} = \begin{bmatrix} I_1 & 0 & 0 \\ 0 & m_1 & 0 \\ 0 & 0 & m_1 \end{bmatrix}, \quad \boldsymbol{Q} = \begin{bmatrix} 0 \\ 0 \\ -m_1 g \end{bmatrix} \tag{10.70}$$

また，ヤコビ行列 $\boldsymbol{C_q}$ を $\boldsymbol{q}_I$ と $\boldsymbol{q}_D$ に対応させて分割すると，次式のようになる．

$$\boldsymbol{C}_{\boldsymbol{q}_I} = \begin{bmatrix} s_1\sin\phi_1 \\ -s_1\cos\phi_1 \end{bmatrix}, \quad \boldsymbol{C}_{\boldsymbol{q}_D} = \begin{bmatrix} 1 & 0 \\ 0 & 1 \end{bmatrix} \tag{10.71}$$

これより，速度変換行列 $\boldsymbol{B}$ および速度 2 乗ベクトル $\boldsymbol{\sigma}$ は次のように求められる．

$$\boldsymbol{B} = \begin{bmatrix} \boldsymbol{E} \\ -\boldsymbol{C}_{\boldsymbol{q}_D}^{-1}\boldsymbol{C}_{\boldsymbol{q}_I} \end{bmatrix} = \begin{bmatrix} 1 \\ -s_1\sin\phi_1 \\ s_1\cos\phi_1 \end{bmatrix}, \quad \boldsymbol{\sigma} = \begin{bmatrix} \boldsymbol{0} \\ \boldsymbol{C}_{\boldsymbol{q}_D}^{-1}\boldsymbol{\gamma} \end{bmatrix} = \begin{bmatrix} 0 \\ -s_1\cos\phi_1 \\ -s_1\sin\phi_1 \end{bmatrix}\dot{\phi}_1^2 \tag{10.72}$$

このとき，式 (10.48) および式 (10.49) より，次のように計算することができる．

$$\begin{aligned} \boldsymbol{M}^I &= \boldsymbol{B}^T\boldsymbol{M}\boldsymbol{B} = [1 \quad -s_1\sin\phi_1 \quad s_1\cos\phi_1] \begin{bmatrix} I_1 & 0 & 0 \\ 0 & m_1 & 0 \\ 0 & 0 & m_1 \end{bmatrix} \begin{bmatrix} 1 \\ -s_1\sin\phi_1 \\ s_1\cos\phi_1 \end{bmatrix} \\ &= I_1 + m_1 s_1^2 \end{aligned} \tag{10.73}$$

$$\begin{aligned} \boldsymbol{Q}^I &= \boldsymbol{B}^T(\boldsymbol{Q} - \boldsymbol{M}\boldsymbol{\sigma}) \\ &= [1 \quad -s_1\sin\phi_1 \quad s_1\cos\phi_1] \left\{ \begin{bmatrix} 0 \\ 0 \\ -m_1 g \end{bmatrix} - \begin{bmatrix} I_1 & 0 & 0 \\ 0 & m_1 & 0 \\ 0 & 0 & m_1 \end{bmatrix} \begin{bmatrix} 0 \\ -s_1\cos\phi_1 \\ -s_1\sin\phi_1 \end{bmatrix}\dot{\phi}_1^2 \right\} \\ &= -m_1 g s_1 \cos\phi_1 \end{aligned} \tag{10.74}$$

したがって，式 (10.50) の形式の最小次元運動方程式は次式のようになる．

$$(I_1 + m_1 s_1^2)\ddot{\phi}_1 = -m_1 g s_1 \cos\phi_1 \tag{10.75}$$

以上の定式化のもと，$t = 0$ s から $t = 5$ s まで順動力学解析を行う MATLAB のプログラムの例を以下に示す．解析結果は図 10.6 と同様のグラフになるため省略する．

```
%%% 例題 10.4:剛体振子の順動力学解析（消去法）%%%
function Pendulum2
clear all
global s1 m1 I1 g
%============パラメータ設定===================
l1=1.0;            %（長さ）
s1=0.5;            %（軸と重心の距離）
g=9.81;            %（重力加速度）
m1=5.0;            %（質量）
I1=m1*l1^2/12;     %（慣性モーメント）
%============数値積分==========================
TSPAN=[0:1E-2:5];
X0=[0 0]';
[t,X]=ode45(@func,TSPAN,X0);
%============アニメーション====================
for i=1:length(X)
    figure(1);plot([0,0],[0,0]);
    grid; axis square;
    xmin=-1.2; xmax=1.2; ymin=-1.4; ymax=1.0;
    axis([xmin,xmax,ymin,ymax]);
    hold on;
    xQ=l1*cos(X(i,1));
    yQ=l1*sin(X(i,1));
    plot([0,xQ],[0,yQ],'linewidth',4);
    drawnow
    hold off
    set(1,'doublebuffer','on')
end
%============グラフ作成========================
figure(2);plot(t,X(:,1)*180/pi)
xlabel('time [s]','FontSize',18);
ylabel('angle [deg]','FontSize',18);
%============状態方程式========================
function dXdt=func(t,X)
global s1 m1 I1 g
%============運動方程式========================
dXdt=zeros(2,1);
dXdt(1)=X(2);
dXdt(2)=-m1*g*s1*cos(X(1))/(I1+m1*s1^2);
```

10.4　逆動力学

10.4.1　拡大法

式 (10.5) の微分代数方程式に基づき，拡大法による逆動力学解析について考える．

$$\begin{cases} \boldsymbol{M}\ddot{\boldsymbol{q}} + \boldsymbol{C}_{\boldsymbol{q}}^T\boldsymbol{\lambda} = \boldsymbol{Q}^v + \boldsymbol{Q}^p + \boldsymbol{H}\boldsymbol{f}^a \\ \boldsymbol{C}(\boldsymbol{q}, t) = \boldsymbol{0} \\ \hat{\boldsymbol{C}}(\boldsymbol{q}, t) = \boldsymbol{0} \end{cases} \tag{10.5 再}$$

上式の運動学的拘束をまとめて次のように表す．

$$\begin{bmatrix} \boldsymbol{C}(\boldsymbol{q}, t) \\ \hat{\boldsymbol{C}}(\boldsymbol{q}, t) \end{bmatrix} = \begin{bmatrix} \boldsymbol{0} \\ \boldsymbol{0} \end{bmatrix} \tag{10.76}$$

上式は N_c 個の一般化座標 $\boldsymbol{q}$ に対して N_c 個の条件式を与えているので，$\boldsymbol{q}$ について解くことができる．また，上式を時間で微分することによって得られる次の速度レベルの拘束条件式を解くことによって，一般化速度 $\dot{\boldsymbol{q}}$ が得られる．

$$\begin{bmatrix} \boldsymbol{C}_{\boldsymbol{q}} \\ \hat{\boldsymbol{C}}_{\boldsymbol{q}} \end{bmatrix} \dot{\boldsymbol{q}} = \begin{bmatrix} \boldsymbol{\nu} \\ \hat{\boldsymbol{\nu}} \end{bmatrix} \tag{10.77}$$

さらに，式 (10.76) を 2 回時間で微分することによって得られる次の加速度レベルの拘束条件式を解くことによって，一般化加速度 $\ddot{\boldsymbol{q}}$ が得られる．

$$\begin{bmatrix} \boldsymbol{C}_{\boldsymbol{q}} \\ \hat{\boldsymbol{C}}_{\boldsymbol{q}} \end{bmatrix} \ddot{\boldsymbol{q}} = \begin{bmatrix} \boldsymbol{\gamma} \\ \hat{\boldsymbol{\gamma}} \end{bmatrix} \tag{10.78}$$

一方，式 (10.5) の第 1 式は次のように変形することができる．

$$[\boldsymbol{C}_{\boldsymbol{q}}^T \quad -\boldsymbol{H}] \begin{bmatrix} \boldsymbol{\lambda} \\ \boldsymbol{f}^a \end{bmatrix} = \boldsymbol{Q}^v + \boldsymbol{Q}^p - \boldsymbol{M}\ddot{\boldsymbol{q}} \tag{10.79}$$

上式に式 (10.76)〜(10.78) を解くことによって得られた $\boldsymbol{q}, \dot{\boldsymbol{q}}, \ddot{\boldsymbol{q}}$ を代入すると係数行列および右辺ベクトルが既知となるので，この線形方程式を解くことによって駆動力 $\boldsymbol{f}^a$ が求められる．また，ラグランジュ乗数 $\boldsymbol{\lambda}$ も得られるので，後述の方法により拘束力も計算することができる．

拡大法による逆動力学解析は，次のように定式化することもできる．式 (10.78) を $\ddot{\boldsymbol{q}}$ について解き，式 (10.79) に代入して両辺に左から $\boldsymbol{M}^{-1}$ を乗じると次式が得られる．

$$\boldsymbol{M}^{-1}[\boldsymbol{C}_{\boldsymbol{q}}^T \quad -\boldsymbol{H}] \begin{bmatrix} \boldsymbol{\lambda} \\ \boldsymbol{f}^a \end{bmatrix} = \boldsymbol{M}^{-1}(\boldsymbol{Q}^v + \boldsymbol{Q}^p) - \begin{bmatrix} \boldsymbol{C}_{\boldsymbol{q}} \\ \hat{\boldsymbol{C}}_{\boldsymbol{q}} \end{bmatrix}^{-1} \begin{bmatrix} \boldsymbol{\gamma} \\ \hat{\boldsymbol{\gamma}} \end{bmatrix} \tag{10.80}$$

上式の両辺に左から拘束方程式のヤコビ行列を乗じると，次のようになる．

$$\begin{bmatrix} \boldsymbol{C_q} \\ \hat{\boldsymbol{C}}_{\boldsymbol{q}} \end{bmatrix} \boldsymbol{M}^{-1} [\boldsymbol{C}_{\boldsymbol{q}}^T \quad -\boldsymbol{H}] \begin{bmatrix} \boldsymbol{\lambda} \\ \boldsymbol{f}^a \end{bmatrix} = \begin{bmatrix} \boldsymbol{C_q} \\ \hat{\boldsymbol{C}}_{\boldsymbol{q}} \end{bmatrix} \boldsymbol{M}^{-1} (\boldsymbol{Q}^v + \boldsymbol{Q}^p) - \begin{bmatrix} \gamma \\ \hat{\gamma} \end{bmatrix} \tag{10.81}$$

上式を整理することによって，次の関係式が得られる．

$$\begin{bmatrix} \boldsymbol{C_q} \boldsymbol{M}^{-1} \boldsymbol{C}_{\boldsymbol{q}}^T & -\boldsymbol{C_q} \boldsymbol{M}^{-1} \boldsymbol{H} \\ \hat{\boldsymbol{C}}_{\boldsymbol{q}} \boldsymbol{M}^{-1} \boldsymbol{C}_{\boldsymbol{q}}^T & -\hat{\boldsymbol{C}}_{\boldsymbol{q}} \boldsymbol{M}^{-1} \boldsymbol{H} \end{bmatrix} \begin{bmatrix} \boldsymbol{\lambda} \\ \boldsymbol{f}^a \end{bmatrix} = \begin{bmatrix} \boldsymbol{C_q} \boldsymbol{M}^{-1} (\boldsymbol{Q}^v + \boldsymbol{Q}^p) - \gamma \\ \hat{\boldsymbol{C}}_{\boldsymbol{q}} \boldsymbol{M}^{-1} (\boldsymbol{Q}^v + \boldsymbol{Q}^p) - \hat{\gamma} \end{bmatrix} \tag{10.82}$$

この線形方程式を解くことによっても駆動力 $\boldsymbol{f}^a$ とラグランジュ乗数 $\boldsymbol{\lambda}$ が得られる．

例題 10.5 例題 10.1 の 2 関節ロボットアームについて考える．アームの相対角変位が

$$\phi_1 = \theta_1(t) \tag{10.83}$$

$$\phi_2 - \phi_1 = \theta_2(t) \tag{10.84}$$

のように指定されるとする．ここで，$\theta_1(t), \theta_2(t)$ は与えられる時間関数であり，時間に関して 2 回微分可能とする．拡大法を用いて逆動力学解析を行い，上記の運動を実現するために必要な関節駆動トルク $\boldsymbol{f}^a = [\tau_1 \quad \tau_2]^T$ を求めよ．

解 例題 5.2 の結果より，この問題における全運動学的拘束は次のように記述できる．

$$\begin{bmatrix} \boldsymbol{C}(\boldsymbol{q}, t) \\ \hat{\boldsymbol{C}}(\boldsymbol{q}, t) \end{bmatrix} = \begin{bmatrix} x_1 - s_1 \cos\phi_1 \\ y_1 - s_1 \sin\phi_1 \\ x_1 + (l_1 - s_1)\cos\phi_1 - x_2 + s_2 \cos\phi_2 \\ y_1 + (l_1 - s_1)\sin\phi_1 - y_2 + s_2 \sin\phi_2 \\ \hline \phi_1 - \theta_1(t) \\ \phi_2 - \phi_1 - \theta_2(t) \end{bmatrix} = \mathbf{0} \tag{10.85}$$

式 (10.77) を具体的に記述すると次のようになる．

$$\begin{bmatrix} 1 & 0 & s_1 \sin\phi_1 & 0 & 0 & 0 \\ 0 & 1 & -s_1 \cos\phi_1 & 0 & 0 & 0 \\ 1 & 0 & -(l_1 - s_1)\sin\phi_1 & -1 & 0 & -s_2 \sin\phi_2 \\ 0 & 1 & (l_1 - s_1)\cos\phi_1 & 0 & -1 & s_2 \cos\phi_2 \\ 0 & 0 & 1 & 0 & 0 & 0 \\ 0 & 0 & -1 & 0 & 0 & 1 \end{bmatrix} \begin{bmatrix} \dot{x}_1 \\ \dot{y}_1 \\ \dot{\phi}_1 \\ \dot{x}_2 \\ \dot{y}_2 \\ \dot{\phi}_2 \end{bmatrix} = \begin{bmatrix} 0 \\ 0 \\ 0 \\ 0 \\ \dot{\theta}_1 \\ \dot{\theta}_2 \end{bmatrix} \tag{10.86}$$

また，式 (10.78) は次式のように表せる．

$$\begin{bmatrix} 1 & 0 & s_1 \sin\phi_1 & 0 & 0 & 0 \\ 0 & 1 & -s_1 \cos\phi_1 & 0 & 0 & 0 \\ 1 & 0 & -(l_1 - s_1)\sin\phi_1 & -1 & 0 & -s_2 \sin\phi_2 \\ 0 & 1 & (l_1 - s_1)\cos\phi_1 & 0 & -1 & s_2 \cos\phi_2 \\ 0 & 0 & 1 & 0 & 0 & 0 \\ 0 & 0 & -1 & 0 & 0 & 1 \end{bmatrix} \begin{bmatrix} \ddot{x}_1 \\ \ddot{y}_1 \\ \ddot{\phi}_1 \\ \ddot{x}_2 \\ \ddot{y}_2 \\ \ddot{\phi}_2 \end{bmatrix}$$

$$
= \begin{bmatrix} -s_1\dot{\phi}_1^2 \cos\phi_1 \\ -s_1\dot{\phi}_1^2 \sin\phi_1 \\ (l_1 - s_1)\dot{\phi}_1^2 \cos\phi_1 + s_2\dot{\phi}_2^2 \cos\phi_2 \\ (l_1 - s_1)\dot{\phi}_1^2 \sin\phi_1 + s_2\dot{\phi}_2^2 \sin\phi_2 \\ \ddot{\theta}_1 \\ \ddot{\theta}_2 \end{bmatrix} \tag{10.87}
$$

式 (10.85)〜(10.87) より，一般化加速度 $\ddot{\boldsymbol{q}}$ が次のように求められる．

$$
\begin{cases} \ddot{x}_1 = -s_1\ddot{\theta}_1 \sin\theta_1 - s_1\dot{\theta}_1^2 \cos\theta_1 \\ \ddot{y}_1 = -s_1\ddot{\theta}_1 \sin\theta_1 - s_1\dot{\theta}_1^2 \cos\theta_1 \\ \ddot{\phi}_1 = \ddot{\theta}_1 \\ \ddot{x}_2 = -l_1\ddot{\theta}_1 \sin\theta_1 - l_1\dot{\theta}_1^2 \cos\theta_1 - s_2(\ddot{\theta}_1 + \ddot{\theta}_2)\sin(\theta_1 + \theta_2) \\ \qquad -s_2(\dot{\theta}_1 + \dot{\theta}_2)^2 \cos(\theta_1 + \theta_2) \\ \ddot{y}_2 = l_1\ddot{\theta}_1 \cos\theta_1 - l_1\dot{\theta}_1^2 \sin\theta_1 + s_2(\ddot{\theta}_1 + \ddot{\theta}_2)\cos(\theta_1 + \theta_2) \\ \qquad -s_2(\dot{\theta}_1 + \dot{\theta}_2)^2 \sin(\theta_1 + \theta_2) \\ \ddot{\phi}_2 = \ddot{\theta}_1 + \ddot{\theta}_2 \end{cases} \tag{10.88}
$$

一方，式 (10.79) を具体的に表すと次式のようになる．

$$
\begin{bmatrix} 1 & 0 & 1 & 0 & 0 & 0 \\ 0 & 1 & 0 & 1 & 0 & 0 \\ s_1\sin\phi_1 & -s_1\cos\phi_1 & -(l_1 - s_1)\sin\phi_1 & (l_1 - s_1)\cos\phi_1 & -1 & 1 \\ 0 & 0 & -1 & 0 & 0 & 0 \\ 0 & 0 & 0 & -1 & 0 & 0 \\ 0 & 0 & -s_2\sin\phi_2 & s_2\cos\phi_2 & 0 & -1 \end{bmatrix} \begin{bmatrix} \lambda_1 \\ \lambda_2 \\ \lambda_3 \\ \lambda_4 \\ \tau_1 \\ \tau_2 \end{bmatrix}
$$

$$
= \begin{bmatrix} 0 \\ -m_1 g \\ 0 \\ 0 \\ -m_2 g \\ 0 \end{bmatrix} + \begin{bmatrix} m_1 & 0 & 0 & 0 & 0 & 0 \\ 0 & m_1 & 0 & 0 & 0 & 0 \\ 0 & 0 & I_1 & 0 & 0 & 0 \\ 0 & 0 & 0 & m_2 & 0 & 0 \\ 0 & 0 & 0 & 0 & m_2 & 0 \\ 0 & 0 & 0 & 0 & 0 & I_2 \end{bmatrix} \begin{bmatrix} \ddot{x}_1 \\ \ddot{y}_1 \\ \ddot{\phi}_1 \\ \ddot{x}_2 \\ \ddot{y}_2 \\ \ddot{\phi}_2 \end{bmatrix} \tag{10.89}
$$

上式を解くと，次のような関係が得られる．

$$
\begin{cases} \lambda_1 = -m_1\ddot{x}_1 - m_2\ddot{x}_2 \\ \lambda_2 = -m_1(g + \ddot{y}_1) - m_2(g + \ddot{y}_2) \\ \lambda_3 = m_2\ddot{x}_2 \\ \lambda_4 = m_2(g + \ddot{y}_2) \\ \tau_1 = I_1\ddot{\phi}_1 + I_2\ddot{\phi}_2 - s_1\sin\phi_1 m_1\ddot{x}_1 + s_1\cos\phi_1 m_1(g + \ddot{y}_1) \\ \qquad - (l_1\sin\phi_1 + s_2\sin\phi_2)m_2\ddot{x}_2 + (l_1\cos\phi_1 + s_2\cos\phi_2)m_2(g + \ddot{y}_2) \\ \tau_2 = I_2\ddot{\phi}_2 - s_2\sin\phi_2 m_2\ddot{x}_2 + s_2\cos\phi_2 m_2(g + \ddot{y}_2) \end{cases} \tag{10.90}
$$

上式に式 (10.88) を代入することにより，駆動トルク $\boldsymbol{f}^a = [\tau_1 \;\; \tau_2]^T$ が

$$\begin{cases} \tau_1 = (I_1 + m_1 s_1^2 + I_2 + m_2 s_2^2 + m_2 l_1^2 + 2 m_2 l_1 s_2 \cos\theta_2)\ddot{\theta}_1 \\ \qquad + (I_2 + m_2 s_2^2 + m_2 l_1 s_2 \cos\theta_2)\ddot{\theta}_2 - m_2 l_1 s_2 \sin\theta_2 (2\dot{\theta}_1\dot{\theta}_2 + \dot{\theta}_2^2) \\ \qquad + (m_1 s_1 + m_2 l_1) g \cos\theta_1 + m_2 g s_2 \cos(\theta_1 + \theta_2) \\ \tau_2 = (I_2 + m_2 s_2^2 + m_2 l_1 s_2 \cos\theta_2)\ddot{\theta}_1 + (I_2 + m_2 s_2^2)\ddot{\theta}_2 \\ \qquad + m_2 l_1 s_2 \sin\theta_2 \dot{\theta}_1^2 + m_2 g s_2 \cos(\theta_1 + \theta_2) \end{cases} \tag{10.91}$$

のように求められる．上式は標準的なロボット工学の教科書に記載されている 2 関節ロボットアームの運動方程式と一致している．なお，実際の解析においては $\theta_1(t), \theta_2(t)$ が具体的に与えられ，上記のような計算は通常，すべて数値計算により行われる．

10.4.2 消去法

式 (10.5) の微分代数方程式に基づき，消去法による逆動力学解析について考える．

$$\begin{cases} \boldsymbol{M}\ddot{\boldsymbol{q}} + \boldsymbol{C}_{\boldsymbol{q}}^T \boldsymbol{\lambda} = \boldsymbol{Q}^v + \boldsymbol{Q}^p + \boldsymbol{H}\boldsymbol{f}^a \\ \boldsymbol{C}(\boldsymbol{q}, t) = \boldsymbol{0} \\ \hat{\boldsymbol{C}}(\boldsymbol{q}, t) = \boldsymbol{0} \end{cases} \tag{10.5 再}$$

N_c 個の一般化座標 $\boldsymbol{q}$ を，$N_c - N_h$ 個の独立座標 $\boldsymbol{q}_I$ と N_h 個の従属座標 $\boldsymbol{q}_D$ に

$$\boldsymbol{q} = \begin{bmatrix} \boldsymbol{q}_I \\ \boldsymbol{q}_D \end{bmatrix} \tag{10.92}$$

のように分割する．式 (10.5) の第 2 式は N_h 個の拘束条件であり，これを用いると任意の独立座標 $\boldsymbol{q}_I$ に対する N_h 個の従属座標 $\boldsymbol{q}_D$ を求めることができる．また，10.2.2 項で説明したように，一般化速度 $\dot{\boldsymbol{q}}$ および一般化加速度 $\ddot{\boldsymbol{q}}$ は，独立座標の速度 $\dot{\boldsymbol{q}}$ および加速度 $\ddot{\boldsymbol{q}}_I$ を用いてそれぞれ次のように計算できる．

$$\dot{\boldsymbol{q}} = \boldsymbol{B}\dot{\boldsymbol{q}}_I + \boldsymbol{\kappa} \tag{10.93}$$

$$\ddot{\boldsymbol{q}} = \boldsymbol{B}\ddot{\boldsymbol{q}}_I + \boldsymbol{\sigma} \tag{10.94}$$

式 (10.94) を式 (10.5) の第 1 式に代入し，両辺に左から $\boldsymbol{B}$ の転置を乗じると

$$\boldsymbol{B}^T\boldsymbol{M}\boldsymbol{B}\ddot{\boldsymbol{q}}_I = \boldsymbol{B}^T(\boldsymbol{Q}^v + \boldsymbol{Q}^p - \boldsymbol{M}\boldsymbol{\sigma}) + \boldsymbol{B}^T\boldsymbol{H}\boldsymbol{f}^a \tag{10.95}$$

の関係を得る．ただし，$\boldsymbol{B}^T\boldsymbol{C}_{\boldsymbol{q}}^T = \boldsymbol{0}$ となることを用いた．さらに，

$$\boldsymbol{M}^I = \boldsymbol{B}^T\boldsymbol{M}\boldsymbol{B} \tag{10.96}$$

$$\boldsymbol{Q}^{Ip} = \boldsymbol{B}^T(\boldsymbol{Q}^v + \boldsymbol{Q}^p - \boldsymbol{M}\boldsymbol{\sigma}) \tag{10.97}$$

$$\boldsymbol{H}^I = \boldsymbol{B}^T\boldsymbol{H} \tag{10.98}$$

と定義すると，式 (10.95) は次式のように表せる．

$$\boldsymbol{M}^I\ddot{\boldsymbol{q}}_I = \boldsymbol{Q}^{Ip} + \boldsymbol{H}^I\boldsymbol{f}^a \tag{10.99}$$

したがって，式 (10.5) は次のように，次元を縮小して書きなおすことができる．

$$\begin{cases} \boldsymbol{M}^I \ddot{\boldsymbol{q}}_I = \boldsymbol{Q}^{Ip} + \boldsymbol{H}^I \boldsymbol{f}^a & (10.100\text{a}) \\ \hat{\boldsymbol{C}}(\boldsymbol{q}_I, t) = \boldsymbol{0} & (10.100\text{b}) \end{cases}$$

式 (10.100b) の非線形方程式を解くことにより，$\boldsymbol{q}_I$ が得られる．また，式 (10.100b) を時間で微分することによって得られる次の速度レベルの拘束条件式を解くことによって，$\dot{\boldsymbol{q}}_I$ が得られる．

$$\hat{\boldsymbol{C}}_{\boldsymbol{q}_I} \dot{\boldsymbol{q}}_I = \hat{\boldsymbol{\nu}} \tag{10.101}$$

さらに，式 (10.100b) を 2 回時間で微分することによって得られる次の加速度レベルの拘束条件式を解くことによって，$\ddot{\boldsymbol{q}}_I$ が得られる．

$$\hat{\boldsymbol{C}}_{\boldsymbol{q}_I} \ddot{\boldsymbol{q}}_I = \hat{\boldsymbol{\gamma}} \tag{10.102}$$

独立成分の $\boldsymbol{q}_I$, $\dot{\boldsymbol{q}}_I$, および $\ddot{\boldsymbol{q}}_I$ が得られると，式 (10.100a) より，駆動力 $\boldsymbol{f}^a$ が

$$\boldsymbol{f}^a = (\boldsymbol{H}^I)^{-1}(\boldsymbol{M}^I \ddot{\boldsymbol{q}}_I - \boldsymbol{Q}^{Ip}) \tag{10.103}$$

のように求められる．

例題 10.6　例題 10.5 で定義した 2 関節ロボットアームの逆動力学問題を，独立座標を $\boldsymbol{q}_I = [\phi_1 \ \ \phi_2]^T$ として消去法によって解け．

解　式 (10.83) および式 (10.84) より，

$$\hat{\boldsymbol{C}}(\boldsymbol{q}, t) = \begin{bmatrix} \phi_1 - \theta_1(t) \\ \phi_2 - \phi_1 - \theta_2(t) \end{bmatrix} = \boldsymbol{0} \tag{10.104}$$

となり，これより $\boldsymbol{q}_I, \dot{\boldsymbol{q}}_I, \ddot{\boldsymbol{q}}_I$ が次式のように得られる．

$$\boldsymbol{q}_I = \begin{bmatrix} \phi_1 \\ \phi_2 \end{bmatrix} = \begin{bmatrix} \theta_1 \\ \theta_1 + \theta_2 \end{bmatrix}, \quad \dot{\boldsymbol{q}}_I = \begin{bmatrix} \dot{\phi}_1 \\ \dot{\phi}_2 \end{bmatrix} = \begin{bmatrix} \dot{\theta}_1 \\ \dot{\theta}_1 + \dot{\theta}_2 \end{bmatrix}, \quad \ddot{\boldsymbol{q}}_I = \begin{bmatrix} \ddot{\phi}_1 \\ \ddot{\phi}_2 \end{bmatrix} = \begin{bmatrix} \ddot{\theta}_1 \\ \ddot{\theta}_1 + \ddot{\theta}_2 \end{bmatrix} \tag{10.105}$$

例題 10.2 において求めた $\boldsymbol{B}$, $\boldsymbol{M}$, $\boldsymbol{\sigma}$, $\boldsymbol{Q}^v$, $\boldsymbol{Q}^p$, $\boldsymbol{H}$ を用いて，式 (10.96)〜(10.98) により $\boldsymbol{M}^I$, $\boldsymbol{Q}^{Ip}$, $\boldsymbol{H}^I$ を計算し，式 (10.103) に代入すると次式のようになる．

$$\underbrace{\begin{bmatrix} \tau_1 \\ \tau_2 \end{bmatrix}}_{\boldsymbol{f}^a} = \underbrace{\begin{bmatrix} 1 & -1 \\ 0 & 1 \end{bmatrix}^{-1}}_{(\boldsymbol{H}^I)^{-1}} \left\{ \underbrace{\begin{bmatrix} I_1 + m_1 s_1^2 + m_2 l_1^2 & m_2 l_1 s_2 \cos(\phi_2 - \phi_1) \\ m_2 l_1 s_2 \cos(\phi_2 - \phi_1) & I_2 + m_2 s_2^2 \end{bmatrix}}_{\boldsymbol{M}^I} \underbrace{\begin{bmatrix} \ddot{\phi}_1 \\ \ddot{\phi}_2 \end{bmatrix}}_{\ddot{\boldsymbol{q}}_I} - \underbrace{\begin{bmatrix} -(m_1 s_1 + m_2 l_1) g \cos\phi_1 - m_2 l_1 s_2 \dot{\phi}_2^2 \sin(\phi_2 - \phi_1) \\ -m_2 s_2 g \cos\phi_2 + m_2 l_1 s_2 \dot{\phi}_1^2 \sin(\phi_2 - \phi_1) \end{bmatrix}}_{\boldsymbol{Q}^{Ip}} \right\} \tag{10.106}$$

上式を展開すると，次の関係が得られる．

$$\left\{\begin{aligned}\tau_1 &= (I_1 + m_1 s_1^2 + m_2 l_1^2)\ddot{\phi}_1 + m_2 l_1 s_2 \cos(\phi_2 - \phi_1)\ddot{\phi}_2 \\ &\quad - m_2 l_1 s_2 \sin(\phi_2 - \phi_1)\dot{\phi}_2^2 + (m_1 s_1 + m_2 l_1) g \cos\phi_1 + \tau_2 \\ \tau_2 &= m_2 l_1 s_2 \cos(\phi_2 - \phi_1)\ddot{\phi}_1 + (I_2 + m_2 s_2^2)\ddot{\phi}_2 \\ &\quad + m_2 l_1 s_2 \sin(\phi_2 - \phi_1)\dot{\phi}_1^2 + m_2 g s_2 \cos\phi_2\end{aligned}\right. \tag{10.107}$$

上式に式 (10.105) を代入することにより，駆動トルク $\boldsymbol{f}^a = [\tau_1 \ \ \tau_2]^T$ が

$$\left\{\begin{aligned}\tau_1 &= (I_1 + m_1 s_1^2 + I_2 + m_2 s_2^2 + m_2 l_1^2 + 2 m_2 l_1 s_2 \cos\theta_2)\ddot{\theta}_1 \\ &\quad + (I_2 + m_2 s_2^2 + m_2 l_1 s_2 \cos\theta_2)\ddot{\theta}_2 - m_2 l_1 s_2 \sin\theta_2 (2\dot{\theta}_1\dot{\theta}_2 + \dot{\theta}_2^2) \\ &\quad + (m_1 s_1 + m_2 l_1) g \cos\theta_1 + m_2 g s_2 \cos(\theta_1 + \theta_2) \\ \tau_2 &= (I_2 + m_2 s_2^2 + m_2 l_1 s_2 \cos\theta_2)\ddot{\theta}_1 + (I_2 + m_2 s_2^2)\ddot{\theta}_2 \\ &\quad + m_2 l_1 s_2 \sin\theta_2 \dot{\theta}_1^2 + m_2 g s_2 \cos(\theta_1 + \theta_2)\end{aligned}\right. \tag{10.108}$$

のように求められる．式 (10.108) の結果は，式 (10.91) に一致している．

10.5 拘束力の計算

本節では，ラグランジュ乗数 $\boldsymbol{\lambda}$ が得られた際に，ジョイント拘束定義点に実際に作用する拘束力および拘束トルクを求める方法について説明する．

第 9 章においてみたように，マルチボディシステムに N_m 組のジョイント拘束が存在し，全拘束条件およびラグランジュ乗数が

$$\boldsymbol{C} = [(\boldsymbol{C}^1)^T \ \ (\boldsymbol{C}^2)^T \ \ \cdots \ \ (\boldsymbol{C}^{N_m})^T]^T = \boldsymbol{0} \tag{10.109}$$

$$\boldsymbol{\lambda} = [(\boldsymbol{\lambda}^1)^T \ \ (\boldsymbol{\lambda}^2)^T \ \ \cdots \ \ (\boldsymbol{\lambda}^{N_m})^T]^T \tag{10.110}$$

と表されるとき，k 番目の拘束によってボディ i に加えられる一般化拘束力 $\boldsymbol{Q}_i^k$ は

$$\boldsymbol{Q}_i^k = -(\boldsymbol{C}_{\boldsymbol{q}_i}^k)^T \boldsymbol{\lambda}^k \tag{10.111}$$

のように表せる．k 番目の拘束によってボディ i 上の拘束定義点 P に作用する拘束力を $\boldsymbol{f}_i^k$，拘束トルクを τ_i^k とすると，仮想仕事の関係から次式が成り立つ．

$$(\boldsymbol{Q}_i^k)^T \delta\boldsymbol{q}_i = -(\boldsymbol{\lambda}^k)^T \boldsymbol{C}_{\boldsymbol{q}_i}^k \delta\boldsymbol{q}_i = (\boldsymbol{f}_i^k)^T \delta\boldsymbol{r}_i^P + \tau_i^k \delta\phi_i \tag{10.112}$$

ただし，一般化座標 $\boldsymbol{q}_i = [\boldsymbol{R}_i^T \ \ \phi_i]^T$ の仮想変位を $\delta\boldsymbol{q}_i = [\delta\boldsymbol{R}_i^T \ \ \delta\phi_i]^T$，拘束定義点 P の位置 $\boldsymbol{r}_i^P = \boldsymbol{R}_i + \boldsymbol{A}_i \overline{\boldsymbol{u}}_i^P$ の仮想変位を $\delta\boldsymbol{r}_i^P$ としている．第 9 章でみたように，$\delta\boldsymbol{r}_i^P$ は次式のように表せる．

$$\delta\boldsymbol{r}_i^P = \delta\boldsymbol{R}_i + \boldsymbol{A}_i \boldsymbol{V} \overline{\boldsymbol{u}}_i^P \delta\phi_i \tag{10.113}$$

上式を $\delta\boldsymbol{R}_i$ について解くと，次式のようになる．

$$\delta\boldsymbol{R}_i = \delta\boldsymbol{r}_i^P - \boldsymbol{A}_i \boldsymbol{V} \overline{\boldsymbol{u}}_i^P \delta\phi_i \tag{10.114}$$

上式の関係，およびヤコビ行列が $\boldsymbol{C}_{\boldsymbol{q}_i}^k = [\boldsymbol{C}_{\boldsymbol{R}_i}^k \ \ \boldsymbol{C}_{\phi_i}^k]$ と分割できることに注意すると，

式 (10.112) の中辺は次のように展開できる.

$$\begin{aligned}-(\boldsymbol{\lambda}^k)^T \boldsymbol{C}^k_{\boldsymbol{q}_i}\delta\boldsymbol{q}_i &= -(\boldsymbol{\lambda}^k)^T(\boldsymbol{C}^k_{\boldsymbol{R}_i}\delta\boldsymbol{R}_i + \boldsymbol{C}^k_{\phi_i}\delta\phi_i)\\ &= -(\boldsymbol{\lambda}^k)^T\{\boldsymbol{C}^k_{\boldsymbol{R}_i}(\delta\boldsymbol{r}^P_i - \boldsymbol{A}_i\boldsymbol{V}\overline{\boldsymbol{u}}^P_i\delta\phi_i) + \boldsymbol{C}^k_{\phi_i}\delta\phi_i\}\\ &= -(\boldsymbol{\lambda}^k)^T\boldsymbol{C}^k_{\boldsymbol{R}_i}\delta\boldsymbol{r}^P_i - (\boldsymbol{\lambda}^k)^T(\boldsymbol{C}^k_{\phi_i} - \boldsymbol{C}^k_{\boldsymbol{R}_i}\boldsymbol{A}_i\boldsymbol{V}\overline{\boldsymbol{u}}^P_i)\delta\phi_i \end{aligned} \quad (10.115)$$

上式の右辺と式 (10.112) の右辺を比較することにより，次式の関係が得られる.

$$\boldsymbol{f}^k_i = -(\boldsymbol{C}^k_{\boldsymbol{R}_i})^T\boldsymbol{\lambda}^k \quad (10.116)$$

$$\tau^k_i = -\{(\boldsymbol{C}^k_{\phi_i})^T - (\boldsymbol{A}_i\boldsymbol{V}\overline{\boldsymbol{u}}^P_i)^T(\boldsymbol{C}^k_{\boldsymbol{R}_i})^T\}\boldsymbol{\lambda}^k \quad (10.117)$$

動力学解析によってラグランジュ乗数 $\boldsymbol{\lambda}$ が得られると，上式により，拘束定義点における拘束力および拘束トルクを計算することができる.

例題 10.7　例題 10.1 の 2 関節ロボットアームについて考える．関節 2 の回転ジョイント拘束によりボディ 2 が点 P において受ける拘束力および拘束トルクを求めよ.

解　例題 4.2 の結果より，全幾何学的拘束条件は次のように記述できる.

$$\boldsymbol{C} = \begin{bmatrix}\boldsymbol{C}^1\\ \hline \boldsymbol{C}^2\end{bmatrix} = \begin{bmatrix} x_1 - s_1\cos\phi_1\\ y_1 - s_1\sin\phi_1\\ \hline x_1 + (l_1 - s_1)\cos\phi_1 - x_2 + s_2\cos\phi_2\\ y_1 + (l_1 - s_1)\sin\phi_1 - y_2 + s_2\sin\phi_2\end{bmatrix} = \boldsymbol{0} \quad (10.118)$$

ここで，$\boldsymbol{C}^1 = \boldsymbol{0}$ はボディ 1 が原点 O において回転ジョイントで結合される条件，$\boldsymbol{C}^2 = \boldsymbol{0}$ はボディ 1 とボディ 2 が点 P において回転ジョイントで結合される条件である．上式の拘束条件に対応したラグランジュ乗数は，式 (10.90) で求めたように次式となる.

$$\boldsymbol{\lambda} = \begin{bmatrix}\boldsymbol{\lambda}^1\\ \hline \boldsymbol{\lambda}^2\end{bmatrix} = \begin{bmatrix}\lambda_1\\ \lambda_2\\ \hline \lambda_3\\ \lambda_4\end{bmatrix} = \begin{bmatrix} -m_1\ddot{x}_1 - m_2\ddot{x}_2\\ -m_1(g + \ddot{y}_1) - m_2(g + \ddot{y}_2)\\ \hline m_2\ddot{x}_2\\ m_2(g + \ddot{y}_2)\end{bmatrix} \quad (10.119)$$

式 (10.118) を一般化座標 $\boldsymbol{q} = [\boldsymbol{q}_1^T \quad \boldsymbol{q}_2^T]^T$, $\boldsymbol{q}_1 = [x_1 \quad y_1 \quad \phi_1]^T$, $\boldsymbol{q}_2 = [x_2 \quad y_2 \quad \phi_2]^T$ で偏微分することにより，ヤコビ行列は次式のように求められる.

$$\boldsymbol{C}_{\boldsymbol{q}} = \left[\begin{array}{c|c}\boldsymbol{C}^1_{\boldsymbol{q}_1} & \boldsymbol{C}^1_{\boldsymbol{q}_2}\\ \hline \boldsymbol{C}^2_{\boldsymbol{q}_1} & \boldsymbol{C}^2_{\boldsymbol{q}_2}\end{array}\right] = \left[\begin{array}{ccc|ccc} 1 & 0 & s_1\sin\phi_1 & 0 & 0 & 0\\ 0 & 1 & -s_1\cos\phi_1 & 0 & 0 & 0\\ \hline 1 & 0 & -(l_1 - s_1)\sin\phi_1 & -1 & 0 & -s_2\sin\phi_2\\ 0 & 1 & (l_1 - s_1)\cos\phi_1 & 0 & -1 & s_2\cos\phi_2\end{array}\right] \quad (10.120)$$

これより，

$$\boldsymbol{C}^2_{\boldsymbol{q}_2} = [\boldsymbol{C}^2_{\boldsymbol{R}_2} \mid \boldsymbol{C}^2_{\phi_2}] = \left[\begin{array}{cc|c} -1 & 0 & -s_2\sin\phi_2\\ 0 & -1 & s_2\cos\phi_2\end{array}\right] \quad (10.121)$$

となるので，ボディ 2 が関節 2 から受ける拘束力は，式 (10.116) より

$$\boldsymbol{f}_2^2 = -(\boldsymbol{C}^2_{\boldsymbol{R}_2})^T \boldsymbol{\lambda}^2 = -\begin{bmatrix} -1 & 0 \\ 0 & -1 \end{bmatrix}^T \begin{bmatrix} \lambda_3 \\ \lambda_4 \end{bmatrix} = \begin{bmatrix} \lambda_3 \\ \lambda_4 \end{bmatrix} = \begin{bmatrix} m_2\ddot{x}_2 \\ m_2(g+\ddot{y}_2) \end{bmatrix} \tag{10.122}$$

のように求められる．この結果は，図 10.9 に示す慣性力も含めたフリーボディダイアグラムから求められる拘束力 $\boldsymbol{f}_2^2 = [(f_2^2)_x \ \ (f_2^2)_y]^T$ と一致する．一方，

$$\boldsymbol{A}_2\boldsymbol{V}\overline{\boldsymbol{u}}_2^P = \begin{bmatrix} \cos\phi_2 & -\sin\phi_2 \\ \sin\phi_2 & \cos\phi_2 \end{bmatrix} \begin{bmatrix} 0 & -1 \\ 1 & 0 \end{bmatrix} \begin{bmatrix} -s_2 \\ 0 \end{bmatrix} = \begin{bmatrix} s_2\sin\phi_2 \\ -s_2\cos\phi_2 \end{bmatrix} \tag{10.123}$$

より，点 P まわりの拘束トルクは次のようになる．

$$\begin{aligned} \tau_2^2 &= -\{(\boldsymbol{C}^2_{\phi_2})^T - (\boldsymbol{A}_2\boldsymbol{V}\overline{\boldsymbol{u}}_2^P)^T(\boldsymbol{C}^2_{\boldsymbol{R}_2})^T\}\boldsymbol{\lambda}^2 \\ &= -\left\{[-s_2\sin\phi_2 \ \ s_2\cos\phi_2] - [s_2\sin\phi_2 \ \ -s_2\cos\phi_2]\begin{bmatrix} -1 & 0 \\ 0 & -1 \end{bmatrix}^T\right\}\begin{bmatrix} \lambda_3 \\ \lambda_4 \end{bmatrix} \\ &= 0 \end{aligned} \tag{10.124}$$

この結果は，回転ジョイントでは二つのボディの相対的な回転が拘束されないため，点 P まわりに拘束トルクは生じないことに対応している．

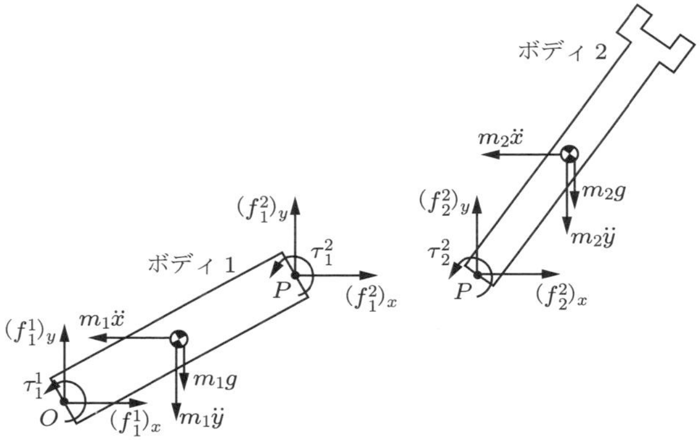

図 10.9　2 関節ロボットアームのフリーボディダイアグラム

演習問題

10.1　図 10.10 のように，支点を水平方向に $x_1^d(t) = a\sin\omega t$ のように変位加振される剛体棒の倒立制御について考える．ここで，剛体棒の質量を m_1，重心まわりの慣性モーメントを I_1，点 P と重心の間の距離を s_1 とし，ボディ 1 座標系の原点は重心に一致させるとする．この剛体棒を倒立させるために，支点 P まわりに $\tau = -k_p(\phi_1 - \pi/2) - k_d\dot{\phi}_1$ なる制御トルクを印加する．フィードバックゲイン k_p, k_d の選び方によって剛体棒の挙動がどのように変化するかシミュレーションしたい．式 (10.12) の形式の微分代数方程

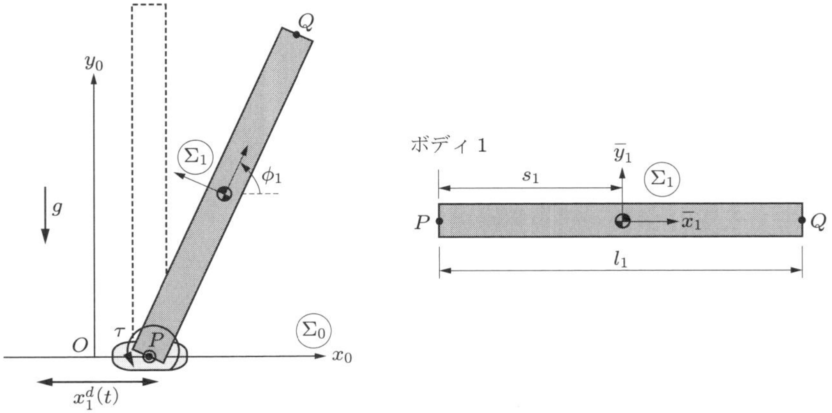

図 10.10　変位加振を受ける倒立振子の制御

式を導出せよ．

10.2　被介護者の立ち上がりを支援する介護リフトを設計することを考える．図 10.11 のようにリニアアクチュエータで一つのブームを支点 O まわりに旋回させる構造とし，どの程度の力を発生できるアクチュエータを使用すべきか評価したい．逆動力学解析を行うために，式 (10.79) を構築せよ．ただし，ボディ 1 の質量を m_1，重心まわりの慣性モーメントを I_1，端点 W から重心までの距離を s_1，アクチュエータ駆動力を f^a，絶対座標系 Σ_0 からみたアクチュエータ取り付け点 B の座標を (b_x, b_y)，ボディ 1 座標系からみた点 P の座標を (s_x, s_y) とする．アクチュエータが伸展する速度 v は一定であ

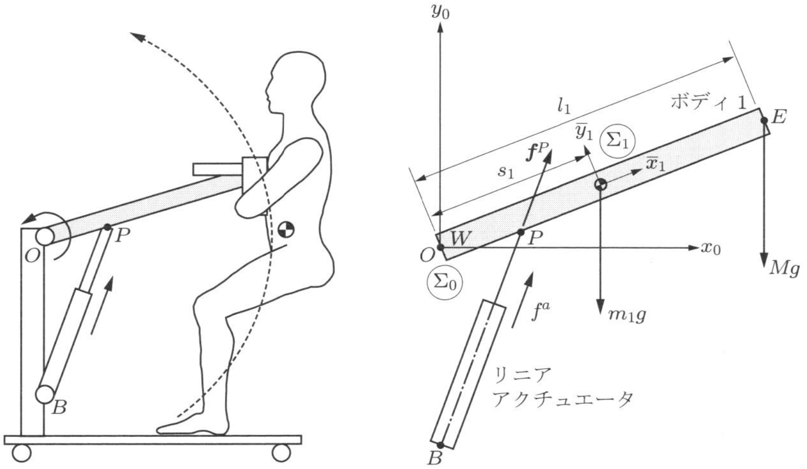

図 10.11　介護リフト

り，PB 間の距離が $\eta(t) = vt + \eta_0$ となるように制御されるとする．また，人からブーム先端点 E に加えられる力は，鉛直下向きの重力 Mg で近似できると仮定する．

[力学物語 5]　オイラー (Leonhard Euler, 1707〜1783)

オイラーは，1707 年に，スイスのバーゼルで牧師の息子として生まれた．自身も牧師になるつもりでバーゼル大学で神学を学んだが，数学教授ヨハネス・ベルヌーイに才能を認められ，数学者・物理学者になる道を選んだ．ニュートンが没した年，1727 年にロシアのエカテリーナ 1 世に招聘されてペテルブルグ科学アカデミーに赴任し，1733 年 26 歳のときにダニエル・ベルヌーイの後任として科学アカデミーの数学教授となった．1741 年にはプロセイン王国のフリードリッヒ 2 世の招きでベルリンに移り，その後 25 年にわたってベルリンで研究を続けた．エカテリーナ 2 世が帝位についた 1766 年ごろに，オイラーは再びサンクトペテルブルグに戻った．彼は 1738 年ごろに右目の視力を失い，1766 年ごろには両目を完全に失明したが，その後も口述によって論文を書き続け，1783 年に 76 歳で死去するまで精力的に研究を続けた．

オイラーの主著の一つに『力学（全 2 巻)』(1736) がある．これは力学を解析的に扱った最初の書物である．力学におけるオイラーの功績は数多いが，最大の功績は「運動方程式」を提示したことであろう．ニュートン自身は運動の第 2 法則を式ではなく言葉だけで述べていたが，オイラーによりはじめて

$$m\frac{d^2x}{dt^2} = f$$

という形で記述された．運動の第 2 法則が「運動方程式」として定式化されたことで，ニュートンの運動法則は容易に実際の力学問題の解析に応用できるものとなった．ニュートンの関心は与えられた運動の原因となる力を求めること（ニュートンの順問題)，であって，ここから惑星運動の原因として万有引力が示された．しかし，逆に力が与えられたとき物体はどのような運動をするか（ニュートンの逆問題)，については完全には解くことができなかった．この最大の理由は，『プリンキピア』が幾何学的図形とその極限操作によって記述されていたことによる．逆問題を厳密に解くには微積分の方法が不可欠であるが，プリンキピアはそもそもそういう言語で書かれていないのである．オイラーが運動の法則を微分方程式として定式化したことで，逆問題が解析できるようになった．その他，回転運動を含む「剛体の力学」を完成させたことも，オイラーの業績である．

第11章 動力学解析における数値計算法

マルチボディシステムの動力学シミュレーションを行うためには，微分方程式で記述された運動方程式と代数方程式で記述された拘束条件式を連立した微分代数方程式 (DAE) を解く必要がある．微分代数方程式は，Index の低減，または消去法を適用することにより常微分方程式 (ODE) に帰着でき，ODE 用の数値積分法を適用することで解くことができる．また，微分代数方程式を離散化して直接，差分公式などを適用することによっても解くことが可能である．本章では，常微分方程式と微分代数方程式の解法の基本的な考え方と，代表的な数値解法について学ぶ．

11.1 運動方程式の時間積分

マルチボディシステムの運動は，微分方程式と代数方程式を連立した次のような**微分代数方程式** (differential-algebraic equation: DAE) によって記述される．

$$\begin{cases} \boldsymbol{M}(\boldsymbol{q})\ddot{\boldsymbol{q}} + \boldsymbol{C}_{\boldsymbol{q}}^T\boldsymbol{\lambda} = \boldsymbol{Q}(\boldsymbol{q}, \dot{\boldsymbol{q}}, t) & \text{(11.1a)} \\ \boldsymbol{C}(\boldsymbol{q}, t) = \boldsymbol{0} & \text{(11.1b)} \end{cases}$$

上式は，10.2 節で説明したように Index の低減，あるいは消去法を適用することによって，次のような**常微分方程式** (ordinary differential equation: ODE)

$$\dot{\boldsymbol{y}} = \boldsymbol{F}(\boldsymbol{y}, t) \tag{11.2}$$

に帰着することができる．

マルチボディシステムの運動方程式を時間積分し，動力学シミュレーションを行うための手法は，式 (11.1) の微分代数方程式を離散化し，直接，差分公式などを適用して数値積分を行う**直接法** (direct method) と，式 (11.2) の形式の常微分方程式に帰着させ，ODE 用に開発された数値積分法を適用する**間接法** (indirect method) に大別される．以下では，常微分方程式と微分代数方程式の解法の基本的な考え方と，代表的な数値解法について説明する．

11.2 常微分方程式

本節では，1 階常微分方程式 (11.2)

$$\dot{\boldsymbol{y}} = \boldsymbol{F}(\boldsymbol{y}, t) \tag{11.2 再}$$

に対して初期値 $\boldsymbol{y}(0) = \boldsymbol{y}_0$ が与えられた場合に，その解 $\boldsymbol{y}(t)$ を求める問題について考える．ただし，$\boldsymbol{F}(\boldsymbol{y}, t)$ は十分に滑らか（連続微分可能）であると仮定する．微分方程式は解が一意に存在することが保証されても，一般に厳密解を求めることは難しい．そのため，適当な分点 $t_1, t_2, \ldots$ における $\boldsymbol{y}(t_1), \boldsymbol{y}(t_2), \ldots$ を数値的に求めることになる．常微分方程式の数値解法の歴史は古く，これまでにさまざまな手法が開発されている．以下では，まずもっとも基本的な数値解法であるオイラー法を例として常微分方程式の解法の分類や特徴を説明したあと，実用的な解法であるルンゲ－クッタ法について説明する．

11.2.1　オイラー法

(1)　基本的な考え方と解法の分類

まず，図 11.1 のように，解を求める区間 $t \in [0, t_f]$ を，$0 = t_0 < t_1 < \cdots < t_{p-1} < t_p = t_f$ のような部分区間に分割する．各分点の間隔 $h_n = t_{n+1} - t_n$ を**時間刻み幅**または**ステップ幅** (step size) という．ステップ幅は一定値である必要はなく，適応的に変化させる解法も提案されているが，ここでは n によらず一定と仮定し，h と表す．また，時刻 t_n における $\boldsymbol{y}(t)$ の近似値を $\boldsymbol{y}_n$ と表す．このとき，既知の初期値 $\boldsymbol{y}(0) = \boldsymbol{y}_0$ からスタートして，$\boldsymbol{y}_n$ の列 $\boldsymbol{y}_0, \boldsymbol{y}_1, \boldsymbol{y}_2, \ldots, \boldsymbol{y}_{p-1}, \boldsymbol{y}_p$ を式 (11.2) に基づいて順次生成することが問題となる．

式 (11.2) に含まれる導関数 $\dot{\boldsymbol{y}}$ は，h が微小であるとき，$t = t_n$ において次のように 3 通りに近似することができる．

$$\dot{\boldsymbol{y}}(t_n) = \lim_{h \to 0} \frac{\boldsymbol{y}(t_n + h) - \boldsymbol{y}(t_n)}{(t_n + h) - t_n} \simeq \frac{\boldsymbol{y}_{n+1} - \boldsymbol{y}_n}{h} \tag{11.3}$$

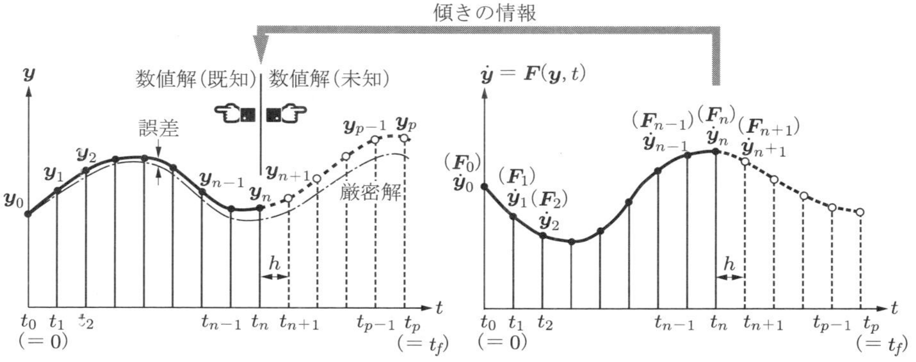

図 11.1　常微分方程式の数値解法

$$\dot{\boldsymbol{y}}(t_n) = \lim_{h \to 0} \frac{\boldsymbol{y}(t_n) - \boldsymbol{y}(t_n - h)}{t_n - (t_n - h)} \simeq \frac{\boldsymbol{y}_n - \boldsymbol{y}_{n-1}}{h} \tag{11.4}$$

$$\dot{\boldsymbol{y}}(t_n) = \lim_{h \to 0} \frac{\boldsymbol{y}(t_n + h) - \boldsymbol{y}(t_n - h)}{(t_n + h) - (t_n - h)} \simeq \frac{\boldsymbol{y}_{n+1} - \boldsymbol{y}_{n-1}}{2h} \tag{11.5}$$

式 (11.3) のように t の大きいほうの関数値 $\boldsymbol{y}_{n+1}$ を用いる近似を**前進差分近似**，式 (11.4) のように小さいほうの関数値 $\boldsymbol{y}_{n-1}$ を用いる近似を**後退差分近似**，式 (11.5) のように前後の関数値 $\boldsymbol{y}_{n+1}$ と $\boldsymbol{y}_{n-1}$ を用いる近似を**中心差分近似**とよぶ．図 11.2 に示すように，導関数 $\dot{\boldsymbol{y}}(t_n)$ は時刻 t_n における接線の傾きであるが，前進差分近似はこれを図の直線 A の傾きで，後退差分近似は直線 B の傾きで，そして中心差分近似は直線 C の傾きで近似したものである．

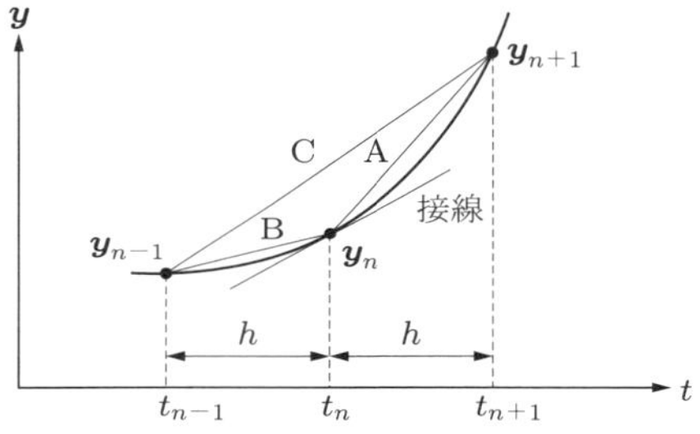

図 11.2　導関数の差分近似

時刻 $t = t_n$ において式 (11.2) に前進差分近似を適用すると，次式のように書ける．

$$\frac{\boldsymbol{y}_{n+1} - \boldsymbol{y}_n}{h} = \boldsymbol{F}(\boldsymbol{y}_n, t_n) \tag{11.6}$$

上式を変形することにより，初期値 $\boldsymbol{y}_0$ からスタートして $\boldsymbol{y}_1, \boldsymbol{y}_2, \ldots$ を順次生成することができる次のような漸化式が得られる．

$$\boldsymbol{y}_{n+1} = \boldsymbol{y}_n + h\boldsymbol{F}(\boldsymbol{y}_n, t_n) \tag{11.7}$$

上式により常微分方程式の数値解を求める方法を**前進オイラー法** (forward Euler method) という．

一方，時刻 $t = t_{n+1}$ において式 (11.2) に後退差分近似を適用すると，

$$\frac{\boldsymbol{y}_{n+1} - \boldsymbol{y}_n}{h} = \boldsymbol{F}(\boldsymbol{y}_{n+1}, t_{n+1}) \tag{11.8}$$

のようになる．上式を変形することにより，次のような漸化式が得られる．

$$\boldsymbol{y}_{n+1} = \boldsymbol{y}_n + h\boldsymbol{F}(\boldsymbol{y}_{n+1}, t_{n+1}) \tag{11.9}$$

上式により常微分方程式の数値解を求める方法を**後退オイラー法** (backward Euler method) という．上式では，両辺に未知状態 $\boldsymbol{y}_{n+1}$ が含まれているため，各ステップにおいて次のような非線形方程式を解いて $\boldsymbol{y}_{n+1}$ を求める必要がある．

$$\boldsymbol{e}(\boldsymbol{y}_{n+1}) \equiv \boldsymbol{y}_{n+1} - \boldsymbol{y}_n - h\boldsymbol{F}(\boldsymbol{y}_{n+1}, t_{n+1}) = \boldsymbol{0} \tag{11.10}$$

たとえば，非線形方程式の解法としてニュートン－ラフソン法を用いる場合，適当な初期値 $\boldsymbol{y}_{n+1}^{(0)}$ から始めて，次のような修正を繰り返して $\boldsymbol{y}_{n+1}$ を求めることになる．

$$\begin{aligned}\boldsymbol{y}_{n+1}^{(k+1)} &= \boldsymbol{y}_{n+1}^{(k)} - \left(\frac{\partial \boldsymbol{e}}{\partial \boldsymbol{y}_{n+1}}\right)^{-1} \boldsymbol{e}\left(\boldsymbol{y}_{n+1}^{(k)}\right) \\ &= \boldsymbol{y}_{n+1}^{(k)} - \left(\boldsymbol{E} - h\frac{\partial \boldsymbol{F}}{\partial \boldsymbol{y}_{n+1}}\right)^{-1} \left(\boldsymbol{y}_{n+1}^{(k)} - \boldsymbol{y}_n - h\boldsymbol{F}\left(\boldsymbol{y}_{n+1}^{(k)}, t_{n+1}\right)\right)\end{aligned} \tag{11.11}$$

式 (11.9) の後退オイラー法のように，両辺に未知状態量 $\boldsymbol{y}_{n+1}$ が含まれている数値解法は**陰解法** (implicit formula) とよばれる．これに対し，式 (11.7) の前進オイラー法のように右辺は既知の状態量しか含まれず，直接 $\boldsymbol{y}_{n+1}$ を求めることができる数値解法は**陽解法** (explicit formula) とよばれる．陽解法は反復計算を必要としないため計算量が少ないという利点があるが，後述のように安定性に注意する必要がある．陰解法は非線形方程式を解くために反復計算を必要とし，一般に計算量は多くなるが，安定性に優れている．

式 (11.5) の中心差分近似を用いた解法を考えることもできる．時刻 $t = t_n$ において式 (11.2) に中心差分近似を適用すると，次式のようになる．

$$\frac{\boldsymbol{y}_{n+1} - \boldsymbol{y}_{n-1}}{2h} = \boldsymbol{F}(\boldsymbol{y}_n, t_n) \tag{11.12}$$

上式を変形することにより，次のような漸化式が得られる．

$$\boldsymbol{y}_{n+1} = \boldsymbol{y}_{n-1} + 2h\boldsymbol{F}(\boldsymbol{y}_n, t_n) \tag{11.13}$$

上式による解法は中点法とよばれているが，$\boldsymbol{y}_{n+1}$ を計算するために時刻 t_n における $\boldsymbol{y}_n$ だけでなくさらに 1 ステップ過去の $\boldsymbol{y}_{n-1}$ を利用している．このように現在と過去の複数のステップの情報を利用する数値解法を**多段法** (multi-step method) とよぶ．これに対して，前進オイラー法や後退オイラー法は $\boldsymbol{y}_{n+1}$ の計算に一つ前のステップの情報だけしか利用しないため，**単段法** (one-step method) とよばれている．

以上，常微分方程式の数値解法は大きく分類すると単段法と多段法があり，別の分類の仕方によると陽解法と陰解法がある．

(2) 近似誤差・精度

常微分方程式の数値解法では，微分方程式の離散化を行うため近似誤差が発生する．時刻 t_n において $\boldsymbol{y}_n$ という結果が得られており，この時点までの計算はすべて正確であると仮定する．そして，次の 1 ステップの計算を行い，$\boldsymbol{y}_{n+1}$ を求める過程で生じる打ち切り誤差がどの程度であるかを評価する．微分方程式 (11.2) の解 $\boldsymbol{y}(t)$ のテイラー展開を行うと，次のようになる．

$$\boldsymbol{y}(t+h) = \boldsymbol{y}(t) + \dot{\boldsymbol{y}}(t)h + \frac{1}{2!}\ddot{\boldsymbol{y}}(t)h^2 + \frac{1}{3!}\dddot{\boldsymbol{y}}(t)h^3 + \frac{1}{4!}\ddddot{\boldsymbol{y}}(t)h^4 + \cdots \tag{11.14}$$

ある h に依存するベクトル $\boldsymbol{d}$ に関して，二つの正定数 p と C が存在し，十分小さなすべての $h > 0$ に対して $|\boldsymbol{d}| \leq Ch^p$ が成り立つとき，$\boldsymbol{d} = O(h^p)$ と表す．この表記法を用いると，式 (11.14) は，たとえば次のように表せる．

$$\boldsymbol{y}(t+h) = \boldsymbol{y}(t) + \dot{\boldsymbol{y}}(t)h + O(h^2) \tag{11.15}$$

上式において $\dot{\boldsymbol{y}}(t) = \boldsymbol{F}(\boldsymbol{y}(t), t)$ であるので，次のように書きなおせる．

$$\boldsymbol{y}(t+h) = \boldsymbol{y}(t) + \boldsymbol{F}(\boldsymbol{y}(t), t)h + O(h^2) \tag{11.16}$$

時刻 t_n までの計算は正確であると仮定しているので，$\boldsymbol{y}(t_n) = \boldsymbol{y}_n$ である．したがって，上式より，時刻 $t_{n+1} = t_n + h$ では次のように計算できる．

$$\boldsymbol{y}(t_{n+1}) = \boldsymbol{y}_n + \boldsymbol{F}(\boldsymbol{y}_n, t_n)h + O(h^2) \tag{11.17}$$

一方，前進オイラー法では漸化式 (11.7) によって計算を行う．

$$\boldsymbol{y}_{n+1} = \boldsymbol{y}_n + \boldsymbol{F}(\boldsymbol{y}_n, t_n)h \tag{11.7 再}$$

よって，この 1 ステップの計算で生じる誤差 $\boldsymbol{e}_n = \boldsymbol{y}_{n+1} - \boldsymbol{y}(t_{n+1})$ の大きさは

$$|\boldsymbol{e}_n| \leq Ch^2 \tag{11.18}$$

のように評価することができる．ある数値解法の 1 ステップの誤差が

$$|\boldsymbol{e}_n| \leq Ch^{p+1} \tag{11.19}$$

と表せるとき，その解法は p 次の精度があるという．前進オイラー法の精度は 1 次であり，計算を繰り返すごとに h^2 程度の誤差が累積する．時間刻み幅 h を小さくすることにより近似誤差を小さくすることができるが，h を小さくすると計算回数が増えて計算時間が長くなり，極端に h が小さいと丸め誤差が累積する．

(3)　安定性

常微分方程式の数値解法では離散化を行うため，もとの微分方程式の解が安定であっても数値解は発散する場合がある．一般に，常微分方程式の数値解法では，漸化式によって繰り返し計算を進めていくと，特にステップ幅 h が大きいときには状態量 $\boldsymbol{y}_n$ が徐々に振動的に大きくなって発散するか，逆に小さくなってゼロに収束していく傾向がみられる．以下では，簡単な例題でこのことを確認する．

例題 11.1　次の常微分方程式の解を前進オイラー法と後退オイラー法で求め，その安定性について考察せよ．

$$\dot{y} = \lambda y \tag{11.20}$$

ただし，初期値は $y(0) = y_0$ (> 0) とし，λ は負定数 $(\lambda < 0)$ と仮定する．

解　式 (11.20) の微分方程式は容易に解くことができ，厳密解は次式のようになる．

$$y(t) = e^{\lambda t} y_0 \tag{11.21}$$

上式において λ は負であるので $y(t)$ は常に減少し，$t \to \infty$ のとき $y(t) \to 0$ となる．

式 (11.20) に式 (11.7) の前進オイラー法を適用すると，$F(y,t) = \lambda y$ であるので

$$y_{n+1} = y_n + h\lambda y_n = (1 + h\lambda) y_n \tag{11.22}$$

となる．この漸化式を解くと次式が得られる．

$$y_n = (1 + h\lambda)^n y_0 \tag{11.23}$$

上式より $|1 + h\lambda| > 1$ であるとき，y_n は n の増加にともなって発散することがわかる．$n \to \infty$ のとき $y_n \to 0$ となるためには，

$$|1 + h\lambda| < 1 \tag{11.24}$$

でなければならない．これが，本問題が前進オイラー法で安定に解けるための条件である．上式が成り立つためには，h は次の不等式を満たすように選定する必要がある．

$$0 < h < -\frac{2}{\lambda} \tag{11.25}$$

このように，陽解法では一般に，安定性を確保するために h が制約を受ける．

一方，式 (11.20) に式 (11.9) の後退オイラー法を適用すると，次のようになる．

$$y_{n+1} = y_n + h\lambda y_{n+1} \tag{11.26}$$

上式を y_{n+1} について解くと，次のようになる．

$$y_{n+1} = \frac{1}{1 - h\lambda} y_n \tag{11.27}$$

この漸化式の解は次のように求められる．

$$y_n = \frac{1}{(1 - h\lambda)^n} y_0 \tag{11.28}$$

上式より，$n \to \infty$ のとき $y_n \to 0$ となるためには次の不等式が成り立つ必要がある．

$$\left| \frac{1}{1 - h\lambda} \right| < 1 \tag{11.29}$$

λ は負定数であるので，上式は次の不等式が成り立てば成立する．

$$h\lambda < 0 \tag{11.30}$$

これはどのような h (> 0) に対しても成り立つ．したがって，本問題を後退オイラー法で解く場合，ステップ幅 h に対する制限はない．このように，陰解法は一般に，安定性に優れている．

1 次元の常微分方程式を解く場合，数値解法の漸化式は式 (11.22) や式 (11.27) のように，一般に次のような形になる．

$$y_{n+1} = z y_n \tag{11.31}$$

上式の絶対値をとると，次のように表せる．

$$|y_{n+1}| = |z| |y_n| \tag{11.32}$$

上式より，$\rho = |z|$ と定義すると，微分方程式の解 y は時刻 t_n から t_{n+1} へ 1 ステップ計算を進める際に大きさが ρ 倍されることがわかる．したがって，$\rho > 1$ であれば

y の大きさが毎回増幅されて発散し，$\rho < 1$ であれば y の大きさが毎回縮小されて減衰していく．$\rho = 1$ であれば発散も減衰もしない中立安定の状態である．すなわち，数値解法の安定性は ρ によって決まる．この ρ を**スペクトル半径**という．

N 次元の常微分方程式の場合も，一般に適当な座標変換を行うことにより

$$y_{n+1,i} = z_i y_{n,i} \quad (i = 1, 2, \ldots, N) \tag{11.33}$$

のように表せる．これらの中で一つでも $|z_i| > 1$ であれば解は発散し，すべてが $|z_i| < 1$ であれば解は減衰する．したがって，多次元の場合はスペクトル半径を $\rho = \max_i |z_i|$ と定義することで，1 次元の場合と同様に ρ が 1 より大きいか小さいかで安定性を調べることができる．

例題 11.2　図 11.3（＝図 10.5）の剛体振子の最小次元運動方程式は，例題 10.4 で示したように次式のように表される．

$$(I_1 + m_1 s_1^2)\ddot{\phi}_1 = -m_1 g s_1 \cos\phi_1 \tag{11.34}$$

初期条件を $\phi_1(0) = 0, \dot{\phi}_1(0) = 0$ とし，微分方程式の解を前進オイラー法および後退オイラー法によって求めよ．

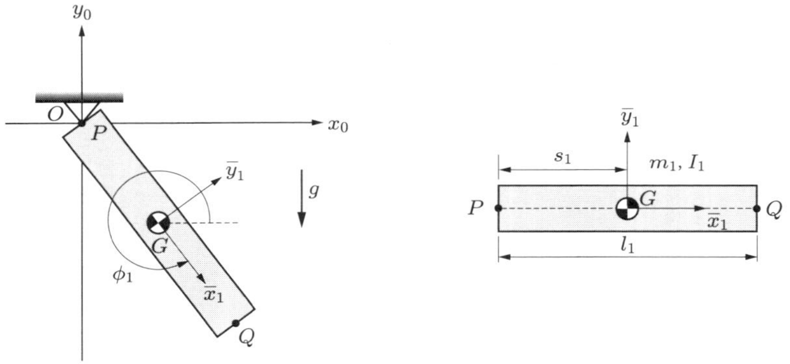

図 11.3　剛体振子

解　式 (11.34) は次のように書きなおすことができる．

$$\ddot{\phi}_1 = -a\cos\phi_1, \quad a \equiv \frac{m_1 g s_1}{I_1 + m_1 s_1^2} \tag{11.35}$$

ここで，状態変数を

$$\boldsymbol{y}(t) = \begin{bmatrix} y_1(t) \\ y_2(t) \end{bmatrix} = \begin{bmatrix} \phi_1(t) \\ \dot{\phi}_1(t) \end{bmatrix} \tag{11.36}$$

と定義すると，式 (11.35) より次の関係式が得られる．

$$\left\{ \begin{array}{l} \dot{y}_1(t) = \dot{\phi}_1(t) = y_2(t) \\ \dot{y}_2(t) = \ddot{\phi}_1(t) = -a\cos\phi_1(t) = -a\cos y_1(t) \end{array} \right. \tag{11.37}$$

上式は式 (11.2) の形の 1 階常微分方程式として，次のようにまとめることができる．

$$\underbrace{\begin{bmatrix} \dot{y}_1(t) \\ \dot{y}_2(t) \end{bmatrix}}_{\dot{\boldsymbol{y}}(t)} = \underbrace{\begin{bmatrix} y_2(t) \\ -a\cos y_1(t) \end{bmatrix}}_{\boldsymbol{F}(\boldsymbol{y}(t),t)}, \quad \underbrace{\begin{bmatrix} y_1(0) \\ y_2(0) \end{bmatrix}}_{\boldsymbol{y}(0)} = \underbrace{\begin{bmatrix} 0 \\ 0 \end{bmatrix}}_{\boldsymbol{y}_0} \tag{11.38}$$

式 (11.38) に式 (11.7) の前進オイラー法を適用すると，次のようになる．

$$\underbrace{\begin{bmatrix} y_{1,n+1} \\ y_{2,n+1} \end{bmatrix}}_{\boldsymbol{y}_{n+1}} = \underbrace{\begin{bmatrix} y_{1,n} \\ y_{2,n} \end{bmatrix}}_{\boldsymbol{y}_n} + h \underbrace{\begin{bmatrix} y_{2,n} \\ -a\cos y_{1,n} \end{bmatrix}}_{\boldsymbol{F}(\boldsymbol{y}_n, t_n)} \tag{11.39}$$

一方，式 (11.38) に式 (11.9) の後退オイラー法を適用すると，次のようになる．

$$\underbrace{\begin{bmatrix} y_{1,n+1} \\ y_{2,n+1} \end{bmatrix}}_{\boldsymbol{y}_{n+1}} = \underbrace{\begin{bmatrix} y_{1,n} \\ y_{2,n} \end{bmatrix}}_{\boldsymbol{y}_n} + h \underbrace{\begin{bmatrix} y_{2,n+1} \\ -a\cos y_{1,n+1} \end{bmatrix}}_{\boldsymbol{F}(\boldsymbol{y}_{n+1}, t_{n+1})} \tag{11.40}$$

式 (11.10) の非線形方程式は次のように定義される．

$$\boldsymbol{e}(\boldsymbol{y}_{n+1}) = \underbrace{\begin{bmatrix} y_{1,n+1} \\ y_{2,n+1} \end{bmatrix}}_{\boldsymbol{y}_{n+1}} - \underbrace{\begin{bmatrix} y_{1,n} \\ y_{2,n} \end{bmatrix}}_{\boldsymbol{y}_n} - h \underbrace{\begin{bmatrix} y_{2,n+1} \\ -a\cos y_{1,n+1} \end{bmatrix}}_{\boldsymbol{F}(\boldsymbol{y}_{n+1}, t_{n+1})} = \boldsymbol{0} \tag{11.41}$$

式 (11.11) のニュートン - ラフソン法による修正式は次のように書ける．

$$\underbrace{\begin{bmatrix} y_{1,n+1}^{(k+1)} \\ y_{2,n+1}^{(k+1)} \end{bmatrix}}_{\boldsymbol{y}_{n+1}^{(k+1)}} = \underbrace{\begin{bmatrix} y_{1,n+1}^{(k)} \\ y_{2,n+1}^{(k)} \end{bmatrix}}_{\boldsymbol{y}_{n+1}^{(k)}} - \underbrace{\begin{bmatrix} 1 & -h \\ -ha\sin y_{1,n+1}^{(k)} & 1 \end{bmatrix}^{-1}}_{\left(\frac{\partial \boldsymbol{e}}{\partial \boldsymbol{y}_{n+1}}\right)^{-1}} \underbrace{\begin{bmatrix} y_{1,n+1}^{(k)} - y_{1,n} - hy_{2,n+1}^{(k)} \\ y_{2,n+1}^{(k)} - y_{2,n} + ah\cos y_{1,n+1}^{(k)} \end{bmatrix}}_{\boldsymbol{e}(\boldsymbol{y}_{n+1}^{(k)})} \tag{11.42}$$

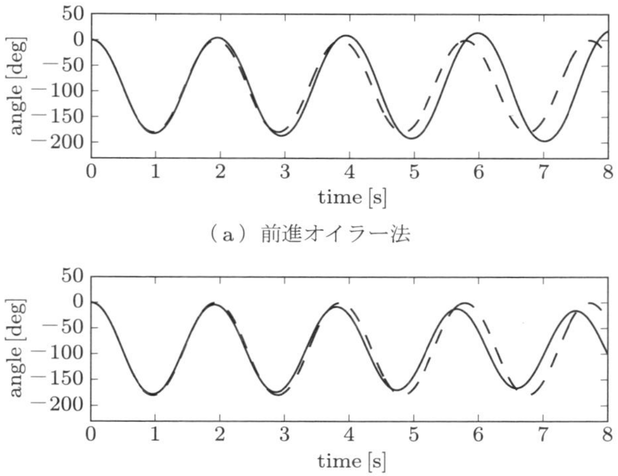

（a）前進オイラー法

（b）後退オイラー法

図 11.4 剛体振子の回転角（前進オイラー法と後退オイラー法）

以上の定式化のもと，$h = 0.004$ として $t = 0\,\mathrm{s}$ から $t = 8\,\mathrm{s}$ まで数値積分を行った結果を図 11.4 に示す（破線は厳密解，実線は求めた解）．前進オイラー法の結果は徐々に拡大，後退オイラー法の結果は徐々に縮小する傾向を示している．両手法とも h を小さくすれば，誤差は減少する．

(4)　微分方程式の硬さ

微分方程式を数値的に解く際に重要な概念として，微分方程式の**硬さ** (stiffness) がある．時間ステップ幅 h は，要求される解の精度によって決める必要があるが，一方で陽解法の場合は，それとは別に課される安定性の条件をも満たすように選定しなければならない．数値解法の安定性を保つためのステップ幅 h が，解の精度を満たすために必要なステップ幅 h よりはるかに小さい場合，その微分方程式は**硬い**あるいは**スティフ**であるという．

硬い微分方程式を概念的な例で説明する．まず，厳密解が図 11.5 (a) のようになる 1 次元の微分方程式について考える．この微分方程式を前進オイラー法で数値的に解く場合，はじめの短い時間区間 A は応答が速いため精度を確保するために小さいステップ幅 h が必要であるが，その後の大部分の区間 B では緩やかな応答であるため，精度のことだけを考えると大きなステップ幅 h でよい．しかし，前進オイラー法には安定条件があるため，区間 B でもステップ幅 h を小さくしない限り数値的不安定になる．また，厳密解が図 11.5 (b) のようになる多次元の微分方程式について考える．この解には速い応答と遅い応答が混在するが，前進オイラー法によって数値的に解く場合，たとえ解析の目的が低周波数領域の応答 1 を求めることであってもステップ幅 h をそれにあわせて大きく設定することはできず，安定条件を満たすために小さな h を用いる必要がある．系がスティフになる具体例としては，短時間で目標値に整定させるためにハイゲインフィードバックを施した制御系や，多自由度振動系で特定のばねの剛性が極端に高く固有振動数に大きな差がある場合，メカトロニクス系で機械系と電気系の時定数が大きく異なる場合，などがある．

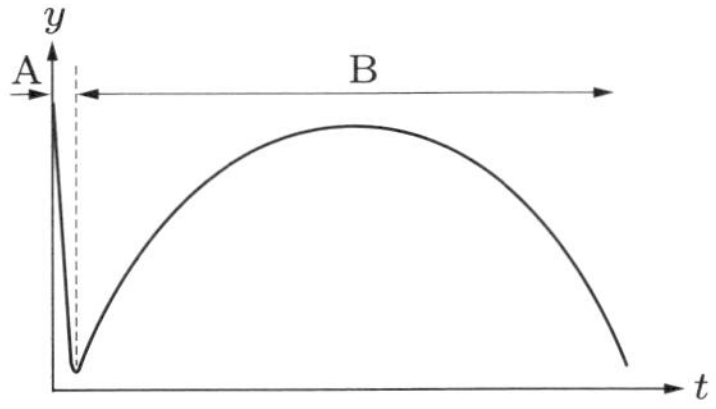

（a）1 次元の例

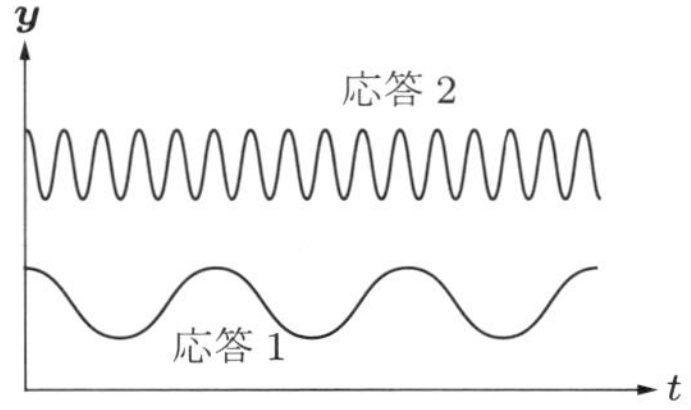

（b）多次元の例

図 11.5　硬い微分方程式

このように硬い微分方程式を陽解法で数値的に解く場合は，ステップ幅 h をきわめて小さくしないと数値的不安定になるため，安定性に優れた陰解法を利用することが望ましい．たとえば，後退オイラー法は無条件安定であるため，精度は別の問題であるが，少なくとも硬い微分方程式に適用しても発散することはない．ただし，安定な陰解法を用いて大きなステップ幅 h により低周波数領域を対象とした解析を行う場合，高周波数領域の応答が全体の数値計算に悪影響をもたらすことがあるため注意が必要である．このような場合は，不要な高周波数領域の応答に対して数値減衰（後退オイラー法の例のようなアルゴリズムに起因する減衰）を付与し，抑制するのが望ましい．後述するように，高次モード抑制機能を有する数値積分法も多数開発されている．

11.2.2 ルンゲ－クッタ法

前節で説明したように，微分方程式 (11.2) の解 $\boldsymbol{y}(t)$ のテイラー展開は

$$\boldsymbol{y}(t+h) = \boldsymbol{y}(t) + \dot{\boldsymbol{y}}(t)h + \frac{1}{2!}\ddot{\boldsymbol{y}}(t)h^2 + \frac{1}{3!}\dddot{\boldsymbol{y}}(t)h^3 + \frac{1}{4!}\ddddot{\boldsymbol{y}}(t)h^4 + \cdots \tag{11.43}$$

のようになる．$\dot{\boldsymbol{y}} = \boldsymbol{F}(\boldsymbol{y}, t)$ であるので，上式は次のように書きなおせる．

$$\boldsymbol{y}(t+h) = \boldsymbol{y}(t) + \boldsymbol{F}(\boldsymbol{y}, t)h + \frac{1}{2!}\dot{\boldsymbol{F}}(\boldsymbol{y}, t)h^2 + \frac{1}{3!}\ddot{\boldsymbol{F}}(\boldsymbol{y}, t)h^3 + \frac{1}{4!}\dddot{\boldsymbol{F}}(\boldsymbol{y}, t)h^4 + \cdots \tag{11.44}$$

前進オイラー法はテイラー展開の 1 次項までを採用し，2 次以上の項を切り捨てているため，h^2 程度の誤差が累積する 1 次の解法となっていた．したがって，より高次の項まで近似すれば精度よく解を求めることができると期待される．しかし，2 次以上の項には $\boldsymbol{F}$ の微分が含まれているため，上式を直接用いて計算をするのは難しい．ルンゲ－クッタ法は，$\boldsymbol{F}$ の微分計算をすることなく，区間内の何点かの関数値 $\boldsymbol{F}(\boldsymbol{y}, t)$ を利用して，テイラー展開の高次項まで一致するようにした単段法である．以下では，まず理解が容易な 2 次のルンゲ－クッタ法について解法の原理や特徴を説明したあと，精度と計算量のバランスがよいためもっともよく使用されている 4 次のルンゲ－クッタ法のアルゴリズムをまとめる．なお，ルンゲ－クッタ法では 1 ステップ進めるのに必要な $\boldsymbol{F}(\boldsymbol{y}, t)$ の計算回数を段 (stage) とよぶが，単段法や多段法の段 (step) とは異なる意味であることに注意する．また，本節では陽解法として定式化するが，後述するように同様の考え方で陰解法も作ることができる．

(1) 2 次のルンゲ－クッタ法

式 (11.43) および式 (11.44) の 2 次項までを採用すると，次のように表せる．

$$\boldsymbol{y}(t+h) \simeq \boldsymbol{y}(t) + \dot{\boldsymbol{y}}(t)h + \frac{1}{2}\ddot{\boldsymbol{y}}(t)h^2$$

$$= \boldsymbol{y}(t) + \left\{ \boldsymbol{F}(\boldsymbol{y}(t), t) + \frac{1}{2}\dot{\boldsymbol{F}}(\boldsymbol{y}(t), t)h \right\} h \tag{11.45}$$

微分 $\dot{\boldsymbol{F}}(\boldsymbol{y}(t), t)$ を計算するのは煩雑であるので，上式の中括弧の中の式を，2 点の関数値を用いて次のように近似することを考える．

$$\boldsymbol{F}(\boldsymbol{y}(t), t) + \frac{1}{2}\dot{\boldsymbol{F}}(\boldsymbol{y}(t), t)h \simeq \omega_1 \boldsymbol{k}_1 + \omega_2 \boldsymbol{k}_2 \tag{11.46}$$

$$\begin{cases} \boldsymbol{k}_1 = \boldsymbol{F}(\boldsymbol{y}(t), t) \\ \boldsymbol{k}_2 = \boldsymbol{F}(\boldsymbol{y}(t) + ah\boldsymbol{k}_1, t + ah) \end{cases} \tag{11.47}$$

ここで，ω_1, ω_2, a は適当なパラメータである．これらのパラメータをどのように選べば式 (11.46) の近似が成立するかを考える．

まず，関数 $\boldsymbol{F}(\boldsymbol{y}, t)$ の時間微分は

$$\dot{\boldsymbol{F}}(\boldsymbol{y}, t) = \boldsymbol{F}_{\boldsymbol{y}}(\boldsymbol{y}, t)\dot{\boldsymbol{y}} + \boldsymbol{F}_t(\boldsymbol{y}, t) = \boldsymbol{F}_{\boldsymbol{y}}(\boldsymbol{y}, t)\boldsymbol{F}(\boldsymbol{y}, t) + \boldsymbol{F}_t(\boldsymbol{y}, t) \tag{11.48}$$

となるので，式 (11.46) の左辺は次のように表せる．

$$\boldsymbol{F}(\boldsymbol{y}(t), t) + \frac{1}{2}\dot{\boldsymbol{F}}(\boldsymbol{y}(t), t)h = \boldsymbol{F}(\boldsymbol{y}(t), t) + \frac{1}{2}\{\boldsymbol{F}_{\boldsymbol{y}}(\boldsymbol{y}, t)\boldsymbol{F}(\boldsymbol{y}, t) + \boldsymbol{F}_t(\boldsymbol{y}, t)\}h \tag{11.49}$$

一方，関数 $\boldsymbol{F}(\boldsymbol{y}, t)$ をテイラー展開し，1 次項までをとると次のように表せる．

$$\boldsymbol{F}(\boldsymbol{y} + \Delta\boldsymbol{y}, t + \Delta t) \simeq \boldsymbol{F}(\boldsymbol{y}, t) + \boldsymbol{F}_{\boldsymbol{y}}(\boldsymbol{y}, t)\Delta\boldsymbol{y} + \boldsymbol{F}_t(\boldsymbol{y}, t)\Delta t \tag{11.50}$$

上式において，$\Delta\boldsymbol{y} = ah\boldsymbol{k}_1$, $\Delta t = ah$ とすると，$\boldsymbol{k}_2$ は次のように計算できる．

$$\begin{aligned} \boldsymbol{k}_2 &= \boldsymbol{F}(\boldsymbol{y} + ah\boldsymbol{k}_1, t + ah) \\ &\simeq \boldsymbol{F}(\boldsymbol{y}, t) + \boldsymbol{F}_{\boldsymbol{y}}(\boldsymbol{y}, t)ah\boldsymbol{k}_1 + \boldsymbol{F}_t(\boldsymbol{y}, t)ah \\ &= \boldsymbol{F}(\boldsymbol{y}, t) + a\{\boldsymbol{F}_{\boldsymbol{y}}(\boldsymbol{y}, t)\boldsymbol{F}(\boldsymbol{y}, t) + \boldsymbol{F}_t(\boldsymbol{y}, t)\}h \end{aligned} \tag{11.51}$$

これより，式 (11.46) の右辺は次のように表せる．

$$\begin{aligned} \omega_1\boldsymbol{k}_1 + \omega_2\boldsymbol{k}_2 &\simeq \omega_1\boldsymbol{F}(\boldsymbol{y}, t) + \omega_2[\boldsymbol{F}(\boldsymbol{y}, t) + a\{\boldsymbol{F}_{\boldsymbol{y}}(\boldsymbol{y}, t)\boldsymbol{F}(\boldsymbol{y}, t) + \boldsymbol{F}_t(\boldsymbol{y}, t)\}h] \\ &= (\omega_1 + \omega_2)\boldsymbol{F}(\boldsymbol{y}, t) + a\omega_2\{\boldsymbol{F}_{\boldsymbol{y}}(\boldsymbol{y}, t)\boldsymbol{F}(\boldsymbol{y}, t) + \boldsymbol{F}_t(\boldsymbol{y}, t)\}h \end{aligned} \tag{11.52}$$

式 (11.49) の右辺と式 (11.52) の右辺を比較すると，パラメータを

$$\omega_1 + \omega_2 = 1, \quad a\omega_2 = \frac{1}{2} \tag{11.53}$$

を満足するように選べばよいことがわかる．

$t = t_n$, $\boldsymbol{y}_n = \boldsymbol{y}(t_n)$ とすることにより，2 次のルンゲ - クッタ法の公式が

$$\begin{cases} \boldsymbol{k}_1 = \boldsymbol{F}(\boldsymbol{y}_n, t_n) \\ \boldsymbol{k}_2 = \boldsymbol{F}(\boldsymbol{y}_n + ah\boldsymbol{k}_1, t_n + ah) \\ \boldsymbol{y}_{n+1} = \boldsymbol{y}_n + (\omega_1\boldsymbol{k}_1 + \omega_2\boldsymbol{k}_2)h \end{cases} \tag{11.54}$$

のように得られる．テイラー展開の 2 次項まで考慮しているため 2 次の精度が得られる．3 個のパラメータ ω_1, ω_2, a に対して条件式は 2 個であるので，式 (11.53) を満足

するパラメータの組み合わせは無数に存在する．

式 (11.53) を満たす 3 個のパラメータとして

$$\omega_1 = 0, \quad \omega_2 = 1, \quad a = \frac{1}{2} \tag{11.55}$$

と選ぶと，式 (11.54) は次のように書ける．

$$\begin{cases} \boldsymbol{k}_1 = \boldsymbol{F}(\boldsymbol{y}_n, t_n) \\ \boldsymbol{k}_2 = \boldsymbol{F}\left(\boldsymbol{y}_n + \dfrac{h}{2}\boldsymbol{k}_1, t_n + \dfrac{h}{2}\right) \\ \boldsymbol{y}_{n+1} = \boldsymbol{y}_n + h\boldsymbol{k}_2 \end{cases} \tag{11.56}$$

上式の漸化式は**中点法**とよばれている．中点法では，図 11.6 (a) に示すように，まず $(t_n, \boldsymbol{y}_n)$ においてその点を通る解曲線の傾き $\boldsymbol{k}_1$ を求め，その傾きに沿って区間の半分の時点 $t = t_n + h/2$ での値 $\boldsymbol{y}_{n+1/2}$ を求める．次に，$(t_{n+1/2}, \boldsymbol{y}_{n+1/2})$ においてその点を通る解曲線の傾き $\boldsymbol{k}_2$ を計算する．最後に，その傾き $\boldsymbol{k}_2$ に沿って t_n より h 離れた $t = t_{n+1}$ での値 $\boldsymbol{y}_{n+1}$ を計算する．関数評価を 2 回行い，精度が 2 次であるため，2 段 2 次のルンゲ - クッタ法である．

一方，式 (11.53) を満たす 3 個のパラメータとして

$$\omega_1 = \omega_2 = \frac{1}{2}, \quad a = 1 \tag{11.57}$$

と選ぶと，式 (11.54) は次のように書ける．

$$\begin{cases} \boldsymbol{k}_1 = \boldsymbol{F}(\boldsymbol{y}_n, t_n) \\ \boldsymbol{k}_2 = \boldsymbol{F}(\boldsymbol{y}_n + h\boldsymbol{k}_1, t_n + h) \\ \boldsymbol{y}_{n+1} = \boldsymbol{y}_n + \dfrac{h}{2}(\boldsymbol{k}_1 + \boldsymbol{k}_2) \end{cases} \tag{11.58}$$

上式の漸化式は**ホイン法**とよばれている．ホイン法では，図 11.6 (b) に示すよう

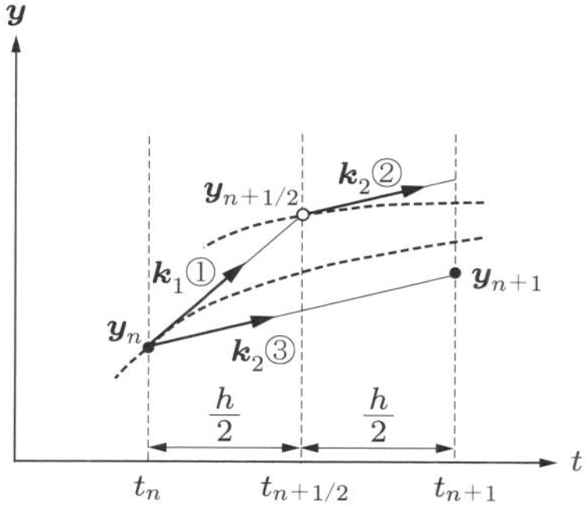

（a）中点法

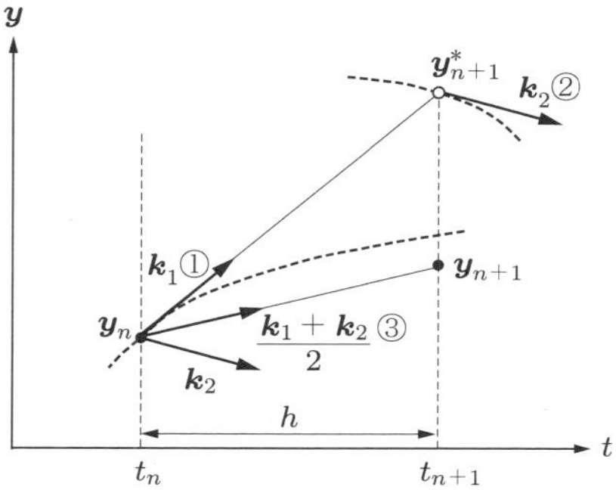

（b）ホイン法

図 11.6 2 次のルンゲ - クッタ法

に，まず $(t_n, \boldsymbol{y}_n)$ においてその点を通る解曲線の傾き $\boldsymbol{k}_1$ を求め，その傾きに沿って $t = t_{n+1}$ での値 $\boldsymbol{y}^*_{n+1}$ を求める．次に，$(t_{n+1}, \boldsymbol{y}^*_{n+1})$ においてその点を通る解曲線の傾き $\boldsymbol{k}_2$ を計算する．最後に，$\boldsymbol{k}_1$ と $\boldsymbol{k}_2$ の平均の傾き $(\boldsymbol{k}_1 + \boldsymbol{k}_2)/2$ に沿って t_n より h 離れた $t = t_{n+1}$ での値 $\boldsymbol{y}_{n+1}$ を計算する．関数評価を 2 回行い，精度が 2 次であるため，2 段 2 次のルンゲ - クッタ法である．この方法は，t_{n+1} での予測値を前進オイラー法によって

$$\boldsymbol{y}^*_{n+1} = \boldsymbol{y}_n + h\boldsymbol{F}(\boldsymbol{y}_n, t_n) \tag{11.59}$$

のように求め，その予測値を次のように陰的な更新式で修正する形になっている．

$$\boldsymbol{y}_{n+1} = \boldsymbol{y}_n + \frac{h}{2}\{\boldsymbol{F}(\boldsymbol{y}_n, t_n) + \boldsymbol{F}(\boldsymbol{y}^*_{n+1}, t_{n+1})\} \tag{11.60}$$

そのため**修正オイラー法**ともよばれている．また，このように陽解法で予測値を求めておき，陰解法公式でその予測値を修正する技法は**予測子・修正子法** (predictor-corrector method) とよばれ，より高次のさまざまな手法が提案されている．

(2)　4 次のルンゲ - クッタ法

式 (11.43) および式 (11.44) の 4 次項までを採用すると，次のように表せる．

$$\begin{aligned}\boldsymbol{y}(t+h) &\simeq \boldsymbol{y}(t) + \dot{\boldsymbol{y}}(t)h + \frac{1}{2!}\ddot{\boldsymbol{y}}(t)h^2 + \frac{1}{3!}\dddot{\boldsymbol{y}}(t)h^2 + \frac{1}{4!}\ddddot{\boldsymbol{y}}(t)h^4\\ &= \boldsymbol{y}(t) + \Bigg\{\boldsymbol{F}(\boldsymbol{y}(t),t) + \frac{1}{2}\dot{\boldsymbol{F}}(\boldsymbol{y}(t),t)h + \frac{1}{6}\ddot{\boldsymbol{F}}(\boldsymbol{y}(t),t)h^2\\ &\qquad + \frac{1}{24}\dddot{\boldsymbol{F}}(y(t),t)h^3\Bigg\}h\end{aligned} \tag{11.61}$$

微分の計算を避けるために，上式の中括弧の中の式を，4 点の関数値を用いて次のように近似することを考える．

$$\begin{aligned}&\boldsymbol{F}(\boldsymbol{y}(t),t) + \frac{1}{2}\dot{\boldsymbol{F}}(\boldsymbol{y}(t),t)h + \frac{1}{6}\ddot{\boldsymbol{F}}(\boldsymbol{y}(t),t)h^2 + \frac{1}{24}\dddot{\boldsymbol{F}}(\boldsymbol{y}(t),t)h^3\\ &\quad \simeq \omega_1\boldsymbol{k}_1 + \omega_2\boldsymbol{k}_2 + \omega_3\boldsymbol{k}_3 + \omega_4\boldsymbol{k}_4\end{aligned} \tag{11.62}$$

$$\left\{\begin{aligned}\boldsymbol{k}_1 &= \boldsymbol{F}(\boldsymbol{y}(t),t)\\ \boldsymbol{k}_2 &= \boldsymbol{F}(\boldsymbol{y}(t) + a_1h\boldsymbol{k}_1, t + a_1h)\\ \boldsymbol{k}_3 &= \boldsymbol{F}(\boldsymbol{y}(t) + a_2h\boldsymbol{k}_2, t + a_2h)\\ \boldsymbol{k}_4 &= \boldsymbol{F}(\boldsymbol{y}(t) + a_3h\boldsymbol{k}_3, t + a_3h)\end{aligned}\right. \tag{11.63}$$

ここで，$\omega_1, \omega_2, \omega_3, \omega_4, a_1, a_2, a_3$ は適当なパラメータである．2 次のルンゲ - クッタ法の場合と同様に，式 (11.62) の近似が成り立つようにこれらのパラメータを決定する．

$t = t_n$, $\boldsymbol{y}_n = \boldsymbol{y}(t_n)$ とすることにより，4 次のルンゲ - クッタ法の公式が

$$
\begin{cases}
\boldsymbol{k}_1 = \boldsymbol{F}(\boldsymbol{y}_n, t_n) \\
\boldsymbol{k}_2 = \boldsymbol{F}(\boldsymbol{y}_n + a_1 h \boldsymbol{k}_1, t_n + a_1 h) \\
\boldsymbol{k}_3 = \boldsymbol{F}(\boldsymbol{y}_n + a_2 h \boldsymbol{k}_2, t_n + a_2 h) \\
\boldsymbol{k}_4 = \boldsymbol{F}(\boldsymbol{y}_n + a_3 h \boldsymbol{k}_3, t_n + a_3 h) \\
\boldsymbol{y}_{n+1} = \boldsymbol{y}_n + (\omega_1 \boldsymbol{k}_1 + \omega_2 \boldsymbol{k}_2 + \omega_3 \boldsymbol{k}_3 + \omega_4 \boldsymbol{k}_4) h
\end{cases}
\tag{11.64}
$$

のように得られる．2 次の場合と同様にパラメータの組み合わせは無数に考えられるが，その中で最良のものを選ぶための多くの研究が行われており，通常は以下のように選ばれる．

$$
\omega_1 = \frac{1}{6}, \quad \omega_2 = \frac{1}{3}, \quad \omega_3 = \frac{1}{3}, \quad \omega_4 = \frac{1}{6}, \quad a_1 = \frac{1}{2}, \quad a_2 = \frac{1}{2}, \quad a_3 = 1
\tag{11.65}
$$

いわゆるルンゲ－クッタ法は上記のパラメータを用いた場合であり，次の公式となる．

$$
\begin{cases}
\boldsymbol{k}_1 = \boldsymbol{F}\left(\boldsymbol{y}_n, t_n\right) \\
\boldsymbol{k}_2 = \boldsymbol{F}\left(\boldsymbol{y}_n + \dfrac{h}{2}\boldsymbol{k}_1, t_n + \dfrac{h}{2}\right) \\
\boldsymbol{k}_3 = \boldsymbol{F}\left(\boldsymbol{y}_n + \dfrac{h}{2}\boldsymbol{k}_2, t_n + \dfrac{h}{2}\right) \\
\boldsymbol{k}_4 = \boldsymbol{F}\left(\boldsymbol{y}_n + h\boldsymbol{k}_3, t_n + h\right) \\
\boldsymbol{y}_{n+1} = \boldsymbol{y}_n + \dfrac{h}{6}(\boldsymbol{k}_1 + 2\boldsymbol{k}_2 + 2\boldsymbol{k}_3 + \boldsymbol{k}_4)
\end{cases}
\tag{11.66}
$$

例題 11.3 例題 11.2 の問題を 4 次のルンゲ－クッタ法によって解け．

解 例題 11.2 で導出したように，状態方程式は次のようになる．

$$
\underbrace{\begin{bmatrix} \dot{y}_1(t) \\ \dot{y}_2(t) \end{bmatrix}}_{\dot{\boldsymbol{y}}(t)} = \underbrace{\begin{bmatrix} y_2(t) \\ -a\cos y_1(t) \end{bmatrix}}_{\boldsymbol{F}(\boldsymbol{y}(t),t)}, \quad \underbrace{\begin{bmatrix} y_1(0) \\ y_2(0) \end{bmatrix}}_{\boldsymbol{y}(0)} = \underbrace{\begin{bmatrix} 0 \\ 0 \end{bmatrix}}_{\boldsymbol{y}_0}
\tag{11.67}
$$

式 (11.66) より，$\boldsymbol{k}_1$, $\boldsymbol{k}_2$, $\boldsymbol{k}_3$, $\boldsymbol{k}_4$ は次のように計算できる．

$$
\underbrace{\begin{bmatrix} k_{1,1} \\ k_{2,1} \end{bmatrix}}_{\boldsymbol{k}_1} = \underbrace{\begin{bmatrix} y_{2,n} \\ -a\cos y_{1,n} \end{bmatrix}}_{\boldsymbol{F}(\boldsymbol{y}_n, t_n)}
\tag{11.68}
$$

$$
\underbrace{\begin{bmatrix} k_{1,2} \\ k_{2,2} \end{bmatrix}}_{\boldsymbol{k}_2} = \underbrace{\begin{bmatrix} y_{2,n} + \dfrac{h}{2}k_{2,1} \\ -a\cos\left(y_{1,n} + \dfrac{h}{2}k_{1,1}\right) \end{bmatrix}}_{\boldsymbol{F}\left(\boldsymbol{y}_n + \frac{h}{2}\boldsymbol{k}_1, t_n + \frac{h}{2}\right)}
\tag{11.69}
$$

$$\underbrace{\begin{bmatrix} k_{1,3} \\ k_{2,3} \end{bmatrix}}_{\boldsymbol{k}_3} = \underbrace{\begin{bmatrix} y_{2,n} + \dfrac{h}{2}k_{2,2} \\ -a\cos\left(y_{1,n} + \dfrac{h}{2}k_{1,2}\right) \end{bmatrix}}_{\boldsymbol{F}\left(\boldsymbol{y}_n + \frac{h}{2}\boldsymbol{k}_2,\, t_n + \frac{h}{2}\right)} \tag{11.70}$$

$$\underbrace{\begin{bmatrix} k_{1,4} \\ k_{2,4} \end{bmatrix}}_{\boldsymbol{k}_4} = \underbrace{\begin{bmatrix} y_{2,n} + hk_{2,3} \\ -a\cos(y_{1,n} + hk_{1,3}) \end{bmatrix}}_{\boldsymbol{F}(\boldsymbol{y}_n + h\boldsymbol{k}_3,\, t_n + h)} \tag{11.71}$$

これらを用いて，$\boldsymbol{y}_{n+1}$ は次のように求められる．

$$\underbrace{\begin{bmatrix} y_{1,n+1} \\ y_{2,n+1} \end{bmatrix}}_{\boldsymbol{y}_{n+1}} = \underbrace{\begin{bmatrix} y_{1,n} \\ y_{2,n} \end{bmatrix}}_{\boldsymbol{y}_n} + \frac{h}{6}\underbrace{\begin{bmatrix} k_{1,1} + 2k_{1,2} + 2k_{1,3} + k_{1,4} \\ k_{2,1} + 2k_{2,2} + 2k_{2,3} + k_{2,4} \end{bmatrix}}_{(\boldsymbol{k}_1 + 2\boldsymbol{k}_2 + 2\boldsymbol{k}_3 + \boldsymbol{k}_4)} \tag{11.72}$$

以上の定式化のもと，$h = 0.004$ および $h = 0.2$ とした場合について，$t = 0\,\mathrm{s}$ から $t = 8\,\mathrm{s}$ まで数値積分を行った結果を図 11.7 に示す（破線は厳密解，実線は求めた解）．図 11.4 のオイラー法の結果と比較して，精度よく解を求められていることが確認できる．

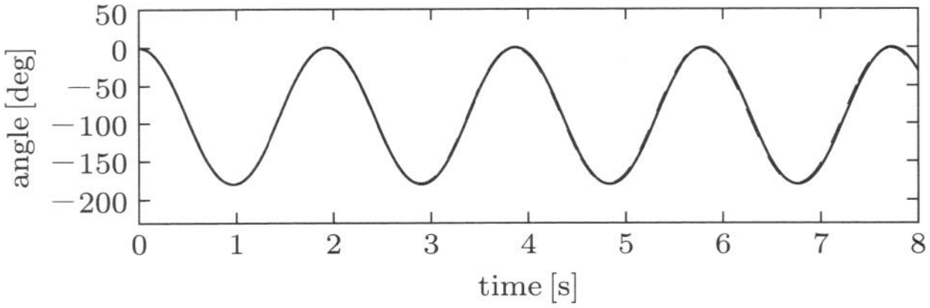

（a）$h = 0.004$

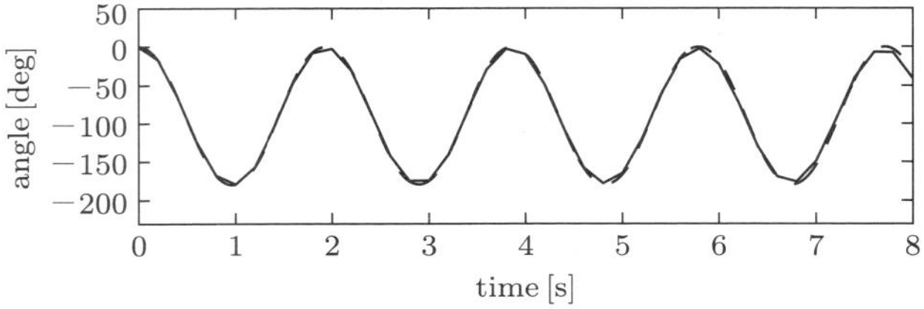

（b）$h = 0.2$

図 11.7　剛体振子の回転角（4 次のルンゲ－クッタ法）

11.3　微分代数方程式

本節では，微分代数方程式 (11.1)

$$\begin{cases} \boldsymbol{M}(\boldsymbol{q})\ddot{\boldsymbol{q}} + \boldsymbol{C}_{\boldsymbol{q}}^T\boldsymbol{\lambda} = \boldsymbol{Q}(\boldsymbol{q}, \dot{\boldsymbol{q}}, t) \\ \boldsymbol{C}(\boldsymbol{q}, t) = \boldsymbol{0} \end{cases} \tag{11.1 再}$$

を常微分方程式に帰着することなく，直接差分公式等を適用して解く方法について説明する．拘束条件を満たす初期値 $\boldsymbol{q}(0) = \boldsymbol{q}_0$, $\dot{\boldsymbol{q}}(0) = \dot{\boldsymbol{q}}_0$ が与えられると，

$$\begin{bmatrix} \boldsymbol{M}(\boldsymbol{q}_0) & \boldsymbol{C}_{\boldsymbol{q}}^T(\boldsymbol{q}_0, 0) \\ \boldsymbol{C}_{\boldsymbol{q}}(\boldsymbol{q}_0, 0) & \boldsymbol{0} \end{bmatrix} \begin{bmatrix} \ddot{\boldsymbol{q}}_0 \\ \boldsymbol{\lambda}_0 \end{bmatrix} = \begin{bmatrix} \boldsymbol{Q}(\boldsymbol{q}_0, \dot{\boldsymbol{q}}_0, 0) \\ \boldsymbol{\gamma}(\boldsymbol{q}_0, \dot{\boldsymbol{q}}_0, 0) \end{bmatrix} \tag{11.73}$$

を解くことによって $\ddot{\boldsymbol{q}}(0) = \ddot{\boldsymbol{q}}_0$ および $\boldsymbol{\lambda}(0) = \boldsymbol{\lambda}_0$ が得られる．これらの初期値 $\boldsymbol{q}_0$, $\dot{\boldsymbol{q}}_0$, $\ddot{\boldsymbol{q}}_0$, $\boldsymbol{\lambda}_0$ からスタートして，分点 $t_1, t_2, \ldots, t_n, \ldots$ における値 $\boldsymbol{q}_n$, $\dot{\boldsymbol{q}}_n$, $\ddot{\boldsymbol{q}}_n$, λ_n を順次数値的に求めていく方法について考える．ここでは，まず現在広く用いられている一般化 α 法について，その解法の原理や特徴を説明する．その後，マルチボディダイナミクス用に開発された微分代数方程式の数値積分法である RADAU5 と DASSL について，それらの概要を簡潔にまとめる．

11.3.1 一般化 α 法

一般化 α 法は，構造物の地震応答解析用に開発されたニューマーク β 法を改良発展させた数値解法である．以下では，まず基本となるニューマーク β 法について説明したあと，高次モード抑制を目指しながら低周波数領域での減衰精度を保つことを目的に改良された HHT-α 法，さらにその数値減衰特性を改善するために考案された一般化 α 法について説明する．その後，一般化 α 法の微分代数方程式への適用について述べる．

(1) ニューマーク β 法から一般化 α 法へ

ニューマーク (Nathan Mortimore Newmark) は，次の形の 2 階常微分方程式を解くための単段形陰解法を開発した．

$$\boldsymbol{M}\ddot{\boldsymbol{q}}(t) + \boldsymbol{D}\dot{\boldsymbol{q}}(t) + \boldsymbol{K}\boldsymbol{q}(t) = \boldsymbol{Q}(t) \tag{11.74}$$

ニューマークの方法は，区間内で加速度が一定と仮定する平均加速度法や，直線的に変化すると仮定する線形加速度法を一般化したものであるため，まずそれらの方法について説明する．

平均加速度法では，図 11.8 (a) のように区間 (t_n, t_{n+1}) では加速度が一定であり，両端の平均値をとるものとする．この仮定に基づくと，時間間隔 $h = t_{n+1} - t_n$ 内の τ における加速度は次のようになる．

$$\ddot{\boldsymbol{q}}_\tau = \frac{1}{2}(\ddot{\boldsymbol{q}}_{n+1} + \ddot{\boldsymbol{q}}_n) \tag{11.75}$$

このとき，速度および変位は，上式を τ で積分することにより次のように得られる．

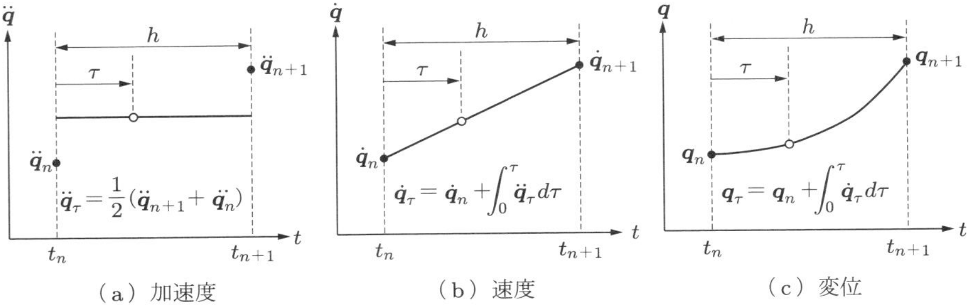

図 11.8　平均加速度法

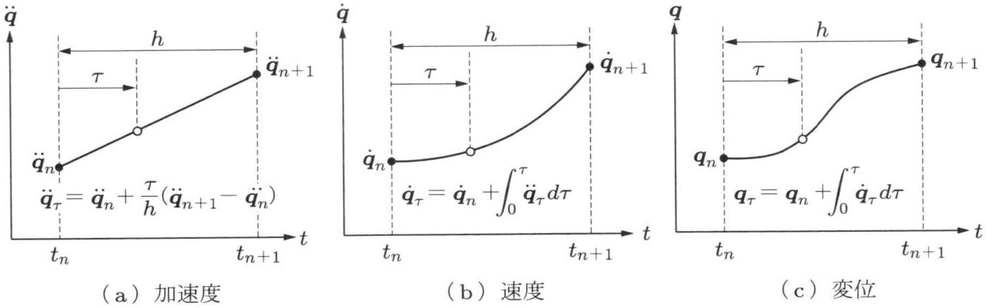

図 11.9　線形加速度法

$$\dot{\boldsymbol{q}}_\tau = \dot{\boldsymbol{q}}_n + \frac{1}{2}(\ddot{\boldsymbol{q}}_{n+1} + \ddot{\boldsymbol{q}}_n)\tau \tag{11.76}$$

$$\boldsymbol{q}_\tau = \boldsymbol{q}_n + \dot{\boldsymbol{q}}_n\tau + \frac{1}{4}(\ddot{\boldsymbol{q}}_{n+1} + \ddot{\boldsymbol{q}}_n)\tau^2 \tag{11.77}$$

$\tau = h$ のとき，$\dot{\boldsymbol{q}}_\tau = \dot{\boldsymbol{q}}_{n+1}$, $\boldsymbol{q}_\tau = \boldsymbol{q}_{n+1}$ であるので次式のように書ける．

$$\dot{\boldsymbol{q}}_{n+1} = \dot{\boldsymbol{q}}_n + \frac{1}{2}(\ddot{\boldsymbol{q}}_{n+1} + \ddot{\boldsymbol{q}}_n)h \tag{11.78}$$

$$\boldsymbol{q}_{n+1} = \boldsymbol{q}_n + \dot{\boldsymbol{q}}_n h + \frac{1}{4}(\ddot{\boldsymbol{q}}_{n+1} + \ddot{\boldsymbol{q}}_n)h^2 \tag{11.79}$$

一方，線形加速度法では，図 11.9 (a) のように区間 $[t_n, t_{n+1}]$ での加速度が $\ddot{\boldsymbol{q}}_n$ から $\ddot{\boldsymbol{q}}_{n+1}$ へ直線的に変化すると仮定する．この仮定に基づくと，時間間隔 h 内の τ における加速度は次のようになる．

$$\ddot{\boldsymbol{q}}_\tau = \ddot{\boldsymbol{q}}_n + \frac{\tau}{h}(\ddot{\boldsymbol{q}}_{n+1} - \ddot{\boldsymbol{q}}_n) \tag{11.80}$$

このとき，速度および変位は，上式を τ で積分することにより次のように得られる．

$$\dot{\boldsymbol{q}}_\tau = \dot{\boldsymbol{q}}_n + \ddot{\boldsymbol{q}}_n\tau + \frac{1}{2h}(\ddot{\boldsymbol{q}}_{n+1} - \ddot{\boldsymbol{q}}_n)\tau^2 \tag{11.81}$$

$$\boldsymbol{q}_\tau = \boldsymbol{q}_n + \dot{\boldsymbol{q}}_n\tau + \frac{1}{2}\ddot{\boldsymbol{q}}_n\tau^2 + \frac{1}{6h}(\ddot{\boldsymbol{q}}_{n+1} - \ddot{\boldsymbol{q}}_n)\tau^3 \tag{11.82}$$

$\tau = h$ のとき，$\dot{\boldsymbol{q}}_\tau = \dot{\boldsymbol{q}}_{n+1}$, $\boldsymbol{q}_\tau = \boldsymbol{q}_{n+1}$ であるので次式のように書ける．

$$\dot{\boldsymbol{q}}_{n+1} = \dot{\boldsymbol{q}}_n + \frac{1}{2}(\ddot{\boldsymbol{q}}_{n+1} + \ddot{\boldsymbol{q}}_n)h \tag{11.83}$$

$$\boldsymbol{q}_{n+1} = \boldsymbol{q}_n + \dot{\boldsymbol{q}}_n h + \frac{1}{3}\ddot{\boldsymbol{q}}_n h^2 + \frac{1}{6}\ddot{\boldsymbol{q}}_{n+1} h^2 \tag{11.84}$$

以上のような手法を一般化し，ニューマークは次のような積分公式を提案した．

$$\dot{\boldsymbol{q}}_{n+1} = \dot{\boldsymbol{q}}_n + h(1-\gamma)\ddot{\boldsymbol{q}}_n + h\gamma\ddot{\boldsymbol{q}}_{n+1} \tag{11.85}$$

$$\boldsymbol{q}_{n+1} = \boldsymbol{q}_n + h\dot{\boldsymbol{q}}_n + h^2\left(\frac{1}{2} - \beta\right)\ddot{\boldsymbol{q}}_n + h^2\beta\ddot{\boldsymbol{q}}_{n+1} \tag{11.86}$$

上式において $\gamma = 1/2, \beta = 1/4$ とすれば平均加速度法の式 (11.78), (11.79), $\gamma = 1/2, \beta = 1/6$ とすれば線形加速度法の式 (11.83), (11.84) に一致する．γ, β は精度や安定性の観点から決定する．γ については，多くの場合に $\gamma = 1/2$ に設定される．また，β については，$0 < \beta \leq 1/4$ の範囲では精度はよいが数値的不安定現象が発生しうる．$1/4 < \beta < 1/2$ の範囲では安定であるが，$0 < \beta \leq 1/4$ と比べて精度は低下する．

式 (11.85) および式 (11.86) を利用して，$\boldsymbol{q}_n$, $\dot{\boldsymbol{q}}_n$, $\ddot{\boldsymbol{q}}_n$ が既知であるときに $\boldsymbol{q}_{n+1}, \dot{\boldsymbol{q}}_{n+1}, \ddot{\boldsymbol{q}}_{n+1}$ を求める方法を考える．変位増分を $\Delta\boldsymbol{q} = \boldsymbol{q}_{n+1} - \boldsymbol{q}_n$ とすると，式 (11.85), (11.86) より，$\boldsymbol{q}_{n+1}, \dot{\boldsymbol{q}}_{n+1}, \ddot{\boldsymbol{q}}_{n+1}$ はそれぞれ次のように表せる．

$$\boldsymbol{q}_{n+1} = \boldsymbol{q}_n + \Delta\boldsymbol{q} \tag{11.87}$$

$$\dot{\boldsymbol{q}}_{n+1} = \left(1 - \frac{\gamma}{2\beta}\right)h\ddot{\boldsymbol{q}}_n + \left(1 - \frac{\gamma}{\beta}\right)\dot{\boldsymbol{q}}_n + \frac{\gamma}{\beta h}\Delta\boldsymbol{q} \tag{11.88}$$

$$\ddot{\boldsymbol{q}}_{n+1} = \left(1 - \frac{1}{2\beta}\right)\ddot{\boldsymbol{q}}_n - \frac{1}{\beta h}\dot{\boldsymbol{q}}_n + \frac{1}{\beta h^2}\Delta\boldsymbol{q} \tag{11.89}$$

また，式 (11.74) より，$t = t_{n+1}$ のとき運動方程式は次のように表せる．

$$\boldsymbol{M}\ddot{\boldsymbol{q}}_{n+1} + \boldsymbol{D}\dot{\boldsymbol{q}}_{n+1} + \boldsymbol{K}\boldsymbol{q}_{n+1} = \boldsymbol{Q}_{n+1} \tag{11.90}$$

したがって，式 (11.87)〜(11.89) を式 (11.90) に代入して整理すると，次式を得る．

$$\begin{aligned}\left(\frac{1}{\beta h^2}\boldsymbol{M} + \frac{\gamma}{\beta h}\boldsymbol{D} + \boldsymbol{K}\right)\Delta\boldsymbol{q} = \Bigg[\boldsymbol{Q}_{n+1} + \boldsymbol{M}\left\{\left(\frac{1}{2\beta} - 1\right)\ddot{\boldsymbol{q}}_n + \frac{1}{\beta h}\dot{\boldsymbol{q}}_n\right\} \\ + \boldsymbol{D}\left\{\left(\frac{\gamma}{2\beta} - 1\right)h\ddot{\boldsymbol{q}}_n + \left(\frac{\gamma}{\beta} - 1\right)\dot{\boldsymbol{q}}_n\right\} + \boldsymbol{K}\boldsymbol{q}_n\Bigg]\end{aligned} \tag{11.91}$$

上式の係数行列および右辺ベクトルは既知であるから，この線形方程式を解くことによって $\Delta\boldsymbol{q}$ が求められ，ついで式 (11.87)〜(11.89) に代入することにより $\boldsymbol{q}_{n+1}, \dot{\boldsymbol{q}}_{n+1}, \ddot{\boldsymbol{q}}_{n+1}$ が得られる．以上のような数値解法を**ニューマーク β 法**とよぶ．

ニューマーク β 法の特性改善，特に高次モード抑制を目指したさまざまな改良法が提案されている．ニューマーク β 法において γ の値を 1/2 より大きくすると数値減衰を付与することができるが，その性能をさらに改善するために，t_{n+1} 時点における

運動方程式 (11.90) を次のように修正して用いる方法が提案されている.

$$\begin{cases} \boldsymbol{M}\ddot{\boldsymbol{q}}_{n+1} + \boldsymbol{D}\dot{\boldsymbol{q}}^* + \boldsymbol{K}\boldsymbol{q}^* = \boldsymbol{Q}^* \\ \dot{\boldsymbol{q}}^* = (1+\alpha)\dot{\boldsymbol{q}}_{n+1} - \alpha\dot{\boldsymbol{q}}_n \\ \boldsymbol{q}^* = (1+\alpha)\boldsymbol{q}_{n+1} - \alpha\boldsymbol{q}_n \\ \boldsymbol{Q}^* = (1+\alpha)\boldsymbol{Q}_{n+1} - \alpha\boldsymbol{Q}_n \end{cases} \tag{11.92}$$

このような方法は **HHT-$\boldsymbol{\alpha}$ 法**とよばれている. HHT-α 法の数値減衰特性をさらに改善するため, すなわち減衰の切れ† をさらによくすることを目的に慣性項にも α 項を導入し, 式 (11.92) を次のように修正して用いる方法が考案されている.

$$\begin{cases} \boldsymbol{M}\ddot{\boldsymbol{q}}^* + \boldsymbol{D}\dot{\boldsymbol{q}}^* + \boldsymbol{K}\boldsymbol{q}^* = \boldsymbol{Q}^* \\ \ddot{\boldsymbol{q}}^* = (1-\alpha_m)\ddot{\boldsymbol{q}}_{n+1} + \alpha_m\ddot{\boldsymbol{q}}_n \\ \dot{\boldsymbol{q}}^* = (1-\alpha_f)\dot{\boldsymbol{q}}_{n+1} + \alpha_f\dot{\boldsymbol{q}}_n \\ \boldsymbol{q}^* = (1-\alpha_f)\boldsymbol{q}_{n+1} + \alpha_f\boldsymbol{q}_n \\ \boldsymbol{Q}^* = (1-\alpha_f)\boldsymbol{Q}_{n+1} + \alpha_f\boldsymbol{Q}_n \end{cases} \tag{11.93}$$

ここで, α_m, α_f は数値減衰をどの程度かけるかによって選択する. $\alpha_m = 0, \alpha_f = 0$ とすればニューマーク β 法, $\alpha_m = 0, \alpha_f = -\alpha$ とすると HHT-α 法になる. 低周波数領域の減衰を最小にするには, 次のようにすればよい.

$$\alpha_m = \frac{2\rho_\infty - 1}{\rho_\infty + 1}, \quad \alpha_f = \frac{\rho_\infty}{\rho_\infty + 1} \tag{11.94}$$

ここで, ρ_∞ (< 1) はスペクトル半径である. また, γ, β は精度と安定性の観点から次の値を用いる必要がある.

$$\gamma = \frac{1}{2} - \alpha_m + \alpha_f, \quad \beta = \frac{1}{4}(1 - \alpha_m + \alpha_f)^2 \tag{11.95}$$

式 (11.87)〜(11.89) を修正した運動方程式 (11.93) に代入して整理すると,

$$\begin{aligned} &\left\{\frac{1-\alpha_m}{h^2\beta(1-\alpha_f)}\boldsymbol{M} + \frac{\gamma}{\beta h}\boldsymbol{D} + \boldsymbol{K}\right\}\Delta\boldsymbol{q} = \left[\boldsymbol{Q}_{n+1} + \frac{\alpha_f}{1-\alpha_f}\boldsymbol{Q}_n\right. \\ &\quad - \frac{1-\alpha_m}{1-\alpha_f}\boldsymbol{M}\left\{\left(1 - \frac{1}{2\beta}\right)\ddot{\boldsymbol{q}}_n - \frac{1}{\beta h}\dot{\boldsymbol{q}}_n\right\} - \frac{\alpha_m}{1-\alpha_f}\boldsymbol{M}\ddot{\boldsymbol{q}}_n \\ &\quad \left. - \boldsymbol{D}\left\{\left(1 - \frac{\gamma}{2\beta}\right)h\ddot{\boldsymbol{q}}_n + \left(1 - \frac{\gamma}{\beta}\right)\dot{\boldsymbol{q}}_n\right\} - \frac{\alpha_f}{1-\alpha_f}\boldsymbol{D}\dot{\boldsymbol{q}}_n - \boldsymbol{K}\boldsymbol{q}_n\right] \end{aligned} \tag{11.96}$$

を得る. 上式の係数行列および右辺ベクトルは既知であるから, この線形方程式を解くことによって $\Delta\boldsymbol{q}$ が求められ, ついで式 (11.87)〜(11.89) に代入することにより $\boldsymbol{q}_{n+1}, \dot{\boldsymbol{q}}_{n+1}, \ddot{\boldsymbol{q}}_{n+1}$ が求められる. 以上のような数値解法を**一般化 $\boldsymbol{\alpha}$ 法**とよぶ.

† 着目したい低周波数領域では数値減衰が小さく, 抑制したい高周波数領域では強力に数値減衰が作用するとき, 「切れがよい」と表現する.

(2) 一般化 α 法の微分代数方程式への適用

式 (11.1) の微分代数方程式に一般化 α 法を適用することを考える．さまざまな適用方法が提案されているが，ここでは残差方程式に重み付けをする必要がなく，原理的にわかりやすい方法について説明する．まず，次のような漸化式

$$(1-\alpha_m)\boldsymbol{a}_{n+1}+\alpha_m\boldsymbol{a}_n=(1-\alpha_f)\ddot{\boldsymbol{q}}_{n+1}+\alpha_f\ddot{\boldsymbol{q}}_n,\quad \boldsymbol{a}_0=\ddot{\boldsymbol{q}}_0 \tag{11.97}$$

によって定義される加速度の次元をもつ補助変数ベクトル $\boldsymbol{a}_n$ を導入する．そして，ニューマークの積分公式 (11.85), (11.86) の $\ddot{\boldsymbol{q}}_n$, $\ddot{\boldsymbol{q}}_{n+1}$ をそれぞれ $\boldsymbol{a}_n$, $\boldsymbol{a}_{n+1}$ に変更した次の積分公式を用いる．

$$\dot{\boldsymbol{q}}_{n+1}=\dot{\boldsymbol{q}}_n+h(1-\gamma)\boldsymbol{a}_n+h\gamma\boldsymbol{a}_{n+1} \tag{11.98}$$

$$\boldsymbol{q}_{n+1}=\boldsymbol{q}_n+h\dot{\boldsymbol{q}}_n+h^2\left(\frac{1}{2}-\beta\right)\boldsymbol{a}_n+h^2\beta\boldsymbol{a}_{n+1} \tag{11.99}$$

式 (11.99) を $\boldsymbol{a}_{n+1}$ について解くと，次式のようになる．

$$\boldsymbol{a}_{n+1}=\frac{1}{h^2\beta}\left\{\boldsymbol{q}_{n+1}-\boldsymbol{q}_n-h\dot{\boldsymbol{q}}_n-h^2\left(\frac{1}{2}-\beta\right)\boldsymbol{a}_n\right\} \tag{11.100}$$

式 (11.100) を式 (11.98) に代入して整理すると，次の関係が得られる．

$$\dot{\boldsymbol{q}}_{n+1}=\frac{\gamma}{h\beta}(\boldsymbol{q}_{n+1}-\boldsymbol{q}_n)+\left(1-\frac{\gamma}{\beta}\right)\dot{\boldsymbol{q}}_n+h\left(1-\frac{\gamma}{2\beta}\right)\boldsymbol{a}_n \tag{11.101}$$

また，式 (11.100) を式 (11.97) に代入し，$\ddot{\boldsymbol{q}}_{n+1}$ について解くと次式が得られる．

$$\ddot{\boldsymbol{q}}_{n+1}=\frac{1-\alpha_m}{h^2\beta(1-\alpha_f)}\left\{\boldsymbol{q}_{n+1}-\boldsymbol{q}_n-h\dot{\boldsymbol{q}}_n-h^2\left(\frac{1}{2}-\beta\right)\boldsymbol{a}_n\right\}+\frac{\alpha_m\boldsymbol{a}_n-\alpha_f\ddot{\boldsymbol{q}}_n}{1-\alpha_f} \tag{11.102}$$

式 (11.101), (11.102) より，t_n 時点の $\boldsymbol{q}_n$, $\dot{\boldsymbol{q}}_n$, $\ddot{\boldsymbol{q}}_n$, $\boldsymbol{a}_n$ が既知であると，$\dot{\boldsymbol{q}}_{n+1}$, $\ddot{\boldsymbol{q}}_{n+1}$ は $\boldsymbol{q}_{n+1}$ だけの関数になっていることがわかる．また，パラメータを

$$\gamma'=\frac{\gamma}{h\beta},\quad \beta'=\frac{1-\alpha_m}{h^2\beta(1-\alpha_f)} \tag{11.103}$$

と定義すると，$\dot{\boldsymbol{q}}_{n+1}$, $\ddot{\boldsymbol{q}}_{n+1}$ の $\boldsymbol{q}_{n+1}$ に関する偏微分は次のように表せる．

$$\frac{\partial\dot{\boldsymbol{q}}_{n+1}}{\partial\boldsymbol{q}_{n+1}}=\gamma'\boldsymbol{E},\quad \frac{\partial\ddot{\boldsymbol{q}}_{n+1}}{\partial\boldsymbol{q}_{n+1}}=\beta'\boldsymbol{E} \tag{11.104}$$

式 (11.1) より，$t=t_{n+1}$ 時点の微分代数方程式は次のように表せる．

$$\left\{\begin{array}{l}\boldsymbol{M}(\boldsymbol{q}_{n+1})\ddot{\boldsymbol{q}}_{n+1}+\boldsymbol{C}_{\boldsymbol{q}}^T\boldsymbol{\lambda}_{n+1}=\boldsymbol{Q}(\boldsymbol{q}_{n+1},\dot{\boldsymbol{q}}_{n+1},t_{n+1})\\ \boldsymbol{C}(\boldsymbol{q}_{n+1},t_{n+1})=\boldsymbol{0}\end{array}\right. \tag{11.105}$$

上式では両辺に未知状態が含まれているため，各ステップにおいて

$$\boldsymbol{e}\equiv\begin{bmatrix}\boldsymbol{e}^{\boldsymbol{q}}\\ \boldsymbol{e}^{\boldsymbol{\lambda}}\end{bmatrix}=\begin{bmatrix}\boldsymbol{M}(\boldsymbol{q}_{n+1})\ddot{\boldsymbol{q}}_{n+1}+\boldsymbol{C}_{\boldsymbol{q}}^T\boldsymbol{\lambda}_{n+1}-\boldsymbol{Q}(\boldsymbol{q}_{n+1},\dot{\boldsymbol{q}}_{n+1},t_{n+1})\\ \boldsymbol{C}(\boldsymbol{q}_{n+1},t_{n+1})\end{bmatrix}=\boldsymbol{0} \tag{11.106}$$

のような非線形方程式を解く必要がある．以下では，時間は $t = t_{n+1}$ に固定して表記の簡単のために省略し，$\dot{\boldsymbol{q}}_{n+1}$, $\ddot{\boldsymbol{q}}_{n+1}$ が $\boldsymbol{q}_{n+1}$ の関数であることを明示して，残差ベクトル $\boldsymbol{e}^{\boldsymbol{q}}$, $\boldsymbol{e}^{\boldsymbol{\lambda}}$ を次のように表す．

$$\begin{aligned}\boldsymbol{e}^{\boldsymbol{q}}(\boldsymbol{q}_{n+1}, \boldsymbol{\lambda}_{n+1}) &= \boldsymbol{M}(\boldsymbol{q}_{n+1})\ddot{\boldsymbol{q}}_{n+1}(\boldsymbol{q}_{n+1}) + \boldsymbol{C}_{\boldsymbol{q}}^T(\boldsymbol{q}_{n+1})\boldsymbol{\lambda}_{n+1} \\ &\quad - \boldsymbol{Q}(\boldsymbol{q}_{n+1}, \dot{\boldsymbol{q}}_{n+1}(\boldsymbol{q}_{n+1})) \\ \boldsymbol{e}^{\boldsymbol{\lambda}}(\boldsymbol{q}_{n+1}) &= \boldsymbol{C}(\boldsymbol{q}_{n+1})\end{aligned}$$

残差ベクトル $\boldsymbol{e}^{\boldsymbol{q}}$, $\boldsymbol{e}^{\boldsymbol{\lambda}}$ を $\boldsymbol{q}_{n+1}$, $\boldsymbol{\lambda}_{n+1}$ で偏微分すると，それぞれ以下のようになる．

$$\begin{aligned}&\frac{\partial \boldsymbol{e}^{\boldsymbol{q}}}{\partial \boldsymbol{q}_{n+1}} = \boldsymbol{M}(\boldsymbol{q}_{n+1})\frac{\partial \ddot{\boldsymbol{q}}_{n+1}}{\partial \boldsymbol{q}_{n+1}} + \boldsymbol{D}^t(\boldsymbol{q}_{n+1})\frac{\partial \dot{\boldsymbol{q}}_{n+1}}{\partial \boldsymbol{q}_{n+1}} + \boldsymbol{K}^t(\boldsymbol{q}_{n+1}, \boldsymbol{\lambda}_{n+1}) \\ &\frac{\partial \boldsymbol{e}^{\boldsymbol{q}}}{\partial \boldsymbol{\lambda}_{n+1}} = \boldsymbol{C}_{\boldsymbol{q}}^T(\boldsymbol{q}_{n+1}), \quad \frac{\partial \boldsymbol{e}^{\boldsymbol{\lambda}}}{\partial \boldsymbol{q}_{n+1}} = \boldsymbol{C}_{\boldsymbol{q}}(\boldsymbol{q}_{n+1}), \quad \frac{\partial \boldsymbol{e}^{\boldsymbol{\lambda}}}{\partial \boldsymbol{\lambda}_{n+1}} = \boldsymbol{0}\end{aligned}$$

ここで，$\boldsymbol{D}^t$, $\boldsymbol{K}^t$ は以下のように定義される接線減衰行列，接線剛性行列である．

$$\boldsymbol{D}^t(\boldsymbol{q}_{n+1}) = \frac{\partial}{\partial \dot{\boldsymbol{q}}}\{-\boldsymbol{Q}(\boldsymbol{q}_{n+1}, \dot{\boldsymbol{q}})\}\bigg|_{\dot{\boldsymbol{q}}=\dot{\boldsymbol{q}}_{n+1}(\boldsymbol{q}_{n+1})} \tag{11.107}$$

$$\begin{aligned}\boldsymbol{K}^t(\boldsymbol{q}_{n+1}, \boldsymbol{\lambda}_{n+1}) &= \frac{\partial}{\partial \boldsymbol{q}}\{\boldsymbol{M}(\boldsymbol{q})\ddot{\boldsymbol{q}}_{n+1}(\boldsymbol{q}_{n+1}) + \boldsymbol{C}_{\boldsymbol{q}}^T(\boldsymbol{q})\boldsymbol{\lambda}_{n+1} \\ &\quad - \boldsymbol{Q}(\boldsymbol{q}, \dot{\boldsymbol{q}}_{n+1}(\boldsymbol{q}_{n+1}))\}\bigg|_{\boldsymbol{q}=\boldsymbol{q}_{n+1}}\end{aligned} \tag{11.108}$$

式 (11.104) の関係を用いると，式 (11.106) のヤコビ行列は以下のように求められる．

$$\begin{bmatrix} \dfrac{\partial \boldsymbol{e}^{\boldsymbol{q}}}{\partial \boldsymbol{q}_{n+1}} & \dfrac{\partial \boldsymbol{e}^{\boldsymbol{q}}}{\partial \boldsymbol{\lambda}_{n+1}} \\ \dfrac{\partial \boldsymbol{e}^{\lambda}}{\partial \boldsymbol{q}_{n+1}} & \dfrac{\partial \boldsymbol{e}^{\lambda}}{\partial \boldsymbol{\lambda}_{n+1}} \end{bmatrix} = \begin{bmatrix} \beta'\boldsymbol{M} + \gamma'\boldsymbol{D}^t + \boldsymbol{K}^t & \boldsymbol{C}_{\boldsymbol{q}}^T \\ \boldsymbol{C}_{\boldsymbol{q}} & \boldsymbol{0} \end{bmatrix} \equiv \boldsymbol{S}_t(\boldsymbol{q}_{n+1}, \boldsymbol{\lambda}_{n+1}) \tag{11.109}$$

非線形方程式 (11.106) の解法としてニュートン - ラフソン法を用いることにすると，

$$\boldsymbol{S}_t \begin{bmatrix} \Delta \boldsymbol{q} \\ \Delta \boldsymbol{\lambda} \end{bmatrix} = - \begin{bmatrix} \boldsymbol{e}^{\boldsymbol{q}} \\ \boldsymbol{e}^{\boldsymbol{\lambda}} \end{bmatrix} \tag{11.110}$$

を解くことにより修正量 $\Delta \boldsymbol{q}, \Delta \boldsymbol{\lambda}$ が得られる．$t = t_{n+1}$ において $\dot{\boldsymbol{q}}_{n+1}$, $\ddot{\boldsymbol{q}}_{n+1}$ の $\boldsymbol{q}_{n+1}$ に関する変化率がそれぞれ γ', β'，すなわち

$$\frac{\Delta \dot{\boldsymbol{q}}}{\Delta \boldsymbol{q}} = \gamma'\boldsymbol{E}, \quad \frac{\Delta \ddot{\boldsymbol{q}}}{\Delta \boldsymbol{q}} = \beta'\boldsymbol{E} \tag{11.111}$$

であるので，更新則は k を繰り返し回数として次式のように書ける．

$$\boldsymbol{q}_{n+1}^{(k+1)} = \boldsymbol{q}_{n+1}^{(k)} + \Delta \boldsymbol{q} \tag{11.112}$$

$$\dot{\boldsymbol{q}}_{n+1}^{(k+1)} = \dot{\boldsymbol{q}}_{n+1}^{(k)} + \gamma'\Delta \boldsymbol{q} \tag{11.113}$$

$$\ddot{\boldsymbol{q}}_{n+1}^{(k+1)} = \ddot{\boldsymbol{q}}_{n+1}^{(k)} + \beta' \Delta \boldsymbol{q} \tag{11.114}$$

$$\boldsymbol{\lambda}_{n+1}^{(k+1)} = \boldsymbol{\lambda}_{n+1}^{(k)} + \Delta \boldsymbol{\lambda} \tag{11.115}$$

$\boldsymbol{q}_n$，$\dot{\boldsymbol{q}}_n$，$\ddot{\boldsymbol{q}}_n$，$\boldsymbol{a}_n$ が与えられて 1 ステップ計算を進め，$\boldsymbol{q}_{n+1}$，$\dot{\boldsymbol{q}}_{n+1}$，$\ddot{\boldsymbol{q}}_{n+1}$，$\boldsymbol{\lambda}_{n+1}$，$\boldsymbol{a}_{n+1}$ を求めるアルゴリズムは，以下のようにまとめることができる．

1. 式 (11.97) において $\ddot{\boldsymbol{q}}_{n+1} = \boldsymbol{0}$ とおいて $\boldsymbol{a}_{n+1}$ を求め，それを $\boldsymbol{a}_{n+1}^{(0)}$ とする．

$$\boldsymbol{a}_{n+1}^{(0)} = \frac{1}{1-\alpha_m}(\alpha_f \ddot{\boldsymbol{q}}_n - \alpha_m \boldsymbol{a}_n) \tag{11.116}$$

2. 初期推定値を次式のように設定する．

$$\boldsymbol{q}_{n+1}^{(0)} = \boldsymbol{q}_n + h\dot{\boldsymbol{q}}_n + h^2\left(\frac{1}{2} - \beta\right)\boldsymbol{a}_n + h^2\beta\boldsymbol{a}_{n+1}^{(0)} \tag{11.117}$$

$$\dot{\boldsymbol{q}}_{n+1}^{(0)} = \dot{\boldsymbol{q}}_n + h(1-\gamma)\boldsymbol{a}_n + h\gamma\boldsymbol{a}_{n+1}^{(0)} \tag{11.118}$$

$$\ddot{\boldsymbol{q}}_{n+1}^{(0)} = \boldsymbol{0} \tag{11.119}$$

$$\boldsymbol{\lambda}_{n+1}^{(0)} = \boldsymbol{0} \tag{11.120}$$

3. 式 (11.109) によりヤコビ行列を求め，式 (11.110) を解いて修正量 $\Delta\boldsymbol{q}$, $\Delta\boldsymbol{\lambda}$ を求める．式 (11.112)～(11.115) により各値を更新する．
4. 式 (11.106) により残差 $\boldsymbol{e} = [\boldsymbol{e}^{\boldsymbol{q}T} \ \ \boldsymbol{e}^{\boldsymbol{\lambda}T}]^T$ を計算し，$|\boldsymbol{e}| < \epsilon$（$\epsilon$：微小な正数）を満たす場合，そのときの各値を $\boldsymbol{q}_{n+1}$, $\dot{\boldsymbol{q}}_{n+1}$, $\ddot{\boldsymbol{q}}_{n+1}$, $\boldsymbol{\lambda}_{n+1}$ とする．そうでない場合，ステップ 2 に戻る．
5. 式 (11.97) に従って $\boldsymbol{a}_{n+1}$ を次のように更新する．

$$\boldsymbol{a}_{n+1} = \boldsymbol{a}_{n+1}^{(0)} + \frac{1-\alpha_f}{1-\alpha_m}\ddot{\boldsymbol{q}}_{n+1} \tag{11.121}$$

例題 11.4 図 11.3 の剛体振子の運動は，例題 10.3 で示したように，微分代数方程式

$$\underbrace{\begin{bmatrix} m_1 & 0 & 0 \\ 0 & m_1 & 0 \\ 0 & 0 & I_1 \end{bmatrix}}_{\boldsymbol{M}} \underbrace{\begin{bmatrix} \ddot{x}_1 \\ \ddot{y}_1 \\ \ddot{\phi}_1 \end{bmatrix}}_{\ddot{\boldsymbol{q}}} + \underbrace{\begin{bmatrix} 1 & 0 \\ 0 & 1 \\ s_1\sin\phi_1 & -s_1\cos\phi_1 \end{bmatrix}}_{\boldsymbol{C}_{\boldsymbol{q}}^T} \underbrace{\begin{bmatrix} \lambda_1 \\ \lambda_2 \end{bmatrix}}_{\boldsymbol{\lambda}} = \underbrace{\begin{bmatrix} 0 \\ -m_1 g \\ 0 \end{bmatrix}}_{\boldsymbol{Q}}$$

$$\underbrace{\begin{bmatrix} x_1 - s_1\cos\phi_1 \\ y_1 - s_1\sin\phi_1 \end{bmatrix}}_{\boldsymbol{C}(\boldsymbol{q},t)} = \boldsymbol{0}$$

によって記述される．例題 11.2 の問題を一般化 α 法によって解け．

解 式 (11.106) の非線形方程式は次のように表せる．

$$\boldsymbol{e} = \left[\begin{array}{c} \boldsymbol{e}^q \\ \hline \boldsymbol{e}^\lambda \end{array}\right] = \left[\begin{array}{c} m_1\ddot{x}_{1,n+1} + \lambda_{1,n+1} \\ m_1\ddot{y}_{1,n+1} + \lambda_{2,n+1} + m_1 g \\ I_1\ddot{\phi}_{1,n+1} + s_1 \sin\phi_{1,n+1}\lambda_{1,n+1} - s_1\cos\phi_{1,n+1}\lambda_{2,n+1} \\ \hline x_{1,n+1} - s_1\cos\phi_{1,n+1} \\ y_{1,n+1} - s_1 \sin\phi_{1,n+1} \end{array}\right] = \boldsymbol{0} \tag{11.122}$$

式 (11.107), (11.108) より，接線減衰行列および接線剛性行列は次のように求められる．

$$\boldsymbol{D}^t = \begin{bmatrix} 0 & 0 & 0 \\ 0 & 0 & 0 \\ 0 & 0 & 0 \end{bmatrix}, \quad \boldsymbol{K}^t = \begin{bmatrix} 0 & 0 & 0 \\ 0 & 0 & 0 \\ 0 & 0 & k^t \end{bmatrix} \tag{11.123}$$

ここで，$k^t = s_1\cos\phi_{1,n+1}\lambda_{1,n+1} + s_1\sin\phi_{1,n+1}\lambda_{2,n+1}$ である．これより，

$$\beta'\boldsymbol{M} + \gamma'\boldsymbol{D}^t + \boldsymbol{K}^t = \begin{bmatrix} \beta' m_1 & 0 & 0 \\ 0 & \beta' m_1 & 0 \\ 0 & 0 & \beta' I_1 + k^t \end{bmatrix} \tag{11.124}$$

となるので，式 (11.110) は次式のようになる．

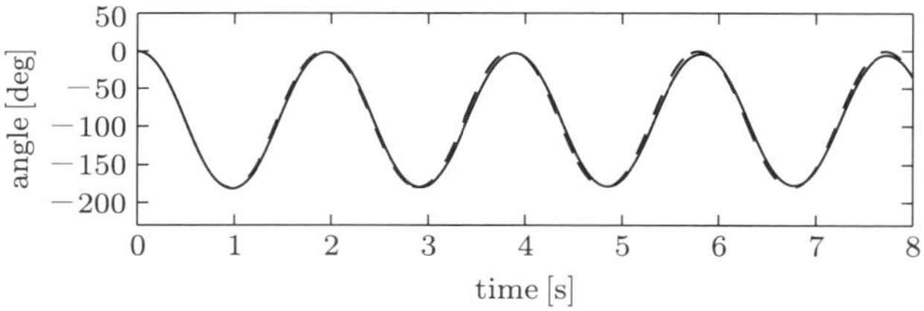

（a） $\rho_\infty = 0.9$

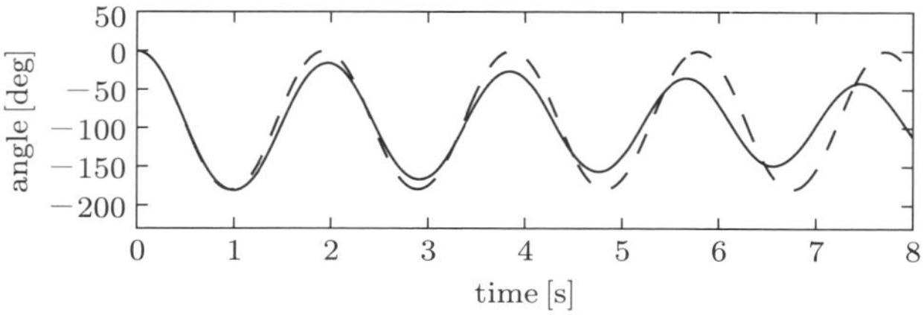

（b） $\rho_\infty = 0.3$

図 11.10　剛体振子の回転角（一般化 α 法）

$$\underbrace{\left[\begin{array}{ccc|cc} \beta' m_1 & 0 & 0 & 1 & 0 \\ 0 & \beta' m_1 & 0 & 0 & 1 \\ 0 & 0 & \beta' I_1 + k^t & s_1 \sin\phi_{1,n+1} & -s_1 \cos\phi_{1,n+1} \\ \hline 1 & 0 & s_1 \sin\phi_{1,n+1} & 0 & 0 \\ 0 & 1 & -s_1 \cos\phi_{1,n+1} & 0 & 0 \end{array}\right]}_{\boldsymbol{S}_t} \left[\begin{array}{c} \Delta x_1 \\ \Delta y_1 \\ \Delta\phi_1 \\ \hline \Delta\lambda_1 \\ \Delta\lambda_2 \end{array}\right]$$

$$= -\left[\begin{array}{c} \boldsymbol{e}^{q} \\ \hline \boldsymbol{e}^{\lambda} \end{array}\right]$$

以上の定式化のもと，$h = 0.02$ として $t = 0\,\mathrm{s}$ から $t = 8\,\mathrm{s}$ まで数値積分を行った結果を図 11.10 に示す（破線は厳密解，実線は求めた解）．スペクトル半径 ρ_∞ の選定により，数値減衰をコントロールできることが確認できる．

11.3.2 DAE 解法用の汎用プログラム

マルチボディダイナミクス用に開発された微分代数方程式の数値解法に，RADAU5 と DASSL がある．本節では，これらについてその概要を簡潔にまとめる．

(1) RADAU5

11.2.2 項では 2 段および 4 段のルンゲ - クッタ法について説明した．ルンゲ - クッタ法の公式はさらに高段の場合に一般化することができ，s 段のときは

$$\begin{cases} \boldsymbol{k}_i = \boldsymbol{F}\left(\boldsymbol{y}_n + h\displaystyle\sum_{j=1}^{s} b_{ij}\boldsymbol{k}_j, t_n + a_i h\right) \quad (i = 1, 2, \ldots, s) \\ \boldsymbol{y}_{n+1} = \boldsymbol{y}_n + h\displaystyle\sum_{i=1}^{s} \omega_i \boldsymbol{k}_i \end{cases} \tag{11.125}$$

のように表せる．ここで，a_i, b_{ij}, ω_i は次の関係を満たすパラメータである．

$$a_i = \sum_{j=1}^{s} b_{ij} \ (i = 1, 2, \ldots, s), \quad \sum_{i=1}^{s} \omega_i = 1 \tag{11.126}$$

上式において，$i \leq j$ のとき $b_{ij} = 0$ とすると陽解法になる．それ以外の場合は陰解法となり，**陰的ルンゲ - クッタ法** (implicit Runge-Kutta method: IRK) とよばれる．

微分代数方程式 (11.1) は，$\boldsymbol{v} = \dot{\boldsymbol{q}}$ とおくと次のような形に表すことができる．

$$\begin{bmatrix} \boldsymbol{E} & \boldsymbol{0} & \boldsymbol{0} \\ \boldsymbol{0} & \boldsymbol{E} & \boldsymbol{0} \\ \boldsymbol{0} & \boldsymbol{0} & \boldsymbol{0} \end{bmatrix} \begin{bmatrix} \dot{\boldsymbol{q}} \\ \dot{\boldsymbol{v}} \\ \dot{\boldsymbol{\lambda}} \end{bmatrix} = \begin{bmatrix} \boldsymbol{v} \\ \boldsymbol{M}^{-1}\{\boldsymbol{Q}(\boldsymbol{q}, \boldsymbol{v}, t) - \boldsymbol{C}_{\boldsymbol{q}}^{T}(\boldsymbol{q}, t)\boldsymbol{\lambda}\} \\ \boldsymbol{C}(\boldsymbol{q}, t) \end{bmatrix} \tag{11.127}$$

ここで，状態変数 $\boldsymbol{y}$ を改めて $\boldsymbol{y} = [\boldsymbol{q}^T \quad \boldsymbol{v}^T \quad \boldsymbol{\lambda}^T]^T$ と定義すると，式 (11.127) は

$$\boldsymbol{P}\dot{\boldsymbol{y}} = \boldsymbol{\Gamma}(\boldsymbol{y}, t) \tag{11.128}$$

のようにまとめることができる．RADAU5 は，陰的ルンゲ－クッタ法によって上式の形の微分代数方程式を解くことを前提に開発された，数値解法および汎用プログラムである．

式 (11.128) に s 段の陰的ルンゲ－クッタ法を適用すると，

$$\boldsymbol{P}\boldsymbol{k}_i = \boldsymbol{\Gamma}\left(\boldsymbol{y}_n + h\sum_{j=1}^{s} b_{ij}\boldsymbol{k}_j, t_n + a_i h\right) \quad (i = 1, 2, \ldots, s) \tag{11.129}$$

となり，$\boldsymbol{k}_i (i = 1, \ldots, s)$ に関する s 個の方程式が得られる．この方程式を解いて $\boldsymbol{k}_i (i = 1, \ldots, s)$ を求めると，次式により $\boldsymbol{y}_{n+1}$ を求めることができる．

$$\boldsymbol{y}_{n+1} = \boldsymbol{y}_n + h\sum_{i=1}^{s} \omega_i \boldsymbol{k}_i \tag{11.130}$$

RADAU5 には，これらの手順がすべて内部に組み込まれており，関数として式 (11.128) の微分代数方程式を定義することにより，解を求めることができる．

(2)　DASSL

オイラー法やルンゲ－クッタ法，一般化 α 法などの単段法は，$\boldsymbol{y}_{n+1}$ の計算に現在の値 $\boldsymbol{y}_n$ のみを使用するが，それまでに計算済みの過去の値 $\boldsymbol{y}_{n-1}, \boldsymbol{y}_{n-2}, \ldots$ も使用して性能の改善を図る多段法も開発されている．線形の多段法は一般に

$$\begin{aligned}\boldsymbol{y}_{n+1} &= \alpha_1\boldsymbol{y}_n + \alpha_2\boldsymbol{y}_{n-1} + \cdots + \alpha_k\boldsymbol{y}_{n+1-k} \\ &\quad + h(\beta_0\boldsymbol{F}_{n+1} + \beta_1\boldsymbol{F}_n + \cdots + \beta_k\boldsymbol{F}_{n+1-k}) \\ &= \sum_{i=1}^{k}\alpha_i\boldsymbol{y}_{n+1-i} + h\sum_{i=0}^{k}\beta_i\boldsymbol{F}_{n+1-i}\end{aligned} \tag{11.131}$$

のように表せる．ここで，$\dot{\boldsymbol{y}}_j = \boldsymbol{F}(\boldsymbol{y}_j, t_j) \equiv \boldsymbol{F}_j$ である．段数 k，係数 α_i, β_i のとり方によっていろいろな手法が考えられる．$\beta_0 \neq 0$ の場合は陰解法となる．特に，$\beta_i = 0\ (i = 1, 2, \ldots, k)$ とすると，次のような形の公式が得られる．

$$\boldsymbol{y}_{n+1} = \sum_{i=1}^{k}\alpha_i\boldsymbol{y}_{n+1-i} + h\beta_0\boldsymbol{F}_{n+1} \tag{11.132}$$

上式は**後退微分公式** (backward difference formula: BDF) とよばれている．

式 (11.1) の微分代数方程式は，状態変数を $\boldsymbol{y} = [\boldsymbol{q}^T \quad \boldsymbol{v}^T \quad \boldsymbol{\lambda}^T]^T$ と再定義すると，

$$\boldsymbol{\Phi}(\boldsymbol{y}, \dot{\boldsymbol{y}}, t) = \begin{bmatrix} \dot{\boldsymbol{q}} - \boldsymbol{v} \\ \boldsymbol{M}(\boldsymbol{q})\dot{\boldsymbol{v}} - \boldsymbol{Q}(\boldsymbol{q}, \boldsymbol{v}, t) + \boldsymbol{C}_{\boldsymbol{q}}^T(\boldsymbol{q}, t)\boldsymbol{\lambda} \\ \boldsymbol{C}(\boldsymbol{q}, t)\end{bmatrix} = \boldsymbol{0} \tag{11.133}$$

のようにまとめることもできる．DASSL は，後退微分公式によって上式の形の微分

代数方程式を解くことを前提に開発された，数値解法および汎用プログラムである．

$\dot{\boldsymbol{y}}_{n+1} = \boldsymbol{F}_{n+1}$ であることに注意すると，式 (11.132) より次の関係が得られる．

$$\dot{\boldsymbol{y}}_{n+1} = \frac{1}{\beta_0 h}\left(\boldsymbol{y}_{n+1} - \sum_{i=1}^{k} \alpha_i \boldsymbol{y}_{n+1-i}\right) \tag{11.134}$$

上式を式 (11.133) で $t = t_{n+1}$ とした方程式に代入すると，次のようになる．

$$\boldsymbol{\Phi}(\boldsymbol{y}_{n+1}, \dot{\boldsymbol{y}}_{n+1}, t_{n+1}) = \boldsymbol{\Phi}\left(\boldsymbol{y}_{n+1}, \frac{1}{\beta_0 h}\left(\boldsymbol{y}_{n+1} - \sum_{i=1}^{k} \alpha_i \boldsymbol{y}_{n+1-i}\right), t_{n+1}\right) = \boldsymbol{0} \tag{11.135}$$

上式は $\boldsymbol{y}_{n+1} = [\boldsymbol{q}_{n+1}^T \quad \boldsymbol{v}_{n+1}^T \quad \boldsymbol{\lambda}_{n+1}^T]^T$ に関する非線形方程式となっているので，ニュートン - ラフソン法等を適用することにより $\boldsymbol{y}_{n+1}$ を求めることができる．

DASSL には，これらの手順がすべて内部に組み込まれており，関数として式 (11.133) の微分代数方程式を定義することにより，解を求めることができる．

演習問題

11.1 次の常微分方程式を，前進オイラー法によって $t = 0$ から $t = 0.1$ まで解け．ただし，ステップ幅は $h = 0.02$ とし，途中の計算は小数第 3 位に四捨五入して求めよ．

$$\dot{y} = \frac{3y}{1+t}, \quad y(0) = 1$$

11.2 次の常微分方程式を，4 段 4 次ルンゲ - クッタ法によって $t = 0$ から $t = 0.3$ まで解け．ただし，ステップ幅は $h = 0.1$ とし，途中の計算は小数第 5 位に四捨五入して求めよ．

$$\dot{y} = -ty, \quad y(0) = 1$$

11.3 図 11.11 のように，質量 m_1，重心まわりの慣性モーメント I_1 の物体が，ばね定数 k，自然長 l_0 のばねによって支持され，滑らかな溝に沿って動く．この物体の運動を微分代数方程式で表し，一般化 α 法によって解くことを考える．ニュートン - ラフソン法で用いる式 (11.110) を具体的に定式化せよ．

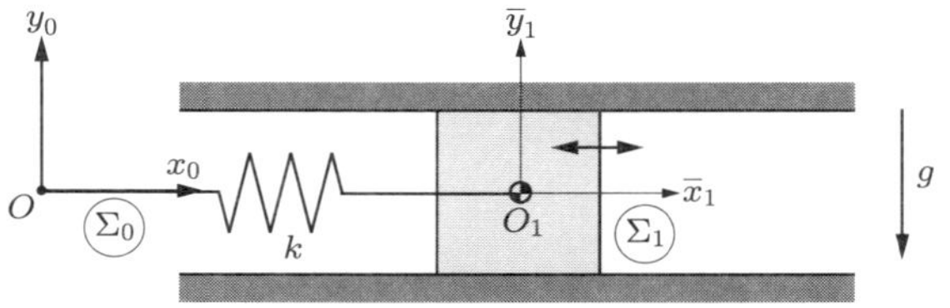

図 11.11 ばねで支持され滑らかな溝に沿って動く物体

第12章 接触・摩擦・衝突

機械システムには，鉄道車両の車輪とレールの間の接触，自動車のタイヤと路面の間の接触，歯車のかみ合いなど接触・摩擦・衝突を含む場合が多くみられる．このような場合は，運動方程式が正確に定式化できたとしても，接触・摩擦・衝突が正しくモデル化されていないと全体の数値シミュレーションとして妥当な結果が得られない．本章では，マルチボディダイナミクスにおいて用いられる接触・摩擦・衝突の代表的なモデルや計算法について説明する．

12.1 接触問題の解析

例として，図 12.1 のように並進速度 v，回転速度 ω をもつあるボディ i が別の静止したボディ j に接触する場合について考える．二つのボディの相対距離 g_N がゼロになるとき，ある点 P において接触が発生する．このとき，ボディ i はボディ j から法線接触力 f_N を受け，接触が滑らかでない場合は接線力 f_T も生じる．ある条件ではボディ i はただちに跳ね返ってボディ j から離れていき，また別の条件ではボディ i はボディ j との接触を保つ．接線力 f_T が最大静止摩擦力より小さい場合，ボディ i 上の点 P はボディ j 上に固着して，接線方向の相対速度 $\dot{g}_T$ は $\dot{g}_T = 0$ となる．このような状態を**スティック状態**とよぶ（図 (b)）．一方，接線力 f_T が最大静止摩擦力を超えると，ボディ i 上の点 P はボディ j 上の点 P に対して相対速度をもち，$\dot{g}_T \neq 0$ となる．このような状態を**スリップ状態**とよぶ（図 (c)）．

以上のような接触問題を取り扱うためには，(1) 接触点位置の探索，(2) 法線接触力

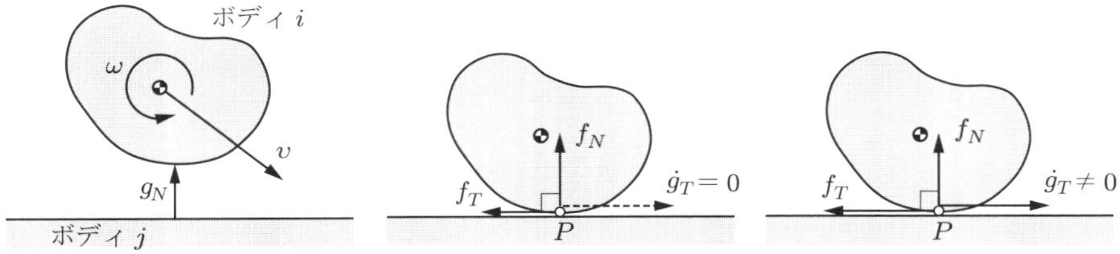

（a）二つのボディ　（b）スティック状態　（c）スリップ状態

図 12.1 接触点と法線接触力および接線力

と接線力の算出，(3) 接触力の運動方程式への追加，の 3 ステップが必要になる．本章では，まず接触問題を解析するうえで共通に必要になる運動学について説明したあと，マルチボディダイナミクスにおいてよく用いられる代表的な接触解析法，すなわち，(1) 拘束接触法，(2) 弾性接触法，(3)LCP（線形相補性問題）として定式化する手法，(4) 運動量保存則に基づく手法，の四つの方法について説明する．以下では簡単のために，接触はボディ上の凸の部分のみで生じると仮定し，主に二つのボディが 1 点で接触する場合について定式化を行う．ただし，本章の議論の大部分は，複数のボディが多点接触する場合にも拡張可能である．

12.2 接触の運動学

任意の形状を有する二つの剛体，ボディ i とボディ j の間に発生する接触をモデル化するためには，ボディ形状のパラメータ化が必要である．2 次元平面におけるボディの任意の外郭線は，一つの変数によってパラメータ化することができる．たとえば，図 12.2 に示すように，ボディ i の外郭線 Γ_i をボディ i 座標系で定義された中心角 s_i によって表すことができる．あるいは，同図に示すように，ボディ j の外郭線 Γ_j を適当な点から測った外郭線の弧長 s_j によって記述することもできる．

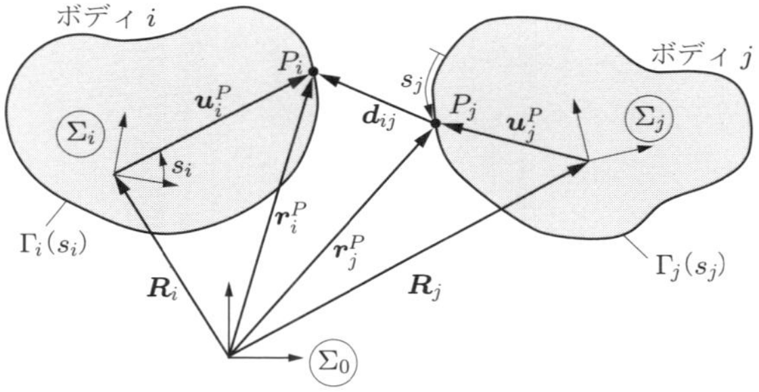

図 12.2 ボディ形状のパラメータ化と座標系の定義

ボディ i の形状が変数 s_i によってパラメータ化されると，絶対座標系からみたボディ i 上の任意点 P の位置は以下のように表すことができる．

$$\boldsymbol{r}_i^P = \boldsymbol{R}_i + \boldsymbol{A}_i \overline{\boldsymbol{u}}_i^P \tag{12.1}$$

ここで，$\boldsymbol{R}_i$ は絶対座標系からみたボディ i 座標系の原点の位置を表すベクトル，$\boldsymbol{A}_i$ はボディ i 座標系から絶対座標系への回転行列である．また，$\overline{\boldsymbol{u}}_i^P$ はボディ i 座標系からみたボディ i 上の点 P の位置を表し，変数 s_i を用いて次式のように表すことができる．

$$\overline{\boldsymbol{u}}_i^P(s_i) = [\overline{x}_i^P(s_i) \quad \overline{y}_i^P(s_i)]^T \tag{12.2}$$

ボディ j についても同様に

$$\boldsymbol{r}_j^P = \boldsymbol{R}_j + \boldsymbol{A}_j\overline{\boldsymbol{u}}_j^P \tag{12.3}$$

$$\overline{\boldsymbol{u}}_j^P(s_j) = [\overline{x}_j^P(s_j) \quad \overline{y}_j^P(s_j)]^T \tag{12.4}$$

と表せるため，ボディ i とボディ j の間の一つの接触を考える場合，以下の 2 変数

$$\boldsymbol{s} = [s_i \quad s_j]^T \tag{12.5}$$

が必要となる．この変数をボディの**幾何変数** (geometric parameter) とよぶ．

ボディの形状が幾何変数 $\boldsymbol{s}$ の関数として与えられたとき，ボディ i，ボディ j 上の任意点 P における単位接線ベクトル $\overline{\boldsymbol{t}}_i^P$, $\overline{\boldsymbol{t}}_j^P$，および単位法線ベクトル $\overline{\boldsymbol{n}}_i^P$, $\overline{\boldsymbol{n}}_j^P$ は，それぞれ以下のように求められる．

$$\overline{\boldsymbol{t}}_i^P = \frac{\partial \overline{\boldsymbol{u}}_i^P}{\partial s_i} \Bigg/ \left| \frac{\partial \overline{\boldsymbol{u}}_i^P}{\partial s_i} \right|, \quad \overline{\boldsymbol{n}}_i^P = \boldsymbol{V}\overline{\boldsymbol{t}}_i^P \tag{12.6}$$

$$\overline{\boldsymbol{t}}_j^P = \frac{\partial \overline{\boldsymbol{u}}_j^P}{\partial s_j} \Bigg/ \left| \frac{\partial \overline{\boldsymbol{u}}_j^P}{\partial s_j} \right|, \quad \overline{\boldsymbol{n}}_j^P = \boldsymbol{V}\overline{\boldsymbol{t}}_j^P \tag{12.7}$$

ただし，$\boldsymbol{V}$ はベクトルを反時計回りに 90° 回転させる行列である．上式において，各ベクトルはボディ座標系に関して記述されていることに注意する．これらを絶対座標系に関して表せば，以下のように与えられる．

$$\boldsymbol{t}_i^P = \boldsymbol{A}_i\overline{\boldsymbol{t}}_i^P, \quad \boldsymbol{n}_i^P = \boldsymbol{A}_i\overline{\boldsymbol{n}}_i^P \tag{12.8}$$

$$\boldsymbol{t}_j^P = \boldsymbol{A}_j\overline{\boldsymbol{t}}_j^P, \quad \boldsymbol{n}_j^P = \boldsymbol{A}_j\overline{\boldsymbol{n}}_j^P \tag{12.9}$$

ボディ j 上の点 P_j からボディ i 上の点 P_i へのベクトル $\boldsymbol{d}_{ij}$ は，

$$\boldsymbol{d}_{ij} = \boldsymbol{r}_i^P - \boldsymbol{r}_j^P = \boldsymbol{R}_i + \boldsymbol{A}_i\overline{\boldsymbol{u}}_i^P - \boldsymbol{R}_j - \boldsymbol{A}_j\overline{\boldsymbol{u}}_j^P \tag{12.10}$$

のように計算できる．図 12.3 に示すように，二つのボディ上の点 P_i と点 P_j の間の法線方向距離 g_N および接線方向距離 g_T は，それぞれ次式により求めることができる．

$$g_N = (\boldsymbol{n}_i^P)^T\boldsymbol{d}_{ij} = (\boldsymbol{n}_i^P)^T(\boldsymbol{r}_i^P - \boldsymbol{r}_j^P) \tag{12.11}$$

$$g_T = (\boldsymbol{t}_i^P)^T\boldsymbol{d}_{ij} = (\boldsymbol{t}_i^P)^T(\boldsymbol{r}_i^P - \boldsymbol{r}_j^P) \tag{12.12}$$

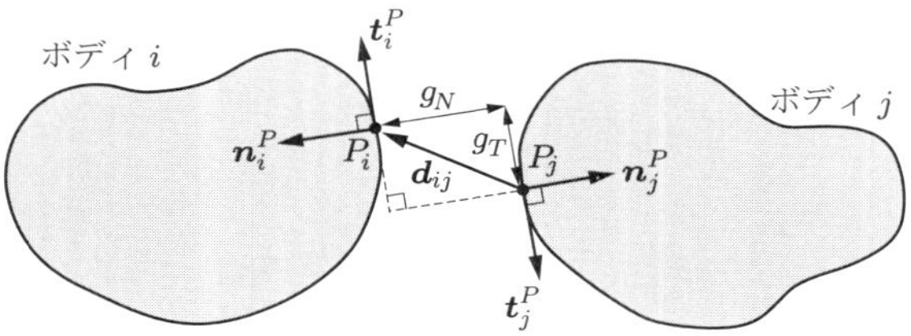

図 12.3　接触幾何

一方，点 P_i と点 P_j の間の相対速度ベクトルは，次のように計算することができる．

$$\dot{\boldsymbol{d}}_{ij} = \dot{\boldsymbol{r}}_i^P - \dot{\boldsymbol{r}}_j^P = \dot{\boldsymbol{R}}_i + \boldsymbol{A}_i \boldsymbol{V} \overline{\boldsymbol{u}}_i^P \dot{\phi}_i - \dot{\boldsymbol{R}}_j - \boldsymbol{A}_j \boldsymbol{V} \overline{\boldsymbol{u}}_j^P \dot{\phi}_j = \boldsymbol{L}_i \dot{\boldsymbol{q}}_i - \boldsymbol{L}_j \dot{\boldsymbol{q}}_j \quad (12.13)$$

ただし，$\boldsymbol{L}_i$ と $\boldsymbol{L}_j$ は次のように定義される行列である．

$$\boldsymbol{L}_i = [\boldsymbol{E} \quad \boldsymbol{A}_i \boldsymbol{V} \overline{\boldsymbol{u}}_i^P], \quad \boldsymbol{L}_j = [\boldsymbol{E} \quad \boldsymbol{A}_j \boldsymbol{V} \overline{\boldsymbol{u}}_j^P] \quad (12.14)$$

このとき，二つのボディ上の点 P_i と点 P_j の間の法線方向速度 $\dot{g}_N$ および接線方向速度 $\dot{g}_T$ は，それぞれ次式により計算することができる．

$$\dot{g}_N = (\boldsymbol{n}_i^P)^T \dot{\boldsymbol{d}}_{ij} = (\boldsymbol{n}_i^P)^T \boldsymbol{L}_i \dot{\boldsymbol{q}}_i - (\boldsymbol{n}_i^P)^T \boldsymbol{L}_j \dot{\boldsymbol{q}}_j \quad (12.15)$$

$$\dot{g}_T = (\boldsymbol{t}_i^P)^T \dot{\boldsymbol{d}}_{ij} = (\boldsymbol{t}_i^P)^T \boldsymbol{L}_i \dot{\boldsymbol{q}}_i - (\boldsymbol{t}_i^P)^T \boldsymbol{L}_j \dot{\boldsymbol{q}}_j \quad (12.16)$$

ここで，$\dot{\boldsymbol{q}} = [\dot{\boldsymbol{q}}_i^T \quad \dot{\boldsymbol{q}}_j^T]^T$，および次のように定義される行列

$$\boldsymbol{W}_N = [(\boldsymbol{n}_i^P)^T \boldsymbol{L}_i \quad -(\boldsymbol{n}_i^P)^T \boldsymbol{L}_j] \quad (12.17)$$

$$\boldsymbol{W}_T = [(\boldsymbol{t}_i^P)^T \boldsymbol{L}_i \quad -(\boldsymbol{t}_i^P)^T \boldsymbol{L}_j] \quad (12.18)$$

を用いると，式 (12.15) および式 (12.16) は次式のようにまとめられる．

$$\dot{g}_N = \boldsymbol{W}_N \dot{\boldsymbol{q}} \quad (12.19)$$

$$\dot{g}_T = \boldsymbol{W}_T \dot{\boldsymbol{q}} \quad (12.20)$$

さらに，点 P_i と点 P_j の間の相対加速度ベクトルは，次のように計算できる．

$$\ddot{\boldsymbol{d}}_{ij} = \ddot{\boldsymbol{r}}_i^P - \ddot{\boldsymbol{r}}_j^P = \boldsymbol{L}_i \ddot{\boldsymbol{q}}_i + \boldsymbol{a}_i^v - \boldsymbol{L}_j \ddot{\boldsymbol{q}}_j - \boldsymbol{a}_j^v \quad (12.21)$$

ただし，$\boldsymbol{a}_i^v$ と $\boldsymbol{a}_j^v$ は次のように定義されるベクトルである．

$$\boldsymbol{a}_i^v = -\boldsymbol{A}_i \overline{\boldsymbol{u}}_i^P (\dot{\phi}_i)^2, \quad \boldsymbol{a}_j^v = -\boldsymbol{A}_j \overline{\boldsymbol{u}}_j^P (\dot{\phi}_j)^2 \quad (12.22)$$

このとき，二つのボディ上の点 P_i と点 P_j の間の法線方向加速度 $\ddot{g}_N$ および接線方向加速度 $\ddot{g}_T$ は，それぞれ次式により計算することができる．

$$\ddot{g}_N = (\boldsymbol{n}_i^P)^T \ddot{\boldsymbol{d}}_{ij} = (\boldsymbol{n}_i^P)^T \boldsymbol{L}_i \ddot{\boldsymbol{q}}_i - (\boldsymbol{n}_i^P)^T \boldsymbol{L}_j \ddot{\boldsymbol{q}}_j + (\boldsymbol{n}_i^P)^T (\boldsymbol{a}_i^v - \boldsymbol{a}_j^v) \quad (12.23)$$

$$\ddot{g}_T = (\boldsymbol{t}_i^P)^T \ddot{\boldsymbol{d}}_{ij} = (\boldsymbol{t}_i^P)^T \boldsymbol{L}_i \ddot{\boldsymbol{q}}_i - (\boldsymbol{t}_i^P)^T \boldsymbol{L}_j \ddot{\boldsymbol{q}}_j + (\boldsymbol{t}_i^P)^T (\boldsymbol{a}_i^v - \boldsymbol{a}_j^v) \quad (12.24)$$

ここで，式 (12.17), (12.18) の行列および次のように定義される w_N, w_T

$$w_N = (\boldsymbol{n}_i^P)^T (\boldsymbol{a}_i^v - \boldsymbol{a}_j^v) \quad (12.25)$$

$$w_T = (\boldsymbol{t}_i^P)^T (\boldsymbol{a}_i^v - \boldsymbol{a}_j^v) \quad (12.26)$$

を用いると，式 (12.23) および式 (12.24) は次式のようにまとめられる．

$$\ddot{g}_N = \boldsymbol{W}_N \ddot{\boldsymbol{q}} + w_N \quad (12.27)$$

$$\ddot{g}_T = \boldsymbol{W}_T \ddot{\boldsymbol{q}} + w_T \quad (12.28)$$

以上の運動学関係式を用いることで，接触する二つのボディの相対的な位置関係や運動状態を計算することができる．

12.3　拘束接触法

鉄道における車輪とレールの間の接触やカム・フォロワの接触等では，1 点接触を保ちながら運動するとみなせる場合が多い．このような場合は 2 物体間の接触が発生する条件を拘束方程式として表現することにより，接触をともなうマルチボディシステムの運動を取り扱うことができる．このような方法は，**拘束接触法** (constraint contact formulation) とよばれ，マルチボディダイナミクスで多用されている．

12.3.1　非共形接触条件

図 12.4 に示すように，ボディ i とボディ j がある 1 点で接触しているとき，(1) 二つのボディ上の点がある 1 点（接触点）において一致する，(2) その点における各ボディ上の外郭線の接線は互いに平行である，という二つの条件が満足される．このような接触を**非共形接触** (non-conformal contact) という．

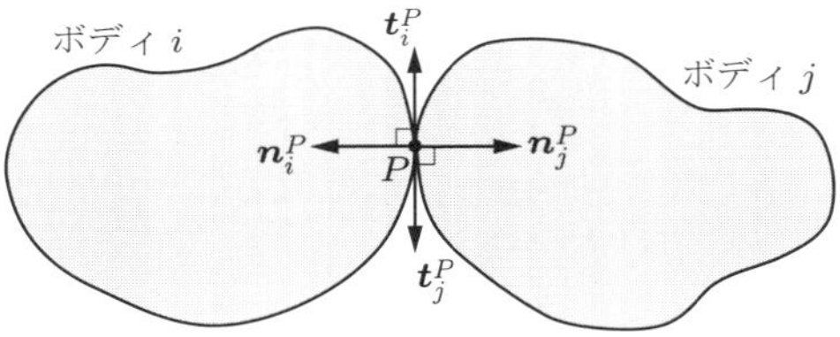

図 12.4　非共形接触

ボディ i およびボディ j 上の点 P において 1 点接触が発生しているとすると，第 1 の条件では，各ボディ上の点 P の座標が一致するため，次のように表される．

$$\boldsymbol{C}^1(\boldsymbol{q}_i, \boldsymbol{q}_j, s_i, s_j) = \boldsymbol{d}_{ij} = \boldsymbol{r}_i^P - \boldsymbol{r}_j^P = \boldsymbol{0} \tag{12.29}$$

一方，第 2 の条件は，ボディ i 上の点 P における接線ベクトル $\boldsymbol{t}_i^P$ とボディ j 上の点 P における法線ベクトル $\boldsymbol{n}_j^P$ が直交しているときに満足されるため，

$$C^2(\boldsymbol{q}_i, \boldsymbol{q}_j, s_i, s_j) = (\boldsymbol{t}_i^P)^T \boldsymbol{n}_j^P = 0 \tag{12.30}$$

と表される．式 (12.29) および式 (12.30) は各ボディの一般化座標 $\boldsymbol{q} = [\boldsymbol{q}_i^T \;\; \boldsymbol{q}_j^T]^T$ だけでなく，幾何変数 $\boldsymbol{s} = [s_i \;\; s_j]^T$ の関数にもなっていることに注意する．以上から，一つの非共形接触について，以下の三つの代数方程式が与えられる．

$$\boldsymbol{C}(\boldsymbol{q}_i, \boldsymbol{q}_j, s_i, s_j) = \begin{bmatrix} \boldsymbol{C}^1 \\ C^2 \end{bmatrix} = \begin{bmatrix} \boldsymbol{r}_i^P - \boldsymbol{r}_j^P \\ (\boldsymbol{t}_i^P)^T \boldsymbol{n}_j^P \end{bmatrix} = \boldsymbol{0} \tag{12.31}$$

上式を満足する一般化座標 $\boldsymbol{q}$ および幾何変数 $\boldsymbol{s}$ が決定するとき，接触状態における各

ボディの位置，姿勢とその配位における接触点位置が求められる．

例題 12.1 内燃機関のバルブ操作に用いられるカム・フォロワのモデルを図 12.5 に示す．カムの外郭線は，中心角 s_1 をパラメータとして次式のように表せるとする．

$$\rho_1(s_1) = \begin{cases} -\dfrac{1}{4}\cos 3s_1 + \dfrac{5}{4} & \left(0 \leq s_1 \leq \dfrac{2\pi}{3}\text{の場合}\right) \\ 1 & \left(\dfrac{2\pi}{3} \leq s_1 \leq 2\pi\text{の場合}\right) \end{cases} \tag{12.32}$$

一方，フォロワの外郭線は半径 1/4 の円とする．

$$\rho_2(s_2) = \frac{1}{4} \tag{12.33}$$

接触点 P が $0 \leq s_1 \leq 2\pi/3$ の範囲にあると仮定して，式 (12.31) の拘束条件式を示せ．

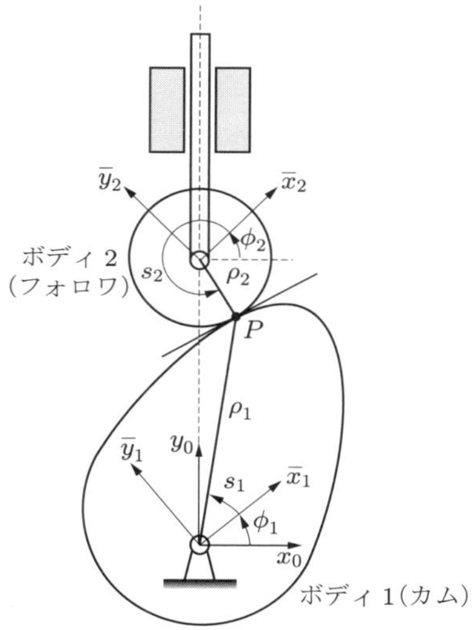

図 12.5 カム・フォロワ

解 各ボディ上の点 P の位置をボディ座標系で記述すると，次のように書ける．

$$\overline{\boldsymbol{u}}_1^P = \begin{bmatrix} \rho_1(s_1)\cos s_1 \\ \rho_1(s_1)\sin s_1 \end{bmatrix}, \quad \overline{\boldsymbol{u}}_2^P = \begin{bmatrix} \rho_2\cos s_2 \\ \rho_2\sin s_2 \end{bmatrix} \tag{12.34}$$

絶対座標系で表した点 P の位置は，それぞれ次のように求められる．

$$\boldsymbol{r}_1^P = \boldsymbol{R}_1 + \boldsymbol{A}_1\overline{\boldsymbol{u}}_1^P = \begin{bmatrix} 0 \\ 0 \end{bmatrix} + \begin{bmatrix} \cos\phi_1 & -\sin\phi_1 \\ \sin\phi_1 & \cos\phi_1 \end{bmatrix}\begin{bmatrix} \rho_1(s_1)\cos s_1 \\ \rho_1(s_1)\sin s_1 \end{bmatrix} \tag{12.35}$$

$$\boldsymbol{r}_2^P = \boldsymbol{R}_2 + \boldsymbol{A}_2\overline{\boldsymbol{u}}_2^P = \begin{bmatrix} x_2 \\ y_2 \end{bmatrix} + \begin{bmatrix} \cos\phi_2 & -\sin\phi_2 \\ \sin\phi_2 & \cos\phi_2 \end{bmatrix}\begin{bmatrix} \rho_2\cos s_2 \\ \rho_2\sin s_2 \end{bmatrix} \tag{12.36}$$

これより，第 1 の拘束条件式 (12.29) は次式のように書ける．

$$\boldsymbol{C}^1 = \boldsymbol{r}_1^P - \boldsymbol{r}_2^P = \begin{bmatrix} \rho_1(s_1)\cos(s_1+\phi_1) - x_2 - \rho_2\cos(s_2+\phi_2) \\ \rho_1(s_1)\sin(s_1+\phi_1) - y_2 - \rho_2\sin(s_2+\phi_2) \end{bmatrix} = \boldsymbol{0} \quad (12.37)$$

ボディ 1 上の接触点 P における単位接線ベクトルは，次のように求められる．

$$\bar{\boldsymbol{t}}_1^P = \frac{\partial \bar{\boldsymbol{u}}_1^P}{\partial s_1} \Bigg/ \left| \frac{\partial \bar{\boldsymbol{u}}_1^P}{\partial s_1} \right| = \kappa(s_1) \begin{bmatrix} \rho_1'(s_1)\cos s_1 - \rho_1(s_1)\sin s_1 \\ \rho_1'(s_1)\sin s_1 + \rho_1(s_1)\cos s_1 \end{bmatrix} \quad (12.38)$$

ただし，

$$\rho_1'(s_1) = \frac{\partial \rho_1(s_1)}{\partial s_1} = \frac{3}{4}\sin 3s_1, \quad \kappa(s_1) = \frac{1}{\sqrt{\rho_1'(s_1)^2 + \rho_1(s_1)^2}} \quad (12.39)$$

である．同様に，ボディ 2 上の接触点 P における単位接線ベクトルおよび単位法線ベクトルは，次のように計算することができる．

$$\bar{\boldsymbol{t}}_2^P = \frac{\partial \bar{\boldsymbol{u}}_2^P}{\partial s_2} \Bigg/ \left| \frac{\partial \bar{\boldsymbol{u}}_2^P}{\partial s_2} \right| = \begin{bmatrix} -\sin s_2 \\ \cos s_2 \end{bmatrix}, \quad \bar{\boldsymbol{n}}_2^P = \boldsymbol{V}\bar{\boldsymbol{t}}_2^P = \begin{bmatrix} -\cos s_2 \\ -\sin s_2 \end{bmatrix} \quad (12.40)$$

ボディ座標系で成分表示された $\bar{\boldsymbol{t}}_1^P$ および $\bar{\boldsymbol{n}}_2^P$ を絶対座標系で表すと，次のようになる．

$$\boldsymbol{t}_1^P = \boldsymbol{A}_1\bar{\boldsymbol{t}}_1^P = \kappa(s_1) \begin{bmatrix} \rho_1'(s_1)\cos(s_1+\phi_1) - \rho_1(s_1)\sin(s_1+\phi_1) \\ \rho_1'(s_1)\sin(s_1+\phi_1) + \rho_1(s_1)\cos(s_1+\phi_1) \end{bmatrix} \quad (12.41)$$

$$\boldsymbol{n}_2^P = \boldsymbol{A}_2\bar{\boldsymbol{n}}_2^P = \begin{bmatrix} -\cos(s_2+\phi_2) \\ -\sin(s_2+\phi_2) \end{bmatrix} \quad (12.42)$$

これより，第 2 の拘束条件式 (12.30) は次式のように表せる．

$$C^2 = (\boldsymbol{t}_1^P)^T\boldsymbol{n}_2^P = -\kappa\{\rho_1'\cos(s_1+\phi_1-s_2-\phi_2) + \rho_1\sin(s_1+\phi_1-s_2-\phi_2)\} = 0 \quad (12.43)$$

以上により，非共形接触条件式 (12.31) が次のように記述できる．

$$\boldsymbol{C} = \begin{bmatrix} \rho_1(s_1)\cos(s_1+\phi_1) - x_2 - \rho_2\cos(s_2+\phi_2) \\ \rho_1(s_1)\sin(s_1+\phi_1) - y_2 - \rho_2\sin(s_2+\phi_2) \\ \rho_1'(s_1)\cos(s_1+\phi_1-s_2-\phi_2) - \rho_1(s_1)\sin(s_1+\phi_1-s_2-\phi_2) \end{bmatrix} = \boldsymbol{0} \quad (12.44)$$

12.3.2　拘束接触法による運動方程式

ボディ i とボディ j が非共形接触を維持しながら運動を行うとき，式 (12.31) によって表される接触条件式が各ボディの運動を拘束する方程式として課される．つまり，拘束接触を考えた場合，式 (12.31) を運動方程式に随伴させた拘束条件付の運動方程式を解くことにより，系の運動を求めることができる．接触問題に関する拘束方程式が回転ジョイントなどの一般的なジョイント拘束と異なる点は，拘束定義点（接触点）の位置も幾何変数 $\boldsymbol{s}$ として未知であることである．

ダランベールの原理および仮想仕事の原理より，ボディ i およびボディ j の変分運動方程式は，全一般化座標 $\boldsymbol{q} = [\boldsymbol{q}_i^T \ \ \boldsymbol{q}_j^T]^T$ に関して以下のように表せる．

$$(\boldsymbol{M}\ddot{\boldsymbol{q}} - \boldsymbol{Q})^T \delta\boldsymbol{q} = 0 \tag{12.45}$$

ここで，$\boldsymbol{M}$ は一般化質量行列，$\boldsymbol{Q}$ は一般化力である．式 (12.31) によって表される非共形接触拘束方程式は $\boldsymbol{q}$ および $\boldsymbol{s}$ の代数方程式であり，

$$\boldsymbol{C}(\boldsymbol{q}, \boldsymbol{s}) = \boldsymbol{0} \tag{12.46}$$

のように書ける．上式の変分を考えると次のようになる．

$$\delta\boldsymbol{C} = \boldsymbol{C}_{\boldsymbol{q}}\delta\boldsymbol{q} + \boldsymbol{C}_{\boldsymbol{s}}\delta\boldsymbol{s} = \boldsymbol{0} \tag{12.47}$$

ただし，$\boldsymbol{C}_{\boldsymbol{q}} = \partial\boldsymbol{C}/\partial\boldsymbol{q}$ および $\boldsymbol{C}_{\boldsymbol{s}} = \partial\boldsymbol{C}/\partial\boldsymbol{s}$ である．式 (12.47) は，その両辺に拘束方程式の数と同数の未知変数 $\boldsymbol{\lambda} = [\lambda_1 \ \ \lambda_2 \ \ \lambda_3]^T$ を掛けても成り立つので，

$$\boldsymbol{\lambda}^T\delta\boldsymbol{C} = \boldsymbol{\lambda}^T\boldsymbol{C}_{\boldsymbol{q}}\delta\boldsymbol{q} + \boldsymbol{\lambda}^T\boldsymbol{C}_{\boldsymbol{s}}\delta\boldsymbol{s} = 0 \tag{12.48}$$

のように書ける．常にゼロである式 (12.45) と式 (12.48) を足してもゼロになるため，次式が成り立つ．

$$(\boldsymbol{M}\ddot{\boldsymbol{q}} - \boldsymbol{Q} + \boldsymbol{C}_{\boldsymbol{q}}^T\boldsymbol{\lambda})^T\delta\boldsymbol{q} + (\boldsymbol{C}_{\boldsymbol{s}}^T\boldsymbol{\lambda})^T\delta\boldsymbol{s} = 0 \tag{12.49}$$

上式が任意の $\delta\boldsymbol{q}$ および $\delta\boldsymbol{s}$ に関して成立する条件から，以下の方程式が得られる．

$$\begin{cases} \boldsymbol{M}\ddot{\boldsymbol{q}} + \boldsymbol{C}_{\boldsymbol{q}}^T\boldsymbol{\lambda} = \boldsymbol{Q} & \text{(12.50a)} \\ \boldsymbol{C}_{\boldsymbol{s}}^T\boldsymbol{\lambda} = \boldsymbol{0} & \text{(12.50b)} \end{cases}$$

式 (12.50a) は一般化座標 $\boldsymbol{q}$ に関する拘束条件付の運動方程式を表しており，$\boldsymbol{Q}^c = -\boldsymbol{C}_{\boldsymbol{q}}^T\boldsymbol{\lambda}$ が接触拘束式を与えたことにより発生する一般化拘束力を表している．式 (12.50b) は三つのラグランジュ乗数に対して二つの拘束条件を与えているため，独立なラグランジュ乗数は一つのみであることがわかる．つまり，一般化拘束力 $\boldsymbol{Q}^c = -\boldsymbol{C}_{\boldsymbol{q}}^T\boldsymbol{\lambda}$ は三つのラグランジュ乗数によって記述されているが，結果的に拘束力は一つの独立なラグランジュ乗数によって記述可能であり，それが法線接触力に対応している．

さらに，式 (12.50) に式 (12.46) の接触拘束方程式を加えた次の微分代数方程式

$$\begin{cases} \boldsymbol{M}\ddot{\boldsymbol{q}} + \boldsymbol{C}_{\boldsymbol{q}}^T\boldsymbol{\lambda} = \boldsymbol{Q} & \text{(12.51a)} \\ \boldsymbol{C}_{\boldsymbol{s}}^T\boldsymbol{\lambda} = \boldsymbol{0} & \text{(12.51b)} \\ \boldsymbol{C}(\boldsymbol{q}, \boldsymbol{s}) = \boldsymbol{0} & \text{(12.51c)} \end{cases}$$

より，未知数である一般化座標 $\boldsymbol{q}$，幾何変数 $\boldsymbol{s}$ およびラグランジュ乗数 $\boldsymbol{\lambda}$ を求めることができる．式 (12.51) は変位レベルの拘束方程式を随伴させた Index-3 の微分代数方程式であるが，一般に Index-3 の微分代数方程式は数値的にスティフとなり，Index を低減して解かれることが多い．式 (12.51c) のかわりに，それを 2 回時間で微分することにより得られる加速度レベルの拘束方程式

$$\boldsymbol{C}_{\boldsymbol{q}}\ddot{\boldsymbol{q}} + \boldsymbol{C}_{\boldsymbol{s}}\ddot{\boldsymbol{s}} = \boldsymbol{\gamma} \tag{12.52}$$

を随伴すると，次のようなIndex-1の微分代数方程式が得られる．

$$\begin{bmatrix} \boldsymbol{M} & \boldsymbol{0} & \boldsymbol{C}_{\boldsymbol{q}}^T \\ \boldsymbol{0} & \boldsymbol{0} & \boldsymbol{C}_{\boldsymbol{s}}^T \\ \boldsymbol{C}_{\boldsymbol{q}} & \boldsymbol{C}_{\boldsymbol{s}} & \boldsymbol{0} \end{bmatrix} \begin{bmatrix} \ddot{\boldsymbol{q}} \\ \ddot{\boldsymbol{s}} \\ \boldsymbol{\lambda} \end{bmatrix} = \begin{bmatrix} \boldsymbol{Q} \\ \boldsymbol{0} \\ \boldsymbol{\gamma} \end{bmatrix} \tag{12.53}$$

この線形方程式を解いて $\ddot{\boldsymbol{q}}$ および $\ddot{\boldsymbol{s}}$ を求め，数値積分を行うことで，次の時刻における状態および接触点を求めることができる．また，$\boldsymbol{\lambda}$ から法線接触力が計算できる．以上の計算を適切な時間間隔で繰り返すことにより，拘束接触をともなうマルチボディシステムのシミュレーションを行うことが可能である．

12.4　弾性接触法

12.3節で説明した拘束接触法では，一つの接触によって二つのボディ間の相対1自由度が拘束されるが，運動中に新たな接触が加わったり，接触を失ったりする場合には，系の自由度が変化するため適用が困難になる．一方，接触の追加，減少が生じても系の自由度変化をともなわない方法として**弾性接触法** (elastic contact formulation) がある．この方法では，接触点近傍の弾性変形を考慮し，法線接触力を仮想的なばねおよびダンパによってモデル化する．この方法は，モデル化の簡便さや適用範囲の広さから，汎用のマルチボディダイナミクスコードにおいて多用されている．

12.4.1　接触点の探索

弾性接触法では，まず接触点の探索を行う必要がある．接触点を探索する方法は多数提案されているが，ここでは異なる二つの方法について説明する．

最初に，代数方程式を利用する探索法について説明する．非共形接触条件式 (12.31) の第1式を法線方向成分と接線方向成分に分けて記述すると，

$$\boldsymbol{C}(\boldsymbol{q}_i, \boldsymbol{q}_j, s_i, s_j) = \begin{bmatrix} (\boldsymbol{n}_i^P)^T(\boldsymbol{r}_i^P - \boldsymbol{r}_j^P) \\ (\boldsymbol{t}_i^P)^T(\boldsymbol{r}_i^P - \boldsymbol{r}_j^P) \\ (\boldsymbol{t}_i^P)^T\boldsymbol{n}_j^P \end{bmatrix} = \begin{bmatrix} g_N \\ g_T \\ (\boldsymbol{t}_i^P)^T\boldsymbol{n}_j^P \end{bmatrix} = \boldsymbol{0} \tag{12.54}$$

のようになる．ボディ i とボディ j の位置，姿勢 $\boldsymbol{q} = [\boldsymbol{q}_i^T \ \ \boldsymbol{q}_j^T]^T$ が与えられたとすると，上式は二つの幾何変数 $\boldsymbol{s} = [s_i \ \ s_j]^T$ に対して，三つの拘束条件式を与えている．そこで，上式の第2式と第3式を取り出し，次のように表すことにする．

$$\boldsymbol{e}(\boldsymbol{s}) = \begin{bmatrix} (\boldsymbol{t}_i^P)^T(\boldsymbol{r}_i^P - \boldsymbol{r}_j^P) \\ (\boldsymbol{t}_i^P)^T\boldsymbol{n}_j^P \end{bmatrix} = \begin{bmatrix} g_T \\ (\boldsymbol{t}_i^P)^T\boldsymbol{n}_j^P \end{bmatrix} = \boldsymbol{0} \tag{12.55}$$

上式は二つの未知数 $\boldsymbol{s} = [s_1 \ \ s_2]^T$ に対して二つの条件式を与えているため，たとえば，次のようなニュートン - ラフソン法の反復公式により解を求めることができる．

$$\left(\frac{\partial \boldsymbol{e}}{\partial \boldsymbol{s}}\right) \Delta \boldsymbol{s}^{(k)} = -\boldsymbol{e}^{(k)} \tag{12.56}$$

$$\boldsymbol{s}^{(k+1)} = \boldsymbol{s}^{(k)} + \Delta \boldsymbol{s}^{(k)} \quad (k = 0, 1, \ldots) \tag{12.57}$$

式 (12.55) を満たす幾何変数 $\boldsymbol{s} = [s_1 \ \ s_2]^T$ が求められると，図 12.6 に示すような位置関係にある接触候補点 P_i, P_j が得られる．したがって，このときの法線方向距離

$$g_N = (\boldsymbol{n}_i^P)^T (\boldsymbol{r}_i^P - \boldsymbol{r}_j^P) \tag{12.58}$$

が負になる場合に接触が生じることになる．よって，二つのボディの貫入量 δ は

$$\delta = \begin{cases} 0 & (g_N \geq 0 \text{ の場合}) \\ -g_N & (g_N < 0 \text{ の場合}) \end{cases} \tag{12.59}$$

のように求めることができる．また，法線方向の相対速度は

$$\dot{g}_N = (\boldsymbol{n}_i^P)^T (\dot{\boldsymbol{r}}_i^P - \dot{\boldsymbol{r}}_j^P) \tag{12.60}$$

により求められるため，貫入量の時間変化率は次のように計算できる．

$$\dot{\delta} = \begin{cases} 0 & (g_N \geq 0 \text{ の場合}) \\ -\dot{g}_N & (g_N < 0 \text{ の場合}) \end{cases} \tag{12.61}$$

以上のような手法は，円や矩形などの単純な形状で表すことが難しい任意形状のボディ間の接触問題を解く際に非常に有効であるが，収束計算を用いるため接触点数が多くなると計算時間が長くなるという問題がある．また，外郭線が連続かつ滑らかでなければ，収束計算により接触点を求めることが困難になるという問題もある．

その他の方法として，図 12.7 に示すようにボディ外郭線を離散的なノード点（参照点）によって表し，そのノード間の貫入条件から接触の有無および接触点位置を算出

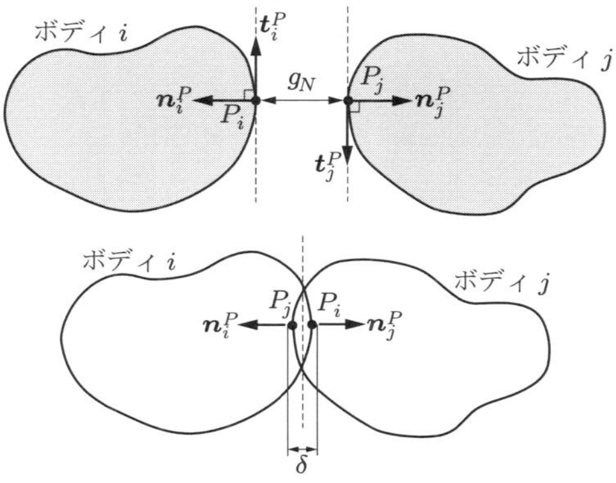

図 12.6　拘束条件式を利用した接触点探索

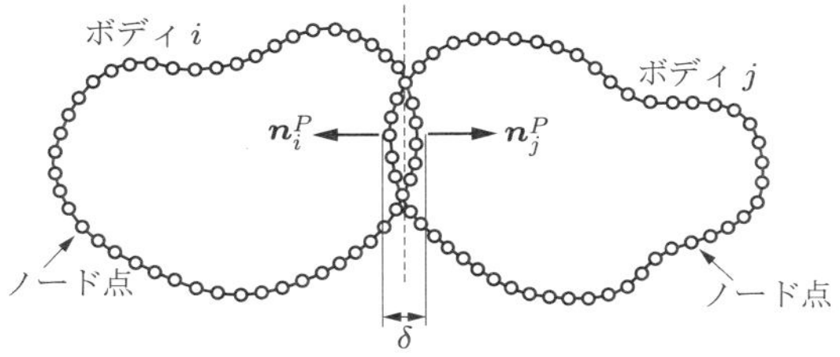

図 12.7　ノード点を利用した接触点探索

する方法も多く用いられる．この方法の場合，外郭線の滑らかさに対する制約はないが，離散化する際のノード点数が接触点算出の精度に大きな影響を及ぼす．また，局所的に接触点がノード点間を飛び移るため，接触力に非連続性が生じることがある．この問題は，ノード点数を増やすことにより影響を小さくすることができるが，ノード点数を増やしすぎると接触点探索に多大な計算時間が必要になる．しかし，複雑な形状や非連続な形状を有するボディ間の接触問題を考える際には，有効な方法である．

12.4.2　接触力の計算

(1)　法線接触力

前項において示した方法により，ボディ i およびボディ j 上の接触点 P の位置，およびその点における貫入量 δ と時間変化率 $\dot{\delta}$ が求められた場合，弾性接触法では図 12.8 に示すように，接触点間に仮想的なばねやダンパを挿入して法線接触力を計算する．法線接触力のモデルはさまざまなものが提案されているが，それらの多くは

$$f_N = K\delta^{m_1} + D\frac{\dot{\delta}}{|\dot{\delta}|}|\dot{\delta}|^{m_2}\delta^{m_3} \tag{12.62}$$

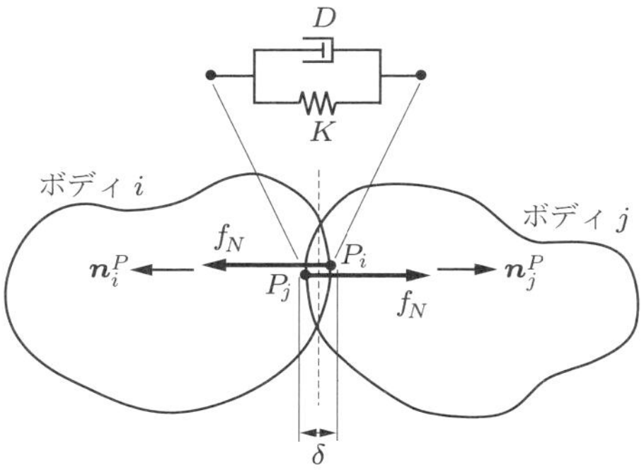

図 12.8　法線接触力の計算

により整理することができる．ここで，K は**剛性係数** (stiffness coefficinet)，D は**減衰係数** (damping coefficient)，m_1 は**剛性指数** (stiffness exponent)，m_2 は**減衰指数** (damping exponent)，m_3 は**抑制指数** (indentation exponent) とよばれている．

たとえば，$m_1 = 1$, $D = 0$ のとき，式 (12.62) は次式のようになる．

$$f_N = K\delta \tag{12.63}$$

上式は，ばね定数 K の線形ばねを挿入することに相当し，**フック接触モデル** (Hooke contact model) とよばれる．一方，$m_1 = 3/2$, $D = 0$ のとき，式 (12.62) は

$$f_N = K(\delta)^{3/2} \tag{12.64}$$

のようになる．上式は**ヘルツ接触モデル** (Herts contact model) とよばれている．また，$m_1 = 1, m_2 = 1, m_3 = 0$ のとき，式 (12.62) は次式のようになる．

$$f_N = K\delta + D\dot{\delta} \tag{12.65}$$

上式は**ケルビン - フォークト接触モデル** (Kelvin-Voigt contact model) とよばれる．さらに，$m_1 = 3/2, m_2 = 1, m_3 = 0$ とした次のようなモデルも提案されている．

$$f_N = K(\delta)^{3/2} + D\dot{\delta} \tag{12.66}$$

剛性係数 K や減衰係数 D は試行錯誤により決められることが多いが，特殊な場合には理論値を利用できることもある．たとえば，半径 R_i および R_j を有する二つの球の接触を考えた場合，ヘルツの接触理論から，剛性係数 K は次のように計算できる．

$$K = \frac{4}{3}\left\{\left(\frac{1}{R_i} + \frac{1}{R_j}\right)\left(\frac{1-\nu_i^2}{E_i} + \frac{1-\nu_j^2}{E_j}\right)^2\right\}^{-1/2} \tag{12.67}$$

ここで，E_i, E_j はヤング率，ν_i, ν_j はポアソン比である．球と平面の接触を考える場合は，上式において平面に対応するボディの半径を無限大とすればよい．一方，減衰係数 D は，ばね定数 K で支持された振動系がほぼ臨界減衰となるように決定する．あるいは，衝突解析では，接触が開始する時刻での相対速度 $\dot{\delta}^{(-)}$ および反発係数 e に対して，衝突前後の運動量および衝突によって散逸されるエネルギーのバランスから

$$D = \frac{3K(1-e^2)}{4}\frac{(\delta)^{3/2}}{\dot{\delta}^{(-)}} \tag{12.68}$$

のように決める方法などが提案されている．抑制指数 m_3 は，通常はゼロとすることが多いが，接触しているボディが離れる運動をしているにもかかわらず，減衰の影響で運動と逆の方向（近づく方向）に接触力が発生し吸い付くような現象が起こる場合に，1 よりも大きな数値にすることで減衰力を抑制することができる．

(2) 接線力

法線接触力 f_N が求められると，クーロン摩擦モデルや転がり接触におけるクリープ理論などに基づいて接線力 f_T を計算することができる．たとえば，接触点が接線

方向の相対速度 $\dot{g}_T$ をもつ場合，クーロン摩擦モデルを仮定すると，接線力（摩擦力）は，大きさが法線接触力に比例し，その方向は相対速度と逆向きであるため，

$$f_T = -\mu f_N \mathrm{sign}(\dot{g}_T) = \mu_G f_N \tag{12.69}$$

のように計算することができる．ただし，μ は摩擦係数，$\mathrm{sign}(*)$ は符号関数であり，$\mu_G = -\mu \mathrm{sign}(\dot{g}_T)$ と定義している．

12.4.3　弾性接触法における運動方程式

前項で説明した方法で計算された接触力を考慮した運動方程式を導出する．

図 12.9 のようなボディ i に作用する法線接触力および接線力は，絶対座標系でベクトル表記すると，次式のように表せる．

$$\boldsymbol{f}_N = f_N \boldsymbol{n}_i^P, \quad \boldsymbol{f}_T = f_T \boldsymbol{t}_i^P \tag{12.70}$$

ボディ i に作用する接触力 $\boldsymbol{f}_i^c$ は法線接触力と接線力の合力であり，

$$\boldsymbol{f}_i^c = \boldsymbol{f}_N + \boldsymbol{f}_T = f_N \boldsymbol{n}_i^P + f_T \boldsymbol{t}_i^P \tag{12.71}$$

のように書ける．一方，ボディ j に作用する接触力 $\boldsymbol{f}_j^c$ は作用・反作用の法則より $\boldsymbol{f}_j^c = -\boldsymbol{f}_i^c$ となり，接触点における仮想変位がそれぞれ $\delta \boldsymbol{r}_i^P = \boldsymbol{L}_i \delta \boldsymbol{q}_i$, $\delta \boldsymbol{r}_j^P = \boldsymbol{L}_j \delta \boldsymbol{q}_j$ と表せることに注意すると，接触力による仮想仕事は次のように計算できる．

$$\begin{aligned} \delta W &= (\boldsymbol{f}_i^c)^T \delta \boldsymbol{r}_i^P + (\boldsymbol{f}_j^c)^T \delta \boldsymbol{r}_j^P = (\boldsymbol{f}_i^c)^T \boldsymbol{L}_i \delta \boldsymbol{q}_i - (\boldsymbol{f}_i^c)^T \boldsymbol{L}_j \delta \boldsymbol{q}_j \\ &= (\boldsymbol{Q}_i^c)^T \delta \boldsymbol{q}_i + (\boldsymbol{Q}_j^c)^T \delta \boldsymbol{q}_j \end{aligned} \tag{12.72}$$

これより，接触力による一般化力が次のように求められる．

$$\boldsymbol{Q}_i^c = \boldsymbol{L}_i^T \boldsymbol{f}_i^c = \boldsymbol{L}_i^T \boldsymbol{n}_i^P f_N + \boldsymbol{L}_i^T \boldsymbol{t}_i^P f_T \tag{12.73}$$

$$\boldsymbol{Q}_j^c = -\boldsymbol{L}_j^T \boldsymbol{f}_i^c = -\boldsymbol{L}_j^T \boldsymbol{n}_i^P f_N - \boldsymbol{L}_j^T \boldsymbol{t}_i^P f_T \tag{12.74}$$

上記の接触力による一般化力を運動方程式に追加すると，次式のようになる．

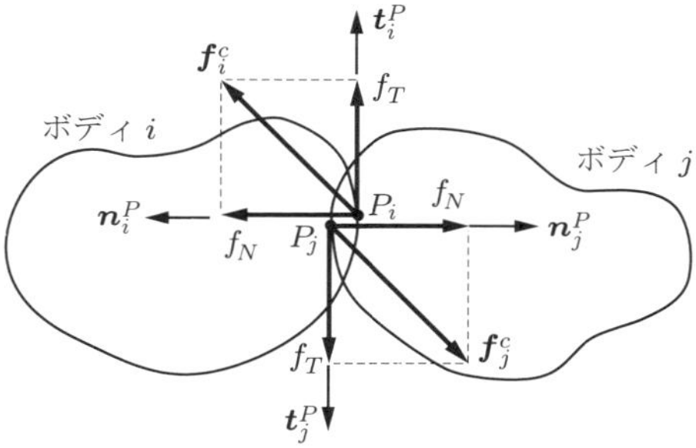

図 12.9　各ボディに作用する接触力

$$\boldsymbol{M}_i\ddot{\boldsymbol{q}}_i = \boldsymbol{Q}_i + \boldsymbol{Q}_i^c \tag{12.75}$$

$$\boldsymbol{M}_j\ddot{\boldsymbol{q}}_j = \boldsymbol{Q}_j + \boldsymbol{Q}_j^c \tag{12.76}$$

上式に式 (12.73) と式 (12.74) を代入して整理すると，次のようにまとめられる．

$$\begin{bmatrix} \boldsymbol{M}_i & \boldsymbol{0} \\ \boldsymbol{0} & \boldsymbol{M}_j \end{bmatrix} \begin{bmatrix} \ddot{\boldsymbol{q}}_i \\ \ddot{\boldsymbol{q}}_j \end{bmatrix} = \begin{bmatrix} \boldsymbol{Q}_i \\ \boldsymbol{Q}_j \end{bmatrix} + \begin{bmatrix} \boldsymbol{L}_i^T\boldsymbol{n}_i^P \\ -\boldsymbol{L}_j^T\boldsymbol{n}_i^P \end{bmatrix} f_N + \begin{bmatrix} \boldsymbol{L}_i^T\boldsymbol{t}_i^P \\ -\boldsymbol{L}_j^T\boldsymbol{t}_i^P \end{bmatrix} f_T \tag{12.77}$$

以下では，上式を次のように簡潔に表す．

$$\boldsymbol{M}\ddot{\boldsymbol{q}} = \boldsymbol{Q} + \boldsymbol{W}_N^T f_N + \boldsymbol{W}_T^T f_T \tag{12.78}$$

ここで，$\boldsymbol{M}$ は一般化質量行列，$\boldsymbol{Q}$ は一般化外力，$\boldsymbol{W}_N$ および $\boldsymbol{W}_T$ はそれぞれ式 (12.17), (12.18) のように定義される行列である．前項の方法によって求めた f_N および f_T を上式に代入し，数値積分を行うことで，接触をともなうマルチボディシステムの数値シミュレーションを行うことができる．

例題 12.2 図 12.10 に示すように，正弦加振される台に衝突する球の運動を弾性接触法によって解析する．球は質量 $m_1 = 0.1\,\mathrm{kg}$，半径 $R = 0.1\,\mathrm{m}$ とし，高さ $y_1(0) = 1.0\,\mathrm{m}$ から初速度ゼロで自由落下させるとする．台は次式のように加振されるとする．

$$y_2(t) = 0.5 + 0.1\sin 7.5t \tag{12.79}$$

法線接触力のモデルとして，式 (12.64) と式 (12.66) を用いた場合の結果を比較せよ．

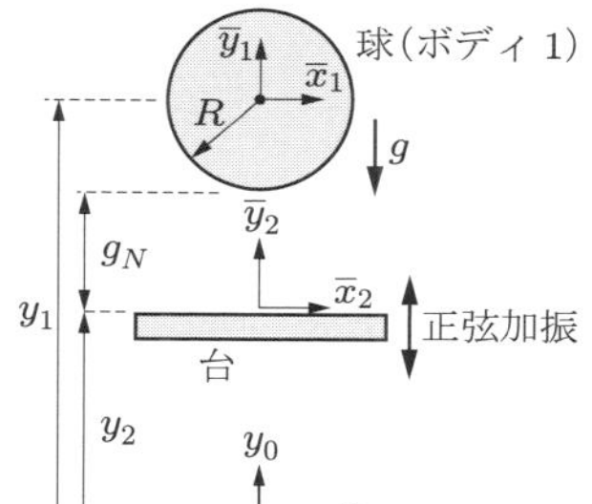

図 12.10 正弦加振される台に衝突する球

解 球と台の相対距離，相対速度，および相対加速度はそれぞれ次のように計算できる．

$$g_N = y_1 - y_2 - R \tag{12.80}$$

$$\dot{g}_N = \dot{y}_1 - 0.75\cos 7.5t \tag{12.81}$$

$$\ddot{g}_N = \underbrace{[0 \;\; 1 \;\; 0]}_{\boldsymbol{W}_N} \underbrace{\begin{bmatrix} \ddot{x}_1 \\ \ddot{y}_1 \\ \ddot{\phi}_1 \end{bmatrix}}_{\ddot{\boldsymbol{q}}} + \underbrace{5.625 \sin 7.5t}_{w_N} \tag{12.82}$$

本問題では接線力は $f_T = 0$ となるため，式 (12.78) の運動方程式は次のようになる．

$$\underbrace{\begin{bmatrix} m_1 & 0 & 0 \\ 0 & m_1 & 0 \\ 0 & 0 & I_1 \end{bmatrix}}_{\boldsymbol{M}} \underbrace{\begin{bmatrix} \ddot{x}_1 \\ \ddot{y}_1 \\ \ddot{\phi}_1 \end{bmatrix}}_{\ddot{\boldsymbol{q}}} = \underbrace{\begin{bmatrix} 0 \\ -m_1 g \\ 0 \end{bmatrix}}_{\boldsymbol{Q}} + \underbrace{\begin{bmatrix} 0 \\ 1 \\ 0 \end{bmatrix}}_{\boldsymbol{W}_N^T} f_N \tag{12.83}$$

球と台の衝突は式 (12.80) によって計算される g_N が負になるときに発生し，貫入量 δ およびその時間変化率 $\dot{\delta}$ はそれぞれ式 (12.59) と式 (12.61) により計算できる．法線接触力 f_N を，式 (12.64) で $K = 140 \times 10^7\,\mathrm{N/m^{3/2}}$ として計算した場合の結果を図 12.11 に示す．同図において実線は球の位置，破線は台の位置を表している．一方，式 (12.66) で $K = 140 \times 10^7\,\mathrm{N/m^{3/2}}$, $D = 100\,\mathrm{Ns/m}$ とした場合の結果を図 12.12 に示す．後者は減衰を付与しているためエネルギーが散逸し，数回の衝突のあと，台上にとどまっている．

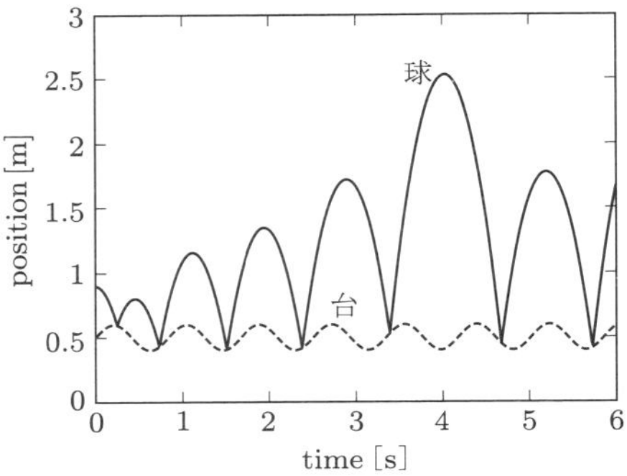

図 12.11　例題 12.2 の結果：$f_N = K(\delta)^{3/2}$ の場合

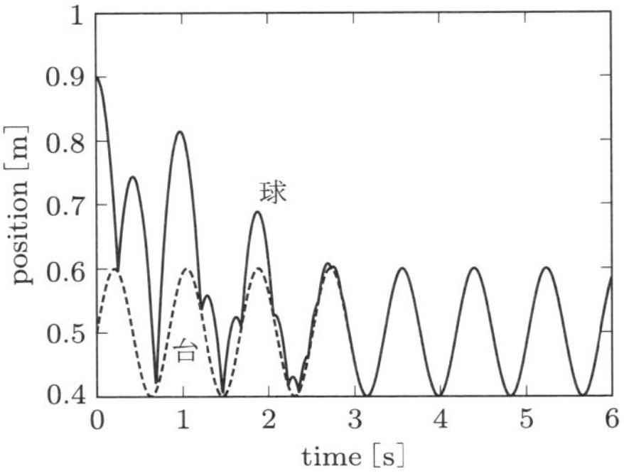

図 12.12　例題 12.2 の結果：$f_N = K(\delta)^{3/2} + D\dot{\delta}$ の場合

12.5　LCP として定式化する手法

マルチボディダイナミクスでは，接触問題が有する**相補性** (complementarity) という性質を利用した解析法や計算法も多く用いられている．本節では，法線方向の相補性を例に，その基本的な考え方や計算法について説明する．

図 12.13 に示すように，あるボディ i がボディ j に 1 点接触する場合を考える．図 (a) のように二つのボディが離れている場合，すなわち法線方向の相対距離が

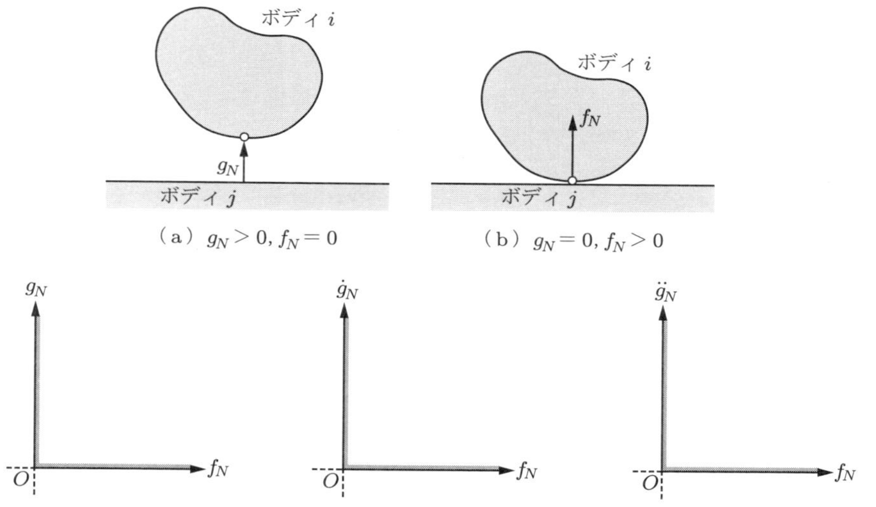

（a） $g_N > 0, f_N = 0$　（b） $g_N = 0, f_N > 0$

（c） 距離レベルの相補性　（d） 速度レベルの相補性　（e） 加速度レベルの相補性

図 12.13 接触問題における法線方向の相補性

$g_N > 0$ であるとき，法線接触力は当然 $f_N = 0$ である．一方，図 (b) のように二つのボディが接触している場合，すなわち $g_N = 0$ であるとき，法線接触力は $f_N > 0$ となる．つまり，g_N と f_N はいずれもゼロ以上の値をとり，かつ一方が非ゼロであるとき他方は必ずゼロになる．このような性質を，接触問題における法線方向の距離レベルの相補性とよぶ．上記の関係を式で表現すると，

$$g_N \geq 0, \quad f_N \geq 0, \quad g_N \cdot f_N = 0 \tag{12.84}$$

となり，許容域をグラフ上に示すと図 12.13 (c) の網掛け部分となる．式 (12.84) は，g_N も f_N も非負の値のみをとるように拘束を課していることから，**片側接触** (unilateral contact) とよばれる．

次に，二つのボディが接触し $g_N = 0$ である状態について考える．この状態で法線方向の相対速度が $\dot{g}_N > 0$ であるとき，二つのボディは離れていこうとするため法線接触力は $f_N = 0$ となる．一方，$\dot{g}_N = 0$ であるとき，二つのボディは接触を維持するため法線接触力は $f_N > 0$ となる．つまり，$\dot{g}_N$ と f_N はいずれもゼロ以上の値をとり，かつ一方が非ゼロであるとき他方は必ずゼロになる．このような性質を，接触問題における法線方向の速度レベルの相補性という．上記の関係を式で表現すると，

$$\dot{g}_N \geq 0, \quad f_N \geq 0, \quad \dot{g}_N \cdot f_N = 0 \tag{12.85}$$

となり，許容域をグラフ上に示すと図 12.13 (d) の網掛け部分となる．

さらに，二つのボディが接触しかつ相対速度がゼロ，すなわち $g_N = \dot{g}_N = 0$ であ

る状態について考える．この状態で法線方向の相対加速度が $\ddot{g}_N > 0$ であるとき，二つのボディは離れていこうとするため法線接触力は $f_N = 0$ となる．一方，$\ddot{g}_N = 0$ であるとき，二つのボディは接触を維持するため法線接触力は $f_N > 0$ となる．つまり，$\ddot{g}_N$ と f_N はいずれもゼロ以上の値をとり，かつ一方が非ゼロであるとき他方は必ずゼロになる．このような性質を，接触問題における法線方向の加速度レベルの相補性という．上記の関係を式で表現すると，

$$\ddot{g}_N \geq 0, \quad f_N \geq 0, \quad \ddot{g}_N \cdot f_N = 0 \tag{12.86}$$

となり，許容域をグラフ上に示すと図 12.13 (e) の網掛け部分となる．

以上のような相補性を利用すると，ある状態における接触力を効率よく求めることができる．例として，スリップ状態にある二つのボディ間に作用する法線接触力を，加速度レベルの相補性を利用して求める場合について説明する．法線方向の相対加速度は，式 (12.27) により計算することができる．

$$\ddot{g}_N = \boldsymbol{W}_N \ddot{\boldsymbol{q}} + w_N \tag{12.27 再}$$

スリップ状態にあるとき，接線力は式 (12.69) により計算することができる．

$$f_T = -\mu f_N \mathrm{sign}(\dot{g}_T) = \mu_G f_N \tag{12.69 再}$$

式 (12.69) を式 (12.78) に代入すると，運動方程式は次のようになる．

$$\boldsymbol{M}\ddot{\boldsymbol{q}} = \boldsymbol{Q} + (\boldsymbol{W}_N^T + \boldsymbol{W}_T^T \mu_G) f_N \tag{12.87}$$

上式を $\ddot{\boldsymbol{q}}$ について解き，式 (12.27) に代入することにより次式が得られる．

$$\ddot{g}_N = \{\boldsymbol{W}_N \boldsymbol{M}^{-1} (\boldsymbol{W}_N^T + \boldsymbol{W}_T^T \mu_G)\} f_N + (\boldsymbol{W}_N \boldsymbol{M}^{-1} \boldsymbol{Q} + w_N) \tag{12.88}$$

ここで，

$$a = \boldsymbol{W}_N \boldsymbol{M}^{-1} (\boldsymbol{W}_N^T + \boldsymbol{W}_T^T \mu_G), \quad b = \boldsymbol{W}_N \boldsymbol{M}^{-1} \boldsymbol{Q} + w_N \tag{12.89}$$

と定義し，式 (12.86) の相補性条件とあわせると，次のように書ける．

$$\ddot{g}_N = a f_N + b, \quad \ddot{g}_N \geq 0, \quad f_N \geq 0, \quad \ddot{g}_N \cdot f_N = 0 \tag{12.90}$$

一般に，次のような条件を満たす $\boldsymbol{x}$ および $\boldsymbol{y}$ を求める問題を**線形相補性問題** (linear complimentary problem: LCP) とよぶ．

$$\boldsymbol{y} = \boldsymbol{A}\boldsymbol{x} + \boldsymbol{b}, \quad \boldsymbol{y} \geq \boldsymbol{0}, \quad \boldsymbol{x} \geq \boldsymbol{0}, \quad \boldsymbol{y}^T \boldsymbol{x} = 0 \tag{12.91}$$

線形相補性問題は，1 次元の場合は解析的に解くことが可能であり，多次元の場合も Projected Gauss-Seidel 法のような収束計算法や Lemke 法のようなピボット法などにより解くことができる．すなわち，線形相補性問題として定式化できる問題は，効率的に解を得ることが可能である．式 (12.90) は 1 次元の線形相補性問題となっているため，容易に解くことができ，法線接触力 f_N を得ることができる．したがって，時間ステップごとに式 (12.90) の LCP を解き，得られた f_N を式 (12.87) に代入して

数値積分することにより，接触を考慮したシミュレーションを行うことができる．

本節では，1 点接触かつ法線方向の相補性のみを利用する場合について説明したが，多点接触で摩擦が存在し，スティック状態とスリップ状態が混在するような複雑な接触問題も，式 (12.91) のような線形相補性問題として定式化できる．したがって，線形相補性問題の求解と運動方程式の数値積分を繰り返すことにより，多点接触や摩擦を含むマルチボディシステムのシミュレーションを行うことができる．

例題 12.3 図 12.14 に示すように，点 P において床に接触し，クーロン摩擦を受けながら x_0 軸の正の方向に滑る棒の運動を LCP として定式化して解析せよ．棒は質量が m_1，重心 G まわりの慣性モーメントが I_1，重心 G から接触点 P までの距離が l_1 であるとする．また，床と棒の間の動摩擦係数を μ，重力加速度を g とする．

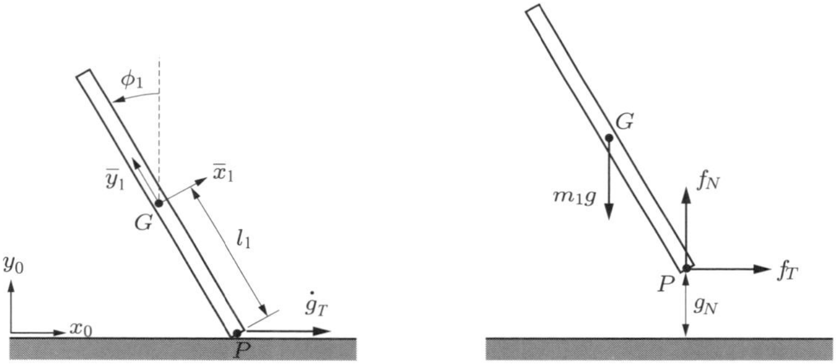

図 12.14 摩擦力を受けながら滑る棒

解 絶対座標系の原点からみた点 P の位置は，次式により計算できる．

$$\boldsymbol{r}_1^P = \boldsymbol{R}_1 + \boldsymbol{A}_1 \overline{\boldsymbol{u}}_1^P = \begin{bmatrix} x_1 \\ y_1 \end{bmatrix} + \begin{bmatrix} \cos\phi_1 & -\sin\phi_1 \\ \sin\phi_1 & \cos\phi_1 \end{bmatrix} \begin{bmatrix} 0 \\ -l_1 \end{bmatrix} \tag{12.92}$$

接触点 P と床の法線方向距離は上式の y 成分であるので，次式のように書ける．

$$g_N = y_1 - l_1 \cos\phi_1 \tag{12.93}$$

法線方向および接線方向の相対速度は，それぞれ次式のように求められる．

$$\dot{g}_N = \dot{y}_1 + l_1 \dot{\phi}_1 \sin\phi_1 \tag{12.94}$$

$$\dot{g}_T = \dot{x}_1 + l_1 \dot{\phi}_1 \cos\phi_1 \tag{12.95}$$

また，法線方向および接線方向の相対加速度は，それぞれ次式のようになる．

$$\ddot{g}_N = \underbrace{[0 \quad 1 \quad l_1 \sin\phi_1]}_{\boldsymbol{W}_N} \underbrace{\begin{bmatrix} \ddot{x}_1 \\ \ddot{y}_1 \\ \ddot{\phi}_1 \end{bmatrix}}_{\ddot{\boldsymbol{q}}} + \underbrace{(l_1 \dot{\phi}_1^2 \cos\phi_1)}_{w_N} \tag{12.96}$$

$$\ddot{g}_T = \underbrace{[1 \;\; 0 \;\; l_1 \cos\phi_1]}_{\boldsymbol{W}_T} \underbrace{\begin{bmatrix} \ddot{x}_1 \\ \ddot{y}_1 \\ \ddot{\phi}_1 \end{bmatrix}}_{\ddot{\boldsymbol{q}}} + \underbrace{(-l_1 \dot{\phi}_1^2 \sin\phi_1)}_{w_T} \tag{12.97}$$

一方，式 (12.78) の運動方程式は次のようになる．

$$\underbrace{\begin{bmatrix} m_1 & 0 & 0 \\ 0 & m_1 & 0 \\ 0 & 0 & I_1 \end{bmatrix}}_{\boldsymbol{M}} \underbrace{\begin{bmatrix} \ddot{x}_1 \\ \ddot{y}_1 \\ \ddot{\phi}_1 \end{bmatrix}}_{\ddot{\boldsymbol{q}}} = \underbrace{\begin{bmatrix} 0 \\ -m_1 g \\ 0 \end{bmatrix}}_{\boldsymbol{Q}} + \underbrace{\begin{bmatrix} 0 \\ 1 \\ l_1 \sin\phi_1 \end{bmatrix}}_{\boldsymbol{W}_N^T} f_N + \underbrace{\begin{bmatrix} 1 \\ 0 \\ l_1 \cos\phi_1 \end{bmatrix}}_{\boldsymbol{W}_T^T} f_T \tag{12.98}$$

接線方向の相対速度は $\dot{g}_T > 0$ と仮定しているので，式 (12.69) の摩擦力は

$$f_T = -\mu f_N \mathrm{sign}(\dot{g}_T) = -\mu f_N \tag{12.99}$$

のようになる．以上の結果を用いて式 (12.88) を計算すると，次のようになる．

$$\ddot{g}_N = \underbrace{\left\{ \frac{1}{m_1} + \frac{l_1^2}{I_1} \sin\phi_1 (\sin\phi_1 - \mu\cos\phi_1) \right\}}_{a} f_N + \underbrace{(l_1 \dot{\phi}_1^2 \cos\phi_1 - g)}_{b} \tag{12.100}$$

式 (12.86) の相補性条件とあわせると，1 次元の線形相補性問題

$$\ddot{g}_N = a f_N + b, \quad \ddot{g}_N \geq 0, \quad f_N \geq 0, \quad \ddot{g}_N f_N = 0 \tag{12.101}$$

として定式化できる．上式において a, b は，ϕ_1, $\dot{\phi}_1$ および μ の値により正負が変わるが，それぞれの符号の組み合わせについて考えると，解は次のようになる．

(i) $a > 0$ かつ $b > 0$ の場合

傾き a が正，切片 b も正であるので図 12.15(i) のようになり，解は

$$f_N = 0, \quad \ddot{g}_N = b > 0 \tag{12.102}$$

となる．したがって，この場合は棒の先端は床から離れていく．

(ii) $a > 0$ かつ $b < 0$ の場合

傾き a が正，切片 b は負であるので図 12.15(ii) のようになり，解は

$$f_N = -\frac{b}{a} > 0, \quad \ddot{g}_N = 0 \tag{12.103}$$

となる．したがって，この場合はスリップ状態を維持する．

(iii) $a < 0$ かつ $b > 0$ の場合

傾き a が負，切片 b は正であるので図 12.15(iii) のようになり，

$$f_N = 0, \quad \ddot{g}_N = b > 0 \tag{12.104}$$

または

$$f_N = -\frac{b}{a} > 0, \quad \ddot{g}_N = 0 \tag{12.105}$$

が解になりうる．すなわち，この場合は床から離れることもスリップ状態を維持する

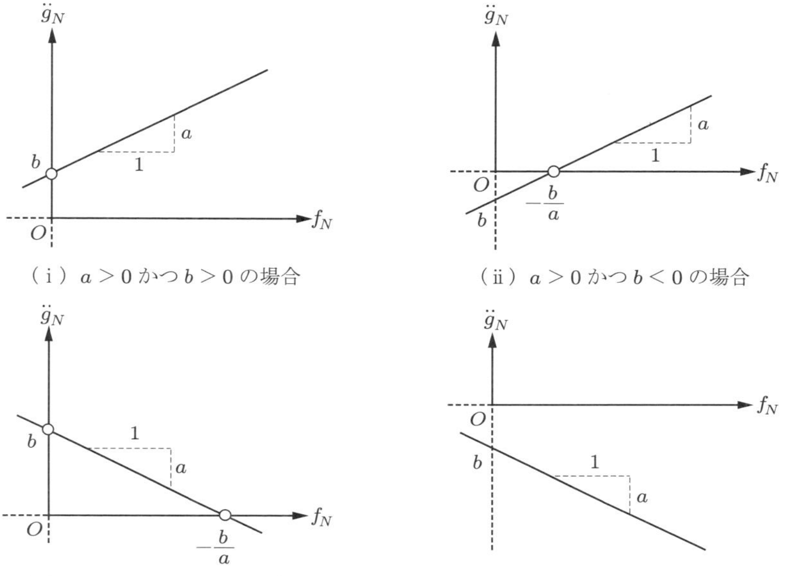

（i）$a > 0$ かつ $b > 0$ の場合　（ii）$a > 0$ かつ $b < 0$ の場合

（iii）$a < 0$ かつ $b > 0$ の場合　（iv）$a < 0$ かつ $b < 0$ の場合

図 12.15　1 次元線形相補性問題の解

ことも可能であり，解は唯一つではない．

(iv) $a < 0$ かつ $b < 0$ の場合

傾き a が負，切片 b も負であるので図 12.15(iv) のようになり，この場合は解が存在しない．

以上をまとめると，$a > 0$ のとき解が一意に定まり，$a < 0$ のときは解が複数存在する（不定）か解が存在しない（不能）．式 (12.100) より，$a = 0$ となるのは

$$\mu = \frac{I_1 + m_1 l_1^2 \sin^2 \phi_1}{m_1 l_1^2 \sin \phi_1 \cos \phi_1}$$

のときであり，本解析における特異点となっている．

12.6　運動量保存則に基づく手法

衝撃力が作用するマルチボディシステムの解析手法として，運動量と力積の関係を利用する方法がある．本節では，運動量保存則に基づく手法について概説する．

ジョイント拘束や力要素を含む通常のマルチボディシステムの運動は，運動方程式と拘束方程式を連立した次の微分代数方程式によって記述される．

$$\begin{cases} \boldsymbol{M}\ddot{\boldsymbol{q}} + \boldsymbol{C}_{\boldsymbol{q}}^T\boldsymbol{\lambda} = \boldsymbol{Q} & (12.106a) \\ \boldsymbol{C}(\boldsymbol{q}, t) = \boldsymbol{0} & (12.106b) \end{cases}$$

いま，図 12.16 のように二つのボディが衝突して衝撃力 $f_N(t)$ が加わるとし，式 (12.106a) に衝撃力による一般化力 $\boldsymbol{Q}^I = \boldsymbol{W}_N^T f_N$ を加えると，次式のようになる．

$$\boldsymbol{M}\ddot{\boldsymbol{q}} + \boldsymbol{C}_{\boldsymbol{q}}^T\boldsymbol{\lambda} = \boldsymbol{Q} + \boldsymbol{W}_N^T f_N \tag{12.107}$$

上式を t_1 から t_2 まで積分し，$t_2 - t_1 \to 0$ の極限をとると次のように表せる．

$$\lim_{t_2-t_1\to 0}\int_{t_1}^{t_2} (\boldsymbol{M}\ddot{\boldsymbol{q}} + \boldsymbol{C}_{\boldsymbol{q}}^T\boldsymbol{\lambda} - \boldsymbol{Q} - \boldsymbol{W}_N^T f_N)dt = \boldsymbol{0} \tag{12.108}$$

一般化質量行列 $\boldsymbol{M}$ は時間に関して連続なので，式 (12.108) の左辺第 1 項は

$$\lim_{t_2-t_1\to 0}\int_{t_1}^{t_2} \boldsymbol{M}\ddot{\boldsymbol{q}}dt = \boldsymbol{M}(t_I)\{\dot{\boldsymbol{q}}(t_I+0) - \dot{\boldsymbol{q}}(t_I-0)\} = \boldsymbol{M}(t_I)\Delta\dot{\boldsymbol{q}}(t_I) \tag{12.109}$$

のように計算できる．ここで，$\dot{\boldsymbol{q}}(t_I - 0)$ と $\dot{\boldsymbol{q}}(t_I + 0)$ はそれぞれ衝突の直前と直後の一般化速度であり，$\Delta\dot{\boldsymbol{q}}(t_I) = \dot{\boldsymbol{q}}(t_I + 0) - \dot{\boldsymbol{q}}(t_I - 0)$ は衝突の瞬間に生じる速度の不連続な変化である．

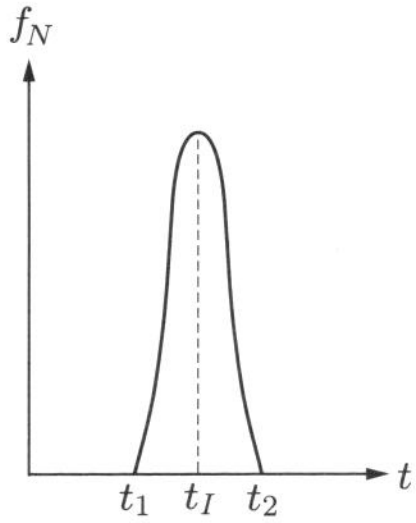

（a）衝撃力のモデル

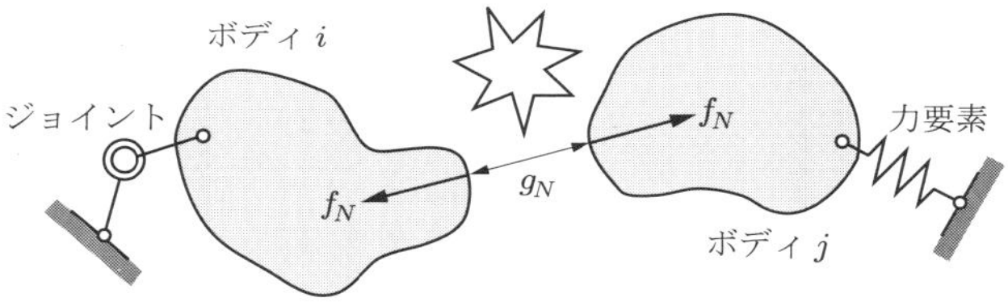

（b）ボディに作用する衝撃力

図 12.16　衝撃力が作用するマルチボディシステム

拘束のヤコビ行列 $\boldsymbol{C}_{\boldsymbol{q}}$ も時間に関して連続なので，式 (12.108) の左辺第 2 項は

$$\lim_{t_2-t_1\to 0}\int_{t_1}^{t_2} \boldsymbol{C}_{\boldsymbol{q}}^T\boldsymbol{\lambda}dt = \boldsymbol{C}_{\boldsymbol{q}}^T(t_I)\lim_{t_2-t_1\to 0}\int_{t_1}^{t_2} \boldsymbol{\lambda}dt = \boldsymbol{C}_{\boldsymbol{q}}^T(t_I)\boldsymbol{P}^\lambda \tag{12.110}$$

のように計算できる．ここで，$\boldsymbol{P}^\lambda$ はジョイントに作用する衝撃力の力積である．

$$\boldsymbol{P}^\lambda = \lim_{t_2-t_1\to 0}\int_{t_1}^{t_2} \boldsymbol{\lambda}dt \tag{12.111}$$

一方，$\boldsymbol{Q}$ は速度 2 乗慣性力 $\boldsymbol{Q}^v$ と一般化外力 $\boldsymbol{Q}^e$ の和であり，いずれも一般化座標と一般化速度および時間の関数で時間に関して連続であるので，次式が成り立つ．

$$\lim_{t_2-t_1\to 0}\int_{t_1}^{t_2} \boldsymbol{Q}dt = \boldsymbol{0} \tag{12.112}$$

法線方向のヤコビ行列 $\boldsymbol{W}_N$ も時間に関して連続なので，式 (12.108) の左辺第 4 項は

$$\lim_{t_2-t_1\to 0}\int_{t_1}^{t_2}\boldsymbol{W}_N^T f_N dt = \boldsymbol{W}_N^T(t_I)\lim_{t_2-t_1\to 0}\int_{t_1}^{t_2} f_N dt = \boldsymbol{W}_N^T(t_I)p \tag{12.113}$$

のように計算できる．ここで，p は次のように定義される衝撃力 $f_N(t)$ の力積である．

$$p = \lim_{t_2-t_1\to 0}\int_{t_1}^{t_2} f_N dt \tag{12.114}$$

以上の結果を代入することにより，式 (12.108) は次式のように書きなおせる．

$$\boldsymbol{M}\Delta\dot{\boldsymbol{q}} + \boldsymbol{C}_{\boldsymbol{q}}^T\boldsymbol{P}^\lambda - \boldsymbol{W}_N^T p = \boldsymbol{0} \tag{12.115}$$

一方，式 (12.106b) を時間で微分すると，次の速度レベルの拘束方程式が得られる．

$$\boldsymbol{C}_{\boldsymbol{q}}\dot{\boldsymbol{q}} = -\boldsymbol{C}_t \equiv \boldsymbol{\nu} \tag{12.116}$$

上式を t_2 と t_1 について求め，引き算を行い，$t_2 - t_1 \to 0$ の極限をとると次式を得る．

$$\lim_{t_2-t_1\to 0}\{\boldsymbol{C}_{\boldsymbol{q}}(t_2)\dot{\boldsymbol{q}}(t_2) - \boldsymbol{C}_{\boldsymbol{q}}(t_1)\dot{\boldsymbol{q}}(t_1)\} = \lim_{t_2-t_1\to 0}\{\boldsymbol{\nu}(t_2) - \boldsymbol{\nu}(t_1)\} \tag{12.117}$$

ここで，$\boldsymbol{\nu} = -\boldsymbol{C}_t$ は時間に関して連続なので右辺はゼロである．また，$\boldsymbol{C}_{\boldsymbol{q}}$ も連続であるので，左辺は次のように計算できる．

$$\boldsymbol{C}_{\boldsymbol{q}}(t_I)\dot{\boldsymbol{q}}(t_I+0) - \boldsymbol{C}_{\boldsymbol{q}}(t_I)\dot{\boldsymbol{q}}(t_I-0) = \boldsymbol{C}_{\boldsymbol{q}}(t_I)\Delta\dot{\boldsymbol{q}}(t_I) \tag{12.118}$$

これより，$t = t_I$ で次式が成り立つ．

$$\boldsymbol{C}_{\boldsymbol{q}}\Delta\dot{\boldsymbol{q}} = \boldsymbol{0} \tag{12.119}$$

一方，反発係数を e とすると，定義より次式が成り立つ．

$$e = -\frac{\dot{g}_N(t_I+0)}{\dot{g}_N(t_I-0)} \tag{12.120}$$

接触点間の相対速度 $\dot{g}_N$ は，式 (12.19) より $\dot{g}_N = \boldsymbol{W}_N\dot{\boldsymbol{q}}$ と表せるので，上式に代入することにより次の関係が得られる．

$$\boldsymbol{W}_N(t_I)\dot{\boldsymbol{q}}(t_I+0) = -e\boldsymbol{W}_N(t_I)\dot{\boldsymbol{q}}(t_I-0) \tag{12.121}$$

さらに，両辺から $\boldsymbol{W}_N(t_I)\dot{\boldsymbol{q}}(t_I-0)$ を引くと次のようになる．

$$\boldsymbol{W}_N\Delta\dot{\boldsymbol{q}} = -(1+e)\boldsymbol{W}_N\dot{\boldsymbol{q}}(t_I-0) \tag{12.122}$$

式 (12.115), (12.119)，および (12.122) をまとめると，次式が得られる．

$$\begin{bmatrix} \boldsymbol{M} & \boldsymbol{C}_{\boldsymbol{q}}^T & \boldsymbol{W}_N^T \\ \boldsymbol{C}_{\boldsymbol{q}} & \boldsymbol{0} & \boldsymbol{0} \\ \boldsymbol{W}_N & \boldsymbol{0} & 0 \end{bmatrix}\begin{bmatrix} \Delta\dot{\boldsymbol{q}} \\ \boldsymbol{P}^\lambda \\ -p \end{bmatrix} = \begin{bmatrix} \boldsymbol{0} \\ \boldsymbol{0} \\ -(1+e)\boldsymbol{W}_N\dot{\boldsymbol{q}}(t_I-0) \end{bmatrix} \tag{12.123}$$

衝突を含む運動の数値シミュレーションは以下のように行うことができる．まず，初期時刻 $t = 0$ から衝突時刻 $t = t_I$ まで，式 (12.106) で定義される Index-3 の微分代数方程式，あるいは Index を低減した Index-1 の微分代数方程式

$$\begin{bmatrix} \boldsymbol{M} & \boldsymbol{C}_{\boldsymbol{q}}^T \\ \boldsymbol{C}_{\boldsymbol{q}} & \boldsymbol{0} \end{bmatrix} \begin{bmatrix} \ddot{\boldsymbol{q}} \\ \boldsymbol{\lambda} \end{bmatrix} = \begin{bmatrix} \boldsymbol{Q} \\ \boldsymbol{\gamma} \end{bmatrix} \tag{12.124}$$

を数値積分し，衝突直前の状態 $\boldsymbol{q}(t_I - 0)$, $\dot{\boldsymbol{q}}(t_I - 0)$ を得る．その情報を用いて式 (12.123) を構成し，これを解いて $\Delta\dot{\boldsymbol{q}}$ を求める．そして，$t = t_I$ から位置の初期条件を $\boldsymbol{q}(t_I + 0) = \boldsymbol{q}(t_I - 0)$，速度の初期条件を $\dot{\boldsymbol{q}}(t_I + 0) = \dot{\boldsymbol{q}}(t_I - 0) + \Delta\dot{\boldsymbol{q}}$ として，式 (12.106) または式 (12.124) の数値積分を再実行する．

演習問題

12.1　例題 12.2 を LCP として定式化する手法によって解く際に必要な式 (12.88) を導出せよ．

12.2　例題 12.2 を運動量保存則に基づく手法によって解く際に必要な式 (12.123) を導出せよ．

[力学物語 6]　ダランベール (Jean Le Rond d'Alembert, 1717～1783)

ダランベールは，1717 年にフランスのパリで私生児として生まれ，生後すぐにノートルダム大聖堂近くのサン・ル・ロン会堂の階段に捨てられた．ジャン・ル・ロン・ダランベールの名は，この小会堂からとったものである．母は『百科全書』の編集にも貢献した貴族のタンサン夫人であり，父は砲兵将校でレジオンドヌール受勲者のデトゥシュといわれている．教区委員は，この捨て子の世話を貧しいガラス屋の夫婦に頼んだが，彼らは自分の実子のように大切に育てた．ダランベールも彼らを自分の両親とよぶことにいつも誇りを感じ，有名になってからも生涯にわたって不自由のないように面倒をみた．

ダランベールは，パリ大学で文学学士号を取得したあと，法学や哲学，数学などを広く学んだ．物理学的な研究を次々に発表し，その活躍はパリ社交界でも注目されたが，豊かな才能に恵まれた彼は，やがて生みの親タンサン夫人のサロンに入り，科学関係者だけでなく，ディドロやルソーなどの哲学者とも交流した．『百科全書』(1751) の編集にもかかわり，その刊行にあたっては序論を執筆した．

力学におけるダランベールの功績に，『動力学概論』(1743) の出版がある．「ダランベールの原理」はこの中に出てくる．ダランベールの関心は，複数の物体系が互いに拘束を受けながら運動するとき，「未知の拘束力」を含まないで物体系の運動を表現するにはどうすればよいか，ということであった．ダランベールの力学はそのままでは難解なものであったが，のちにラグランジュによって利用しやすい形に整理された．

第IV部　リカーシブ定式化

第13章 リカーシブ定式化の基礎

マルチボディダイナミクスでは，絶対座標を用いて各ボディの非拘束運動を記述し，代数方程式で記述したジョイント拘束と連立して解くアプローチが一般的である．この方法では，定式化は容易になるが，自由度よりも多くの座標を用いて冗長な表現にするため運動方程式の次元が大きくなり，計算時間が長くなるという欠点がある．これに対して，ボディ間の相対変位を一般化座標として自由度と同数の最小次元運動方程式を導出し，さらにリカーシブ（再帰的）な形に定式化して計算効率を向上させる方法がある．本章では，そのようなリカーシブ定式化の考え方と，それを導出するための基礎となる事項について説明する．

13.1 リカーシブ法とは

ある式の中にそれと同じ構造の式が入れ子状に含まれるとき，そのような定式化を**再帰的**または**リカーシブ** (recursive) な定式化とよぶ．数値計算やプログラミングでは，数式やアルゴリズムをリカーシブに定式化することにより計算量を低減できる場合がある．簡単な例として，以下の代数方程式の値を計算する場合について考える．

$$f(x) = a_0 + a_1 x + a_2 x^2 + a_3 x^3 \tag{13.1}$$

ある x が与えられたとき，上式に従ってそのまま計算を行うと，$f(x)$ を得るのに乗算 6 回，加算 3 回の演算が必要である．一方，上式を再帰的な形

$$f(x) = \{(a_3 x + a_2)x + a_1\}x + a_0 \tag{13.2}$$

に変形すると，乗算 3 回，加算 3 回で $f(x)$ を得ることができる．一般に，代数方程式

$$f(x) = \sum_{i=0}^{N} a_i x^i \tag{13.3}$$

は，次のようなリカーシブな公式により効率的に計算することができる．

$$\begin{cases} f_0 = a_N \\ f_i = f_{i-1}x + a_{N-i} \quad (i = 1, 2, \ldots, N-1) \\ f_N = f_{N-1}x + a_0 = f(x) \end{cases} \tag{13.4}$$

マルチボディダイナミクスにおける運動学関係式や運動方程式もリカーシブな形に定式化することができれば，より少ない演算量で計算を行うことが可能になる．

前章までは，マルチボディシステムを構成する個々のボディの運動を絶対座標系で

記述して定式化を行っていた．たとえば，図 13.1 のような三つのボディが回転ジョイント J_1, J_2, J_3 によって連結されたシステムの運動を考えるとき，まず拘束がないと仮定して各ボディの運動を絶対座標系からみた位置・姿勢 $\boldsymbol{q}_i = [\boldsymbol{R}_i^T \ \ \phi_i]^T$ で記述し，9 個の座標 $\boldsymbol{q} = [\boldsymbol{q}_1^T \ \ \boldsymbol{q}_2^T \ \ \boldsymbol{q}_3^T]^T$ を用いて運動方程式を次のように表す．

$$\boldsymbol{M}\ddot{\boldsymbol{q}} = \boldsymbol{Q} \tag{13.5}$$

その後，点 J_1, J_2, J_3 におけるジョイント拘束を 6 個の代数方程式

$$\boldsymbol{C}(\boldsymbol{q}, t) = \boldsymbol{0} \tag{13.6}$$

により記述する．9 個の座標に対して 6 個の拘束が存在するので，このシステムの自由度は 3 である．上式の拘束による拘束力を式 (13.5) に加えて式 (13.6) と連立することにより，次のような微分代数方程式が得られる．

$$\begin{cases} \boldsymbol{M}\ddot{\boldsymbol{q}} + \boldsymbol{C}_{\boldsymbol{q}}^T\boldsymbol{\lambda} = \boldsymbol{Q} & \text{(13.7a)} \\ \boldsymbol{C}(\boldsymbol{q}, t) = \boldsymbol{0} & \text{(13.7b)} \end{cases}$$

この微分代数方程式を解くことにより，マルチボディシステムの動力学解析を行うことができる．しかし，自由度よりも多くの座標を用いて冗長な表現にしているため，運動方程式の次元が大きくなり，自由度が増加するにつれて計算量が膨大になるという問題がある．消去法を用いると，たとえば独立座標 $\boldsymbol{q}^I = [\phi_1 \ \ \phi_2 \ \ \phi_3]^T$ に関して

$$\boldsymbol{M}^I\ddot{\boldsymbol{q}}^I = \boldsymbol{Q}^I \tag{13.8}$$

という形式の最小次元運動方程式を得ることができるが，ϕ_1, ϕ_2, ϕ_3 は絶対座標系に対する個々のボディの姿勢角であるため，上式から隣接するボディ間の関係を利用してリカーシブな定式化を得ることは難しい．

それに対して，図 13.2 のように相対座標系によって運動を記述する方法も考えられる．すなわち，まず絶対座標系に対してボディ 1 の運動を表し，次にボディ 1 座標系に対してボディ 2 の運動を表す．そして最後に，ボディ 2 座標系に対してボディ 3

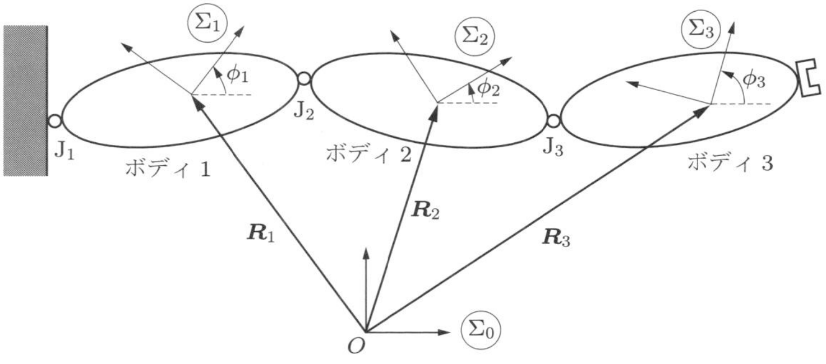

図 13.1 絶対座標系

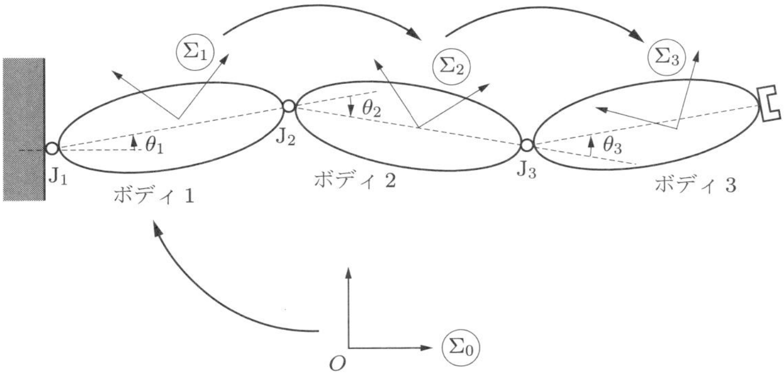

図 13.2　相対座標系

の運動を表す方法である．このとき，一般化座標を $\boldsymbol{\theta} = [\theta_1 \ \ \theta_2 \ \ \theta_3]^T$ とすることで，式 (13.8) とは異なる次の形式の最小次元運動方程式を導出することができる．

$$\mathbf{M}^I \ddot{\boldsymbol{\theta}} = \mathbf{Q}^I \tag{13.9}$$

上式において $\theta_1, \theta_2, \theta_3$ は隣接するボディ間の相対角変位であり，後述するように，上式を変形することでリカーシブな定式化を得ることが可能である．なお以降の議論では，相対座標系で計算した一般化質量行列や一般化力などを，絶対座標系で計算したものと区別するために，上式と同様にローマン体で表記するものとする．

以下ではまず，相対座標系間の座標変換について述べたあと，隣接するボディ間の運動学関係式および相対座標系における運動方程式を導出する．さらに，リカーシブ構造を得る際に用いる逆順ガウスの消去法について説明し，計算量の評価方法についても述べる．これらを用いて，次章において各種のリカーシブ動力学計算法が定式化される．

13.2　相対座標系における座標変換

これまでは，あるボディ i に属するベクトル $\boldsymbol{u}_i^P$ を絶対座標系 Σ_0 で成分表示する場合は $\boldsymbol{u}_i^P$，ボディ i に設定した座標系 Σ_i で成分表示する場合は $\overline{\boldsymbol{u}}_i^P$ と表して両者を区別していた．リカーシブ法ではさらに，あるボディ i に属するベクトル $\boldsymbol{u}_i^P$ を別のボディ座標系 Σ_j で成分表示する場合も生じる．そこで，以下では成分表示する座標系をベクトルの左肩に付して ${}^j\boldsymbol{u}_i^P$ のように表す表記法も用いる．この表記法によれば $\boldsymbol{u}_i^P = {}^0\boldsymbol{u}_i^P, \overline{\boldsymbol{u}}_i^P = {}^i\boldsymbol{u}_i^P$ などとなり，説明の都合に応じて両方の表記法を併用する．

次に，図 13.3 に示すように，絶対座標系 Σ_0 と異なる二つのボディ座標系 Σ_i および Σ_j を設定した場合について考える．Σ_i と Σ_j は，Σ_0 に対してそれぞれ ϕ_i, ϕ_j 回

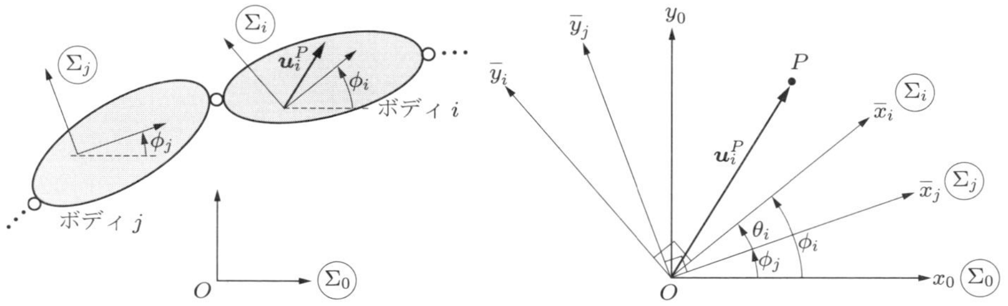

図 13.3　相対座標系における座標変換

転した関係にあり，Σ_i は Σ_j に対して相対角 θ_i だけ回転した関係にあるとする．原点 O から点 P へのベクトルを Σ_0 で成分表示した $\boldsymbol{u}_i^P$ は，Σ_i で成分表示した $\overline{\boldsymbol{u}}_i^P = {}^i\boldsymbol{u}_i^P$ に Σ_i から Σ_0 への回転行列 $\boldsymbol{A}_i$ を乗じることによって得ることができる．

$$\boldsymbol{u}_i^P = \boldsymbol{A}_i\overline{\boldsymbol{u}}_i^P = \boldsymbol{A}_i{}^i\boldsymbol{u}_i^P \tag{13.10}$$

一方，Σ_0 で成分表示した $\boldsymbol{u}_i^P$ は，Σ_j で成分表示した ${}^j\boldsymbol{u}_i^P$ に Σ_j から Σ_0 への回転行列 $\boldsymbol{A}_j$ を乗じることによっても求めることができる．

$$\boldsymbol{u}_i^P = \boldsymbol{A}_j{}^j\boldsymbol{u}_i^P \tag{13.11}$$

式 (13.10) と式 (13.11) を等置することにより，次の関係が得られる．

$$\boldsymbol{A}_j{}^j\boldsymbol{u}_i^P = \boldsymbol{A}_i{}^i\boldsymbol{u}_i^P \tag{13.12}$$

上式の両辺に左から $\boldsymbol{A}_j^T$ を乗じ，回転行列が有する性質 $\boldsymbol{A}_j^T\boldsymbol{A}_j = \boldsymbol{E}$ を用いると，

$${}^j\boldsymbol{u}_i^P = \boldsymbol{A}_j^T\boldsymbol{A}_i{}^i\boldsymbol{u}_i^P \tag{13.13}$$

という関係を得る．上式は次のように書くことができる．

$${}^j\boldsymbol{u}_i^P = {}^j\boldsymbol{A}_i{}^i\boldsymbol{u}_i^P \tag{13.14}$$

ここで，${}^j\boldsymbol{A}_i$ は Σ_i から Σ_j への回転行列であり，

$$\begin{aligned}
{}^j\boldsymbol{A}_i = \boldsymbol{A}_j^T\boldsymbol{A}_i &= \begin{bmatrix} \cos\phi_j & \sin\phi_j \\ -\sin\phi_j & \cos\phi_j \end{bmatrix}\begin{bmatrix} \cos\phi_i & -\sin\phi_i \\ \sin\phi_i & \cos\phi_i \end{bmatrix} \\
&= \begin{bmatrix} \cos\phi_j\cos\phi_i + \sin\phi_j\sin\phi_i & -\cos\phi_j\sin\phi_i + \sin\phi_j\cos\phi_i \\ -\sin\phi_j\cos\phi_i + \cos\phi_j\sin\phi_i & \sin\phi_j\sin\phi_i + \cos\phi_j\cos\phi_i \end{bmatrix} \\
&= \begin{bmatrix} \cos(\phi_i - \phi_j) & -\sin(\phi_i - \phi_j) \\ \sin(\phi_i - \phi_j) & \cos(\phi_i - \phi_j) \end{bmatrix} = \begin{bmatrix} \cos\theta_i & -\sin\theta_i \\ \sin\theta_i & \cos\theta_i \end{bmatrix}
\end{aligned} \tag{13.15}$$

のように計算することができる．式 (13.14) により，Σ_i で成分表示されたベクトルを Σ_j で成分表示されたベクトルに変換することができる．

13.3 相対座標系における運動学

13.3.1 ボディ座標系で表した位置・速度・加速度

図 13.4 のように，絶対座標系 Σ_0 の原点からみたボディ i 上の任意点 P の位置は

$$\boldsymbol{r}_i^P = \boldsymbol{R}_i + \boldsymbol{u}_i^P = \boldsymbol{R}_i + \boldsymbol{A}_i \overline{\boldsymbol{u}}_i^P \tag{13.16}$$

と表せる．ここで，$\boldsymbol{R}_i$ は Σ_0 原点から Σ_i 原点へのベクトル，$\boldsymbol{u}_i^P$ は Σ_i 原点から点 P へのベクトルである．上式では各ベクトルを絶対座標系 Σ_0 で成分表示しているが，それらをボディ座標系 Σ_i で成分表示すると，任意点 P の位置は次のように表せる．

$$ {}^i\boldsymbol{r}_i^P = {}^i\boldsymbol{R}_i + {}^i\boldsymbol{u}_i^P \quad \text{または} \quad \overline{\boldsymbol{r}}_i^P = \overline{\boldsymbol{R}}_i + \overline{\boldsymbol{u}}_i^P \tag{13.17}$$

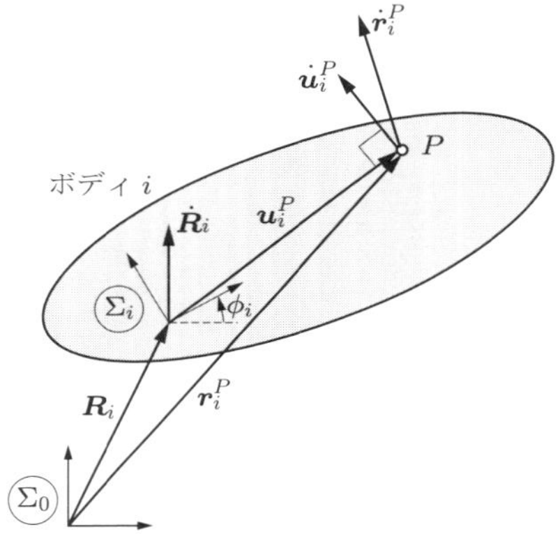

図 13.4 ボディ i と座標系

任意点 P の速度は，式 (13.17) を時間で微分することにより次式のように表せる．

$$\dot{\overline{\boldsymbol{r}}}_i^P = \dot{\overline{\boldsymbol{R}}}_i + \dot{\overline{\boldsymbol{u}}}_i^P \tag{13.18}$$

ベクトル $\overline{\boldsymbol{u}}_i^P$ は大きさは一定であるが，ボディ i と一緒に回転するため方向が変わり，その時間微分 $\dot{\overline{\boldsymbol{u}}}_i^P$ はゼロにはならない．ボディ i が角速度 $\dot{\phi}_i$ で回転するとき，$\dot{\overline{\boldsymbol{u}}}_i^P$ の方向は $\overline{\boldsymbol{u}}_i^P$ を反時計回りに 90° 回転させた方向であり，その方向の単位ベクトルは $\boldsymbol{V}\overline{\boldsymbol{u}}_i^P/|\overline{\boldsymbol{u}}_i^P|$ と表せる．ここで，$\boldsymbol{V}$ はベクトルを反時計回りに 90° 回転させる次のような行列である．

$$\boldsymbol{V} = \begin{bmatrix} 0 & -1 \\ 1 & 0 \end{bmatrix} \tag{13.19}$$

一方，$\dot{\overline{\boldsymbol{u}}}_i^P$ の大きさは半径 $|\overline{\boldsymbol{u}}_i^P|$，角速度 $\dot{\phi}_i$ の円運動における周方向速度に等しく，$|\overline{\boldsymbol{u}}_i^P|\dot{\phi}_i$ である．したがって，$\dot{\overline{\boldsymbol{u}}}_i^P$ は次のように求められる．

$$\dot{\boldsymbol{u}}_i^P = \boldsymbol{V}\frac{\overline{\boldsymbol{u}}_i^P}{|\overline{\boldsymbol{u}}_i^P|}\cdot|\overline{\boldsymbol{u}}_i^P|\dot{\phi}_i = \boldsymbol{V}\overline{\boldsymbol{u}}_i^P\dot{\phi}_i \tag{13.20}$$

上式を式 (13.18) に代入することにより，任意点 P の速度は次のように表せる．

$$\dot{\boldsymbol{r}}_i^P = \dot{\boldsymbol{R}}_i + \boldsymbol{V}\overline{\boldsymbol{u}}_i^P\dot{\phi}_i = \mathbf{L}_i\dot{\mathbf{q}}_i \tag{13.21}$$

ここで，$\dot{\mathbf{q}}_i = [\dot{\boldsymbol{R}}_i^T \quad \dot{\phi}_i]^T$ はボディ座標系で成分表示した一般化速度ベクトルであり，$\mathbf{L}_i$ は次式のように定義される 2×3 次元行列である．

$$\mathbf{L}_i = [\boldsymbol{E} \quad \boldsymbol{V}\overline{\boldsymbol{u}}_i^P] \tag{13.22}$$

点 P の加速度は，式 (13.21) を時間で微分することにより，次のように表せる．

$$\ddot{\boldsymbol{r}}_i^P = \ddot{\boldsymbol{R}}_i + \boldsymbol{V}\overline{\boldsymbol{u}}_i^P\ddot{\phi}_i + \boldsymbol{V}\dot{\boldsymbol{u}}_i^P\dot{\phi}_i \tag{13.23}$$

式 (13.20) および式 (2.59) の関係 $\boldsymbol{V}\boldsymbol{V} = -\boldsymbol{E}$ より，次式が成り立つ．

$$\boldsymbol{V}\dot{\boldsymbol{u}}_i^P = \boldsymbol{V}\boldsymbol{V}\overline{\boldsymbol{u}}_i^P\dot{\phi}_i = -\overline{\boldsymbol{u}}_i^P\dot{\phi}_i \tag{13.24}$$

上式を式 (13.23) に代入することにより，任意点 P の加速度は次のように表せる．

$$\ddot{\boldsymbol{r}}_i^P = \ddot{\boldsymbol{R}}_i + \boldsymbol{V}\overline{\boldsymbol{u}}_i^P\ddot{\phi}_i - \overline{\boldsymbol{u}}_i^P(\dot{\phi}_i)^2 = \mathbf{L}_i\ddot{\mathbf{q}}_i + \mathbf{a}_i^v \tag{13.25}$$

ここで，$\ddot{\mathbf{q}}_i = [\ddot{\boldsymbol{R}}_i^T \quad \ddot{\phi}_i]^T$ はボディ座標系で成分表示した一般化加速度ベクトルであり，$\mathbf{a}_i^v$ に次のように定義される 2 次元ベクトルである．

$$\mathbf{a}_i^v = -\overline{\boldsymbol{u}}_i^P(\dot{\phi}_i)^2 \tag{13.26}$$

13.3.2 隣接するボディ間の運動学

次に，隣接するボディ間の運動学関係について考える．マルチボディシステムの構造は，図 1.6 のように直鎖構造，木構造，閉ループ構造に大別されるが，本章では簡単のために直鎖構造を仮定する．また，ジョイントタイプも回転ジョイントに限定して定式化を行うことにする．以下では，N 個のボディからなるマルチボディシステムを考え，図 13.5 に示すように根元側から先端側に向かって順にボディ番号を付与する．ボディ i の根元側のジョイントをジョイント i とよび，ジョイント i の関節角，すなわちボディ $i-1$ とボディ i の相対角変位を θ_i と表す．ここでは，ボディ座標系 Σ_i の原点を，図 13.6 に示すようにジョイント i に設定することにする．絶対座標

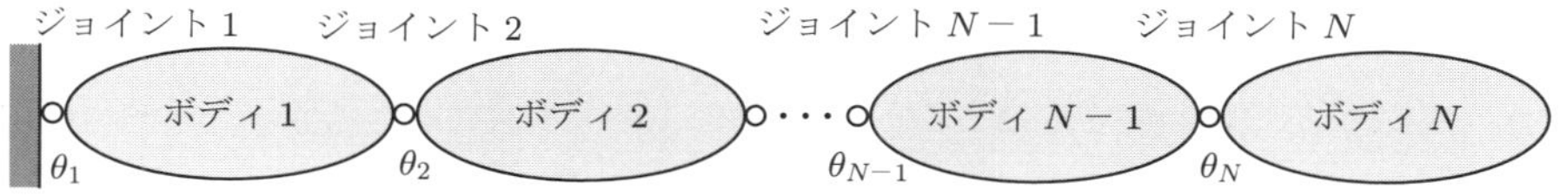

図 13.5 ボディ番号とジョイント番号の定義

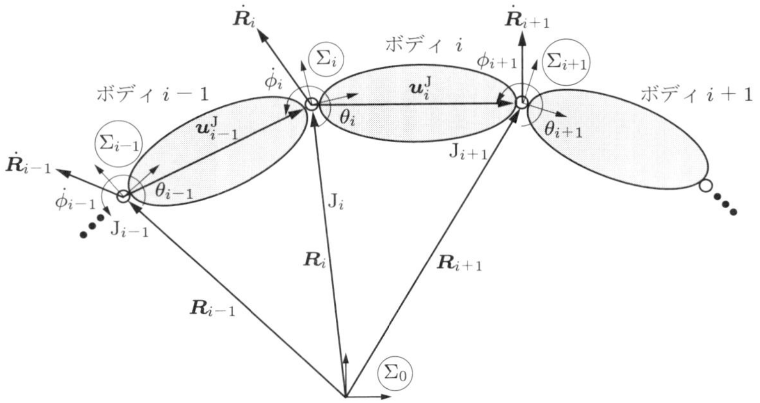

図 13.6　隣接するボディの運動学関係

系 Σ_0 の原点から Σ_i 原点へのベクトルを $\boldsymbol{R}_i$，Σ_{i-1} 原点から Σ_i 原点へのベクトルを $\boldsymbol{u}_{i-1}^{\mathrm{J}}$ とすると，隣接するボディの位置に関して次のような関係が成り立つ．

$$ {}^{i}\boldsymbol{R}_i = {}^{i}\boldsymbol{R}_{i-1} + {}^{i}\boldsymbol{u}_{i-1}^{\mathrm{J}} \tag{13.27} $$

一方，Σ_i および Σ_{i-1} が絶対座標系 Σ_0 となす角をそれぞれ ϕ_i, ϕ_{i-1} とすると，Σ_i と Σ_{i-1} の相対角が θ_i であるので，隣接するボディの姿勢に関して次式が成り立つ．

$$ \phi_i = \phi_{i-1} + \theta_i \tag{13.28} $$

式 (13.27) を時間で微分すると，隣接するボディ i とボディ $i-1$ の速度の関係が

$$ {}^{i}\dot{\boldsymbol{R}}_i = {}^{i}\dot{\boldsymbol{R}}_{i-1} + \boldsymbol{V}\,{}^{i}\boldsymbol{u}_{i-1}^{\mathrm{J}}\dot{\phi}_{i-1} \tag{13.29} $$

のように得られる．上式は次のように変形することができる．

$$ {}^{i}\dot{\boldsymbol{R}}_i = {}^{i}\boldsymbol{A}_{i-1}({}^{i-1}\dot{\boldsymbol{R}}_{i-1} + \boldsymbol{V}\,{}^{i-1}\boldsymbol{u}_{i-1}^{\mathrm{J}}\dot{\phi}_{i-1}) \tag{13.30} $$

ここで，回転行列は式 (13.15) のように定義され，直交行列であるので次式が成り立つ．

$$ {}^{i-1}\boldsymbol{A}_i = \begin{bmatrix} \cos\theta_i & -\sin\theta_i \\ \sin\theta_i & \cos\theta_i \end{bmatrix} \tag{13.31} $$

$$ {}^{i}\boldsymbol{A}_{i-1} = {}^{i-1}\boldsymbol{A}_i^{-1} = {}^{i-1}\boldsymbol{A}_i^{T} = \begin{bmatrix} \cos\theta_i & \sin\theta_i \\ -\sin\theta_i & \cos\theta_i \end{bmatrix} \tag{13.32} $$

式 (13.30) は次のように表すこともできる．

$$ \dot{\overline{\boldsymbol{R}}}_i = {}^{i}\boldsymbol{A}_{i-1}(\dot{\overline{\boldsymbol{R}}}_{i-1} + \boldsymbol{V}\overline{\boldsymbol{u}}_{i-1}^{\mathrm{J}}\dot{\phi}_{i-1}) \tag{13.33} $$

一方，式 (13.28) を時間で微分すると，角速度に関する次のような関係が得られる．

$$ \dot{\phi}_i = \dot{\phi}_{i-1} + \dot{\theta}_i \tag{13.34} $$

式 (13.33) と式 (13.34) をまとめると，次式のように表せる．

$$\begin{bmatrix} \dot{\boldsymbol{R}}_i \\ \dot{\phi}_i \end{bmatrix} = \begin{bmatrix} {}^i\boldsymbol{A}_{i-1} & \mathbf{0} \\ \mathbf{0} & 1 \end{bmatrix} \begin{bmatrix} \boldsymbol{E} & \boldsymbol{V}\overline{\boldsymbol{u}}^{\mathrm{J}}_{i-1} \\ \mathbf{0} & 1 \end{bmatrix} \begin{bmatrix} \dot{\boldsymbol{R}}_{i-1} \\ \dot{\phi}_{i-1} \end{bmatrix} + \begin{bmatrix} \mathbf{0} \\ 1 \end{bmatrix} \dot{\theta}_i \tag{13.35}$$

ここで，3×3 次元の行列 $\mathbf{D}_i$ と 3 次元のベクトル $\mathbf{J}_i$ を次式のように定義する．

$$\mathbf{D}_i = \begin{bmatrix} {}^i\boldsymbol{A}_{i-1} & \mathbf{0} \\ \mathbf{0} & 1 \end{bmatrix} \begin{bmatrix} \boldsymbol{E} & \boldsymbol{V}\overline{\boldsymbol{u}}^{\mathrm{J}}_{i-1} \\ \mathbf{0} & 1 \end{bmatrix}, \quad \mathbf{J}_i = \begin{bmatrix} \mathbf{0} \\ 1 \end{bmatrix} \tag{13.36}$$

上式および式 (13.35) より，隣接するボディ間の速度の関係が次のように表せる．

$$\dot{\mathbf{q}}_i = \mathbf{D}_i \dot{\mathbf{q}}_{i-1} + \mathbf{J}_i \dot{\theta}_i \tag{13.37}$$

上式をさらに時間で微分することにより，隣接するボディ間の加速度の関係が

$$\ddot{\mathbf{q}}_i = \mathbf{D}_i \ddot{\mathbf{q}}_{i-1} + \mathbf{J}_i \ddot{\theta}_i + \boldsymbol{\beta}_i \tag{13.38}$$

のように表せる．ここで，$\boldsymbol{\beta}_i$ は次のように定義される 3 次元ベクトルである．

$$\boldsymbol{\beta}_i = \dot{\mathbf{D}}_i \dot{\mathbf{q}}_{i-1} = \begin{bmatrix} {}^i\boldsymbol{A}_{i-1} & \mathbf{0} \\ \mathbf{0} & 1 \end{bmatrix} \begin{bmatrix} \mathbf{0} & -\overline{\boldsymbol{u}}^{\mathrm{J}}_{i-1}\dot{\phi}_{i-1} \\ \mathbf{0} & 0 \end{bmatrix} \begin{bmatrix} \dot{\boldsymbol{R}}_{i-1} \\ \dot{\phi}_{i-1} \end{bmatrix} = \begin{bmatrix} -{}^i\boldsymbol{A}_{i-1}\overline{\boldsymbol{u}}^{\mathrm{J}}_{i-1}\dot{\phi}^2_{i-1} \\ 0 \end{bmatrix} \tag{13.39}$$

例題 13.1 図 13.7 のような 2 関節ロボットアームについて考える．ボディ 1 はグランドと点 O で回転ジョイントにより連結され，ボディ 1 とボディ 2 は点 P で回転ジョイントにより連結されている．ボディ i の長さを l_i，根元側の関節から重心までの距離を s_i とする．ボディ i 座標系の原点をボディ i の根元側の関節に一致させて定義する．このシステムに対して $\mathbf{D}_1$, $\mathbf{D}_2$, $\boldsymbol{\beta}_1$, $\boldsymbol{\beta}_2$ を求めよ．

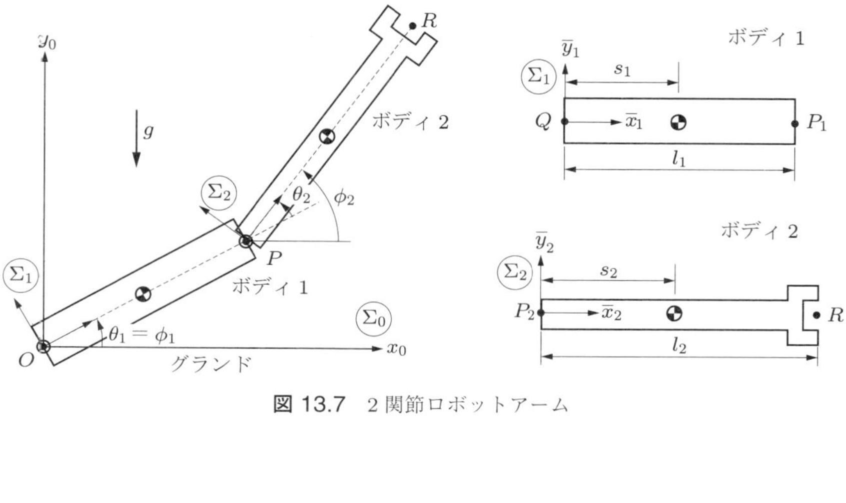

図 13.7 2 関節ロボットアーム

解　Σ_0 座標系と Σ_1 座標系の間の回転行列は次のように表せる.

$$ {}^0\boldsymbol{A}_1 = \begin{bmatrix} \cos\theta_1 & -\sin\theta_1 \\ \sin\theta_1 & \cos\theta_1 \end{bmatrix}, \quad {}^1\boldsymbol{A}_0 = ({}^0\boldsymbol{A}_1)^T = \begin{bmatrix} \cos\theta_1 & \sin\theta_1 \\ -\sin\theta_1 & \cos\theta_1 \end{bmatrix} \tag{13.40} $$

Σ_0 原点から Σ_1 原点へのベクトル $\overline{\boldsymbol{u}}_0^{\mathrm{J}}$, およびそれを 90° 回転させたベクトルは

$$ \overline{\boldsymbol{u}}_0^{\mathrm{J}} = \begin{bmatrix} 0 \\ 0 \end{bmatrix}, \quad \boldsymbol{V}\overline{\boldsymbol{u}}_0^{\mathrm{J}} = \begin{bmatrix} 0 & -1 \\ 1 & 0 \end{bmatrix} \begin{bmatrix} 0 \\ 0 \end{bmatrix} = \begin{bmatrix} 0 \\ 0 \end{bmatrix} \tag{13.41} $$

となる. 式 (13.36) より, $\mathbf{D}_1$ は次のように計算できる.

$$ \mathbf{D}_1 = \begin{bmatrix} {}^1\boldsymbol{A}_0 & \mathbf{0} \\ \mathbf{0} & 1 \end{bmatrix} \begin{bmatrix} \boldsymbol{E} & \boldsymbol{V}\overline{\boldsymbol{u}}_0^{\mathrm{J}} \\ \mathbf{0} & 1 \end{bmatrix} = \begin{bmatrix} \cos\theta_1 & \sin\theta_1 & 0 \\ -\sin\theta_1 & \cos\theta_1 & 0 \\ 0 & 0 & 1 \end{bmatrix} \tag{13.42} $$

式 (13.39) より, $\boldsymbol{\beta}_1$ は次のように計算できる.

$$ \boldsymbol{\beta}_1 = \begin{bmatrix} -{}^1\boldsymbol{A}_0\overline{\boldsymbol{u}}_0^{\mathrm{J}}0^2 \\ 0 \end{bmatrix} = \begin{bmatrix} 0 \\ 0 \\ 0 \end{bmatrix} \tag{13.43} $$

同様に, Σ_1 座標系と Σ_2 座標系の間の回転行列は次のように表せる.

$$ {}^1\boldsymbol{A}_2 = \begin{bmatrix} \cos\theta_2 & -\sin\theta_2 \\ \sin\theta_2 & \cos\theta_2 \end{bmatrix}, \quad {}^2\boldsymbol{A}_1 = ({}^1\boldsymbol{A}_2)^T = \begin{bmatrix} \cos\theta_2 & \sin\theta_2 \\ -\sin\theta_2 & \cos\theta_2 \end{bmatrix} \tag{13.44} $$

Σ_1 原点から Σ_2 原点へのベクトル $\overline{\boldsymbol{u}}_1^{\mathrm{J}}$, およびそれを 90° 回転させたベクトルは

$$ \overline{\boldsymbol{u}}_1^{\mathrm{J}} = \begin{bmatrix} l_1 \\ 0 \end{bmatrix}, \quad \boldsymbol{V}\overline{\boldsymbol{u}}_1^{\mathrm{J}} = \begin{bmatrix} 0 & -1 \\ 1 & 0 \end{bmatrix} \begin{bmatrix} l_1 \\ 0 \end{bmatrix} = \begin{bmatrix} 0 \\ l_1 \end{bmatrix} \tag{13.45} $$

となる. 式 (13.36) より, $\mathbf{D}_2$ は次のように計算できる.

$$ \mathbf{D}_2 = \begin{bmatrix} {}^2\boldsymbol{A}_1 & \mathbf{0} \\ \mathbf{0} & 1 \end{bmatrix} \begin{bmatrix} \boldsymbol{E} & \boldsymbol{V}\overline{\boldsymbol{u}}_1^{\mathrm{J}} \\ \mathbf{0} & 1 \end{bmatrix} = \begin{bmatrix} \cos\theta_2 & \sin\theta_2 & l_1\sin\theta_2 \\ -\sin\theta_2 & \cos\theta_2 & l_1\cos\theta_2 \\ 0 & 0 & 1 \end{bmatrix} \tag{13.46} $$

式 (13.39) より, $\boldsymbol{\beta}_2$ は次のように計算できる.

$$ \boldsymbol{\beta}_2 = \begin{bmatrix} -{}^2\boldsymbol{A}_1\overline{\boldsymbol{u}}_1^{\mathrm{J}}\dot{\phi}_1^2 \\ 0 \end{bmatrix} = \begin{bmatrix} -l_1\dot{\phi}_1^2\cos\theta_2 \\ l_1\dot{\phi}_1^2\sin\theta_2 \\ 0 \end{bmatrix} \tag{13.47} $$

13.4　相対座標系における剛体の一般的な運動方程式

第 8 章で説明したように, ボディ i の仮想仕事は次式のように表せる.

$$ \delta W_i = \delta W_i^{ext} + \delta W_i^{con} + \delta W_i^{ine} = 0 \tag{8.98 再} $$

ここで，δW_i^{ext} は外力による仮想仕事，δW_i^{con} は拘束力による仮想仕事，δW_i^{ine} は慣性力による仮想仕事である．以下では，相対座標系においてそれぞれの項を評価し，運動方程式を導出する．

13.4.1　外力による仮想仕事

図 13.8 のように，ボディ i 上の点 P に外力 $\boldsymbol{f}_i^e$ と外トルク τ_i^e が作用している場合，これらの外力および外トルクによる仮想仕事は次のように与えられる．

$$\delta W_i^{ext} = (\overline{\boldsymbol{f}}{}_i^e)^T \delta\overline{\boldsymbol{r}}{}_i^P + \tau_i^e \delta\phi_i \tag{13.48}$$

ここで，$\delta\overline{\boldsymbol{r}}{}_i^P$ はボディ i 座標系で成分表示された点 P の仮想変位であり，

$$\delta\overline{\boldsymbol{r}}{}_i^P = \delta\overline{\boldsymbol{R}}_i + \boldsymbol{V}\overline{\boldsymbol{u}}{}_i^P\delta\phi_i = [\boldsymbol{E} \quad \boldsymbol{V}\overline{\boldsymbol{u}}{}_i^P]\begin{bmatrix}\delta\overline{\boldsymbol{R}}_i \\ \delta\phi_i\end{bmatrix} = \mathbf{L}_i\delta\mathbf{q}_i \tag{13.49}$$

のように計算できる．ただし，$\delta\mathbf{q}_i = [\delta\overline{\boldsymbol{R}}{}_i^T \quad \delta\phi_i]^T$ はボディ i 座標系で成分表示された一般化座標の仮想変位であり，$\mathbf{L}_i$ は式 (13.22) のように定義される 2×3 次元行列である．式 (13.49) を式 (13.48) に代入して整理すると，次式のようになる．

$$\begin{aligned}\delta W_i^{ext} &= (\overline{\boldsymbol{f}}{}_i^e)^T(\delta\overline{\boldsymbol{R}}_i + \boldsymbol{V}\overline{\boldsymbol{u}}{}_i^P\delta\phi_i) + \tau_i^e\delta\phi_i \\ &= (\overline{\boldsymbol{f}}{}_i^e)^T\delta\overline{\boldsymbol{R}}_i + \{(\overline{\boldsymbol{f}}{}_i^e)^T\boldsymbol{V}\overline{\boldsymbol{u}}{}_i^P + \tau_i^e\}\delta\phi_i \\ &= \{(\mathbf{Q}_i^e)^R\}^T\delta\overline{\boldsymbol{R}}_i + (\mathrm{Q}_i^e)^\phi\delta\phi_i = (\mathbf{Q}_i^e)^T\delta\mathbf{q}_i\end{aligned} \tag{13.50}$$

これより，一般化座標 $\mathbf{q}_i$ に対応する一般化外力 $\mathbf{Q}_i^e$ は

$$\mathbf{Q}_i^e = \begin{bmatrix}(\mathbf{Q}_i^e)^R \\ (\mathrm{Q}_i^e)^\phi\end{bmatrix} = \begin{bmatrix}\overline{\boldsymbol{f}}{}_i^e \\ (\boldsymbol{V}\overline{\boldsymbol{u}}{}_i^P)^T\overline{\boldsymbol{f}}{}_i^e + \tau_i^e\end{bmatrix} = \begin{bmatrix}\boldsymbol{E} & \mathbf{0} \\ (\boldsymbol{V}\overline{\boldsymbol{u}}{}_i^P)^T & 1\end{bmatrix}\begin{bmatrix}\overline{\boldsymbol{f}}{}_i^e \\ \tau_i^e\end{bmatrix} \tag{13.51}$$

のように計算できることがわかる．ここで，$(\mathbf{Q}_i^e)^R$ は並進座標 $\overline{\boldsymbol{R}}_i$ に対応する一般化外力，$(\mathrm{Q}_i^e)^\phi$ は回転座標 ϕ_i に対応する一般化外力である．複数の点に外力，外トルクが作用する場合は，それらの一般化外力の総和が全一般化外力となる．

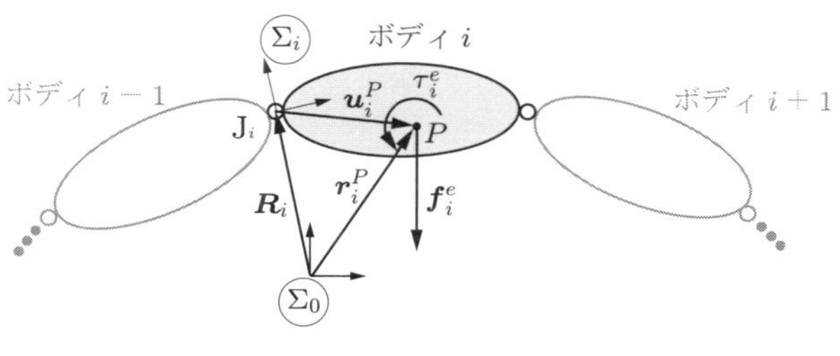

図 13.8　一般化外力

13.4.2　拘束力による仮想仕事

外力の場合と同様，ボディ i 上の点 P に拘束力 $\boldsymbol{f}_i^c$ と拘束トルク τ_i^c が作用しているとき，これらの拘束力および拘束トルクによる仮想仕事は次のように与えられる．

$$\delta W_i^{con} = (\overline{\boldsymbol{f}}_i^c)^T \delta \overline{\boldsymbol{r}}_i^P + \tau_i^c \delta\phi_i = (\mathbf{Q}_i^c)^T \delta \mathbf{q}_i \tag{13.52}$$

これより，一般化座標 $\mathbf{q}_i$ に対応する一般化拘束力 $\mathbf{Q}_i^c$ が

$$\mathbf{Q}_i^c = \begin{bmatrix} (\mathbf{Q}_i^c)^R \\ (\mathrm{Q}_i^c)^\phi \end{bmatrix} = \begin{bmatrix} \overline{\boldsymbol{f}}_i^c \\ (\boldsymbol{V}\overline{\boldsymbol{u}}_i^P)^T \overline{\boldsymbol{f}}_i^c + \tau_i^c \end{bmatrix} = \begin{bmatrix} \boldsymbol{E} & \mathbf{0} \\ (\boldsymbol{V}\overline{\boldsymbol{u}}_i^P)^T & 1 \end{bmatrix} \begin{bmatrix} \overline{\boldsymbol{f}}_i^c \\ \tau_i^c \end{bmatrix} \tag{13.53}$$

のように表される．複数の点に拘束力，拘束トルクが作用する場合は，それらの一般化拘束力の総和が全一般化拘束力となる．

13.4.3　慣性力による仮想仕事

図 13.9 に示すボディ i 全体の慣性力による仮想仕事は次式のように表せる．

$$\delta W_i^{ine} = -\int_{V_i} \rho_i \ddot{\overline{\boldsymbol{r}}}_i^T \delta \overline{\boldsymbol{r}}_i dV_i \tag{13.54}$$

ただし，ρ_i はボディ i の密度，$\int_{V_i}$ はボディ i の全領域にわたる積分を意味している．また，$\ddot{\overline{\boldsymbol{r}}}_i$ および $\delta\overline{\boldsymbol{r}}_i$ は，任意点における加速度と仮想変位をボディ座標系で成分表示したものであり，式 (13.25) および式 (13.49) より，それぞれ次式のように表せる．

$$\ddot{\overline{\boldsymbol{r}}}_i = \mathbf{L}_i \ddot{\mathbf{q}}_i + \mathbf{a}_i^v \tag{13.55}$$

$$\delta \overline{\boldsymbol{r}}_i = \mathbf{L}_i \delta \mathbf{q}_i \tag{13.56}$$

式 (13.55) および式 (13.56) を式 (13.54) に代入し，整理すると次式のようになる．

$$\begin{aligned}\delta W_i^{ine} &= -\int_{V_i} \rho_i (\mathbf{L}_i \ddot{\mathbf{q}}_i + \mathbf{a}_i^v)^T \mathbf{L}_i \delta \mathbf{q}_i dV_i \\ &= -\left\{ \left(\int_{V_i} \rho_i \mathbf{L}_i^T \mathbf{L}_i dV_i \right) \ddot{\mathbf{q}}_i + \left(\int_{V_i} \rho_i \mathbf{L}_i^T \mathbf{a}_i^v dV_i \right) \right\}^T \delta \mathbf{q}_i \\ &= (-\mathbf{M}_i \ddot{\mathbf{q}}_i + \mathbf{Q}_i^v)^T \delta \mathbf{q}_i \end{aligned} \tag{13.57}$$

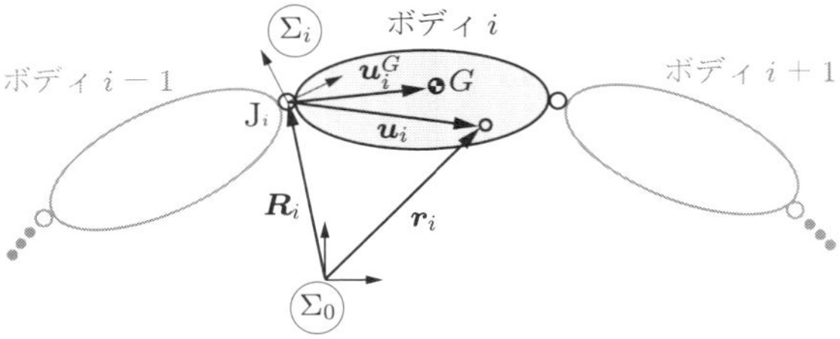

図 13.9　慣性力による仮想仕事

ここで，$\mathbf{M}_i$ は一般化質量行列であり，次式のように表せる．

$$\mathbf{M}_i = \int_{V_i} \rho_i \mathbf{L}_i^T \mathbf{L}_i dV_i = \int_{V_i} \rho_i \begin{bmatrix} \boldsymbol{E} \\ (\boldsymbol{V}\overline{\boldsymbol{u}}_i)^T \end{bmatrix} [\boldsymbol{E} \quad \boldsymbol{V}\overline{\boldsymbol{u}}_i] dV_i$$

$$= \int_{V_i} \rho_i \begin{bmatrix} \boldsymbol{E} & \boldsymbol{V}\overline{\boldsymbol{u}}_i \\ (\boldsymbol{V}\overline{\boldsymbol{u}}_i)^T & \overline{\boldsymbol{u}}_i^T \boldsymbol{V}^T \boldsymbol{V}\overline{\boldsymbol{u}}_i \end{bmatrix} dV_i \equiv \begin{bmatrix} \mathbf{M}_i^{RR} & \mathbf{M}_i^{R\phi} \\ \mathbf{M}_i^{\phi R} & \mathrm{M}_i^{\phi\phi} \end{bmatrix} \tag{13.58}$$

一般化質量行列の各要素は次のように計算できる．

$$\mathbf{M}_i^{RR} = \int_{V_i} \rho_i \boldsymbol{E} dV_i = m_i \boldsymbol{E} \tag{13.59}$$

$$\mathbf{M}_i^{R\phi} = (\mathbf{M}_i^{\phi R})^T = \boldsymbol{V} \int_{V_i} \rho_i \overline{\boldsymbol{u}}_i dV_i = m_i \boldsymbol{V} \overline{\boldsymbol{u}}_i^G \tag{13.60}$$

$$\mathrm{M}_i^{\phi\phi} = \int_{V_i} \rho_i \overline{\boldsymbol{u}}_i^T \overline{\boldsymbol{u}}_i dV_i = I_i + m_i |\overline{\boldsymbol{u}}_i^G|^2 \tag{13.61}$$

ただし，$m_i = \int_{V_i} \rho_i dV_i$ はボディ i の質量，I_i はボディ i の重心 G まわりの慣性モーメント，$\overline{\boldsymbol{u}}_i^G$ はボディ i 座標系の原点からボディ i の重心 G までの位置ベクトルをボディ i 座標系で成分表示したものである．また，上式の導出に際して $\boldsymbol{V}^T\boldsymbol{V} = \boldsymbol{E}$ の関係，および式 (9.86), (9.87) の計算結果を利用した．第 9 章では，絶対座標系における運動方程式を導出していたため，式 (9.70) のようにその一般化質量行列には回転行列 $\boldsymbol{A}_i$ が含まれ，ボディが回転すると一般化質量行列も変化していた．それに対し，本章ではボディ座標系における運動方程式を導出しているため，式 (13.58) の一般化質量行列は定数行列になっていることに注意する．

一方，$\mathbf{Q}_i^v$ は速度 2 乗慣性力ベクトルであり，次のように表せる．

$$\mathbf{Q}_i^v = -\int_{V_i} \rho_i \mathbf{L}_i^T \mathbf{a}_i^v dV_i = -\int_{V_i} \rho_i \begin{bmatrix} \boldsymbol{E} \\ (\boldsymbol{V}\overline{\boldsymbol{u}}_i)^T \end{bmatrix} \{-\overline{\boldsymbol{u}}_i (\dot{\phi}_i)^2\} dV_i$$

$$= \int_{V_i} \rho_i \begin{bmatrix} \overline{\boldsymbol{u}}_i (\dot{\phi}_i)^2 \\ \overline{\boldsymbol{u}}_i^T \boldsymbol{V}^T \overline{\boldsymbol{u}}_i (\dot{\phi}_i)^2 \end{bmatrix} dV_i \equiv \begin{bmatrix} (\mathbf{Q}_i^v)^R \\ (\mathrm{Q}_i^v)^\phi \end{bmatrix} \tag{13.62}$$

速度 2 乗慣性力ベクトルの各要素は次式のように計算できる．

$$(\mathbf{Q}_i^v)^R = \int_{V_i} \rho_i \overline{\boldsymbol{u}}_i dV_i \cdot (\dot{\phi}_i)^2 = m_i \overline{\boldsymbol{u}}_i^G (\dot{\phi}_i)^2 \tag{13.63}$$

$$(\mathrm{Q}_i^v)^\phi = 0 \tag{13.64}$$

ただし，$\boldsymbol{V}$ が歪対称行列であるため $\overline{\boldsymbol{u}}_i^T \boldsymbol{V}^T \overline{\boldsymbol{u}}_i = -\overline{\boldsymbol{u}}_i^T \boldsymbol{V} \overline{\boldsymbol{u}}_i = 0$ の関係が成り立つこと，および式 (9.89) の計算結果を用いた．

13.4.4 運動方程式

式 (8.98) に式 (13.50), (13.52)，および (13.57) を代入すると，

$$\delta W_i = (\mathbf{Q}_i^e + \mathbf{Q}_i^c - \mathbf{M}_i\ddot{\mathbf{q}}_i + \mathbf{Q}_i^v)^T \delta\mathbf{q}_i = 0 \tag{13.65}$$

のようになる．上式が任意の $\delta\mathbf{q}_i$ について成り立つためには，中辺の括弧の中が $\mathbf{0}$ でなければならない．この条件より，ボディ i の一般的な運動方程式が

$$\mathbf{M}_i\ddot{\mathbf{q}}_i = \mathbf{Q}_i^e + \mathbf{Q}_i^c + \mathbf{Q}_i^v \tag{13.66}$$

のように得られる．上式を詳しく書くと次式のようになる．

$$\begin{bmatrix} \mathbf{M}_i^{RR} & \mathbf{M}_i^{R\phi} \\ \mathbf{M}_i^{\phi R} & \mathrm{M}_i^{\phi\phi} \end{bmatrix} \begin{bmatrix} \ddot{\boldsymbol{R}}_i \\ \ddot{\phi}_i \end{bmatrix} = \begin{bmatrix} (\mathbf{Q}_i^e)^R \\ (\mathrm{Q}_i^e)^\phi \end{bmatrix} + \begin{bmatrix} (\mathbf{Q}_i^c)^R \\ (\mathrm{Q}_i^c)^\phi \end{bmatrix} + \begin{bmatrix} (\mathbf{Q}_i^v)^R \\ 0 \end{bmatrix} \tag{13.67}$$

運動方程式 (13.66) において，一般化外力 $\mathbf{Q}_i^e$ を，重力やばね力などの受動的な力/トルクに対応する一般化外力 $\mathbf{Q}_i^p$ と，アクチュエータなどの能動的な力/トルクに対応する一般化外力 $\mathbf{Q}_i^a$ に分割すると，次のように表せる．

$$\mathbf{M}_i\ddot{\mathbf{q}}_i = \mathbf{Q}_i^p + \mathbf{Q}_i^a + \mathbf{Q}_i^c + \mathbf{Q}_i^v \tag{13.68}$$

例題 13.2　例題 13.1 の図 13.7 の 2 関節ロボットアームについて考える．ボディ i の質量を m_i，重心まわりの慣性モーメントを I_i とする．このシステムの $\mathbf{M}_1$, $\mathbf{M}_2$, $\mathbf{Q}_1^v$, $\mathbf{Q}_2^v$, $\mathbf{Q}_1^p$, $\mathbf{Q}_2^p$ を計算せよ．

解　ボディ座標系 Σ_i の原点を根元側の関節に一致させているので，Σ_i 原点からボディ i の重心までの位置ベクトルは，それぞれ次のようになる．

$$\overline{\boldsymbol{u}}_1^G = \begin{bmatrix} s_1 \\ 0 \end{bmatrix}, \quad \overline{\boldsymbol{u}}_2^G = \begin{bmatrix} s_2 \\ 0 \end{bmatrix} \tag{13.69}$$

一般化質量行列および速度 2 乗慣性力ベクトルは，式 (13.58) および式 (13.62) より

$$\mathbf{M}_1 = \begin{bmatrix} m_1\boldsymbol{E} & m_1\boldsymbol{V}\overline{\boldsymbol{u}}_1^G \\ \mathrm{Sym.} & I_1 + m_1|\overline{\boldsymbol{u}}_1^G|^2 \end{bmatrix} = \begin{bmatrix} m_1 & 0 & 0 \\ 0 & m_1 & m_1 s_1 \\ 0 & m_1 s_1 & I_1 + m_1 s_1^2 \end{bmatrix} \tag{13.70}$$

$$\mathbf{Q}_1^v = \begin{bmatrix} m_1\overline{\boldsymbol{u}}_1^G(\dot{\phi}_1)^2 \\ 0 \end{bmatrix} = \begin{bmatrix} m_1 s_1(\dot{\phi}_1)^2 \\ 0 \\ 0 \end{bmatrix} \tag{13.71}$$

$$\mathbf{M}_2 = \begin{bmatrix} m_2\boldsymbol{E} & m_2\boldsymbol{V}\overline{\boldsymbol{u}}_2^G \\ \mathrm{Sym.} & I_2 + m_2|\overline{\boldsymbol{u}}_2^G|^2 \end{bmatrix} = \begin{bmatrix} m_2 & 0 & 0 \\ 0 & m_2 & m_2 s_2 \\ 0 & m_2 s_2 & I_2 + m_2 s_2^2 \end{bmatrix} \tag{13.72}$$

$$\mathbf{Q}_2^v = \begin{bmatrix} m_2\overline{\boldsymbol{u}}_2^G(\dot{\phi}_2)^2 \\ 0 \end{bmatrix} = \begin{bmatrix} m_2 s_2(\dot{\phi}_2)^2 \\ 0 \\ 0 \end{bmatrix} \tag{13.73}$$

のように計算できる．ボディ 1 に作用する重力は，Σ_0 および Σ_1 で次のように表せる．

$$ {}^0\boldsymbol{f}_1^e = \begin{bmatrix} 0 \\ -m_1 g \end{bmatrix}, \quad \overline{\boldsymbol{f}}_1^e = {}^1\boldsymbol{f}_1^e = {}^1\boldsymbol{A}_0 {}^0\boldsymbol{f}_1^e = \begin{bmatrix} -m_1 g \sin\theta_1 \\ -m_1 g \cos\theta_1 \end{bmatrix} \tag{13.74} $$

ここで，回転行列 ${}^1\boldsymbol{A}_0$ は式 (13.40) のとおりである．このとき，ボディ 1 に作用する重力に対応する一般化外力は，式 (13.51) より次のように計算できる．

$$ \mathbf{Q}_1^p = \begin{bmatrix} \boldsymbol{E} & \mathbf{0} \\ (\boldsymbol{V}\overline{\boldsymbol{u}}_1^G)^T & 1 \end{bmatrix} \begin{bmatrix} \overline{\boldsymbol{f}}_1^e \\ 0 \end{bmatrix} = \begin{bmatrix} -m_1 g \sin\theta_1 \\ -m_1 g \cos\theta_1 \\ -m_1 g s_1 \cos\theta_1 \end{bmatrix} \tag{13.75} $$

ボディ 2 に作用する重力は，Σ_0 および Σ_2 で次のように表せる．

$$ {}^0\boldsymbol{f}_2^e = \begin{bmatrix} 0 \\ -m_2 g \end{bmatrix}, \quad \overline{\boldsymbol{f}}_2^e = {}^2\boldsymbol{f}_2^e = {}^2\boldsymbol{A}_1 {}^1\boldsymbol{A}_0 {}^0\boldsymbol{f}_2^e = \begin{bmatrix} -m_2 g \sin(\theta_1+\theta_2) \\ -m_2 g \cos(\theta_1+\theta_2) \end{bmatrix} \tag{13.76} $$

ここで，回転行列 ${}^2\boldsymbol{A}_1$ は式 (13.44) のとおりである．このとき，ボディ 2 に作用する重力に対応する一般化外力は，式 (13.51) より次のように計算できる．

$$ \mathbf{Q}_2^p = \begin{bmatrix} \boldsymbol{E} & \mathbf{0} \\ (\boldsymbol{V}\overline{\boldsymbol{u}}_2^G)^T & 1 \end{bmatrix} \begin{bmatrix} \overline{\boldsymbol{f}}_2^e \\ 0 \end{bmatrix} = \begin{bmatrix} -m_2 g \sin(\theta_1+\theta_2) \\ -m_2 g \cos(\theta_1+\theta_2) \\ -m_2 g s_2 \cos(\theta_1+\theta_2) \end{bmatrix} \tag{13.77} $$

13.4.5 ジョイントにおける拘束力と駆動力

次に，ジョイントを介してボディに伝わる力やトルクの関係について考える．回転ジョイントでは，隣接するボディ間の相対的な並進運動が拘束され，回転運動は自由に行うことができる．そのため，ジョイント i における拘束力は $\boldsymbol{f}_i^c \neq \mathbf{0}$，拘束トルクは $\tau_i^c = 0$ である．一方，ジョイント i に回転アクチュエータが設置される場合，アクチュエータからボディ i に加えられる駆動力は $\boldsymbol{f}_i^a = \mathbf{0}$，駆動トルクは $\tau_i^a \neq 0$ となる．ボディ i には，図 13.10 に示すように，ジョイント $i+1$ における拘束力 $\boldsymbol{f}_{i+1}^c$ の反力 $-\boldsymbol{f}_{i+1}^c$，および駆動トルク τ_{i+1}^a の反トルク $-\tau_{i+1}^a$ も作用する．

ボディ i に作用する一般化拘束力 $\mathbf{Q}_i^c$ を，ジョイント i における一般化拘束力 $\mathbf{Q}_i^{c\mathrm{J}_i}$

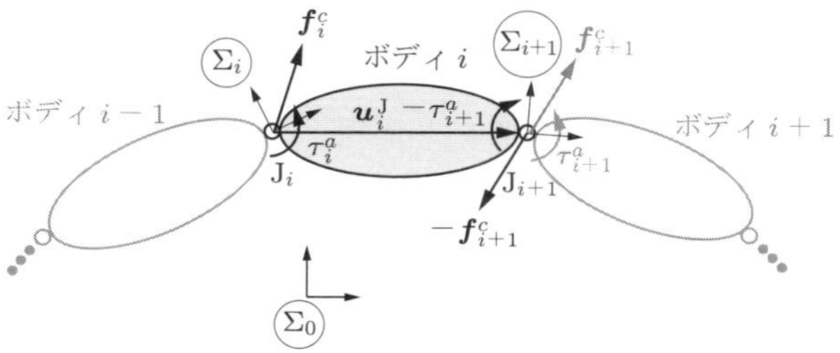

図 13.10 ジョイントを介して伝わる力とトルク

と，ジョイント $i+1$ における一般化拘束力 $\mathbf{Q}_i^{c\mathrm{J}_{i+1}}$ に分割すると，次のように表せる．

$$\mathbf{Q}_i^c = \mathbf{Q}_i^{c\mathrm{J}_i} + \mathbf{Q}_i^{c\mathrm{J}_{i+1}} \tag{13.78}$$

ここで，ジョイント i における拘束力 $\boldsymbol{f}_i^c$ に対応する一般化拘束力 $\mathbf{Q}_i^{c\mathrm{J}_i}$ は，式 (13.53) において点 P をジョイント i の定義点 J_i に一致させると $\overline{\boldsymbol{u}}_i^P = \mathbf{0}$ となることに注意すると，次のように計算できる．

$$\mathbf{Q}_i^{c\mathrm{J}_i} = \begin{bmatrix} \boldsymbol{E} & \mathbf{0} \\ (\boldsymbol{V}\mathbf{0})^T & 1 \end{bmatrix} \begin{bmatrix} \overline{\boldsymbol{f}}_i^c \\ 0 \end{bmatrix} = \begin{bmatrix} \overline{\boldsymbol{f}}_i^c \\ 0 \end{bmatrix} = \begin{bmatrix} {}^i\boldsymbol{f}_i^c \\ 0 \end{bmatrix} \tag{13.79}$$

同様に，ジョイント $i+1$ における拘束力 $\boldsymbol{f}_{i+1}^c$ に対応する一般化拘束力 $\mathbf{Q}_{i+1}^{c\mathrm{J}_{i+1}}$ は，次のように求められる．

$$\mathbf{Q}_{i+1}^{c\mathrm{J}_{i+1}} = \begin{bmatrix} \overline{\boldsymbol{f}}_{i+1}^c \\ 0 \end{bmatrix} = \begin{bmatrix} {}^{i+1}\boldsymbol{f}_{i+1}^c \\ 0 \end{bmatrix} \tag{13.80}$$

このとき，作用・反作用の法則から，ボディ i は拘束反力 $-\boldsymbol{f}_{i+1}^c$ を受ける．この反力による一般化力 $\mathbf{Q}_i^{c\mathrm{J}_{i+1}}$ は次のように計算できる．

$$\begin{aligned}
\mathbf{Q}_i^{c\mathrm{J}_{i+1}} &= \begin{bmatrix} \boldsymbol{E} & \mathbf{0} \\ (\boldsymbol{V}\overline{\boldsymbol{u}}_i^{\mathrm{J}})^T & 1 \end{bmatrix} \begin{bmatrix} -{}^i\boldsymbol{f}_{i+1}^c \\ 0 \end{bmatrix} \\
&= -\begin{bmatrix} \boldsymbol{E} & \mathbf{0} \\ (\boldsymbol{V}\overline{\boldsymbol{u}}_i^{\mathrm{J}})^T & 1 \end{bmatrix} \begin{bmatrix} {}^i\boldsymbol{A}_{i+1} & \mathbf{0} \\ \mathbf{0} & 1 \end{bmatrix} \begin{bmatrix} {}^{i+1}\boldsymbol{f}_{i+1}^c \\ 0 \end{bmatrix} \\
&= -\left\{ \begin{bmatrix} {}^{i+1}\boldsymbol{A}_i & \mathbf{0} \\ \mathbf{0} & 1 \end{bmatrix} \begin{bmatrix} \boldsymbol{E} & \boldsymbol{V}\overline{\boldsymbol{u}}_i^{\mathrm{J}} \\ \mathbf{0} & 1 \end{bmatrix} \right\}^T \begin{bmatrix} \overline{\boldsymbol{f}}_{i+1}^c \\ 0 \end{bmatrix} \\
&= -\mathbf{D}_{i+1}^T \mathbf{Q}_{i+1}^{c\mathrm{J}_{i+1}}
\end{aligned} \tag{13.81}$$

ここで，$\mathbf{D}_{i+1}$ は式 (13.36) によって定義した 3×3 次元の行列である．式 (13.81) を式 (13.78) に代入することにより，次の関係が得られる．

$$\mathbf{Q}_i^c = \mathbf{Q}_i^{c\mathrm{J}_i} - \mathbf{D}_{i+1}^T \mathbf{Q}_{i+1}^{c\mathrm{J}_{i+1}} \tag{13.82}$$

同様に，ボディ i に作用する一般化駆動力 $\mathbf{Q}_i^a$ を，ジョイント i における一般化駆動力 $\mathbf{Q}_i^{a\mathrm{J}_i}$ と，ジョイント $i+1$ における一般化駆動力 $\mathbf{Q}_i^{a\mathrm{J}_{i+1}}$ に分割し，次のように表す．

$$\mathbf{Q}_i^a = \mathbf{Q}_i^{a\mathrm{J}_i} + \mathbf{Q}_i^{a\mathrm{J}_{i+1}} \tag{13.83}$$

ここで，ジョイント i に設置されたアクチュエータによってボディ i に加えられる駆動トルク τ_i^a に対応する一般化力 $\mathbf{Q}_i^{a\mathrm{J}_i}$ は，式 (13.51) より次のように計算できる．

$$\mathbf{Q}_i^{a\mathrm{J}_i} = \begin{bmatrix} \boldsymbol{E} & \mathbf{0} \\ (\boldsymbol{V}\mathbf{0})^T & 1 \end{bmatrix} \begin{bmatrix} \mathbf{0} \\ \tau_i^a \end{bmatrix} = \begin{bmatrix} \mathbf{0} \\ \tau_i^a \end{bmatrix} \tag{13.84}$$

同様に，ジョイント $i+1$ に設置されたアクチュエータによってボディ $i+1$ に加えられる駆動トルク τ_{i+1}^a に対応する一般化力 $\mathbf{Q}_{i+1}^{a\mathrm{J}_{i+1}}$ は，次のようになる．

$$\mathbf{Q}_{i+1}^{a\mathrm{J}_{i+1}} = \begin{bmatrix} \mathbf{0} \\ \tau_{i+1}^a \end{bmatrix} \tag{13.85}$$

このとき，作用・反作用の法則から，ボディ i は反トルク $-\tau_{i+1}^a$ を受ける．この反トルクによる一般化力 $\mathbf{Q}_i^{a\mathrm{J}_{i+1}}$ は次のように表せる．

$$\begin{aligned}\mathbf{Q}_i^{a\mathrm{J}_{i+1}} &= \begin{bmatrix} \boldsymbol{E} & \mathbf{0} \\ (\boldsymbol{V}\overline{\boldsymbol{u}}_i^{\mathrm{J}})^T & 1 \end{bmatrix} \begin{bmatrix} \mathbf{0} \\ -\tau_{i+1}^a \end{bmatrix} \\ &= -\left\{ \begin{bmatrix} {}^{i+1}\boldsymbol{A}_i & \mathbf{0} \\ \mathbf{0} & 1 \end{bmatrix} \begin{bmatrix} \boldsymbol{E} & \boldsymbol{V}\overline{\boldsymbol{u}}_i^{\mathrm{J}} \\ \mathbf{0} & 1 \end{bmatrix} \right\}^T \begin{bmatrix} \mathbf{0} \\ \tau_{i+1}^a \end{bmatrix} \\ &= -\mathbf{D}_{i+1}^T \mathbf{Q}_{i+1}^{a\mathrm{J}_{i+1}} \end{aligned} \tag{13.86}$$

式 (13.86) を式 (13.83) に代入することにより，次の関係が得られる．

$$\mathbf{Q}_i^a = \mathbf{Q}_i^{a\mathrm{J}_i} - \mathbf{D}_{i+1}^T \mathbf{Q}_{i+1}^{a\mathrm{J}_{i+1}} \tag{13.87}$$

式 (13.82) と式 (13.87) の辺々を加えると，次式のようになる．

$$\mathbf{Q}_i^c + \mathbf{Q}_i^a = (\mathbf{Q}_i^{c\mathrm{J}_i} + \mathbf{Q}_i^{a\mathrm{J}_i}) - \mathbf{D}_{i+1}^T (\mathbf{Q}_{i+1}^{c\mathrm{J}_{i+1}} + \mathbf{Q}_{i+1}^{a\mathrm{J}_{i+1}}) \tag{13.88}$$

ここで，ジョイント i を介してボディ i に伝達される全一般化力を $\mathbf{Q}_i^{\mathrm{J}}$ とすると，

$$\mathbf{Q}_i^{\mathrm{J}} = \mathbf{Q}_i^{c\mathrm{J}_i} + \mathbf{Q}_i^{a\mathrm{J}_i} = \begin{bmatrix} {}^i\boldsymbol{f}_i^c \\ 0 \end{bmatrix} + \begin{bmatrix} \mathbf{0} \\ \tau_i^a \end{bmatrix} = \begin{bmatrix} {}^i\boldsymbol{f}_i^c \\ \tau_i^a \end{bmatrix} = \begin{bmatrix} \overline{\boldsymbol{f}}_i^c \\ \tau_i^a \end{bmatrix} \tag{13.89}$$

のように計算できる．この表記を用いると，式 (13.88) は次式のように表せる．

$$\mathbf{Q}_i^c + \mathbf{Q}_i^a = \mathbf{Q}_i^{\mathrm{J}} - \mathbf{D}_{i+1}^T \mathbf{Q}_{i+1}^{\mathrm{J}} \tag{13.90}$$

ジョイント i を介してボディ i に伝達される全一般化力 $\mathbf{Q}_i^{\mathrm{J}}$ が得られると，ジョイント i における駆動トルク τ_i^a は，式 (13.36) において定義した $\mathbf{J}_i = [0\ \ 0\ \ 1]^T$ を用いて次式のように計算することができる．

$$\tau_i^a = \mathbf{J}_i^T \mathbf{Q}_i^{\mathrm{J}} \tag{13.91}$$

13.5 リカーシブ法における数値計算法

13.5.1 逆順ガウスの消去法

6.1.1 項では，ガウスの消去法により，連立 1 次方程式をその係数行列が上三角行列になるように変形した．この方法によれば，たとえば 3 変数の連立 1 次方程式

$$\underbrace{\begin{bmatrix} a_{11} & a_{12} & a_{13} \\ a_{21} & a_{22} & a_{23} \\ a_{31} & a_{32} & a_{33} \end{bmatrix}}_{\boldsymbol{A}} \underbrace{\begin{bmatrix} x_1 \\ x_2 \\ x_3 \end{bmatrix}}_{\boldsymbol{x}} = \underbrace{\begin{bmatrix} b_1 \\ b_2 \\ b_3 \end{bmatrix}}_{\boldsymbol{b}} \tag{13.92}$$

の場合，次のような形に帰着される．

$$\begin{bmatrix} a_{11}^{(1)} & a_{12}^{(1)} & a_{13}^{(1)} \\ 0 & a_{22}^{(2)} & a_{23}^{(2)} \\ 0 & 0 & a_{33}^{(3)} \end{bmatrix} \begin{bmatrix} x_1 \\ x_2 \\ x_3 \end{bmatrix} = \begin{bmatrix} b_1^{(1)} \\ b_2^{(2)} \\ b_3^{(3)} \end{bmatrix} \tag{13.93}$$

これに対して，ガウスの消去法は，係数行列が下三角行列になるように実行することも可能である．このような逆順に求めるガウスの消去法は，次章においてリカーシブ動力学計算法を導出する際に用いるため，本節で説明しておく．

ここでは，式 (13.92) の 3 変数連立 1 次方程式の場合を例として説明する．式 (13.92) において $a_{ij}^{(1)} = a_{ij}, b_i^{(1)} = b_i$ とおき，次式のように表す．

$$\underbrace{\begin{bmatrix} a_{11}^{(1)} & a_{12}^{(1)} & a_{13}^{(1)} \\ a_{21}^{(1)} & a_{22}^{(1)} & a_{23}^{(1)} \\ a_{31}^{(1)} & a_{32}^{(1)} & a_{33}^{(1)} \end{bmatrix}}_{\boldsymbol{A}^{(1)}} \underbrace{\begin{bmatrix} x_1 \\ x_2 \\ x_3 \end{bmatrix}}_{\boldsymbol{x}} = \underbrace{\begin{bmatrix} b_1^{(1)} \\ b_2^{(1)} \\ b_3^{(1)} \end{bmatrix}}_{\boldsymbol{b}^{(1)}} \tag{13.94}$$

$\boldsymbol{A}^{(1)}$ において $a_{13}^{(1)}, a_{23}^{(1)}$ を 0 にするために，次のガウス変換行列を準備する．

$$\boldsymbol{G}_3 = \begin{bmatrix} 1 & 0 & -\alpha_{13} \\ 0 & 1 & -\alpha_{23} \\ 0 & 0 & 1 \end{bmatrix} = \begin{bmatrix} 1 & 0 & 0 \\ 0 & 1 & 0 \\ 0 & 0 & 1 \end{bmatrix} - \begin{bmatrix} \alpha_{13} \\ \alpha_{23} \\ 0 \end{bmatrix} \begin{bmatrix} 0 & 0 & 1 \end{bmatrix} \tag{13.95}$$

ここで，$\alpha_{13} = a_{13}^{(1)}/a_{33}^{(1)}$, $\alpha_{23} = a_{23}^{(1)}/a_{33}^{(1)}$ である．この行列を式 (13.94) の両辺に左側から掛け合わせると，次のようになる．

$$\underbrace{\boldsymbol{G}_3\boldsymbol{A}^{(1)}}_{\boldsymbol{A}^{(2)}}\boldsymbol{x} = \underbrace{\boldsymbol{G}_3\boldsymbol{b}^{(1)}}_{\boldsymbol{b}^{(2)}} \tag{13.96}$$

上式において係数行列は

$$\begin{aligned} \boldsymbol{A}^{(2)} = \boldsymbol{G}_3\boldsymbol{A}^{(1)} &= \begin{bmatrix} 1 & 0 & -\alpha_{13} \\ 0 & 1 & -\alpha_{23} \\ 0 & 0 & 1 \end{bmatrix} \begin{bmatrix} a_{11}^{(1)} & a_{12}^{(1)} & a_{13}^{(1)} \\ a_{21}^{(1)} & a_{22}^{(1)} & a_{23}^{(1)} \\ a_{31}^{(1)} & a_{32}^{(1)} & a_{33}^{(1)} \end{bmatrix} \\ &= \begin{bmatrix} a_{11}^{(1)} - \alpha_{13}a_{31}^{(1)} & a_{12}^{(1)} - \alpha_{13}a_{32}^{(1)} & a_{13}^{(1)} - \alpha_{13}a_{33}^{(1)} \\ a_{21}^{(1)} - \alpha_{23}a_{31}^{(1)} & a_{22}^{(1)} - \alpha_{23}a_{32}^{(1)} & a_{23}^{(1)} - \alpha_{23}a_{33}^{(1)} \\ a_{31}^{(1)} & a_{32}^{(1)} & a_{33}^{(1)} \end{bmatrix} = \begin{bmatrix} a_{11}^{(2)} & a_{12}^{(2)} & 0 \\ a_{21}^{(2)} & a_{22}^{(2)} & 0 \\ a_{31}^{(1)} & a_{32}^{(1)} & a_{33}^{(1)} \end{bmatrix} \end{aligned} \tag{13.97}$$

となり，$a_{13}^{(1)}$, $a_{23}^{(1)}$ が 0 になっていることが確認できる．

次に，$\boldsymbol{A}^{(2)}$ において $a_{12}^{(2)}$ を 0 にするために，次のガウス変換行列を準備する．

$$\boldsymbol{G}_2 = \begin{bmatrix} 1 & -\alpha_{12} & 0 \\ 0 & 1 & 0 \\ 0 & 0 & 1 \end{bmatrix} = \begin{bmatrix} 1 & 0 & 0 \\ 0 & 1 & 0 \\ 0 & 0 & 1 \end{bmatrix} - \begin{bmatrix} \alpha_{12} \\ 0 \\ 0 \end{bmatrix} [\ 0\ 1\ 0\ ] \tag{13.98}$$

ここで，$\alpha_{12} = a_{12}^{(2)}/a_{22}^{(2)}$ である．この行列を式 (13.96) の両辺に左側から掛け合わせると，次のようになる．

$$\underbrace{\boldsymbol{G}_2\boldsymbol{A}^{(2)}}_{\boldsymbol{A}^{(3)}}\boldsymbol{x} = \underbrace{\boldsymbol{G}_2\boldsymbol{b}}_{\boldsymbol{b}^{(3)}} \tag{13.99}$$

上式において係数行列は

$$\begin{aligned} \boldsymbol{A}^{(3)} = \boldsymbol{G}_2\boldsymbol{A}^{(2)} &= \begin{bmatrix} 1 & -\alpha_{12} & 0 \\ 0 & 1 & 0 \\ 0 & 0 & 1 \end{bmatrix} \begin{bmatrix} a_{11}^{(2)} & a_{12}^{(2)} & 0 \\ a_{21}^{(2)} & a_{22}^{(2)} & 0 \\ a_{31}^{(1)} & a_{32}^{(1)} & a_{33}^{(1)} \end{bmatrix} \\ &= \begin{bmatrix} a_{11}^{(2)} - \alpha_{12}a_{21}^{(2)} & a_{12}^{(2)} - \alpha_{12}a_{22}^{(2)} & 0 \\ a_{21}^{(2)} & a_{22}^{(2)} & 0 \\ a_{31}^{(1)} & a_{32}^{(1)} & a_{33}^{(1)} \end{bmatrix} = \begin{bmatrix} a_{11}^{(3)} & 0 & 0 \\ a_{21}^{(2)} & a_{22}^{(2)} & 0 \\ a_{31}^{(1)} & a_{32}^{(1)} & a_{33}^{(1)} \end{bmatrix} \end{aligned} \tag{13.100}$$

となり，$a_{12}^{(2)}$ が 0 となっていることが確認できる．

以上により，式 (13.92) の連立 1 次方程式は，係数行列が下三角行列になった次のような形に帰着される．

$$\begin{bmatrix} a_{11}^{(3)} & 0 & 0 \\ a_{21}^{(2)} & a_{22}^{(2)} & 0 \\ a_{31}^{(1)} & a_{32}^{(1)} & a_{33}^{(1)} \end{bmatrix} \begin{bmatrix} x_1 \\ x_2 \\ x_3 \end{bmatrix} = \begin{bmatrix} b_1^{(3)} \\ b_2^{(2)} \\ b_3^{(1)} \end{bmatrix} \tag{13.101}$$

以上では，3 変数の連立 1 次方程式を例に説明したが，一般の場合も同様の手順を繰り返すことで，係数行列が下三角行列に変形された連立 1 次方程式に帰着できる．

13.5.2 アルゴリズムと計算量

ある問題を解くための手法（アルゴリズム）は，通常一つだけではない．各アルゴリズムについて**計算量** (computational complexity) を評価することで，より効率のよいアルゴリズムを採用したり，大規模問題への適用性を判断したりすることができるようになる．計算量には時間計算量と領域計算量とがある．前者は処理時間がどのくらいかかるかを表し，後者は記憶容量がどのくらい必要かを表す．多くの場合，単に計算量といえば前者の時間計算量のことを指す．本節でも，以降では時間計算量のみを考える．

同じアルゴリズムで記述されたプログラムでも，実行環境やハードウェアの性能が異なると計算に要する時間は大きく違ってくる．そのため，アルゴリズムの性能を直接時間で評価することはできない．一方，一つの命令を実行するための時間は環境によって違っても，同じ言語で同じように実装されたアルゴリズムの命令数は変わらない．そこで，時間ではなく命令数（ステップ数）によりアルゴリズムの性能を評価する．たとえば，比較の回数や要素交換の回数などにより評価する場合もあるが，マルチボディダイナミクスにおける計算は主に線形演算であるため，四則演算の回数により計算量を評価するのが妥当である．

計算量の記述には，一般的に **$\boldsymbol{O}$ 記法** (big-O notation) が用いられる．行列やベクトルの次元，マルチボディシステムのボディ数など，ある計算の規模を測る指標をサイズとよび，N で表す．計算サイズ N が 2 倍になったら演算回数も比例して 2 倍になるとき，計算量のオーダーは $O(N)$ と表現する．一方，計算サイズ N が 2 倍になったら演算回数が $2^2 = 4$ 倍になる場合は，計算量のオーダーは $O(N^2)$ となる．同様に，$2^3 = 8$ 倍なら $O(N^3)$，$2^{1.8}$ 倍なら $O(N^{1.8})$ などと表す．O 記法では，影響力が一番強い項以外は無視し，定数倍の差も無視する．たとえば，演算回数が $N^3/3 + 5N + 1$ であるとき，最高次 $N^3/3$ に着目してその係数を落とし，オーダーを $O(N^3)$ と書く．

次章では，各種の動力学計算法について計算量を評価するが，本節の以下ではその準備として，いくつかの基本的な計算に関する計算量を求めておく．

まず，$N \times N$ 次元の行列 $\boldsymbol{A}$ と $\boldsymbol{B}$ の積について考える．$N = 2$ の場合，

$$\begin{bmatrix} a_{11} & a_{12} \\ a_{21} & a_{22} \end{bmatrix} \begin{bmatrix} b_{11} & b_{12} \\ b_{21} & b_{22} \end{bmatrix} = \begin{bmatrix} c_{11} & c_{12} \\ c_{21} & c_{22} \end{bmatrix} \tag{13.102}$$

であり，c_{ij} は次のように求められる．

$$c_{11} = a_{11} \times b_{11} + a_{12} \times b_{21}, \quad c_{12} = a_{11} \times b_{12} + a_{12} \times b_{22}$$

$$c_{21} = a_{21} \times b_{11} + a_{22} \times b_{21}, \quad c_{22} = a_{21} \times b_{12} + a_{22} \times b_{22}$$

したがって，$N = 2$ のときは乗除算 8 回，加減算 4 回により解を得ることができる．一般の N の場合，c_{ij} は次のように求められる．

$$c_{ij} = \sum_{k=1}^{N} a_{ik} b_{kj} \quad (i, j = 1, 2, \ldots, N) \tag{13.103}$$

したがって，行列と行列の積の計算における乗除算および加減算の回数は

$$\text{乗除算：} \sum_{i=1}^{N} \sum_{j=1}^{N} \sum_{k=1}^{N} 1 = N^3 \tag{13.104}$$

$$\text{加減算：} \sum_{i=1}^{N} \sum_{j=1}^{N} \sum_{k=2}^{N} 1 = N^2(N-1) \tag{13.105}$$

のように評価でき，いずれもオーダーは $O(N^3)$ である．

次に，N 次元の線形方程式 $\boldsymbol{A}\boldsymbol{x} = \boldsymbol{b}$ を解くために必要な計算量について考える．$N = 3$ の場合，解くべき方程式は次式のように表せる．

$$\underbrace{\begin{bmatrix} a_{11} & a_{12} & a_{13} \\ a_{21} & a_{22} & a_{23} \\ a_{31} & a_{32} & a_{33} \end{bmatrix}}_{\boldsymbol{A}} \underbrace{\begin{bmatrix} x_1 \\ x_2 \\ x_3 \end{bmatrix}}_{\boldsymbol{x}} = \underbrace{\begin{bmatrix} b_1 \\ b_2 \\ b_3 \end{bmatrix}}_{\boldsymbol{b}} \tag{13.106}$$

上式は係数行列を次のようにLU分解することにより，効率よく解くことができる．

$$\underbrace{\begin{bmatrix} 1 & 0 & 0 \\ l_{21} & 1 & 0 \\ l_{31} & l_{32} & 1 \end{bmatrix}}_{\boldsymbol{L}} \underbrace{\begin{bmatrix} u_{11} & u_{12} & u_{13} \\ 0 & u_{22} & u_{23} \\ 0 & 0 & u_{33} \end{bmatrix}}_{\boldsymbol{U}} \underbrace{\begin{bmatrix} x_1 \\ x_2 \\ x_3 \end{bmatrix}}_{\boldsymbol{x}} = \underbrace{\begin{bmatrix} b_1 \\ b_2 \\ b_3 \end{bmatrix}}_{\boldsymbol{b}} \tag{13.107}$$

一般の N の場合も，線形方程式は次のような二つの問題に分解することができる．

$$\boldsymbol{L}\boldsymbol{y} = \boldsymbol{b} \tag{13.108}$$

$$\boldsymbol{U}\boldsymbol{x} = \boldsymbol{y} \tag{13.109}$$

式 (13.108) の解は，$i = 1, \ldots, N$ の順に次の計算を行うことで求められる．

$$y_i = b_i - \sum_{k=1}^{i-1} l_{ik} y_k \tag{13.110}$$

一方，式 (13.109) の解，すなわち連立1次方程式の解は，$i = N, \ldots, 1$ の順に

$$x_i = \left(y_i - \sum_{k=i+1}^{N} u_{ik} x_k \right) \Big/ u_{ii} \tag{13.111}$$

の計算を行うことで求められる．係数行列 $\boldsymbol{A}$ をLU分解するのに必要な計算量は乗除算 $(N-1)(N^2+N+3)/3$ 回，加減算 $(N-1)N(2N-1)/6$ 回である（演習問題13.2）．式 (13.110) の計算には乗除算 $N(N-1)/2$ 回，加減算 $N(N-1)/2$ 回を要する．さらに，式 (13.111) の計算には乗除算 $N(N+1)/2$ 回，加減算 $N(N-1)/2$ 回が必要である．以上より，N 次元の線形方程式 $\boldsymbol{A}\boldsymbol{x} = \boldsymbol{b}$ を解くための総計算量は

$$\begin{aligned} \text{乗除算：} & \frac{1}{3}(N-1)(N^2+N+3) + \frac{1}{2}N(N-1) + \frac{1}{2}N(N+1) \\ & = \frac{1}{3}N^3 + N^2 + \frac{2}{3}N - 1 \end{aligned} \tag{13.112}$$

$$\begin{aligned} \text{加減算：} & \frac{1}{6}(N-1)N(2N-1) + \frac{1}{2}N(N-1) + \frac{1}{2}N(N-1) \\ & = \frac{1}{3}N^3 + \frac{1}{2}N^2 - \frac{5}{6}N \end{aligned} \tag{13.113}$$

のように評価でき，乗除算および加減算とも $O(N^3)$ である．なお，係数行列が最初

から三角行列となっている線形方程式を解く場合，必要な計算は式 (13.111) のみであるので，乗除算 $N(N+1)/2$ 回，加減算 $N(N-1)/2$ 回により解を得ることができる．さらに，係数行列が対角行列である場合，式 (13.111) の右辺括弧内の第 2 項は消滅するので，乗除算 N 回のみで解を得ることが可能である．

以上の結果も含め，行列とベクトルに関する種々の演算の計算量とオーダーを表 13.1 にまとめる†．同表において，α はスカラー，$\boldsymbol{a}, \boldsymbol{b}, \boldsymbol{x}$ は N 次元のベクトル，$\boldsymbol{y}$ は M 次元のベクトル，$\boldsymbol{A}, \boldsymbol{B}$ は $N \times N$ 次元の行列，$\boldsymbol{C}$ は $N \times M$ 次元の行列，$\boldsymbol{D}$ は $M \times R$ 次元の行列である．

表 13.1　行列とベクトルに関する計算のオーダー

計算	数式	乗除算	加減算	オーダー
ベクトルとスカラーの乗算	$\alpha\boldsymbol{a}$	N	0	$O(N)$
ベクトルとベクトルの加算	$\boldsymbol{a}+\boldsymbol{b}$	0	N	$O(N)$
ベクトルとベクトルの内積	$\boldsymbol{a}^T\boldsymbol{b}$	N	$N-1$	$O(N)$
ベクトルとベクトル転置の積	$\boldsymbol{a}\boldsymbol{b}^T$	N^2	0	$O(N^2)$
行列とスカラーの乗算	$\alpha\boldsymbol{A}$	N^2	0	$O(N^2)$
行列とベクトルの乗算	$\boldsymbol{A}\boldsymbol{x}$	N^2	$N(N-1)$	$O(N^2)$
行列とベクトルの乗算	$\boldsymbol{C}\boldsymbol{y}$	NM	$N(M-1)$	$O(NM)$
行列と行列の加算	$\boldsymbol{A}+\boldsymbol{B}$	0	N^2	$O(N^2)$
行列と行列の乗算	$\boldsymbol{A}\boldsymbol{B}$	N^3	$N^2(N-1)$	$O(N^3)$
行列と行列の乗算	$\boldsymbol{C}\boldsymbol{D}$	NMR	$N(M-1)R$	$O(NMR)$
線形方程式	$\boldsymbol{A}\boldsymbol{x}=\boldsymbol{b}$	$N^3/3+O(N^2)$	$N^3/3+O(N^2)$	$O(N^3)$
線形方程式（$\boldsymbol{A}$ が三角行列）	$\boldsymbol{A}\boldsymbol{x}=\boldsymbol{b}$	$N(N+1)/2$	$N(N-1)/2$	$O(N^2)$
線形方程式（$\boldsymbol{A}$ が対角行列）	$\boldsymbol{A}\boldsymbol{x}=\boldsymbol{b}$	N	0	$O(N)$

演習問題

13.1　図 13.11 のように重心間にばねが付加された 2 関節ロボットアームについて考える．ボディ 1 およびボディ 2 に作用するばね力に対応する一般化力 $\mathbf{Q}_1^p, \mathbf{Q}_2^p$ を計算せよ．ただし，ばね定数を k，ばねの自然長を l_0 とする．

13.2　$N \times N$ 次元の行列を LU 分解する際の計算量が，乗除算 $(N-1)(N^2+N+3)/3$ 回，加減算 $(N-1)N(2N-1)/6$ 回で十分であることを確認せよ．

† ここでは，標準的かつ実用的な計算方法による計算量を評価している．たとえば，行列と行列の積の計算では，シュトラッセンのアルゴリズムにより $O(N^{\log_2 7}) \cong O(N^{2.8})$ を達成できることが知られているが，付帯的な計算が多く，N が相当に大きくならないと有利にならないため実用的ではない．

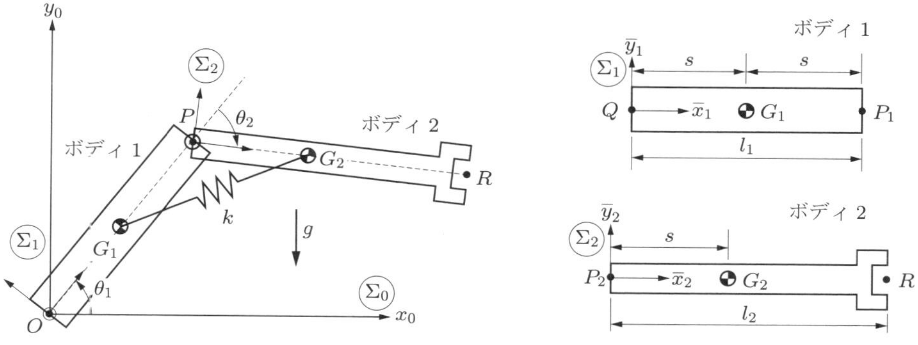

図 13.11 ばねが付加された 2 関節ロボットアーム

[力学物語7]　ラグランジュ (Joseph Louis Lagrange, 1736〜1813)

ラグランジュは，1736年に，フランス人とイタリア人の両親のもと，イタリアのトリノに生まれた．まず古典に興味をもったが，ギリシャの幾何学的方法に対する微積分法の優位を称えたエドモンド・ハレーの論文を読んで魅了され，数学者，物理学者の道を選んだ．19歳でトリノの王立砲術学校の数学教授になったのち，彼が送った論文を読んだオイラーに才能を認められ，オイラーとダランベールの推薦で，1766年にフリードリッヒ2世のベルリン科学アカデミーの教授となった．ベルリンには20年間滞在し，力学，天体力学，数論，代数，解析などで多くの業績を残した．フリードリッヒ2世の没後，ルイ16世からの招聘を受けて1787年にフランス学士院の一員となり，パリで研究を続けながら，マリー・アントワネットの数学教師なども担当した．フランス革命後も寛大に扱われ，エコール・ポリテクニーク（フランスのエリート養成機関）の初代校長や元老院議員も務めている．

ラグランジュの力学研究の集大成は，著書『解析力学』である．彼はこれを19歳のときトリノで計画したが，出版されたのはパリで1788年，52歳のときである．ニュートンの『プリンキピア』から101年後，フランス革命が始まる前年のことであった．有名なラグランジュ方程式

$$\frac{d}{dt}\left(\frac{\partial T}{\partial \dot{q}_i}\right) - \frac{\partial T}{\partial q_i} = Q_i \quad (i = 1, 2, \ldots)$$

もこの書物に出てくる．上式は，仮想仕事の原理とダランベールの原理に基づいて，解析的なプロセスのみによって導かれた．この書物『解析力学』には図や表は一つもなく，論理の展開は代数演算だけで行われ，ラグランジュもそのことを誇りにしていた．

ニュートンによって提示された力学の基本原理がオイラーによって解析的に表現され，またダランベールによって拘束運動を扱うための基本原理が示された．これらを受けて，ラグランジュが力学を解析的な理論体系として見事に完成させた．こうして力学は，限られた人にしか理解できない難解な「ニュートンの力学」ではなく，順を追って学べば誰もが理解でき，実際の問題に応用できる「ニュートン力学」となった．時は産業革命，富国強兵の時代であり，高級技術者が大量に必要とされ，その育成が急務であった時代である．オイラーやラグランジュによってマニュアル化され教育可能になった力学は，エコール・ポリテクニークに始まる全世界の近代工学教育の中で普及していった．

ただし，第1章で述べたように，ラグランジュらの力学のみでは，大規模自由度を有する複雑な実問題を解析するには不十分であった．そこで，コンピュータの利用を前提に，古典力学を実用的に再定式化した新しい動力学理論が，その後マルチボディダイナミクスとして発展していった．本書では，その基礎的な部分について説明がなされている．

第14章 リカーシブ動力学計算法

本章では，まず相対座標系において，隣接するボディ間の相対角変位 $\boldsymbol{\theta}$ を一般化座標とする最小次元運動方程式を導出し，それを用いて順逆動力学問題を改めて定義する．その後，代表的なリカーシブ動力学計算法のいくつかについて，その誘導方法および特徴を説明する．ここでは，逆動力学計算法としてリカーシブ・ニュートン－オイラー法を取り上げる．一方，順動力学計算法として単位ベクトル法，$O(N^2)$ アルゴリズム，および $O(N)$ アルゴリズムについて説明する．最後に，各種アルゴリズムの計算量を求め，それらの比較を行う．前章に引き続き本章でも，簡単のために図 14.1 のような N 個のボディが回転ジョイントによって直鎖状に結合されたマルチボディシステムを対象として，リカーシブ定式化の基本的な考え方を解説する．

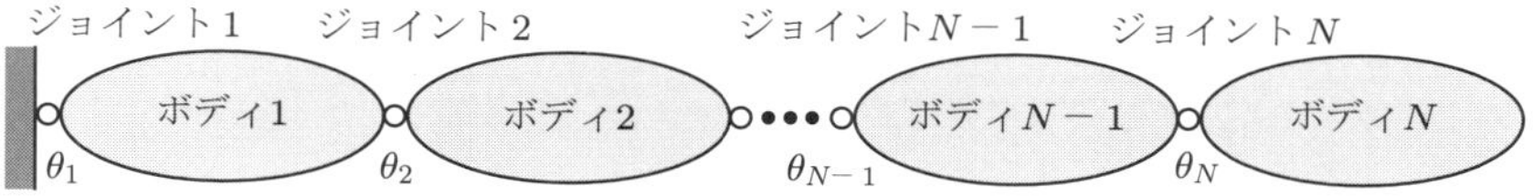

図 14.1 直鎖構造のマルチボディシステム

14.1 相対座標系における最小次元運動方程式

リカーシブ動力学計算法の説明に先立ち，本節ではまず，ボディ間の相対角変位を集めた $\boldsymbol{\theta} = [\theta_1 \ \ \theta_2 \ \ \cdots \ \ \theta_N]^T$ を一般化座標とする最小次元運動方程式を導出し，それに基づいて順逆動力学問題を改めて定義する．

隣接するボディ間の加速度の関係式 (13.38) を $i = 1$ から N について並べると，

$$\begin{cases} \ddot{\mathbf{q}}_1 = \mathbf{D}_1\ddot{\mathbf{q}}_0 + \mathbf{J}_1\ddot{\theta}_1 + \boldsymbol{\beta}_1 \\ \ddot{\mathbf{q}}_2 = \mathbf{D}_2\ddot{\mathbf{q}}_1 + \mathbf{J}_2\ddot{\theta}_2 + \boldsymbol{\beta}_2 \\ \ddot{\mathbf{q}}_3 = \mathbf{D}_3\ddot{\mathbf{q}}_2 + \mathbf{J}_3\ddot{\theta}_3 + \boldsymbol{\beta}_3 \\ \qquad\vdots \\ \ddot{\mathbf{q}}_N = \mathbf{D}_N\ddot{\mathbf{q}}_{N-1} + \mathbf{J}_N\ddot{\theta}_N + \boldsymbol{\beta}_N \end{cases} \tag{14.1}$$

のようになる．グランドの一般化速度は $\ddot{\mathbf{q}}_0 = \mathbf{0}$ であることに注意して，上式を行列とベクトルを用いてまとめると，次のように表せる．

$$\begin{bmatrix} \ddot{\mathbf{q}}_1 \\ \ddot{\mathbf{q}}_2 \\ \ddot{\mathbf{q}}_3 \\ \vdots \\ \ddot{\mathbf{q}}_N \end{bmatrix} = \begin{bmatrix} \mathbf{0} & \mathbf{0} & \mathbf{0} & \cdots & \mathbf{0} \\ \mathbf{D}_2 & \mathbf{0} & \mathbf{0} & \cdots & \mathbf{0} \\ \mathbf{0} & \mathbf{D}_3 & \mathbf{0} & \cdots & \mathbf{0} \\ \vdots & \ddots & \ddots & \ddots & \vdots \\ \mathbf{0} & \cdots & \mathbf{0} & \mathbf{D}_N & \mathbf{0} \end{bmatrix} \begin{bmatrix} \ddot{\mathbf{q}}_1 \\ \ddot{\mathbf{q}}_2 \\ \ddot{\mathbf{q}}_3 \\ \vdots \\ \ddot{\mathbf{q}}_N \end{bmatrix} + \begin{bmatrix} \mathbf{J}_1 & \mathbf{0} & \mathbf{0} & \cdots & \mathbf{0} \\ \mathbf{0} & \mathbf{J}_2 & \mathbf{0} & \cdots & \mathbf{0} \\ \mathbf{0} & \mathbf{0} & \mathbf{J}_3 & \ddots & \vdots \\ \vdots & \vdots & \ddots & \ddots & \mathbf{0} \\ \mathbf{0} & \mathbf{0} & \cdots & \mathbf{0} & \mathbf{J}_N \end{bmatrix} \begin{bmatrix} \ddot{\theta}_1 \\ \ddot{\theta}_2 \\ \ddot{\theta}_3 \\ \vdots \\ \ddot{\theta}_N \end{bmatrix} + \begin{bmatrix} \boldsymbol{\beta}_1 \\ \boldsymbol{\beta}_2 \\ \boldsymbol{\beta}_3 \\ \vdots \\ \boldsymbol{\beta}_N \end{bmatrix} \tag{14.2}$$

以下では，上式を次のように簡潔に表現する．

$$\ddot{\mathbf{q}} = \mathbf{D}\ddot{\mathbf{q}} + \mathbf{J}\ddot{\boldsymbol{\theta}} + \boldsymbol{\beta} \tag{14.3}$$

ただし，各行列およびベクトルは次のように定義している．

$$\mathbf{D} = \begin{bmatrix} \mathbf{0} & \mathbf{0} & \mathbf{0} & \cdots & \mathbf{0} \\ \mathbf{D}_2 & \mathbf{0} & \mathbf{0} & \cdots & \mathbf{0} \\ \mathbf{0} & \mathbf{D}_3 & \mathbf{0} & \cdots & \mathbf{0} \\ \vdots & \ddots & \ddots & \ddots & \vdots \\ \mathbf{0} & \cdots & \mathbf{0} & \mathbf{D}_N & \mathbf{0} \end{bmatrix} \tag{14.4}$$

$$\mathbf{J} = \begin{bmatrix} \mathbf{J}_1 & \mathbf{0} & \mathbf{0} & \cdots & \mathbf{0} \\ \mathbf{0} & \mathbf{J}_2 & \mathbf{0} & \cdots & \mathbf{0} \\ \mathbf{0} & \mathbf{0} & \mathbf{J}_3 & \ddots & \vdots \\ \vdots & \vdots & \ddots & \ddots & \mathbf{0} \\ \mathbf{0} & \mathbf{0} & \cdots & \mathbf{0} & \mathbf{J}_N \end{bmatrix} \tag{14.5}$$

$$\mathbf{q} = [\mathbf{q}_1^T \quad \mathbf{q}_2^T \quad \mathbf{q}_3^T \quad \cdots \quad \mathbf{q}_N^T]^T \tag{14.6}$$

$$\boldsymbol{\beta} = [\boldsymbol{\beta}_1^T \quad \boldsymbol{\beta}_2^T \quad \boldsymbol{\beta}_3^T \quad \cdots \quad \boldsymbol{\beta}_N^T]^T \tag{14.7}$$

式 (14.3) を $\ddot{\mathbf{q}}$ について解くことにより，次式の関係が得られる．

$$\ddot{\mathbf{q}} = \mathbf{B}\ddot{\boldsymbol{\theta}} + \boldsymbol{\sigma} \tag{14.8}$$

ここで，$\mathbf{B}$ および $\boldsymbol{\sigma}$ は，次のように定義される行列およびベクトルである．

$$\mathbf{B} = (\boldsymbol{E} - \mathbf{D})^{-1}\mathbf{J} = \begin{bmatrix} \mathbf{J}_1 & \mathbf{0} & \mathbf{0} & \cdots & \mathbf{0} \\ \mathbf{D}_2\mathbf{J}_1 & \mathbf{J}_2 & \mathbf{0} & \cdots & \mathbf{0} \\ \mathbf{D}_3\mathbf{D}_2\mathbf{J}_1 & \mathbf{D}_3\mathbf{J}_2 & \mathbf{J}_3 & \ddots & \vdots \\ \vdots & \vdots & \ddots & \ddots & \mathbf{0} \\ * & * & * & \cdots & \mathbf{J}_N \end{bmatrix} \tag{14.9}$$

$$\boldsymbol{\sigma} = (\boldsymbol{E} - \dot{\mathbf{D}})^{-1}\boldsymbol{\beta} = \begin{bmatrix} \boldsymbol{\beta}_1 \\ \mathbf{D}_2\boldsymbol{\beta}_1 + \boldsymbol{\beta}_2 \\ \mathbf{D}_3\mathbf{D}_2\boldsymbol{\beta}_1 + \mathbf{D}_3\boldsymbol{\beta}_2 + \boldsymbol{\beta}_3 \\ \vdots \\ * \end{bmatrix} \equiv \begin{bmatrix} \boldsymbol{\sigma}_1 \\ \boldsymbol{\sigma}_2 \\ \boldsymbol{\sigma}_3 \\ \vdots \\ \boldsymbol{\sigma}_N \end{bmatrix} \tag{14.10}$$

一方，式 (13.68) の運動方程式を $i = 1$ から N について並べると，

$$\begin{cases} \mathbf{M}_1\ddot{\mathbf{q}}_1 = \mathbf{Q}_1^p + \mathbf{Q}_1^a + \mathbf{Q}_1^c + \mathbf{Q}_1^v \\ \mathbf{M}_2\ddot{\mathbf{q}}_2 = \mathbf{Q}_2^p + \mathbf{Q}_2^a + \mathbf{Q}_2^c + \mathbf{Q}_2^v \\ \mathbf{M}_3\ddot{\mathbf{q}}_3 = \mathbf{Q}_3^p + \mathbf{Q}_3^a + \mathbf{Q}_3^c + \mathbf{Q}_3^v \\ \qquad\qquad \vdots \\ \mathbf{M}_N\ddot{\mathbf{q}}_N = \mathbf{Q}_N^p + \mathbf{Q}_N^a + \mathbf{Q}_N^c + \mathbf{Q}_N^v \end{cases} \tag{14.11}$$

のようになる．上式を行列とベクトルを用いてまとめると，次のように表せる．

$$\begin{bmatrix} \mathbf{M}_1 & \mathbf{0} & \mathbf{0} & \cdots & \mathbf{0} \\ \mathbf{0} & \mathbf{M}_2 & \mathbf{0} & \cdots & \mathbf{0} \\ \mathbf{0} & \mathbf{0} & \mathbf{M}_3 & \ddots & \vdots \\ \vdots & \vdots & \ddots & \ddots & \mathbf{0} \\ \mathbf{0} & \mathbf{0} & \cdots & \mathbf{0} & \mathbf{M}_N \end{bmatrix} \begin{bmatrix} \ddot{\mathbf{q}}_1 \\ \ddot{\mathbf{q}}_2 \\ \ddot{\mathbf{q}}_3 \\ \vdots \\ \ddot{\mathbf{q}}_N \end{bmatrix} = \begin{bmatrix} \mathbf{Q}_1^p \\ \mathbf{Q}_2^p \\ \mathbf{Q}_3^p \\ \vdots \\ \mathbf{Q}_N^p \end{bmatrix} + \begin{bmatrix} \mathbf{Q}_1^a \\ \mathbf{Q}_2^a \\ \mathbf{Q}_3^a \\ \vdots \\ \mathbf{Q}_N^a \end{bmatrix} + \begin{bmatrix} \mathbf{Q}_1^c \\ \mathbf{Q}_2^c \\ \mathbf{Q}_3^c \\ \vdots \\ \mathbf{Q}_N^c \end{bmatrix} + \begin{bmatrix} \mathbf{Q}_1^v \\ \mathbf{Q}_2^v \\ \mathbf{Q}_3^v \\ \vdots \\ \mathbf{Q}_N^v \end{bmatrix} \tag{14.12}$$

以下では，上式を簡潔に次式のように書く．

$$\mathbf{M}\ddot{\mathbf{q}} = \mathbf{Q}^p + \mathbf{Q}^a + \mathbf{Q}^c + \mathbf{Q}^v \tag{14.13}$$

ただし，各行列およびベクトルは次のように定義している．

$$\mathbf{M} = \begin{bmatrix} \mathbf{M}_1 & \mathbf{0} & \mathbf{0} & \cdots & \mathbf{0} \\ \mathbf{0} & \mathbf{M}_2 & \mathbf{0} & \cdots & \mathbf{0} \\ \mathbf{0} & \mathbf{0} & \mathbf{M}_3 & \ddots & \vdots \\ \vdots & \vdots & \ddots & \ddots & \mathbf{0} \\ \mathbf{0} & \mathbf{0} & \cdots & \mathbf{0} & \mathbf{M}_N \end{bmatrix} \tag{14.14}$$

$$\mathbf{Q}^p = [(\mathbf{Q}_1^p)^T \quad (\mathbf{Q}_2^p)^T \quad (\mathbf{Q}_3^p)^T \quad \cdots \quad (\mathbf{Q}_N^p)^T]^T \tag{14.15}$$

$$\mathbf{Q}^a = [(\mathbf{Q}_1^a)^T \quad (\mathbf{Q}_2^a)^T \quad (\mathbf{Q}_3^a)^T \quad \cdots \quad (\mathbf{Q}_N^a)^T]^T \tag{14.16}$$

$$\mathbf{Q}^c = [(\mathbf{Q}_1^c)^T \quad (\mathbf{Q}_2^c)^T \quad (\mathbf{Q}_3^c)^T \quad \cdots \quad (\mathbf{Q}_N^c)^T]^T \tag{14.17}$$

$$\mathbf{Q}^v = [(\mathbf{Q}_1^v)^T \quad (\mathbf{Q}_2^v)^T \quad (\mathbf{Q}_3^v)^T \quad \cdots \quad (\mathbf{Q}_N^v)^T]^T \tag{14.18}$$

さらに，式 (13.90) を $i = 1$ から N について並べると，次のように表せる．

$$\begin{cases} \mathbf{Q}_1^c + \mathbf{Q}_1^a = \mathbf{Q}_1^{\mathrm{J}} - \mathbf{D}_2^T \mathbf{Q}_2^{\mathrm{J}} \\ \mathbf{Q}_2^c + \mathbf{Q}_2^a = \mathbf{Q}_2^{\mathrm{J}} - \mathbf{D}_3^T \mathbf{Q}_3^{\mathrm{J}} \\ \mathbf{Q}_3^c + \mathbf{Q}_3^a = \mathbf{Q}_3^{\mathrm{J}} - \mathbf{D}_4^T \mathbf{Q}_4^{\mathrm{J}} \\ \qquad\qquad\vdots \\ \mathbf{Q}_N^c + \mathbf{Q}_N^a = \mathbf{Q}_N^{\mathrm{J}} - \mathbf{D}_{N+1}^T \mathbf{Q}_{N+1}^{\mathrm{J}} \end{cases} \tag{14.19}$$

ボディ N の先端にはジョイントがないため $\mathbf{Q}_{N+1}^{\mathrm{J}} = \mathbf{0}$ であることに注意して，上式を行列とベクトルを用いてまとめると，次のようになる．

$$\begin{bmatrix} \mathbf{Q}_1^c \\ \mathbf{Q}_2^c \\ \mathbf{Q}_3^c \\ \vdots \\ \mathbf{Q}_N^c \end{bmatrix} + \begin{bmatrix} \mathbf{Q}_1^a \\ \mathbf{Q}_2^a \\ \mathbf{Q}_3^a \\ \vdots \\ \mathbf{Q}_N^a \end{bmatrix} = \begin{bmatrix} \boldsymbol{E} & -\mathbf{D}_2^T & \mathbf{0} & \cdots & \mathbf{0} \\ \mathbf{0} & \boldsymbol{E} & -\mathbf{D}_3^T & \ddots & \vdots \\ \mathbf{0} & \mathbf{0} & \boldsymbol{E} & \ddots & \mathbf{0} \\ \vdots & \ddots & \ddots & \ddots & -\mathbf{D}_N^T \\ \mathbf{0} & \cdots & \mathbf{0} & \mathbf{0} & \boldsymbol{E} \end{bmatrix} \begin{bmatrix} \mathbf{Q}_1^{\mathrm{J}} \\ \mathbf{Q}_2^{\mathrm{J}} \\ \mathbf{Q}_3^{\mathrm{J}} \\ \vdots \\ \mathbf{Q}_N^{\mathrm{J}} \end{bmatrix} \tag{14.20}$$

以下では，上式を簡潔に次式のように書く．

$$\mathbf{Q}^c + \mathbf{Q}^a = (\boldsymbol{E} - \mathbf{D})^T \mathbf{Q}^{\mathrm{J}} \tag{14.21}$$

ここで，$\mathbf{Q}^{\mathrm{J}}$ は次のように定義されるベクトルである．

$$\mathbf{Q}^{\mathrm{J}} = [(\mathbf{Q}_1^{\mathrm{J}})^T \quad (\mathbf{Q}_2^{\mathrm{J}})^T \quad (\mathbf{Q}_3^{\mathrm{J}})^T \quad \cdots \quad (\mathbf{Q}_N^{\mathrm{J}})^T]^T \tag{14.22}$$

式 (14.21) を式 (14.13) に代入すると，運動方程式は次のように書きなおせる．

$$\mathbf{M}\ddot{\mathbf{q}} = \mathbf{Q}^p + \mathbf{Q}^v + (\boldsymbol{E} - \mathbf{D})^T \mathbf{Q}^{\mathrm{J}} \tag{14.23}$$

上式に式 (14.8) を代入すると，次式のようになる．

$$\mathbf{M}(\mathbf{B}\ddot{\boldsymbol{\theta}} + \boldsymbol{\sigma}) = \mathbf{Q}^p + \mathbf{Q}^v + (\boldsymbol{E} - \mathbf{D})^T \mathbf{Q}^{\mathrm{J}} \tag{14.24}$$

さらに，上式の両辺に左から $\mathbf{B}^T$ を乗じると，次式が得られる．

$$\mathbf{B}^T\mathbf{M}\mathbf{B}\ddot{\boldsymbol{\theta}} = \mathbf{B}^T(\mathbf{Q}^p + \mathbf{Q}^v - \mathbf{M}\boldsymbol{\sigma}) + \mathbf{B}^T(\boldsymbol{E} - \mathbf{D})^T \mathbf{Q}^{\mathrm{J}} \tag{14.25}$$

ここで，式 (14.9) および式 (13.91) の関係を用いると，

$$\mathbf{B}^T(\boldsymbol{E} - \mathbf{D})^T\mathbf{Q}^{\mathrm{J}} = \mathbf{J}^T(\boldsymbol{E} - \mathbf{D})^{-T}(\boldsymbol{E} - \mathbf{D})^T\mathbf{Q}^{\mathrm{J}} = \mathbf{J}^T\mathbf{Q}^{\mathrm{J}}$$

$$= \begin{bmatrix} \mathbf{J}_1^T & \mathbf{0} & \mathbf{0} & \cdots & \mathbf{0} \\ \mathbf{0} & \mathbf{J}_2^T & \mathbf{0} & \cdots & \mathbf{0} \\ \mathbf{0} & \mathbf{0} & \mathbf{J}_3^T & \ddots & \vdots \\ \vdots & \vdots & \ddots & \ddots & \mathbf{0} \\ \mathbf{0} & \mathbf{0} & \cdots & \mathbf{0} & \mathbf{J}_N^T \end{bmatrix} \begin{bmatrix} \mathbf{Q}_1^{\mathrm{J}} \\ \mathbf{Q}_2^{\mathrm{J}} \\ \mathbf{Q}_3^{\mathrm{J}} \\ \vdots \\ \mathbf{Q}_N^{\mathrm{J}} \end{bmatrix} = \begin{bmatrix} \mathbf{J}_1^T\mathbf{Q}_1^{\mathrm{J}} \\ \mathbf{J}_2^T\mathbf{Q}_2^{\mathrm{J}} \\ \mathbf{J}_3^T\mathbf{Q}_3^{\mathrm{J}} \\ \vdots \\ \mathbf{J}_N^T\mathbf{Q}_N^{\mathrm{J}} \end{bmatrix} = \begin{bmatrix} \tau_1^a \\ \tau_2^a \\ \tau_3^a \\ \vdots \\ \tau_N^a \end{bmatrix} \equiv \boldsymbol{\tau} \tag{14.26}$$

となるので，式 (14.25) は次のように表すことができる．

$$\mathbf{B}^T\mathbf{M}\mathbf{B}\ddot{\boldsymbol{\theta}} = \mathbf{B}^T(\mathbf{Q}^p + \mathbf{Q}^v - \mathbf{M}\boldsymbol{\sigma}) + \boldsymbol{\tau} \tag{14.27}$$

ここで，

$$\mathbf{M}^I = \mathbf{B}^T\mathbf{M}\mathbf{B} \tag{14.28}$$

$$\mathbf{Q}^I = \mathbf{B}^T(\mathbf{Q}^p + \mathbf{Q}^v - \mathbf{M}\boldsymbol{\sigma}) \tag{14.29}$$

と定義すると，次のような最小次元運動方程式が得られる．

$$\mathbf{M}^I\ddot{\boldsymbol{\theta}} = \mathbf{Q}^I + \boldsymbol{\tau} \tag{14.30}$$

一般に，現在の状態 $\boldsymbol{\theta}$, $\dot{\boldsymbol{\theta}}$ および発生させるべき $\ddot{\boldsymbol{\theta}}$ が与えられたときに，それに必要な $\boldsymbol{\tau}$ を求める問題を**逆動力学**という．すなわち，逆動力学の計算は

$$\boldsymbol{\tau} = \mathbf{M}^I\ddot{\boldsymbol{\theta}} - \mathbf{Q}^I \tag{14.31}$$

のように書くことができる．一方，現在の状態 $\boldsymbol{\theta}$, $\dot{\boldsymbol{\theta}}$ および $\boldsymbol{\tau}$ が与えられたときに，それによって発生するはずの $\ddot{\boldsymbol{\theta}}$ を求める問題を**順動力学**とよぶ．すなわち，順動力学の計算は次式のように書くことができる．

$$\ddot{\boldsymbol{\theta}} = (\mathbf{M}^I)^{-1}(\mathbf{Q}^I + \boldsymbol{\tau}) \tag{14.32}$$

最小次元運動方程式を利用することにより逆動力学および順動力学の問題を解くことができるが，14.4 節で詳しく述べるようにいずれも計算量は $O(N^3)$ であり，その係数も大きいため，ボディ数 N が増加するにつれて計算量が膨大になる．そこで，以降の節では，隣接するボディ間の情報を利用して再帰的な形に定式化することによって計算効率を向上させた，各種のリカーシブ動力学計算法について説明する．

14.2 逆動力学

本節では，現在の状態 $\boldsymbol{\theta}$, $\dot{\boldsymbol{\theta}}$ および発生させるべき $\ddot{\boldsymbol{\theta}}$ が与えられたときに，それに必要な $\boldsymbol{\tau}$ を求める逆動力学問題を効率的に解くことができるリカーシブ・ニュートン－オイラー法について述べる．

14.2.1 リカーシブ・ニュートン－オイラー法

隣接するボディ間の速度と加速度の関係は，

$$\dot{\mathbf{q}}_i = \mathbf{D}_i\dot{\mathbf{q}}_{i-1} + \mathbf{J}_i\dot{\theta}_i \tag{13.37 再}$$

$$\ddot{\mathbf{q}}_i = \mathbf{D}_i\ddot{\mathbf{q}}_{i-1} + \mathbf{J}_i\ddot{\theta}_i + \boldsymbol{\beta}_i \tag{13.38 再}$$

のように書ける．式 (13.68) に式 (13.90) を代入することにより，運動方程式は

$$\mathbf{M}_i\ddot{\mathbf{q}}_i = \mathbf{Q}_i^p + \mathbf{Q}_i^v + \mathbf{Q}_i^{\mathrm{J}} - \mathbf{D}_{i+1}^T\mathbf{Q}_{i+1}^{\mathrm{J}} \tag{14.33}$$

のように表せる．上式を $\mathbf{Q}_i^{\mathrm{J}}$ について解き，式 (13.91) とあわせると次の関係を得る．

$$\mathbf{Q}_i^{\mathrm{J}} = \mathbf{M}_i\ddot{\mathbf{q}}_i - \mathbf{Q}_i^p - \mathbf{Q}_i^v + \mathbf{D}_{i+1}^T\mathbf{Q}_{i+1}^{\mathrm{J}} \tag{14.34}$$

$$\tau_i^a = \mathbf{J}_i^T \mathbf{Q}_i^{\mathrm{J}} \tag{13.91 再}$$

式 (13.37), (13.38) および式 (14.34), (13.91) の関係を用いて，$\boldsymbol{\theta}, \dot{\boldsymbol{\theta}}, \ddot{\boldsymbol{\theta}}$ が与えられるとき，これにつり合う $\boldsymbol{\tau}$ を求める逆動力学計算が実行できる．計算アルゴリズムは以下のとおりである．

1. 根元 $i = 1$ から先端 $i = N$ まで式 (13.37), (13.38) により $\dot{\mathbf{q}}_i$, $\ddot{\mathbf{q}}_i$ を計算する．
2. 先端 $i = N$ から根元 $i = 1$ まで式 (14.34), (13.91) により τ_i^a を計算する．

図 14.2 のように，ステップ 1 では，根元側から先端側に向かって順次各ボディの速度および加速度を求めていく．この計算における初期値 $\dot{\mathbf{q}}_0$, $\ddot{\mathbf{q}}_0$ はグランドの速度，加速度であるのでいずれもゼロである†．一方，ステップ 2 では，先端側から根元側に向かってジョイントを介して隣接するボディに伝えられる力を順次計算し，それとつり合うジョイント駆動トルクを求めている．この計算における初期値 $\mathbf{Q}_{N+1}^{\mathrm{J}}$ は，末端ボディ N の先端にはジョイントがないためゼロになる．式 (13.37), (13.38) および式 (14.34), (13.91) はいずれも 3 次元の線形計算によって解くことができるので計算量は定数であり，それを N 回繰り返すため，リカーシブ・ニュートン－オイラー法全体の演算量は $O(N)$ である．計算量の評価については，14.4 節で詳しく述べる．

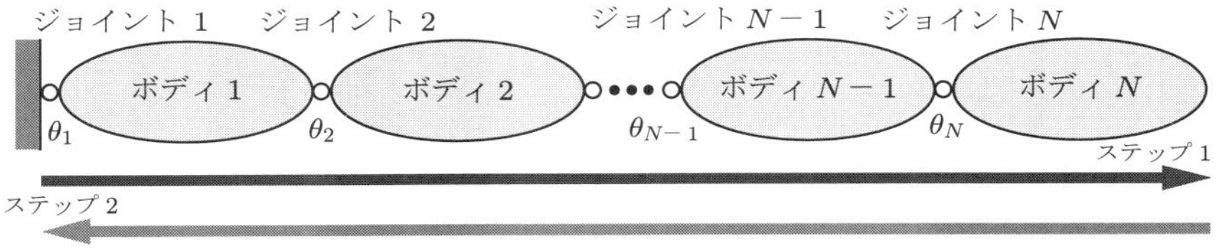

図 14.2 リカーシブ・ニュートン－オイラー法

例題 14.1 例題 13.1 および 13.2 と同じ図 14.3 に示す 2 関節ロボットアームについて考える．$\boldsymbol{\theta} = [\theta_1 \ \ \theta_2]^T$, $\dot{\boldsymbol{\theta}} = [\dot{\theta}_1 \ \ \dot{\theta}_2]^T$, $\ddot{\boldsymbol{\theta}} = [\ddot{\theta}_2 \ \ \ddot{\theta}_2]^T$ が与えられるとき，これにつり合う関節駆動トルク $\boldsymbol{\tau} = [\tau_1^a \ \ \tau_2^a]^T$ をリカーシブ・ニュートン－オイラー法によって計算せよ．

---

† 本書では，重力を一般化外力 $\mathbf{Q}_i^p$ として考慮する方法を用いている．別の方法として，重力を初期加速度 $\ddot{\mathbf{q}}_0 = \boldsymbol{g}$（重力加速度ベクトル）とおくことで考慮することもできる．これは，無重力空間で加速度 $\boldsymbol{g}$ で加速するロケットの中では，地上の重力と同じ力が働くことを利用する方法である．

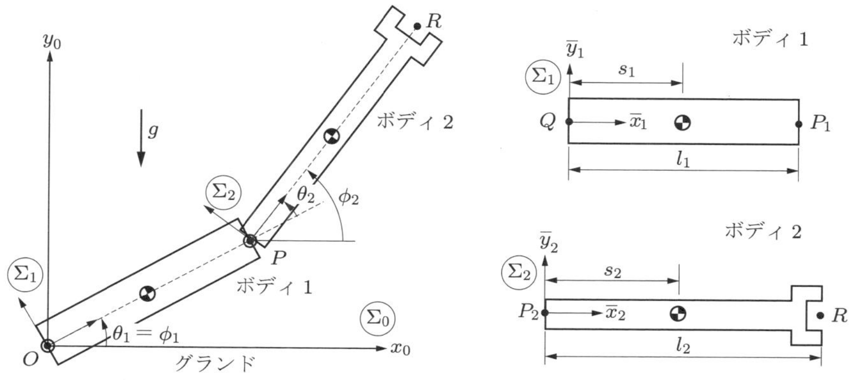

図 14.3 2関節ロボットアーム

解 ステップ 1) $\mathbf{D}_1$, $\mathbf{D}_2$, $\boldsymbol{\beta}_1$, $\boldsymbol{\beta}_2$ は例題 13.1 においてすでに求めている．グランドの一般化速度は $\dot{\mathbf{q}}_0 = \mathbf{0}$ であるので，$i = 1$ のとき，式 (13.37) は次のように計算できる．

$$\underbrace{\begin{bmatrix} \dot{\bar{x}}_1 \\ \dot{\bar{y}}_1 \\ \dot{\phi}_1 \end{bmatrix}}_{\dot{\mathbf{q}}_1} = \underbrace{\begin{bmatrix} \cos\theta_1 & \sin\theta_1 & 0 \\ -\sin\theta_1 & \cos\theta_1 & 0 \\ 0 & 0 & 1 \end{bmatrix}}_{\mathbf{D}_1} \underbrace{\begin{bmatrix} 0 \\ 0 \\ 0 \end{bmatrix}}_{\dot{\mathbf{q}}_0} + \underbrace{\begin{bmatrix} 0 \\ 0 \\ 1 \end{bmatrix}}_{\mathbf{J}_1} \dot{\theta}_1 = \begin{bmatrix} 0 \\ 0 \\ \dot{\theta}_1 \end{bmatrix} \tag{14.35}$$

得られた $\dot{\mathbf{q}}_1$ を用いると，$i = 2$ のとき，式 (13.37) は次のように計算できる．

$$\underbrace{\begin{bmatrix} \dot{\bar{x}}_2 \\ \dot{\bar{y}}_2 \\ \dot{\phi}_2 \end{bmatrix}}_{\dot{\mathbf{q}}_2} = \underbrace{\begin{bmatrix} \cos\theta_2 & \sin\theta_2 & l_1\sin\theta_2 \\ -\sin\theta_2 & \cos\theta_2 & l_1\cos\theta_2 \\ 0 & 0 & 1 \end{bmatrix}}_{\mathbf{D}_2} \underbrace{\begin{bmatrix} 0 \\ 0 \\ \dot{\theta}_1 \end{bmatrix}}_{\dot{\mathbf{q}}_1} + \underbrace{\begin{bmatrix} 0 \\ 0 \\ 1 \end{bmatrix}}_{\mathbf{J}_2} \dot{\theta}_2 = \begin{bmatrix} l_1\dot{\theta}_1\sin\theta_2 \\ l_1\dot{\theta}_1\cos\theta_2 \\ \dot{\theta}_1 + \dot{\theta}_2 \end{bmatrix} \tag{14.36}$$

さらに，グランドの一般化加速度は $\ddot{\mathbf{q}}_0 = \mathbf{0}$ であるので，$i = 1$ のとき，式 (13.38) は

$$\underbrace{\begin{bmatrix} \ddot{\bar{x}}_1 \\ \ddot{\bar{y}}_1 \\ \ddot{\phi}_1 \end{bmatrix}}_{\ddot{\mathbf{q}}_1} = \underbrace{\begin{bmatrix} \cos\theta_1 & \sin\theta_1 & 0 \\ -\sin\theta_1 & \cos\theta_1 & 0 \\ 0 & 0 & 1 \end{bmatrix}}_{\mathbf{D}_1} \underbrace{\begin{bmatrix} 0 \\ 0 \\ 0 \end{bmatrix}}_{\ddot{\mathbf{q}}_0} + \underbrace{\begin{bmatrix} 0 \\ 0 \\ 1 \end{bmatrix}}_{\mathbf{J}_1} \ddot{\theta}_1 + \underbrace{\begin{bmatrix} 0 \\ 0 \\ 0 \end{bmatrix}}_{\boldsymbol{\beta}_1} = \begin{bmatrix} 0 \\ 0 \\ \ddot{\theta}_1 \end{bmatrix} \tag{14.37}$$

のようになる．得られた $\ddot{\mathbf{q}}_1$，および式 (14.35) より $\dot{\phi}_1 = \dot{\theta}_1$ であることを用いると，$i = 2$ のとき，式 (13.38) は次のように計算できる．

$$\underbrace{\begin{bmatrix} \ddot{\bar{x}}_2 \\ \ddot{\bar{y}}_2 \\ \ddot{\phi}_2 \end{bmatrix}}_{\ddot{\mathbf{q}}_2} = \underbrace{\begin{bmatrix} \cos\theta_2 & \sin\theta_2 & l_1\sin\theta_2 \\ -\sin\theta_2 & \cos\theta_2 & l_1\cos\theta_2 \\ 0 & 0 & 1 \end{bmatrix}}_{\mathbf{D}_2} \underbrace{\begin{bmatrix} 0 \\ 0 \\ \ddot{\theta}_1 \end{bmatrix}}_{\ddot{\mathbf{q}}_1} + \underbrace{\begin{bmatrix} 0 \\ 0 \\ 1 \end{bmatrix}}_{\mathbf{J}_2} \ddot{\theta}_2 + \underbrace{\begin{bmatrix} -l_1\dot{\phi}_1^2\cos\theta_2 \\ l_1\dot{\phi}_1^2\sin\theta_2 \\ 0 \end{bmatrix}}_{\boldsymbol{\beta}_2}$$

$$= \begin{bmatrix} l_1\ddot{\theta}_1 \sin\theta_2 - l_1\dot{\theta}_1^2 \cos\theta_2 \\ l_1\ddot{\theta}_1 \cos\theta_2 + l_1\dot{\theta}_1^2 \sin\theta_2 \\ \ddot{\theta}_1 + \ddot{\theta}_2 \end{bmatrix} \tag{14.38}$$

ステップ 2)　$\mathbf{M}_1$，$\mathbf{M}_2$，$\mathbf{Q}_1^v$，$\mathbf{Q}_2^v$，$\mathbf{Q}_1^p$，$\mathbf{Q}_2^p$ は例題 13.2 においてすでに求めている．式 (14.34) より，$\mathbf{Q}_2^{\mathrm{J}}$ は次のように表せる．

$$\mathbf{Q}_2^{\mathrm{J}} = \mathbf{M}_2\ddot{\mathbf{q}}_2 - \mathbf{Q}_2^v - \mathbf{Q}_2^p + \mathbf{D}_3^T\mathbf{Q}_3^{\mathrm{J}} \tag{14.39}$$

上式において，$\mathbf{Q}_3^{\mathrm{J}}$ はゼロであり，$\ddot{\mathbf{q}}_2$ はステップ 1 ですでに求めているため，$\mathbf{Q}_2^{\mathrm{J}}$ を計算することができる．$\mathbf{Q}_2^{\mathrm{J}}$ が得られると，関節 2 の駆動トルクは式 (13.91) より

$$\begin{aligned} \tau_2 =& \mathbf{J}_2^T\mathbf{Q}_2^{\mathrm{J}} \\ =&(I_2 + m_2s_2^2 + m_2l_1s_2\cos\theta_2)\ddot{\theta}_1 + (I_2 + m_2s_2^2)\ddot{\theta}_2 \\ &+ m_2l_1s_2\sin\theta_2\dot{\theta}_1^2 + m_2gs_2\cos(\theta_1+\theta_2) \end{aligned} \tag{14.40}$$

のように求められる．同様に，式 (14.34) より $\mathbf{Q}_1^{\mathrm{J}}$ は次のように表せる．

$$\mathbf{Q}_1^{\mathrm{J}} = \mathbf{M}_1\ddot{\mathbf{q}}_1 - \mathbf{Q}_1^v - \mathbf{Q}_1^e + \mathbf{D}_2^T\mathbf{Q}_2^{\mathrm{J}} \tag{14.41}$$

上式において，$\mathbf{Q}_2^{\mathrm{J}}$ は式 (14.39) において計算しており，$\ddot{\mathbf{q}}_1$ はステップ 1 ですでに求めているため，$\mathbf{Q}_1^{\mathrm{J}}$ を計算することができる．$\mathbf{Q}_1^{\mathrm{J}}$ が得られると，関節 1 の駆動トルクは式 (13.91) より次のように求められる．

$$\begin{aligned} \tau_1 =& \mathbf{J}_1^T\mathbf{Q}_1^{\mathrm{J}} \\ =&(I_1 + m_1s_1^2 + I_2 + m_2s_2^2 + m_2l_1^2 + 2m_2l_1s_2\cos\theta_2)\ddot{\theta}_1 \\ &+ (I_2 + m_2s_2^2 + m_2s_2l_1\cos\theta_2)\ddot{\theta}_2 - m_2l_1s_2\sin\theta_2(2\dot{\theta}_1\dot{\theta}_2 + \dot{\theta}_2^2) \\ &+ (m_1s_1 + m_2l_1)g\cos\theta_1 + m_2gs_2\cos(\theta_1+\theta_2) \end{aligned} \tag{14.42}$$

以上で求めた式 (14.40) および式 (14.42) の結果は，例題 10.5 で計算した式 (10.91)，または例題 10.6 で計算した式 (10.108) の結果に一致している．

14.3　順動力学

本節では，現在の状態 $\boldsymbol{\theta}$, $\dot{\boldsymbol{\theta}}$ および $\boldsymbol{\tau}$ が与えられたときに，それによって発生するはずの $\ddot{\boldsymbol{\theta}}$ を求める順動力学問題について検討する．ここでは，リカーシブ動力学計算法として，単位ベクトル法，$O(N^2)$ アルゴリズム，および $O(N)$ アルゴリズムについて説明する．

14.3.1　単位ベクトル法

最小次元運動方程式 (14.30) を $\boldsymbol{\theta}$, $\dot{\boldsymbol{\theta}}$ への依存性を明示して詳しく書くと，

$$\mathbf{M}^I(\boldsymbol{\theta})\ddot{\boldsymbol{\theta}} = \mathbf{Q}^I(\boldsymbol{\theta}, \dot{\boldsymbol{\theta}}) + \boldsymbol{\tau} \tag{14.43}$$

のようになる．上式を用いて与えられた $\boldsymbol{\theta}, \dot{\boldsymbol{\theta}}, \boldsymbol{\tau}$ に対する $\ddot{\boldsymbol{\theta}}$ を求めるためには，$\mathbf{M}^I$

および $\mathbf{Q}^I$ を計算しなければならないが，14.1 節で説明した方法，すなわち式 (14.28) および式 (14.29) により求めると多くの計算が必要になる．それに対して，前節で説明したリカーシブ・ニュートン－オイラー法を利用すると，これらを効率よく求めることができる．

前節の計算アルゴリズムによって逆動力学計算を行い，$\boldsymbol{\tau}$ を与える関数を

$$\boldsymbol{\tau} = \mathrm{ID}(\boldsymbol{\theta}, \dot{\boldsymbol{\theta}}, \ddot{\boldsymbol{\theta}}) \tag{14.44}$$

のように定義する．式 (14.43) より，$\ddot{\boldsymbol{\theta}} = \mathbf{0}$ とおいて関数 $\mathrm{ID}(\boldsymbol{\theta}, \dot{\boldsymbol{\theta}}, \ddot{\boldsymbol{\theta}})$ を呼び出し $\boldsymbol{\tau}$ を求めれば，それが $-\mathbf{Q}^I$ に等しいことがわかる．つまり，$\mathbf{Q}^I$ は次のように求められる．

$$\mathbf{Q}^I = -\mathrm{ID}(\boldsymbol{\theta}, \dot{\boldsymbol{\theta}}, \mathbf{0}) \tag{14.45}$$

また，質量行列 $\mathbf{M}^I = [\mathbf{m}_1 \ \ \mathbf{m}_2 \ \ \cdots \ \ \mathbf{m}_N]$ の第 i 列ベクトル $\mathbf{m}_i$ は，第 i 成分が 1 の N 次元単位ベクトル $\boldsymbol{e}_i$ を用いて次のように計算できることもわかる．

$$\mathbf{m}_i = \mathbf{M}^I \boldsymbol{e}_i = \mathbf{Q}^I + \mathrm{ID}(\boldsymbol{\theta}, \dot{\boldsymbol{\theta}}, \boldsymbol{e}_i) \tag{14.46}$$

したがって，$\boldsymbol{\theta}, \dot{\boldsymbol{\theta}}, \boldsymbol{\tau}$ が与えられて $\ddot{\boldsymbol{\theta}}$ を求める順動力学計算は，次の計算アルゴリズムによって行うことができる．

1. $\mathbf{Q}^I(\boldsymbol{\theta}, \dot{\boldsymbol{\theta}}) = -\mathrm{ID}(\boldsymbol{\theta}, \dot{\boldsymbol{\theta}}, \mathbf{0})$ を計算する．
2. $i = 1$ から N まで $\mathbf{m}_i = \mathbf{Q}^I + \mathrm{ID}(\boldsymbol{\theta}, \dot{\boldsymbol{\theta}}, \boldsymbol{e}_i)$ を計算し，$\mathbf{M}^I = [\mathbf{m}_1 \ \ \mathbf{m}_2 \ \ \cdots \ \ \mathbf{m}_N]$ を求める．
3. 線形方程式 $\mathbf{M}(\boldsymbol{\theta})\ddot{\boldsymbol{\theta}} = \mathbf{Q}^I(\boldsymbol{\theta}, \dot{\boldsymbol{\theta}}) + \boldsymbol{\tau}$ を解いて $\ddot{\boldsymbol{\theta}}$ を求める．

以上の方法は**単位ベクトル法** (unit vector method) とよばれている．この計算法では，ステップ 3 において N 次元の線形方程式を解く必要があり，計算量は 14.1 節の方法と同様 $O(N^3)$ であるが，係数が小さく計算効率は大幅に改善される．また，プログラミングが簡単であり，直鎖構造以外の構造をもつマルチボディシステムへの拡張も比較的容易であるため広く用いられている．

14.3.2 $O(N^2)$ アルゴリズム

再び最小次元運動方程式 (14.30) について考える．

$$\mathbf{M}^I \ddot{\boldsymbol{\theta}} = \mathbf{Q}^I + \boldsymbol{\tau} \tag{14.30 再}$$

単位ベクトル法では，上式における $\mathbf{M}^I$ および $\mathbf{Q}^I$ をリカーシブ・ニュートン－オイラー法を利用して効率よく計算することで計算量の低減を図った．しかし，$\mathbf{M}^I$ は成分のほとんどが零でない密な行列であるため，上式の線形方程式を解く際に $O(N^3)$ の計算を要し，全体の計算量も $O(N^3)$ にとどまっていた．もし，$\mathbf{M}^I$ を三角行列に変形することができれば，線形方程式を解くための計算量は $O(N^2)$ となり，全体の計算量も $O(N^2)$ に抑えられる可能性がある．そこで，本節では，質量行列を三角行

列に変形することを考える.

質量行列 $\mathbf{M}^I$ は式 (14.28) のように定義されるが，たとえば，$N=3$ の場合について具体的に記述すると，以下のようになる.

$$\mathbf{M}^I = \begin{bmatrix} \mathbf{J}_1^T(\mathbf{M}_1+\mathbf{D}_2^T(\mathbf{M}_2+\mathbf{D}_3^T\mathbf{M}_3\mathbf{D}_3)\mathbf{D}_2)\mathbf{J}_1 & \mathbf{J}_1^T\mathbf{D}_2^T(\mathbf{M}_2+\mathbf{D}_3^T\mathbf{M}_3\mathbf{D}_3)\mathbf{J}_2 & \mathbf{J}_1^T\mathbf{D}_2^T\mathbf{D}_3^T\mathbf{M}_3\mathbf{J}_3 \\ \mathbf{J}_2^T(\mathbf{M}_2+\mathbf{D}_3^T\mathbf{M}_3\mathbf{D}_3)\mathbf{D}_2\mathbf{J}_1 & \mathbf{J}_2^T(\mathbf{M}_2+\mathbf{D}_3^T\mathbf{M}_3\mathbf{D}_3)\mathbf{J}_2 & \mathbf{J}_2^T\mathbf{D}_3^T\mathbf{M}_3\mathbf{J}_3 \\ \mathbf{J}_3^T\mathbf{M}_3\mathbf{D}_3\mathbf{D}_2\mathbf{J}_1 & \mathbf{J}_3^T\mathbf{M}_3\mathbf{D}_3\mathbf{J}_2 & \mathbf{J}_3^T\mathbf{M}_3\mathbf{J}_3 \end{bmatrix} \tag{14.47}$$

上式より，質量行列は 13.5.1 項で説明した逆順ガウスの消去法によって整理可能な特殊な形になっていることがみてとれる．$N \times N$ 次元行列 $\mathbf{M}^I = [\mathbf{m}_1 \ \ \mathbf{m}_2 \ \ \cdots \ \ \mathbf{m}_N]$ の第 k 列 $\mathbf{m}_k = [m_{1k} \ \ m_{2k} \ \ \cdots \ \ m_{Nk}]^T$ を以下のように変換する行列 $\boldsymbol{G}_k$ を，ガウス変換行列とよぶ.

$$\begin{aligned} \boldsymbol{G}_k\mathbf{m}_k &= \boldsymbol{G}_k[m_{1k} \ \ \cdots \ \ m_{k-1k} \ \ m_{kk} \ \ \cdots \ \ m_{Nk}]^T \\ &= [0 \ \ \cdots \ \ 0 \ \ m_{kk} \ \ \cdots \ \ m_{Nk}]^T \end{aligned} \tag{14.48}$$

また，そのような行列は次式のように定義することができる.

$$\boldsymbol{G}_k = \boldsymbol{E} - \boldsymbol{\alpha}_k\boldsymbol{e}_k^T \tag{14.49}$$

ここで，$\boldsymbol{e}_k$ は k 番目の要素が 1 の単位ベクトル，$\boldsymbol{\alpha}_k = [\alpha_{k1} \ \ \alpha_{k2} \ \ \cdots \ \ \alpha_{kk-1} \ \ 0 \ \ \cdots \ \ 0]^T$ は，非零要素が次のように定義されるベクトルである.

$$\alpha_{ki} = \frac{m_{ik}}{m_{kk}} \tag{14.50}$$

$k=N$ から 2 まで，式 (14.30) の両辺に左から $\boldsymbol{G}_k$ を繰り返し乗じることにより，運動方程式を次のような形に変換することができる.

$$\hat{\mathbf{M}}\ddot{\boldsymbol{\theta}} = \hat{\mathbf{Q}} + \boldsymbol{\tau} \tag{14.51}$$

ここで，$\hat{\mathbf{M}}$ と $\hat{\mathbf{Q}}$ は次のような構造をもつ行列とベクトルである.

$$\hat{\mathbf{M}} = \begin{bmatrix} \mathbf{J}_1^T\hat{\mathbf{M}}_1\mathbf{J}_1 & 0 & 0 & \cdots & 0 \\ \mathbf{J}_2^T\hat{\mathbf{M}}_2\mathbf{D}_2\mathbf{J}_1 & \mathbf{J}_2^T\hat{\mathbf{M}}_2\mathbf{J}_2 & 0 & \cdots & 0 \\ \mathbf{J}_3^T\hat{\mathbf{M}}_3\mathbf{D}_3\mathbf{D}_2\mathbf{J}_1 & \mathbf{J}_3^T\hat{\mathbf{M}}_3\mathbf{D}_3\mathbf{J}_2 & \mathbf{J}_3^T\hat{\mathbf{M}}_3\mathbf{J}_3 & \ddots & \vdots \\ \vdots & \vdots & \vdots & \ddots & 0 \\ * & * & * & \cdots & \mathbf{J}_N^T\hat{\mathbf{M}}_N\mathbf{J}_N \end{bmatrix} \tag{14.52}$$

$$\hat{\mathbf{Q}} = \begin{bmatrix} \mathbf{J}_1^T\{\hat{\mathbf{Q}}_1 - \hat{\mathbf{M}}_1(\mathbf{D}_1\boldsymbol{\sigma}_0 + \boldsymbol{\beta}_1)\} \\ \mathbf{J}_2^T\{\hat{\mathbf{Q}}_2 - \hat{\mathbf{M}}_2(\mathbf{D}_2\boldsymbol{\sigma}_1 + \boldsymbol{\beta}_2)\} \\ \vdots \\ \mathbf{J}_N^T\{\hat{\mathbf{Q}}_N - \hat{\mathbf{M}}_N(\mathbf{D}_N\boldsymbol{\sigma}_{N-1} + \boldsymbol{\beta}_N)\} \end{bmatrix} \tag{14.53}$$

上式において，$\hat{\mathbf{M}}_i$ および $\hat{\mathbf{Q}}_i$ は以下の漸化式により求めることができる．

$$\hat{\mathbf{M}}_{i-1} = \mathbf{M}_{i-1} + \mathbf{D}_i^T\mathbf{U}_i\hat{\mathbf{M}}_i\mathbf{D}_i \tag{14.54}$$

$$\hat{\mathbf{Q}}_{i-1} = \mathbf{Q}_{i-1} + \mathbf{D}_i^T\mathbf{U}_i(\hat{\mathbf{Q}}_i - \hat{\mathbf{M}}_i\boldsymbol{\beta}_i) - \mathbf{D}_i^T\hat{\mathbf{M}}_i\mathbf{J}_i(\mathbf{J}_i^T\hat{\mathbf{M}}_i\mathbf{J}_i)^{-1}\tau_i \tag{14.55}$$

ただし，$\mathbf{U}_i = \boldsymbol{E} - \hat{\mathbf{M}}_i\mathbf{J}_i(\mathbf{J}_i^T\hat{\mathbf{M}}_i\mathbf{J}_i)^{-1}\mathbf{J}_i^T$，$\mathbf{Q}_i = \mathbf{Q}_i^p + \mathbf{Q}_i^v$ と定義しており，$\hat{\mathbf{M}}_N = \mathbf{M}_N$，$\hat{\mathbf{Q}}_N = \mathbf{Q}_N$ である．また，$\boldsymbol{\sigma}_i$ は式 (14.10) より次の漸化式によって計算できる．

$$\boldsymbol{\sigma}_i = \mathbf{D}_i\boldsymbol{\sigma}_{i-1} + \boldsymbol{\beta}_i \tag{14.56}$$

ただし，$\boldsymbol{\sigma}_0 = \mathbf{0}$ である．

以上の関係を用いて，$\boldsymbol{\theta}, \dot{\boldsymbol{\theta}}, \boldsymbol{\tau}$ が与えられるとき，$\ddot{\boldsymbol{\theta}}$ を求める順動力学計算が実行できる．計算アルゴリズムは以下の 3 ステップよりなる．

1. $i = 1$ から N まで，式 (13.37) により $\dot{\mathbf{q}}_i$，式 (14.56) により $\boldsymbol{\sigma}_i$ を求める．
2. $i = N$ から 2 まで，式 (14.54), (14.55) により $\hat{\mathbf{M}}_i$, $\hat{\mathbf{Q}}_i$ を求める．式 (14.52) により $\hat{\mathbf{M}}$，式 (14.53) により $\hat{\mathbf{Q}}$ を計算する．
3. $i = 1$ から N まで，前進代入により式 (14.51) の第 i 式を解いて $\ddot{\theta}_i$ を得る．

本アルゴリズムでは，図 14.4 に示すように，まず根元側から先端側に向かって速度を求めていき，その後，先端側から根元側に向かって式 (14.51) の係数行列および右辺ベクトルの要素を計算する．そして，最後に根元側から先端側に向かって順次加速度求めていく．質量行列 $\hat{\mathbf{M}}$ が三角行列に分解されているため，線形方程式 (14.51) を解くのに要する演算量は $O(N^2)$ である．また，それ以外の計算も $O(N^2)$ 以下に抑えられており，その結果全体の計算量も $O(N^2)$ となっている．

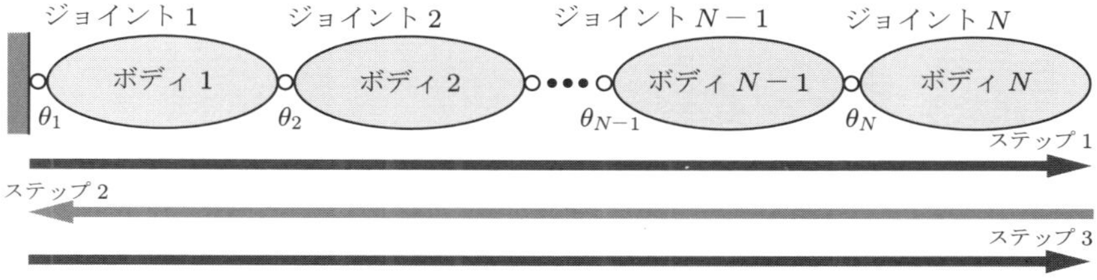

図 14.4 $O(N^2)$ アルゴリズム

例題 14.2　$N=2$ の場合について，最小次元運動方程式 (14.30) の質量行列が式 (14.47) と同様の形になり，ガウス変換を適用することで式 (14.52) の形に変形できることを確認せよ．

解　$N=2$ のとき，式 (14.9) より $\mathbf{B}$ は次式のようになる．

$$\mathbf{B}=\begin{bmatrix}\mathbf{J}_1 & \mathbf{0}\\ \mathbf{D}_2\mathbf{J}_1 & \mathbf{J}_2\end{bmatrix} \tag{14.57}$$

この $\mathbf{B}$ を全質量行列 $\mathbf{M}$ の右側から乗じると，次のようになる．

$$\mathbf{MB}=\begin{bmatrix}\mathbf{M}_1 & \mathbf{0}\\ \mathbf{0} & \mathbf{M}_2\end{bmatrix}\begin{bmatrix}\mathbf{J}_1 & \mathbf{0}\\ \mathbf{D}_2\mathbf{J}_1 & \mathbf{J}_2\end{bmatrix}=\begin{bmatrix}\mathbf{M}_1\mathbf{J}_1 & \mathbf{0}\\ \mathbf{M}_2\mathbf{D}_2\mathbf{J}_1 & \mathbf{M}_2\mathbf{J}_2\end{bmatrix} \tag{14.58}$$

さらに，$\mathbf{B}$ の転置行列を左側から乗じることにより，最小次元運動方程式の質量行列 $\mathbf{M}^I$ が次のように計算できる．

$$\begin{aligned}\mathbf{M}^I=\mathbf{B}^T\mathbf{MB}&=\begin{bmatrix}\mathbf{J}_1^T & \mathbf{J}_1^T\mathbf{D}_2^T\\ \mathbf{0} & \mathbf{J}_2^T\end{bmatrix}\begin{bmatrix}\mathbf{M}_1\mathbf{J}_1 & \mathbf{0}\\ \mathbf{M}_2\mathbf{D}_2\mathbf{J}_1 & \mathbf{M}_2\mathbf{J}_2\end{bmatrix}\\&=\begin{bmatrix}\mathbf{J}_1^T(\mathbf{M}_1+\mathbf{D}_2^T\mathbf{M}_2\mathbf{D}_2)\mathbf{J}_1 & \mathbf{J}_1^T\mathbf{D}_2^T\mathbf{M}_2\mathbf{J}_2\\ \mathbf{J}_2^T\mathbf{M}_2\mathbf{D}_2\mathbf{J}_1 & \mathbf{J}_2^T\mathbf{M}_2\mathbf{J}_2\end{bmatrix}\end{aligned} \tag{14.59}$$

上式は式 (14.47) の形になっている．

次に，式 (14.59) に逆順ガウスの消去法を適用する．1 行 2 列成分を 0 にするガウス変換行列は次のようになる．

$$\boldsymbol{G}_2=\begin{bmatrix}1 & -\alpha_{12}\\ 0 & 1\end{bmatrix}=\begin{bmatrix}1 & -\mathbf{J}_1^T\mathbf{D}_2^T\mathbf{M}_2\mathbf{J}_2(\mathbf{J}_2^T\mathbf{M}_2\mathbf{J}_2)^{-1}\\ 0 & 1\end{bmatrix} \tag{14.60}$$

このとき，$\boldsymbol{G}_2\mathbf{B}^T$ は次のように計算できる．

$$\begin{aligned}\boldsymbol{G}_2\mathbf{B}^T&=\begin{bmatrix}1 & -\mathbf{J}_1^T\mathbf{D}_2^T\mathbf{M}_2\mathbf{J}_2(\mathbf{J}_2^T\mathbf{M}_2\mathbf{J}_2)^{-1}\\ 0 & 1\end{bmatrix}\begin{bmatrix}\mathbf{J}_1^T & \mathbf{J}_1^T\mathbf{D}_2^T\\ \mathbf{0} & \mathbf{J}_2^T\end{bmatrix}\\&=\begin{bmatrix}\mathbf{J}_1^T & \mathbf{J}_1^T\mathbf{D}_2^T\{\boldsymbol{E}-\mathbf{M}_2\mathbf{J}_2(\mathbf{J}_2^T\mathbf{M}_2\mathbf{J}_2)^{-1}\mathbf{J}_2\}\\ \mathbf{0} & \mathbf{J}_2^T\end{bmatrix}=\begin{bmatrix}\mathbf{J}_1^T & \mathbf{J}_1^T\mathbf{D}_2^T\mathbf{U}_2\\ \mathbf{0} & \mathbf{J}_2^T\end{bmatrix}\end{aligned} \tag{14.61}$$

ただし，

$$\mathbf{U}_2=\mathbf{E}-\mathbf{M}_2\mathbf{J}_2(\mathbf{J}_2^T\mathbf{M}_2\mathbf{J}_2)^{-1}\mathbf{J}_2 \tag{14.62}$$

とおいている．したがって，式 (14.59) に左から $\boldsymbol{G}_2$ を乗じると，次式のようになる．

$$\begin{aligned}\boldsymbol{G}_2\mathbf{M}^I=\boldsymbol{G}_2\mathbf{B}^T\mathbf{MB}&=\begin{bmatrix}\mathbf{J}_1^T & \mathbf{J}_1^T\mathbf{D}_2^T\mathbf{U}_2\\ \mathbf{0} & \mathbf{J}_2^T\end{bmatrix}\begin{bmatrix}\mathbf{M}_1\mathbf{J}_1 & \mathbf{0}\\ \mathbf{M}_2\mathbf{D}_2\mathbf{J}_1 & \mathbf{M}_2\mathbf{J}_2\end{bmatrix}\\&=\begin{bmatrix}\mathbf{J}_1^T(\mathbf{M}_1+\mathbf{D}_2^T\mathbf{U}_2\mathbf{M}_2\mathbf{D}_2)\mathbf{J}_1 & 0\\ \mathbf{J}_2^T\mathbf{M}_2\mathbf{D}_2\mathbf{J}_1 & \mathbf{J}_2^T\mathbf{M}_2\mathbf{J}_2\end{bmatrix}\equiv\hat{\mathbf{M}}\end{aligned} \tag{14.63}$$

ここで，

$$\hat{\mathbf{M}}_2 = \mathbf{M}_2, \quad \hat{\mathbf{M}}_1 = \mathbf{M}_1 + \mathbf{D}_2^T \mathbf{U}_2 \hat{\mathbf{M}}_2 \mathbf{D}_2 \tag{14.64}$$

と定義すると，式 (14.63) は次のように書きなおせる．

$$\hat{\mathbf{M}} = \begin{bmatrix} \mathbf{J}_1^T \hat{\mathbf{M}}_1 \mathbf{J}_1 & 0 \\ \mathbf{J}_2^T \hat{\mathbf{M}}_2 \mathbf{D}_2 \mathbf{J}_1 & \mathbf{J}_2^T \hat{\mathbf{M}}_2 \mathbf{J}_2 \end{bmatrix} \tag{14.65}$$

上式は式 (14.52) の形になっている．

14.3.3 $O(N)$ アルゴリズム

前節では，最小次元運動方程式

$$\mathbf{M}^I \ddot{\boldsymbol{\theta}} = \mathbf{Q}^I + \boldsymbol{\tau} \tag{14.30 再}$$

の係数行列を三角行列に変形することによって計算量を $O(N^2)$ に低減した．しかし，大規模自由度を有するマルチボディシステムの動力学シミュレーションを行う場合は，計算量がボディ数 N に比例する順動力学計算法を利用することが望ましい．もし，$\mathbf{M}^I$ を三角行列ではなくさらに対角行列に変形することができれば，線形方程式を解くための計算量は $O(N)$ となり，全体の計算量も $O(N)$ に抑えられる可能性がある．そこで，本節では，質量行列を対角行列に変形して $O(N)$ アルゴリズムを導出することを考える．

まず，式 (14.30) とは異なる形の最小次元運動方程式を導出する．14.1 節では，全ボディの加速度を式 (14.2) のようにまとめたが，同じ加速度を

$$\begin{bmatrix} \ddot{\mathbf{q}}_1 \\ \ddot{\mathbf{q}}_2 \\ \ddot{\mathbf{q}}_3 \\ \vdots \\ \ddot{\mathbf{q}}_N \end{bmatrix} = \begin{bmatrix} \mathbf{D}_1 & \mathbf{0} & \mathbf{0} & \cdots & \mathbf{0} \\ \mathbf{0} & \mathbf{D}_2 & \mathbf{0} & \cdots & \mathbf{0} \\ \mathbf{0} & \mathbf{0} & \mathbf{D}_3 & \ddots & \vdots \\ \vdots & \vdots & \ddots & \ddots & \mathbf{0} \\ \mathbf{0} & \mathbf{0} & \cdots & \mathbf{0} & \mathbf{D}_N \end{bmatrix} \begin{bmatrix} \ddot{\mathbf{q}}_0 \\ \ddot{\mathbf{q}}_1 \\ \ddot{\mathbf{q}}_2 \\ \vdots \\ \ddot{\mathbf{q}}_{N-1} \end{bmatrix} + \begin{bmatrix} \mathbf{J}_1 & \mathbf{0} & \mathbf{0} & \cdots & \mathbf{0} \\ \mathbf{0} & \mathbf{J}_2 & \mathbf{0} & \cdots & \mathbf{0} \\ \mathbf{0} & \mathbf{0} & \mathbf{J}_3 & \ddots & \vdots \\ \vdots & \vdots & \ddots & \ddots & \mathbf{0} \\ \mathbf{0} & \mathbf{0} & \cdots & \mathbf{0} & \mathbf{J}_N \end{bmatrix} \begin{bmatrix} \ddot{\theta}_1 \\ \ddot{\theta}_2 \\ \ddot{\theta}_3 \\ \vdots \\ \ddot{\theta}_N \end{bmatrix} + \begin{bmatrix} \boldsymbol{\beta}_1 \\ \boldsymbol{\beta}_2 \\ \boldsymbol{\beta}_3 \\ \vdots \\ \boldsymbol{\beta}_N \end{bmatrix} \tag{14.66}$$

のようにまとめることもできる．以下では，上式を次のように簡潔に表現する．

$$\ddot{\mathbf{q}} = \mathbf{D}_s \ddot{\mathbf{q}}_s + \mathbf{J}\ddot{\boldsymbol{\theta}} + \boldsymbol{\beta} \tag{14.67}$$

ただし，行列 $\mathbf{D}_s$ およびベクトル $\mathbf{q}_s$ を次のように定義している．

$$\mathbf{D}_s = \begin{bmatrix} \mathbf{D}_1 & \mathbf{0} & \mathbf{0} & \cdots & \mathbf{0} \\ \mathbf{0} & \mathbf{D}_2 & \mathbf{0} & \cdots & \mathbf{0} \\ \mathbf{0} & \mathbf{0} & \mathbf{D}_3 & \ddots & \vdots \\ \vdots & \ddots & \ddots & \ddots & \mathbf{0} \\ \mathbf{0} & \mathbf{0} & \cdots & \mathbf{0} & \mathbf{D}_N \end{bmatrix} \tag{14.68}$$

$$\mathbf{q}_s = [\mathbf{q}_0^T \quad \mathbf{q}_1^T \quad \mathbf{q}_2^T \quad \cdots \quad \mathbf{q}_{N-1}^T]^T \tag{14.69}$$

一方，全ボディの運動方程式は式 (14.23) のようにまとめられた．

$$\mathbf{M}\ddot{\mathbf{q}} = \mathbf{Q}^p + \mathbf{Q}^v + (\boldsymbol{E} - \mathbf{D})^T \mathbf{Q}^{\mathrm{J}} \tag{14.23 再}$$

式 (14.67) を式 (14.23) に代入すると，次式のようになる．

$$\mathbf{M}(\mathbf{D}_s\ddot{\mathbf{q}}_s + \mathbf{J}\ddot{\boldsymbol{\theta}} + \boldsymbol{\beta}) = \mathbf{Q}^p + \mathbf{Q}^v + (\boldsymbol{E} - \mathbf{D})^T \mathbf{Q}^{\mathrm{J}} \tag{14.70}$$

さらに，上式の両辺に左から $\mathbf{B}^T$ を乗じて変形すると，次式が得られる．

$$\mathbf{B}^T\mathbf{M}\mathbf{J}\ddot{\boldsymbol{\theta}} = \mathbf{B}^T\{\mathbf{Q}^p + \mathbf{Q}^v - \mathbf{M}(\mathbf{D}_s\ddot{\mathbf{q}}_s + \boldsymbol{\beta})\} + \mathbf{B}^T(\boldsymbol{E} - \mathbf{D})^T \mathbf{Q}^{\mathrm{J}} \tag{14.71}$$

ここで，

$$\mathbf{M}_s^I = \mathbf{B}^T\mathbf{M}\mathbf{J} \tag{14.72}$$

$$\mathbf{Q}_s^I = \mathbf{B}^T\{\mathbf{Q}^p + \mathbf{Q}^v - \mathbf{M}(\mathbf{D}_s\ddot{\mathbf{q}}_s + \boldsymbol{\beta})\} \tag{14.73}$$

と定義し，式 (14.26) の関係を用いると，式 (14.30) とは異なる次のような最小次元運動方程式が得られる．

$$\mathbf{M}_s^I\ddot{\boldsymbol{\theta}} = \mathbf{Q}_s^I + \boldsymbol{\tau} \tag{14.74}$$

たとえば，$N = 3$ の場合について質量行列 $\mathbf{M}_s^I$ を具体的に記述すると，

$$\mathbf{M}_s^I = \begin{bmatrix} \mathbf{J}_1^T\mathbf{M}_1\mathbf{J}_1 & \mathbf{J}_1^T\mathbf{D}_2^T\mathbf{M}_2\mathbf{J}_2 & \mathbf{J}_1^T\mathbf{D}_2^T\mathbf{D}_3^T\mathbf{M}_3\mathbf{J}_3 \\ 0 & \mathbf{J}_2^T\mathbf{M}_2\mathbf{J}_2 & \mathbf{J}_2^T\mathbf{D}_3^T\mathbf{M}_3\mathbf{J}_3 \\ 0 & 0 & \mathbf{J}_3^T\mathbf{M}_3\mathbf{J}_3 \end{bmatrix} \tag{14.75}$$

のようになる．上式より，質量行列は最初から上三角行列になっており，かつ逆順ガウス変換によって整理可能な特殊な形になっていることがみてとれる．そこで，$\mathbf{M}_s^I$ の第 k 列の 1 から $k-1$ 行目にある成分をゼロにする逆順ガウス変換行列 $\boldsymbol{G}_k$ を式 (14.74) の両辺に左から乗じ，さらに，1 から $k-1$ 行目に $\ddot{\mathbf{q}}_{k-1} = \mathbf{D}_{k-1}\ddot{\mathbf{q}}_{k-2} + \mathbf{J}_{k-1}\ddot{\theta}_{k-1} + \boldsymbol{\beta}_{k-1}$ を代入して整理する．以上の操作を $k = N$ から 2 まで繰り返すことにより，運動方程式を次のような形に変換することができる．

$$\hat{\mathbf{M}}_s\ddot{\boldsymbol{\theta}} = \hat{\mathbf{Q}}_s + \boldsymbol{\tau} \tag{14.76}$$

ここで，$\hat{\mathbf{M}}_s$ と $\hat{\mathbf{Q}}_s$ は次のような構造をもつ行列とベクトルである．

$$\hat{\mathbf{M}}_s = \begin{bmatrix} \mathbf{J}_1^T\hat{\mathbf{M}}_1\mathbf{J}_1 & 0 & \cdots & 0 \\ 0 & \mathbf{J}_2^T\hat{\mathbf{M}}_2\mathbf{J}_2 & \ddots & \vdots \\ \vdots & \ddots & \ddots & 0 \\ 0 & \cdots & 0 & \mathbf{J}_N^T\hat{\mathbf{M}}_N\mathbf{J}_N \end{bmatrix} \tag{14.77}$$

$$\hat{\mathbf{Q}}_s = \begin{bmatrix} \mathbf{J}_1^T\{\hat{\mathbf{Q}}_1 - \hat{\mathbf{M}}_1(\mathbf{D}_1\ddot{\mathbf{q}}_0 + \boldsymbol{\beta}_1)\} \\ \mathbf{J}_2^T\{\hat{\mathbf{Q}}_2 - \hat{\mathbf{M}}_2(\mathbf{D}_2\ddot{\mathbf{q}}_1 + \boldsymbol{\beta}_2)\} \\ \vdots \\ \mathbf{J}_N^T\{\hat{\mathbf{Q}}_N - \hat{\mathbf{M}}_N(\mathbf{D}_N\ddot{\mathbf{q}}_{N-1} + \boldsymbol{\beta}_N)\} \end{bmatrix} \tag{14.78}$$

上式において，$\hat{\mathbf{M}}_i$ および $\hat{\mathbf{Q}}_i$ は $O(N^2)$ アルゴリズムにおいて定義したものとまったく同じものであり，以下の漸化式により求めることができる．

$$\hat{\mathbf{M}}_{i-1} = \mathbf{M}_{i-1} + \mathbf{D}_i^T\mathbf{U}_i\hat{\mathbf{M}}_i\mathbf{D}_i \tag{14.79}$$

$$\hat{\mathbf{Q}}_{i-1} = \mathbf{Q}_{i-1} + \mathbf{D}_i^T\mathbf{U}_i(\hat{\mathbf{Q}}_i - \hat{\mathbf{M}}_i\boldsymbol{\beta}_i) - \mathbf{D}_i^T\hat{\mathbf{M}}_i\mathbf{J}_i(\mathbf{J}_i^T\hat{\mathbf{M}}_i\mathbf{J}_i)^{-1}\tau_i \tag{14.80}$$

ただし，$\mathbf{U}_i = \boldsymbol{E} - \hat{\mathbf{M}}_i\mathbf{J}_i(\mathbf{J}_i^T\hat{\mathbf{M}}_i\mathbf{J}_i)^{-1}\mathbf{J}_i^T$, $\mathbf{Q}_i = \mathbf{Q}_i^p + \mathbf{Q}_i^v$ と定義しており，$\hat{\mathbf{M}}_N = \mathbf{M}_N$, $\hat{\mathbf{Q}}_N = \mathbf{Q}_N$ である．また，$\ddot{\mathbf{q}}_i$ は式 (13.38) の漸化式によって計算できる．

$$\ddot{\mathbf{q}}_i = \mathbf{D}_i\ddot{\mathbf{q}}_{i-1} + \mathbf{J}_i\ddot{\theta}_i + \boldsymbol{\beta}_i \tag{13.38 再}$$

ただし，$\ddot{\mathbf{q}}_0 = \mathbf{0}$ である．

以上の関係を用いて，$\boldsymbol{\theta}, \dot{\boldsymbol{\theta}}, \boldsymbol{\tau}$ が与えられるとき，$\ddot{\boldsymbol{\theta}}$ を求める順動力学計算が実行できる．計算アルゴリズムは以下の 3 ステップよりなる．

1. $i = 1$ から N まで，式 (13.37) により $\dot{\mathbf{q}}_i$ を求める．
2. $i = N$ から 2 まで，式 (14.79), (14.80) により $\hat{\mathbf{M}}_i$, $\hat{\mathbf{Q}}_i$ を計算する．
3. $i = 1$ から N まで，式 (14.76) の第 i 式

$$(\mathbf{J}_i^T\hat{\mathbf{M}}_i\mathbf{J}_i)\ddot{\theta}_i = \mathbf{J}_i^T\{\hat{\mathbf{Q}}_i - \hat{\mathbf{M}}_i(\mathbf{D}_i\ddot{\mathbf{q}}_{i-1} + \boldsymbol{\beta}_i)\} + \tau_i \tag{14.81}$$

   より $\ddot{\theta}_i$ を求め，式 (13.38) の関係により $\ddot{\mathbf{q}}_i$ を計算する．

本アルゴリズムでは，図 14.5 に示すようにまず根元側から先端側に向かって速度を求めていき，その後，先端側から根元側に向かって $\hat{\mathbf{M}}_i$ および $\hat{\mathbf{Q}}_i$ を計算する．そして，最後に根元側から先端側に向かって順次加速度を求めていく．質量行列 $\hat{\mathbf{M}}_s$ が対角行列に分解されているため，線形方程式 (14.76) を解くのに要する演算量は $O(N)$ である．また，それ以外の計算も $O(N)$ に抑えられており，その結果全体の計算量も $O(N)$ となっている．

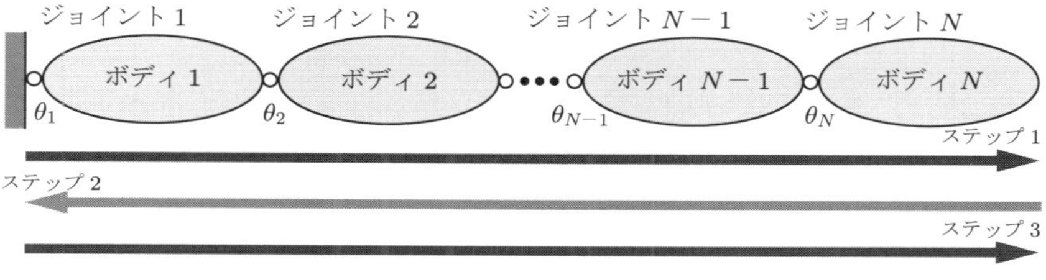

図 14.5 $O(N)$ アルゴリズム

本節の最後に，$\hat{\mathbf{M}}_i$ の物理的な意味について考えてみよう．通常の $\mathbf{M}_i$ は図 14.6 に示すように個々のボディ i の質量行列であるが，式 (14.79) および式 (14.81) より，$\hat{\mathbf{M}}_i$ は図 14.7 に示すように，ボディ i より先につながっているすべてのボディの影響を考慮した質量行列と解釈することができる．

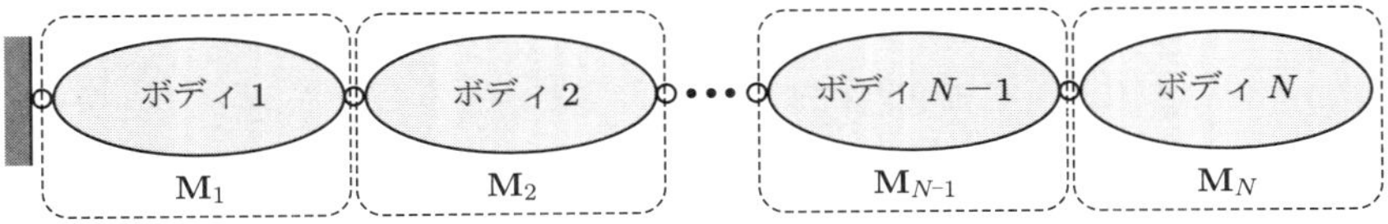

図 14.6　質量行列 $\mathbf{M}_i$ $(i = 1, 2, \ldots, N)$

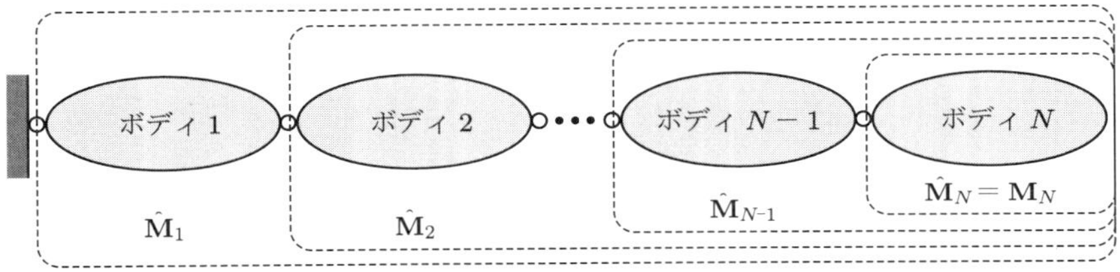

図 14.7　質量行列 $\hat{\mathbf{M}}_i$ $(i = 1, 2, \ldots, N)$

14.4　計算量の評価

ここでは，本章で説明した各種動力学計算アルゴリズムの計算量をボディ数 N をサイズとして詳細に評価し，それらの比較を行う．13.5.2 項で述べた行列とベクトルに関する各種の計算の演算量評価に基づき，各アルゴリズムの中で用いられる線形計算の演算量を積算してアルゴリズム全体の計算量を求める．

14.4.1　逆動力学計算

現在の状態 $\boldsymbol{\theta}, \dot{\boldsymbol{\theta}}$ および発生させるべき $\ddot{\boldsymbol{\theta}}$ が与えられたときに，それに必要な $\boldsymbol{\tau}$ を求める逆動力学計算を 1 回行うために必要な計算量を評価する．

式 (14.30) の最小次元運動方程式を構成し，式 (14.31) によって逆動力学計算を行う場合の計算量を評価すると，次式のようになる．

$$\text{乗除算}：12N^3 + 22N^2 - 9N \tag{14.82}$$

$$\text{加減算}：12N^3 + \frac{33}{2}N^2 - \frac{11}{2}N \tag{14.83}$$

つまり，この計算法の演算量は $O(N^3)$ である．

一方，14.2.1 項において説明したリカーシブ・ニュートン－オイラー法の計算量を評価すると，次式のようになる（演習問題 14.2）.

$$乗除算：45N - 27 \tag{14.84}$$

$$加減算：44N - 27 \tag{14.85}$$

つまり，この計算法の演算量は $O(N)$ である.

最小次元運動方程式を利用する場合とリカーシブ・ニュートン－オイラー法を利用する場合の計算量を比較すると，図 14.8 のようになる．乗除算の回数と加減算の回数はおおよそ同じであるため，ここでは乗除算についてのみ示している．同図より，リカーシブ・ニュートン－オイラー法のほうが $N \geq 2$ のすべての N において計算量が少ないことが確認できる．最小次元運動方程式を利用すると N が増加するにつれて計算量は膨大になるが，リカーシブ・ニュートン－オイラー法では N に比例して増加する程度に抑えられている.

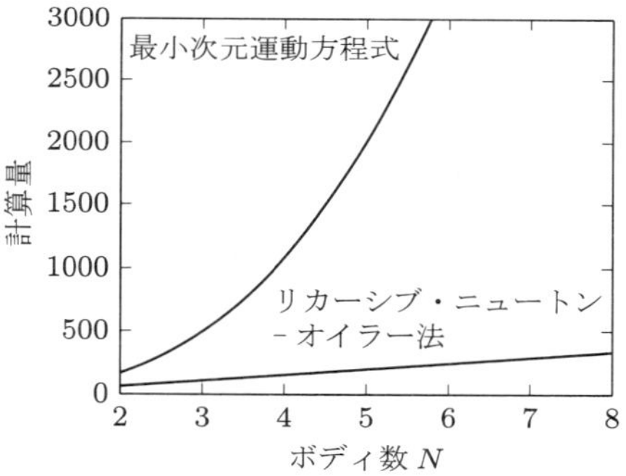

図 14.8 逆動力学計算法の計算量の比較（乗除算）

14.4.2 順動力学計算

現在の状態 $\boldsymbol{\theta}, \dot{\boldsymbol{\theta}}$ および $\boldsymbol{\tau}$ が与えられたときに，それによって発生するはずの $\ddot{\boldsymbol{\theta}}$ を求める順動力学計算を 1 回行うために必要な計算量を評価する.

式 (14.30) の最小次元運動方程式を構成し，式 (14.32) によって順動力学計算を行う場合の計算量を評価すると，次式のようになる.

$$乗除算：\frac{37}{3}N^3 + 22N^2 - \frac{25}{3}N - 1 \tag{14.86}$$

$$加減算：\frac{37}{3}N^3 + \frac{32}{2}N^2 - \frac{32}{6}N \tag{14.87}$$

つまり，この計算法の演算量は $O(N^3)$ である.

一方，14.3.1 項で説明した単位ベクトル法の演算量を評価すると，次式のようになる.

$$乗除算：\frac{1}{3}N^3 + 46N^2 + \frac{56}{3}N - 28 \tag{14.88}$$

$$加減算：\frac{1}{3}N^3 + \frac{91}{2}N^2 + \frac{103}{6}N - 27 \tag{14.89}$$

つまり，この計算法の演算量も $O(N^3)$ である．しかし，最小次元運動方程式を利用する場合よりも係数は小さい．

14.3.2 項で説明した $O(N^2)$ アルゴリズムの演算量を評価すると，次式のようになる．

$$乗除算：11N^2 + 155N - 150 \tag{14.90}$$

$$加減算：9N^2 + 119N - 116 \tag{14.91}$$

14.3.3 項で説明した $O(N)$ アルゴリズムの演算量を評価すると，次式のようになる．

$$乗除算：187N - 162 \tag{14.92}$$

$$加減算：152N - 128 \tag{14.93}$$

以上四つのアルゴリズムの計算量を比較すると，図 14.9 のようになる．乗除算の回数と加減算の回数はおおよそ同じであるため，乗除算についてのみ示している．$O(N)$ アルゴリズムは付帯的な計算が多く，$N = 2$ では他の方法よりも計算量が多いが，$N \geq 3$ になると他のいずれの方法よりも高速になる．ボディ数 N が増加しても，計算量の増加は N に比例して増加する程度に抑えられている．

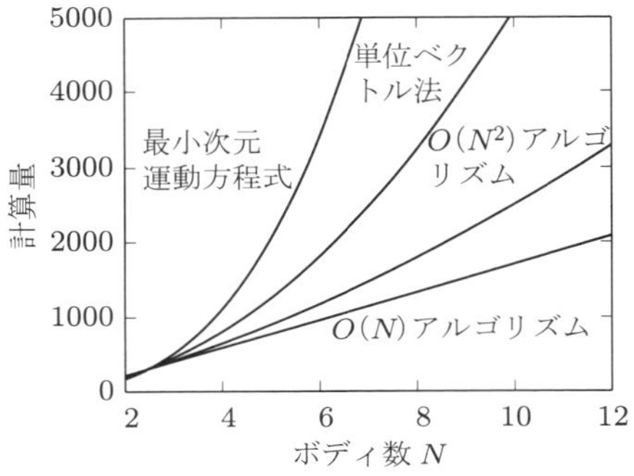

図 14.9　順動力学計算法の計算量の比較（乗除算）

演習問題

14.1　$N = 2$ の場合について，$O(N)$ アルゴリズムの基礎方程式が式 (14.76)〜(14.80) の形に定式化できることを確認せよ．

14.2　リカーシブ・ニュートン－オイラー法の計算量が式 (14.84) および式 (14.85) のように評価できることを示せ．

演習問題の解答

第２章

2.1　(1) $\boldsymbol{C} = \begin{bmatrix} 8 & 10 & 12 \\ 3 & 3 & 3 \end{bmatrix}$　(2) $\boldsymbol{D} = \begin{bmatrix} 50 & -14 \\ 122 & -32 \end{bmatrix}$

(3) $\boldsymbol{A}^T\boldsymbol{B} = \begin{bmatrix} 3 & 0 & -3 \\ 9 & 6 & 3 \\ 15 & 12 & 9 \end{bmatrix}$ より $|\boldsymbol{A}^T\boldsymbol{B}| = (3\cdot6\cdot9+9\cdot12\cdot-3)-(-3\cdot6\cdot15+3\cdot12\cdot3)=0$

2.2　(1) $\boldsymbol{a}\cdot\boldsymbol{b} = \boldsymbol{a}^T\boldsymbol{b} = 23$　(2) $\boldsymbol{a}\times\boldsymbol{b} = -\boldsymbol{a}^T\boldsymbol{V}\boldsymbol{b} = -2$

2.3　式 (2.58)〜(2.60) については省略．式 (2.61) については以下のように確認できる．

$$\boldsymbol{a}^T\boldsymbol{V}\boldsymbol{a} = [\,a_1 \quad a_2\,]\begin{bmatrix} 0 & -1 \\ 1 & 0 \end{bmatrix}\begin{bmatrix} a_1 \\ a_2 \end{bmatrix} = [\,a_1 \quad a_2\,]\begin{bmatrix} -a_2 \\ a_1 \end{bmatrix} = -a_1a_2 + a_2a_1 = 0$$

2.4　(1) $\dot{\boldsymbol{C}} = \begin{bmatrix} \dot{C}_1 \\ \dot{C}_2 \end{bmatrix} = \begin{bmatrix} \dot{x} + l\dot{\phi}\sin\phi \\ \dot{y} - l\dot{\phi}\cos\phi - \omega \end{bmatrix}$　(2) $\boldsymbol{C_q} = \begin{bmatrix} \dfrac{\partial C_1}{\partial x} & \dfrac{\partial C_1}{\partial y} & \dfrac{\partial C_1}{\partial \phi} \\ \dfrac{\partial C_2}{\partial x} & \dfrac{\partial C_2}{\partial y} & \dfrac{\partial C_2}{\partial \phi} \end{bmatrix} = \begin{bmatrix} 1 & 0 & l\sin\phi \\ 0 & 1 & -l\cos\phi \end{bmatrix}$

2.5　式 (2.83) より次のように計算できる．

$$\begin{aligned}(\boldsymbol{g}^T\boldsymbol{h})_{\boldsymbol{q}} &= \boldsymbol{h}^T\boldsymbol{g_q} + \boldsymbol{g}^T\boldsymbol{h_q} \\ &= [\,-x+y \quad x+2 \quad -x-y\,]\begin{bmatrix} 1 & -1 \\ 1 & 1 \\ 0 & 1 \end{bmatrix} + [\,x-y \quad x+y \quad y-1\,]\begin{bmatrix} -1 & 1 \\ 1 & 0 \\ -1 & -1 \end{bmatrix} \\ &= [2y+3 \quad 2x-4y+3]\end{aligned}$$

2.6　$\boldsymbol{A} = \begin{bmatrix} a_1 & a_2 \\ a_2 & a_3 \end{bmatrix}$, $\boldsymbol{q} = \begin{bmatrix} q_1 \\ q_2 \end{bmatrix}$ とおくと，与式が成り立つことが次のように確認できる．

$$\begin{aligned}\frac{\partial}{\partial \boldsymbol{q}}(\boldsymbol{q}^T\boldsymbol{A}\boldsymbol{q}) &= \frac{\partial}{\partial \boldsymbol{q}}\left\{[\,q_1 \quad q_2\,]\begin{bmatrix} a_1 & a_2 \\ a_2 & a_3 \end{bmatrix}\begin{bmatrix} q_1 \\ q_2 \end{bmatrix}\right\} = \frac{\partial}{\partial \boldsymbol{q}}(a_1q_1^2 + 2a_2q_1q_2 + a_3q_2^2) \\ &= [\,2a_1q_1 + 2a_2q_2 \quad 2a_2q_1 + 2a_3q_2\,] = 2[\,q_1 \quad q_2\,]\begin{bmatrix} a_1 & a_2 \\ a_2 & a_3 \end{bmatrix} = 2\boldsymbol{q}^T\boldsymbol{A}\end{aligned}$$

2.7　$\boldsymbol{A}_1 = \begin{bmatrix} \cos 270^\circ & -\sin 270^\circ \\ \sin 270^\circ & \cos 270^\circ \end{bmatrix} = \begin{bmatrix} 0 & 1 \\ -1 & 0 \end{bmatrix}$, $\overline{\boldsymbol{u}}_1^P = \boldsymbol{A}_1^{-1}\boldsymbol{u}_1^P = \boldsymbol{A}_1^T\boldsymbol{u}_1^P = \begin{bmatrix} -2\sqrt{3} \\ 2 \end{bmatrix}$

第３章

3.1　$\boldsymbol{r}_i^P = \boldsymbol{R}_i + \boldsymbol{A}_i\overline{\boldsymbol{u}}_i^P$ より $\boldsymbol{R}_i = \boldsymbol{r}_i^P - \boldsymbol{A}_i\overline{\boldsymbol{u}}_i^P = \begin{bmatrix} -3.9682 \\ 1.6767 \end{bmatrix}$

3.2　(1) $\boldsymbol{r}_i^A = \boldsymbol{R}_i + \boldsymbol{A}_i\overline{\boldsymbol{u}}_i^A = \begin{bmatrix} 3.4029 \\ 1.6767 \end{bmatrix}$　　(2) $\boldsymbol{u}_i^B = \boldsymbol{A}_i\overline{\boldsymbol{u}}_i^B = \begin{bmatrix} -1.9351 \\ 2.2705 \end{bmatrix}$

(3) $\boldsymbol{r}_i^C = \boldsymbol{R}_i + \boldsymbol{A}_i\overline{\boldsymbol{u}}_i^C$ より $\overline{\boldsymbol{u}}_i^C = \boldsymbol{A}_i^{-1}(\boldsymbol{r}_i^C - \boldsymbol{R}_i) = \boldsymbol{A}_i^T(\boldsymbol{r}_i^C - \boldsymbol{R}_i) = \begin{bmatrix} 1.5464 \\ -1.8597 \end{bmatrix}$

3.3　$\dot{\boldsymbol{r}}_1^Q = \dot{\boldsymbol{R}}_1 + \boldsymbol{A}_1\boldsymbol{V}\overline{\boldsymbol{u}}_1^Q\dot{\phi}_1 = \begin{bmatrix} -0.7074 \\ -1.3113 \end{bmatrix}$

$\ddot{\boldsymbol{r}}_1^Q = \ddot{\boldsymbol{R}}_1 + \boldsymbol{A}_1\boldsymbol{V}\overline{\boldsymbol{u}}_1^Q\ddot{\phi}_1 - \boldsymbol{A}_1\overline{\boldsymbol{u}}_1^Q(\dot{\phi}_1)^2 = \begin{bmatrix} -3.1274 \\ -2.4144 \end{bmatrix}$

第 4 章

4.1　(1) $\boldsymbol{C}_K^1(\boldsymbol{q}) = \boldsymbol{R}_2 + \boldsymbol{A}_2\overline{\boldsymbol{u}}_2^P - \boldsymbol{R}_1 - \boldsymbol{A}_1\overline{\boldsymbol{u}}_1^P = \begin{bmatrix} x_2 - l\cos\phi_2 - x_1 \\ y_2 - l\sin\phi_2 - y_1 \end{bmatrix} = \boldsymbol{0}$

(2) $\boldsymbol{C}_K^2(\boldsymbol{q}) = \begin{bmatrix} y_1 \\ \phi_1 \end{bmatrix} = \boldsymbol{0}$　　(3) $\boldsymbol{C}_D^1(\boldsymbol{q}, t) = \begin{bmatrix} x_1 - a\sin\omega t \\ \phi_2 - 3\pi/2 - \omega t \end{bmatrix} = \boldsymbol{0}$

4.2　(1) $\boldsymbol{C}_K^1(\boldsymbol{q}) = \boldsymbol{R}_2 + \boldsymbol{A}_2\overline{\boldsymbol{u}}_2^P - \boldsymbol{R}_1 - \boldsymbol{A}_1\overline{\boldsymbol{u}}_1^P = \begin{bmatrix} x_2 - l_P\sin\phi_2 - x_1 - l_1\cos\phi_1 \\ y_2 + l_P\cos\phi_2 - y_1 - l_1\sin\phi_1 \end{bmatrix} = \boldsymbol{0}$

(2) $C_K^2(\boldsymbol{q}) = x_1 = 0$　　(3) $C_K^3(\boldsymbol{q}) = x_2 - l_B = 0$　　(4) $\boldsymbol{C}_D^1(\boldsymbol{q}, t) = \begin{bmatrix} y_1(t) - a - v_1 t \\ y_2(t) - b + v_2 t \end{bmatrix} = \boldsymbol{0}$

第 5 章

5.1　式 (5.8) に対して，$\boldsymbol{C}_{\boldsymbol{q}}$, $\boldsymbol{\nu}$, $\boldsymbol{\gamma}$ はそれぞれ以下のように求められる．

$$\boldsymbol{C}_{\boldsymbol{q}} = \begin{bmatrix} 1 & 0 & s_1\sin\phi_1 & 0 & 0 & 0 \\ 0 & 1 & -s_1\cos\phi_1 & 0 & 0 & 0 \\ 1 & 0 & -(l_1 - s_1)\sin\phi_1 & -1 & 0 & -s_2\sin\phi_2 \\ 0 & 1 & (l_1 - s_1)\cos\phi_1 & 0 & -1 & s_2\cos\phi_2 \\ 0 & 0 & 0 & 1 & 0 & -(l_2 - s_2)\sin\phi_2 \\ 0 & 0 & 0 & 0 & 1 & (l_2 - s_2)\cos\phi_2 \end{bmatrix}$$

$$\boldsymbol{\nu} = -\boldsymbol{C}_t = [0 \quad 0 \quad 0 \quad 0 \quad v \quad 0]^T$$

$$\boldsymbol{\gamma} = -(\boldsymbol{C}_{\boldsymbol{q}}\dot{\boldsymbol{q}})_{\boldsymbol{q}}\dot{\boldsymbol{q}} - 2\boldsymbol{C}_{\boldsymbol{q}t}\dot{\boldsymbol{q}} - \boldsymbol{C}_{tt} = \begin{bmatrix} -s_1\dot{\phi}_1^2\cos\phi_1 \\ -s_2\dot{\phi}_1^2\sin\phi_1 \\ (l_1 - s_1)\dot{\phi}_1^2\cos\phi_1 + s_2\dot{\phi}_2^2\cos\phi_2 \\ (l_1 - s_1)\dot{\phi}_1^2\sin\phi_1 + s_2\dot{\phi}_2^2\sin\phi_2 \\ (l_2 - s_2)\dot{\phi}_2^2\cos\phi_2 \\ (l_2 - s_2)\dot{\phi}_2^2\sin\phi_2 \end{bmatrix}$$

5.2　ボディ i の運動を $\boldsymbol{q}_i = [x_i \quad y_i \quad \phi_i]^T$ で表し，全一般化座標を $\boldsymbol{q} = [x_1 \quad y_1 \quad \phi_1 \quad x_2 \quad y_2 \quad \phi_2]^T$ と定義する．ボディ 1 上の点 O_1 が絶対座標系の原点 O に回転ジョイントで結合される拘束は $\boldsymbol{C}_K^1(\boldsymbol{q}) = \begin{bmatrix} x_1 \\ y_1 \end{bmatrix} = \boldsymbol{0}$ と表せる．一方，ボディ 2 が x_0 軸上を角度一定でスライドする拘束は

$C_K^2(\boldsymbol{q}) = \begin{bmatrix} y_2 \\ \phi_2 \end{bmatrix} = \boldsymbol{0}$ と書ける．点 Q から点 P へのベクトルは $\boldsymbol{r}_1^P - \boldsymbol{r}_2^Q = \boldsymbol{R}_1 + \boldsymbol{A}_1 \overline{\boldsymbol{u}}_1^P - \boldsymbol{R}_2 = \begin{bmatrix} x_1 + l_1 \cos\phi_1 - x_2 \\ y_1 + l_1 \sin\phi_1 - y_2 \end{bmatrix} \equiv \begin{bmatrix} \alpha \\ \beta \end{bmatrix}$ であるので，点 P と点 Q の間の距離が常に l_2 となる拘束は $C_K^3(\boldsymbol{q}) = \alpha^2 + \beta^2 - l_2^2 = 0$ と表せる．駆動拘束は $C_D^1 = \phi_1 - \omega t = 0$ である．以上より，全拘束条件は次式のように表せる．

$$\boldsymbol{C}(\boldsymbol{q}, t) = [x_1 \quad y_1 \quad y_2 \quad \phi_2 \quad \alpha^2 + \beta^2 - l_2^2 \quad \phi_1 - \omega t]^T = \boldsymbol{0}$$

上式の拘束方程式に対して，$\boldsymbol{C_q}$, $\boldsymbol{\nu}$, $\boldsymbol{\gamma}$ はそれぞれ以下のように求められる．

$$\boldsymbol{C_q} = \begin{bmatrix} 1 & 0 & 0 & 0 & 0 & 0 \\ 0 & 1 & 0 & 0 & 0 & 0 \\ 0 & 0 & 0 & 0 & 1 & 0 \\ 0 & 0 & 0 & 0 & 0 & 1 \\ 2\alpha & 2\beta & -2\alpha l_1 \sin\phi_1 + 2\beta l_1 \cos\phi_1 & -2\alpha & -2\beta & 0 \\ 0 & 0 & 1 & 0 & 0 & 0 \end{bmatrix}$$

$$\boldsymbol{\nu} = -\boldsymbol{C}_t = [0 \quad 0 \quad 0 \quad 0 \quad 0 \quad \omega]^T$$

$$\boldsymbol{\gamma} = -(\boldsymbol{C_q}\dot{\boldsymbol{q}})_{\boldsymbol{q}}\dot{\boldsymbol{q}} - 2\boldsymbol{C}_{\boldsymbol{q}t}\dot{\boldsymbol{q}} - \boldsymbol{C}_{tt} = [0 \quad 0 \quad 0 \quad 0 \quad \rho \quad 0]^T$$

ただし，$\rho \equiv -2(\dot{x}_1^2 + \dot{y}_1^2 + l_1^2\dot{\phi}_1^2 + \dot{x}_2^2 + \dot{y}_2^2) + 4(\dot{x}_1\dot{x}_2 + \dot{y}_1\dot{y}_2) + 4l_1\dot{x}_1 \sin\phi_1$ である．

第 6 章

6.1　前進消去過程は以下のようになる．

$$\text{与式} \Rightarrow \begin{bmatrix} 1 & 2 & 5 \\ 0 & 3 & -3 \\ 0 & -5 & -14 \end{bmatrix} \begin{bmatrix} x_1 \\ x_2 \\ x_3 \end{bmatrix} = \begin{bmatrix} 30 \\ -9 \\ -80 \end{bmatrix} \Rightarrow \begin{bmatrix} 1 & 2 & 5 \\ 0 & 3 & -3 \\ 0 & 0 & -19 \end{bmatrix} \begin{bmatrix} x_1 \\ x_2 \\ x_3 \end{bmatrix} = \begin{bmatrix} 30 \\ -9 \\ -95 \end{bmatrix}$$

したがって，後退代入により，$x_3 = 5$, $x_2 = 2$, $x_1 = 1$ のように求められる．

6.2　与式の係数行列を $\boldsymbol{A}$，右辺ベクトルを $\boldsymbol{b}$ とする．ガウス変換行列 $\boldsymbol{G}_1$, $\boldsymbol{G}_2$，および $\boldsymbol{U}$ を計算すると次のようになる．

$$\boldsymbol{G}_1 = \begin{bmatrix} 1 & 0 & 0 \\ -1/2 & 1 & 0 \\ -1 & 0 & 1 \end{bmatrix}, \quad \boldsymbol{G}_2 = \begin{bmatrix} 1 & 0 & 0 \\ 0 & 1 & 0 \\ 0 & -2/5 & 1 \end{bmatrix}, \quad \boldsymbol{U} = \boldsymbol{G}_2\boldsymbol{G}_1\boldsymbol{A} = \begin{bmatrix} 2 & 1 & 1 \\ 0 & 5/2 & 1/2 \\ 0 & 0 & 14/5 \end{bmatrix}$$

ガウス変換行列の逆行列 $\boldsymbol{G}_1^{-1}$, $\boldsymbol{G}_2^{-1}$，および $\boldsymbol{L}$ を計算すると次のようになる．

$$\boldsymbol{G}_1^{-1} = \begin{bmatrix} 1 & 0 & 0 \\ 1/2 & 1 & 0 \\ 1 & 0 & 1 \end{bmatrix}, \quad \boldsymbol{G}_2^{-1} = \begin{bmatrix} 1 & 0 & 0 \\ 0 & 1 & 0 \\ 0 & 2/5 & 1 \end{bmatrix}, \quad \boldsymbol{L} = \boldsymbol{G}_1^{-1}\boldsymbol{G}_2^{-1} = \begin{bmatrix} 1 & 0 & 0 \\ 1/2 & 1 & 0 \\ 1 & 2/5 & 1 \end{bmatrix}$$

与式は $\boldsymbol{A} = \boldsymbol{LU}$ のように分解することにより，次の 2 方程式に帰着できる．

$$\underbrace{\begin{bmatrix} 1 & 0 & 0 \\ 1/2 & 1 & 0 \\ 1 & 2/5 & 1 \end{bmatrix}}_{\boldsymbol{L}} \underbrace{\begin{bmatrix} y_1 \\ y_2 \\ y_3 \end{bmatrix}}_{\boldsymbol{y}} = \underbrace{\begin{bmatrix} 8 \\ 12 \\ 14 \end{bmatrix}}_{\boldsymbol{b}}, \quad \underbrace{\begin{bmatrix} 2 & 1 & 1 \\ 0 & 5/2 & 1/2 \\ 0 & 0 & 14/5 \end{bmatrix}}_{\boldsymbol{U}} \underbrace{\begin{bmatrix} x_1 \\ x_2 \\ x_3 \end{bmatrix}}_{\boldsymbol{x}} = \underbrace{\begin{bmatrix} y_1 \\ y_2 \\ y_3 \end{bmatrix}}_{\boldsymbol{y}}$$

左側の式の前進代入により $y_1 = 8$, $y_2 = 8$, $y_3 = 14/5$ と求められ，続いて右側の式の後退代入により $x_1 = 2$, $x_2 = 3$, $x_3 = 1$ と計算できる．

6.3　更新式は $q^{(k+1)} = q^{(k)} - C(q^{(k)})/C_q(q^{(k)}) = q^{(k)} - \{(q^{(k)})^3 - 3q^{(k)} + 1\}/\{3(q^{(k)})^2 - 3\}$ である．初期値 $q^{(0)} = 0.0$ より，$q^{(1)} = 0.3333$, $q^{(2)} = 0.3472$, $q^{(3)} = 0.3473$ と更新される．$k = 3$ のとき収束判定条件 $|C| < 10^{-4}$ を満たすので，数値解は $q = q^{(3)} = 0.3473$ である．

6.4　更新式は次のようになる．

$$\underbrace{\begin{bmatrix} 2q_1 & 2q_2 \\ -3q_1^2 & 1 \end{bmatrix}}_{\boldsymbol{C_q}} \underbrace{\begin{bmatrix} \Delta q_1 \\ \Delta q_2 \end{bmatrix}}_{\Delta \boldsymbol{q}} = - \underbrace{\begin{bmatrix} q_1^2 + q_2^2 - 1 \\ q_2 - q_1^3 \end{bmatrix}}_{\boldsymbol{C}}, \quad \underbrace{\begin{bmatrix} q_1^{(k+1)} \\ q_2^{(k+1)} \end{bmatrix}}_{\boldsymbol{q}^{(k+1)}} = \underbrace{\begin{bmatrix} q_1^{(k)} \\ q_2^{(k)} \end{bmatrix}}_{\boldsymbol{q}^{(k)}} + \underbrace{\begin{bmatrix} \Delta q_1^{(k)} \\ \Delta q_2^{(k)} \end{bmatrix}}_{\Delta \boldsymbol{q}^{(k)}}$$

初期値 $\boldsymbol{q}^{(0)} = [1 \;\; 0.5]^T$ より，$\boldsymbol{q}^{(1)} = [0.8500 \;\; 0.5500]^T$，$\boldsymbol{q}^{(2)} = [0.8266 \;\; 0.5634]^T$，$\boldsymbol{q}^{(3)} = [0.8260 \;\; 0.5636]^T$ と更新される．$k = 3$ のとき収束判定条件 $|\boldsymbol{C}| < 10^{-4}$ を満たすので，数値解は $\boldsymbol{q} = \boldsymbol{q}^{(3)} = [0.8260 \;\; 0.5636]^T$ である．

第７章

7.1　式 (7.39) および式 (7.40) より，

$$\boldsymbol{C}_{\boldsymbol{q}}^r \dot{\boldsymbol{q}} = \boldsymbol{C}_{\boldsymbol{q}_i}^r \dot{\boldsymbol{q}}_i + \boldsymbol{C}_{\boldsymbol{q}_j}^r \dot{\boldsymbol{q}}_j = \dot{\boldsymbol{R}}_i + \boldsymbol{A}_i \boldsymbol{V} \overline{\boldsymbol{u}}_i^P \dot{\phi}_i - \dot{\boldsymbol{R}}_j - \boldsymbol{A}_j \boldsymbol{V} \overline{\boldsymbol{u}}_j^P \dot{\phi}_j \equiv \boldsymbol{G}^r$$

のように計算できる．上式を $\boldsymbol{q}_i$ および $\boldsymbol{q}_j$ で偏微分すると，それぞれ次のようになる．

$$\boldsymbol{G}_{\boldsymbol{q}_i}^r = [\boldsymbol{0} \;\; \boldsymbol{A}_i \boldsymbol{V}\boldsymbol{V} \overline{\boldsymbol{u}}_i^P \dot{\phi}_i] = [\boldsymbol{0} \;\; -\boldsymbol{A}_i \overline{\boldsymbol{u}}_i^P \dot{\phi}_i], \quad \boldsymbol{G}_{\boldsymbol{q}_j}^r = [\boldsymbol{0} \;\; -\boldsymbol{A}_j \boldsymbol{V}\boldsymbol{V} \overline{\boldsymbol{u}}_j^P \dot{\phi}_j] = [\boldsymbol{0} \;\; \boldsymbol{A}_j \overline{\boldsymbol{u}}_j^P \dot{\phi}_j]$$

式 (7.7) より，$\boldsymbol{C}_{\boldsymbol{q}t}^r = \boldsymbol{0}$, $\boldsymbol{C}_{tt}^r = \boldsymbol{0}$ であることに注意すると，式 (7.42) が成り立つことが次のように確認できる．

$$\boldsymbol{\gamma}^r = -\boldsymbol{G}_{\boldsymbol{q}}^r \dot{\boldsymbol{q}} = -\boldsymbol{G}_{\boldsymbol{q}_i}^r \dot{\boldsymbol{q}}_i - \boldsymbol{G}_{\boldsymbol{q}_j}^r \dot{\boldsymbol{q}}_j = [\boldsymbol{0} \;\; \boldsymbol{A}_i \overline{\boldsymbol{u}}_i^P \dot{\phi}_i] \begin{bmatrix} \dot{\boldsymbol{R}}_i \\ \dot{\phi}_i \end{bmatrix} + [\boldsymbol{0} \;\; -\boldsymbol{A}_j \overline{\boldsymbol{u}}_j^P \dot{\phi}_j] \begin{bmatrix} \dot{\boldsymbol{R}}_j \\ \dot{\phi}_j \end{bmatrix}$$

$$= \text{式 (7.42) の右辺}$$

7.2　式 (7.47) を $\boldsymbol{R}_i$ および $\boldsymbol{R}_j$ で偏微分すると，それぞれ次のようになる．

$$\boldsymbol{G}_{\boldsymbol{R}_i}^t = \begin{bmatrix} \boldsymbol{u}^T \dot{\phi}_i \\ 0 \end{bmatrix}, \quad \boldsymbol{G}_{\boldsymbol{R}_j}^t = \begin{bmatrix} -\boldsymbol{u}^T \dot{\phi}_i \\ 0 \end{bmatrix}$$

一方，$\partial \boldsymbol{u}^\perp / \partial \phi_i = -\boldsymbol{u}$, $\partial \boldsymbol{u} / \partial \phi_i = \boldsymbol{u}^\perp$ であることに注意して式 (7.47) を ϕ_i および ϕ_j で偏微分すると，それぞれ次のようになる．

$$\boldsymbol{G}_{\phi_i}^t = \begin{bmatrix} -\boldsymbol{u}^T (\dot{\boldsymbol{R}}_j - \dot{\boldsymbol{R}}_i) - (\boldsymbol{u}^\perp)^T (\boldsymbol{R}_j - \boldsymbol{R}_i) \dot{\phi}_i + (\boldsymbol{u}^\perp)^T \boldsymbol{A}_j \overline{\boldsymbol{u}}_j^P (\dot{\phi}_j - \dot{\phi}_i) \\ 0 \end{bmatrix}$$

$$\boldsymbol{G}_{\phi_j}^t = \begin{bmatrix} \boldsymbol{u}^T \boldsymbol{V} \boldsymbol{A}_j \overline{\boldsymbol{u}}_j^P (\dot{\phi}_j - \dot{\phi}_i) \\ 0 \end{bmatrix} = \begin{bmatrix} -(\boldsymbol{u}^\perp)^T \boldsymbol{A}_j \overline{\boldsymbol{u}}_j^P (\dot{\phi}_j - \dot{\phi}_i) \\ 0 \end{bmatrix}$$

これらを式 (7.46) に代入することにより，式 (7.48) が成り立つことが次のように確認できる．

$$\boldsymbol{\gamma}^t = -(\boldsymbol{G}_{\boldsymbol{R}_i}^t \dot{\boldsymbol{R}}_i + \boldsymbol{G}_{\phi_i}^t \dot{\phi}_i + \boldsymbol{G}_{\boldsymbol{R}_j}^t \dot{\boldsymbol{R}}_j + \boldsymbol{G}_{\phi_j}^t \dot{\phi}_j)$$

$$= - \begin{bmatrix} \boldsymbol{u}^T \dot{\boldsymbol{R}}_i \dot{\phi}_i - \boldsymbol{u}^T (\dot{\boldsymbol{R}}_j - \dot{\boldsymbol{R}}_i) \dot{\phi}_i - (\boldsymbol{u}^\perp)^T (\boldsymbol{R}_j - \boldsymbol{R}_i) \dot{\phi}_i^2 + (\boldsymbol{u}^\perp)^T \boldsymbol{A}_j \overline{\boldsymbol{u}}_j^P \dot{\phi}_i (\dot{\phi}_j - \dot{\phi}_i) \\ -\boldsymbol{u}^T \dot{\boldsymbol{R}}_j \dot{\phi}_i - (\boldsymbol{u}^\perp)^T \boldsymbol{A}_j \overline{\boldsymbol{u}}_j^P \dot{\phi}_j (\dot{\phi}_j - \dot{\phi}_i) \\ \hline 0 \end{bmatrix}$$

$$= - \begin{bmatrix} -2\boldsymbol{u}^T (\dot{\boldsymbol{R}}_j - \dot{\boldsymbol{R}}_i) \dot{\phi}_i - (\boldsymbol{u}^\perp)^T (\boldsymbol{R}_j - \boldsymbol{R}_i) \dot{\phi}_i^2 - (\boldsymbol{u}^\perp)^T \boldsymbol{A}_j \overline{\boldsymbol{u}}_j^P (\dot{\phi}_j - \dot{\phi}_i)^2 \\ 0 \end{bmatrix}$$

$$= \text{式 (7.48) の右辺}$$

▌第 8 章▐

8.1　拘束力である垂直抗力 N_1, N_2 は接触面に垂直であり，拘束を満たす仮想変位に対して仕事をしない．外力としては y_0 軸の負の向きに働く重力がある．$\overline{AB} = 2a\cos\phi$, $\overline{BG} = 2a\cos\phi - l$ であるので，点 G の y 座標は $y = -(2a\cos\phi - l)\sin\phi$ により計算できる．よって，y 方向の仮想変位は次のように表せる．

$$\delta y = -(2a\cos\phi - 2)\cos\phi\delta\phi + 2a\sin^2\phi\delta\phi = (-2a\cos^2\phi + l\cos\phi + 2a\sin^2\phi)\delta\phi$$
$$= \{-2a\cos^2\phi + l\cos\phi + 2a(1-\cos^2\phi)\}\delta\phi = (-4a\cos^2\phi + l\cos\phi + 2a)\delta\phi$$

したがって，仮想仕事の原理より，次式が成り立つ．

$$\delta W = -mg\delta y = mg(4a\cos^2\phi - l\cos\phi - 2a)\delta\phi = 0$$

上式が任意の $\delta\phi$ に対して成り立つ条件より，$4a\cos^2\phi - l\cos\phi - 2a = 0$ を得る．これを $\cos\phi$ の 2 次方程式として解けば，平衡位置が $\phi = \cos^{-1}\left((l + \sqrt{l^2 + 32a^2})/8a\right)$ のように求められる．

8.2　ダランベールの原理より，並進（y_0 軸方向）と回転の動的平衡条件は次のように書ける．

$$\underbrace{T - mg}_{\text{外力}} + \underbrace{(-m\ddot{y})}_{\text{慣性力}} = 0, \qquad \underbrace{Ta}_{\text{外トルク}} + \underbrace{(-I\ddot{\phi})}_{\text{慣性偶力}} = 0$$

張力 T は滑らかな拘束であり，拘束を満たす仮想変位に対して仕事をしない．したがって，仮想仕事の原理より次式が成り立つ．

$$\delta W = \{-mg + (-m\ddot{y})\}\delta y + (-I\ddot{\phi})\delta\phi = 0$$

ここで，$y = -a\phi$ より，$\delta y = -a\delta\phi$, $\ddot{y} = -a\ddot{\phi}$ であるので，これらを代入すると次式を得る．

$$\delta W = (mg + m\ddot{y})a\delta\phi + \left(\frac{I}{a}\ddot{y}\right)\delta\phi = \left(mga + ma\ddot{y} + \frac{I}{a}\ddot{y}\right)\delta\phi = 0$$

上式が任意の $\delta\phi$ に対して成り立つ条件より，$mga + ma\ddot{y} + (I/a)\ddot{y} = 0$ を得る．これより，落下加速度が $\ddot{y} = -mg/(m + I/a^2)$ のように求められる．

▌第 9 章▐

9.1　重力による一般化外力を $\boldsymbol{Q}^g$, ばね力による一般化外力を $\boldsymbol{Q}^s$ とすると $\boldsymbol{Q}^e = \boldsymbol{Q}^g + \boldsymbol{Q}^s$ となり，式 (9.128) は次式のように書ける．

$$\boldsymbol{M}\ddot{\boldsymbol{q}} + \boldsymbol{C}_{\boldsymbol{q}}^T\boldsymbol{\lambda} = \boldsymbol{Q}^g + \boldsymbol{Q}^s + \boldsymbol{Q}^v$$

ボディは 1 個であるので，全一般化座標は $\boldsymbol{q} = [x_1 \quad y_1 \quad \phi_1]^T$ である．点 S の位置は $\boldsymbol{r}_1^S = \boldsymbol{R}_1 + \boldsymbol{A}_1\overline{\boldsymbol{u}}_1^S = \begin{bmatrix} x_1 - a\cos\phi_1 \\ y_1 - a\sin\phi_1 \end{bmatrix}$ となるので，点 S が y_0 軸上に拘束される条件は $C^1(\boldsymbol{q}) = x_1 - a\cos\phi_1 = 0$ と書ける．一方，点 P の位置は $\boldsymbol{r}_1^P = \boldsymbol{R}_1 + \boldsymbol{A}_1\overline{\boldsymbol{u}}_1^P = \begin{bmatrix} x_1 + b\cos\phi_1 \\ y_1 + b\sin\phi_1 \end{bmatrix}$ となるので，点 P が x_0 軸上に拘束される条件は $C^2(\boldsymbol{q}) = y_1 + b\sin\phi_1 = 0$ と書ける．これより，全拘束条件およびヤコビ行列は次のように表せる．

$$\boldsymbol{C}(\boldsymbol{q}) = \begin{bmatrix} C^1(\boldsymbol{q}) \\ C^2(\boldsymbol{q}) \end{bmatrix} = \begin{bmatrix} x_1 - a\cos\phi_1 \\ y_1 + b\sin\phi_1 \end{bmatrix} = \boldsymbol{0}, \quad \boldsymbol{C}_{\boldsymbol{q}} = \begin{bmatrix} 1 & 0 & a\sin\phi_1 \\ 0 & 1 & b\cos\phi_1 \end{bmatrix}$$

ボディ座標系の原点を重心に一致させているので，$\boldsymbol{M}$, $\boldsymbol{Q}^v$，および $\boldsymbol{Q}^g$ は次のようになる．

$$\boldsymbol{M} = \mathrm{diag}\,[m_1 \quad m_1 \quad I_1], \quad \boldsymbol{Q}^v = \boldsymbol{0}, \quad \boldsymbol{Q}^g = [0 \quad -m_1 g \quad 0]^T$$

ばねは点 O と点 P の間に設置されているので $\boldsymbol{d} = \boldsymbol{r}_1^P$ であり，2 点間の距離は $l = |\boldsymbol{d}| = \sqrt{(x_1 + b\cos\phi_1)^2 + (y_1 + b\sin\phi_1)^2}$ となる．よって，ばね力による一般化外力は次式となる．

$$\boldsymbol{Q}^s = -k(l-l_0)\begin{bmatrix}\boldsymbol{E}\\(\boldsymbol{A}_1\boldsymbol{V}\overline{\boldsymbol{u}}_1^P)^T\end{bmatrix}\frac{\boldsymbol{d}}{l} = -k(l-l_0)\begin{bmatrix}1 & 0\\0 & 1\\-b\sin\phi_1 & b\cos\phi_1\end{bmatrix}\frac{\boldsymbol{d}}{l}$$

9.2　ボディ数は $N=2$ であるので，式 (9.128) の運動方程式は次式のようになる．

$$\begin{bmatrix}\boldsymbol{M}_1 & \boldsymbol{0}\\\boldsymbol{0} & \boldsymbol{M}_2\end{bmatrix}\begin{bmatrix}\ddot{\boldsymbol{q}}_1\\\ddot{\boldsymbol{q}}_2\end{bmatrix} + \begin{bmatrix}\boldsymbol{C}_{\boldsymbol{q}_1}^T\\\boldsymbol{C}_{\boldsymbol{q}_2}^T\end{bmatrix}\boldsymbol{\lambda} = \begin{bmatrix}\boldsymbol{Q}_1^g\\\boldsymbol{Q}_2^g\end{bmatrix} + \begin{bmatrix}\boldsymbol{Q}_1^s\\\boldsymbol{Q}_2^s\end{bmatrix} + \begin{bmatrix}\boldsymbol{Q}_1^v\\\boldsymbol{Q}_2^v\end{bmatrix}$$

ここで，一般化座標は $\boldsymbol{q} = [\boldsymbol{q}_1^T \ \ \boldsymbol{q}_2^T]^T$, $\boldsymbol{q}_i = [x_i \ \ y_i \ \ \phi_i]^T$ である．ボディ 1 が x_0 軸上に一定の姿勢で拘束される条件は $\boldsymbol{C}^1(\boldsymbol{q}) = \begin{bmatrix}y_1\\\phi_1\end{bmatrix} = \boldsymbol{0}$ と表せる．また，ボディ 1 とボディ 2 が点 P において回転ジョイントによって結合される条件は，次のように書ける．

$$\boldsymbol{C}^2(\boldsymbol{q}) = \boldsymbol{R}_2 + \boldsymbol{A}_2\overline{\boldsymbol{u}}_2^P - \boldsymbol{R}_1 - \boldsymbol{A}_1\overline{\boldsymbol{u}}_1^P = \begin{bmatrix}x_2 - l\cos\phi_2 - x_1 - b\sin\phi_1\\y_2 - l\sin\phi_2 - y_1 + b\cos\phi_1\end{bmatrix} = \boldsymbol{0}$$

よって，全拘束条件は次式のようになる．

$$\boldsymbol{C}(\boldsymbol{q}) = \begin{bmatrix}\boldsymbol{C}^1(\boldsymbol{q})\\\boldsymbol{C}^2(\boldsymbol{q})\end{bmatrix} = \begin{bmatrix}y_1\\\phi_1\\x_2 - l\cos\phi_2 - x_1 - b\sin\phi_1\\y_2 - l\sin\phi_2 - y_1 + b\cos\phi_1\end{bmatrix} = \boldsymbol{0}$$

上式より，ヤコビ行列は次のように求められる．

$$\boldsymbol{C}_{\boldsymbol{q}_1} = \begin{bmatrix}0 & 1 & 0\\0 & 0 & 1\\-1 & 0 & -b\cos\phi_1\\0 & -1 & -b\sin\phi_1\end{bmatrix}, \quad \boldsymbol{C}_{\boldsymbol{q}_2} = \begin{bmatrix}0 & 0 & 0\\0 & 0 & 0\\1 & 0 & l\sin\phi_2\\0 & 1 & -l\cos\phi_2\end{bmatrix}$$

ボディ座標系の原点は各ボディの重心に固定しているので，$\boldsymbol{M}_i$, $\boldsymbol{Q}_i^v$, $\boldsymbol{Q}_i^g$ は次のようになる．

$$\boldsymbol{M}_i = \mathrm{diag}\,[m_i \ \ m_i \ \ I_i], \quad \boldsymbol{Q}_i^v = \boldsymbol{0}, \quad \boldsymbol{Q}_i^g = [0 \ \ -m_i g \ \ 0]^T \quad (i=1,2)$$

点 Q から Σ_1 の原点 O_1 へのベクトルは $\boldsymbol{d} = \boldsymbol{R}_1 - \boldsymbol{r}^Q = [x_1 + l_0 \ \ y_1]^T$ であり，2 点間の距離は $l = |\boldsymbol{d}| = \sqrt{(x_1+l_0)^2 + y_1^2}$ となる．よって，ばね力による一般化外力は次式となる．

$$\boldsymbol{Q}_1^s = -k(l-l_0)\begin{bmatrix}\boldsymbol{E}\\(\boldsymbol{A}_1\boldsymbol{V}\overline{\boldsymbol{u}}_1^O)^T\end{bmatrix}\frac{\boldsymbol{d}}{l} = -k(l-l_0)\begin{bmatrix}1 & 0\\0 & 1\\0 & 0\end{bmatrix}\frac{\boldsymbol{d}}{l}, \quad \boldsymbol{Q}_2^s = \begin{bmatrix}0\\0\\0\end{bmatrix}$$

▌第 10 章▐

10.1　ボディは 1 個であるので，全一般化座標は $\boldsymbol{q} = [x_1 \ \ y_1 \ \ \phi_1]^T$ であり，式 (10.12) は

$$\begin{bmatrix}\boldsymbol{M} & \boldsymbol{C}_{\boldsymbol{q}}^T\\\boldsymbol{C}_{\boldsymbol{q}} & \boldsymbol{0}\end{bmatrix}\begin{bmatrix}\ddot{\boldsymbol{q}}\\\boldsymbol{\lambda}\end{bmatrix} = \begin{bmatrix}\boldsymbol{Q}^v + \boldsymbol{Q}^p + \boldsymbol{H}\boldsymbol{\tau}\\\boldsymbol{\gamma}\end{bmatrix}$$

のように表せる．点 P の位置は $\boldsymbol{r}_1^P = \boldsymbol{R}_1 + \boldsymbol{A}_1\overline{\boldsymbol{u}}_1^P = \begin{bmatrix}x_1 - s_1\cos\phi_1\\y_1 - s_1\sin\phi_1\end{bmatrix}$ であるので，点 P が x_0 軸に沿って変位加振される拘束条件およびそのヤコビ行列は，次のように計算できる．

$$\boldsymbol{C}(\boldsymbol{q},t) = \begin{bmatrix}x_1 - s_1\cos\phi_1 - x_1^d(t)\\y_1 - s_1\sin\phi_1\end{bmatrix} = \boldsymbol{0}, \quad \boldsymbol{C}_{\boldsymbol{q}} = \begin{bmatrix}1 & 0 & s_1\sin\phi_1\\0 & 1 & -s_1\cos\phi_1\end{bmatrix}$$

一方，$\boldsymbol{\gamma}$ は次のように求められる．

$$\boldsymbol{\gamma} = -(\boldsymbol{C_q}\dot{\boldsymbol{q}})_{\boldsymbol{q}}\dot{\boldsymbol{q}} - 2\boldsymbol{C}_{\boldsymbol{q}t}\dot{\boldsymbol{q}} - \boldsymbol{C}_{tt} = \begin{bmatrix} -s_1\dot{\phi}_1^2\cos\phi_1 + \ddot{x}_1^d(t) \\ -s_1\dot{\phi}_1^2\sin\phi_1 \end{bmatrix}$$

ボディ座標系の原点をボディの重心に一致させていることに注意すると，一般化質量行列 $\boldsymbol{M}$，速度 2 乗慣性力ベクトル $\boldsymbol{Q}^v$，重力に対応する一般化力 $\boldsymbol{Q}^p$ および入力変換行列 $\boldsymbol{H}$ は

$$\boldsymbol{M} = \mathrm{diag}\,[m_1 \quad m_1 \quad I_1], \quad \boldsymbol{Q}^v = \boldsymbol{0}, \quad \boldsymbol{Q}^p = [0 \quad -m_1 g \quad 0]^T, \quad \boldsymbol{H} = [0 \;\; 0 \;\; 1]^T$$

となる．以上より，式 (10.12) の形式の運動方程式が構成でき，$\ddot{x}_1^d(t) = -a\omega^2\sin\omega t$，$\tau = -k_p(\phi_1 - \pi/2) - k_d\dot{\phi}_1$ を代入して順動力学問題を解くことで，シミュレーションが行える．

10.2　ボディは 1 個であるので，全一般化座標は $\boldsymbol{q} = [x_1 \quad y_1 \quad \phi_1]^T$ である．ボディの重力による一般化力を $\boldsymbol{Q}^g$，先端点 E に作用する力による一般化力を $\boldsymbol{Q}^w$，アクチュエータによって加えられる力による一般化力を $\boldsymbol{H}f_a$ とすると，式 (10.79) は次式のように書ける．

$$[\boldsymbol{C}_{\boldsymbol{q}}^T \quad -\boldsymbol{H}]\begin{bmatrix} \boldsymbol{\lambda} \\ f^a \end{bmatrix} = \boldsymbol{Q}^v + \boldsymbol{Q}^g + \boldsymbol{Q}^w - \boldsymbol{M}\ddot{\boldsymbol{q}}$$

ボディ上の点 W が原点 O に回転ジョイントで結合される拘束条件およびそのヤコビ行列は，

$$\boldsymbol{C}(\boldsymbol{q},t) = \boldsymbol{r}_1^W = \begin{bmatrix} x_1 - s_1\cos\phi_1 \\ y_1 - s_1\sin\phi_1 \end{bmatrix} = \boldsymbol{0}, \quad \boldsymbol{C}_{\boldsymbol{q}} = \begin{bmatrix} 1 & 0 & s_1\sin\phi_1 \\ 0 & 1 & -s_1\cos\phi_1 \end{bmatrix}$$

のようになる．一方，点 B から点 P へのベクトルは

$$\boldsymbol{r}_1^P - \boldsymbol{r}_0^B = \boldsymbol{R}_1 + \boldsymbol{A}_1\overline{\boldsymbol{u}}_1^P - \boldsymbol{r}_0^B = \begin{bmatrix} x_1 + s_x\cos\phi_1 - s_y\sin\phi_1 - b_x \\ y_1 + s_x\sin\phi_1 + s_y\cos\phi_1 - b_y \end{bmatrix} \equiv \begin{bmatrix} \alpha \\ \beta \end{bmatrix}$$

のように計算できるので，アクチュエータ駆動拘束およびそのヤコビ行列は次式となる．

$$\hat{C}(\boldsymbol{q},t) = \sqrt{\alpha^2+\beta^2} - \eta(t) = 0, \quad \hat{C}_{\boldsymbol{q}} = \left[\alpha\big/\sqrt{\alpha^2+\beta^2} \quad \beta\big/\sqrt{\alpha^2+\beta^2} \quad \sigma\big/\sqrt{\alpha^2+\beta^2}\right]$$

ただし，$\sigma = -(\alpha s_x + \beta s_y)\sin\phi_1 + (\beta s_x - \alpha s_y)\cos\phi_1$ である．式 (10.76), (10.77) および (10.78) に基づいて運動学解析を行うことにより，$\boldsymbol{q}, \dot{\boldsymbol{q}}, \ddot{\boldsymbol{q}}$ が得られる．

ボディ座標系の原点をボディの重心に一致させているので，一般化質量行列 $\boldsymbol{M}$，速度 2 乗慣性力ベクトル $\boldsymbol{Q}^v$，および $\boldsymbol{Q}^g$ は次のようになる．

$$\boldsymbol{M} = \mathrm{diag}\,[m_1 \quad m_1 \quad I_1], \quad \boldsymbol{Q}^v = \boldsymbol{0}, \quad \boldsymbol{Q}^g = [0 \quad -m_1 g \quad 0]^T$$

ブーム先端点 E に加えられる力 $\boldsymbol{f}^E$ および対応する一般化力 $\boldsymbol{Q}^w$ は，式 (9.12) より次式となる．

$$\boldsymbol{f}^E = \begin{bmatrix} 0 \\ -Mg \end{bmatrix}, \quad \boldsymbol{Q}^w = \begin{bmatrix} \boldsymbol{f}^E \\ (\boldsymbol{A}_1\boldsymbol{V}\overline{\boldsymbol{u}}_1^E)^T\boldsymbol{f}^E \end{bmatrix} = \begin{bmatrix} 0 \\ -Mg \\ -Mg(l_1 - s_1)\cos\phi_1 \end{bmatrix}$$

一方，アクチュエータによって点 P に加えられる力 $\boldsymbol{f}^P$ および対応する一般化力 $\boldsymbol{H}f^a$ は，

$$\boldsymbol{f}^P = \frac{\boldsymbol{r}_1^P - \boldsymbol{r}_0^B}{\|\boldsymbol{r}_1^P - \boldsymbol{r}_0^B\|}f^a = \begin{bmatrix} \alpha\big/\sqrt{\alpha^2+\beta^2} \\ \beta\big/\sqrt{\alpha^2+\beta^2} \end{bmatrix} f^a,$$

$$\boldsymbol{H}f^a = \begin{bmatrix} \boldsymbol{f}^P \\ (\boldsymbol{A}_1\boldsymbol{V}\overline{\boldsymbol{u}}_1^P)^T\boldsymbol{f}^P \end{bmatrix} = \begin{bmatrix} \alpha\big/\sqrt{\alpha^2+\beta^2} \\ \beta\big/\sqrt{\alpha^2+\beta^2} \\ \sigma\big/\sqrt{\alpha^2+\beta^2} \end{bmatrix} f^a$$

のように求められる．以上より，式 (10.79) が構築できる．

第 11 章

11.1　$y_{n+1} = y_n + hF(y_n, t_n) = y_n + h\{3y_n/(1+t_n)\}$, $y_0 = 1$, $t_0 = 0$, $h = 0.02$ である．$n = 0$ のとき，$y_1 = y_0 + h\{3y_0/(1+t_0)\} = 1 + 0.02\{3 \times 1/(1+0)\} = 1.060$ となる．同様に計算していくと，$y_2 = 1.122$, $y_3 = 1.187$, $y_4 = 1.254$, $y_5 = 1.324$ が得られる．

11.2　$y_{n+1} = y_n + h(k_1 + 2k_2 + 2k_3 + k_4)/6$, $k_1 = F(y_n, t_n)$, $k_2 = F(y_n + hk_1/2, t_n + h/2)$, $k_3 = F(y_n + hk_2/2, t_n + h/2)$, $k_4 = F(y_n + hk_3, t_n + h)$, $F(y, t) = -ty$, $y_0 = 1$, $t_0 = 0$, $h = 0.1$ である．$n = 0$ のとき，$k_1 = -t_0 y_0 = 0$, $k_2 = -(t_0 + h/2)(y_0 + hk_1/2) = -0.05000$, $k_3 = -(t_0 + h/2)(y_0 + hk_2/2) = -0.04988$, $k_4 = -(t_0 + h)(y_0 + hk_3) = -0.09975$ より $y_1 = y_0 + +h(k_1 + 2k_2 + 2k_3 + k_4)/6 = 0.99501$ となる．同様に，$n = 1$ のとき，$k_1 = -0.09950$, $k_2 = -0.14851$, $k_3 = -0.14814$, $k_4 = -0.19604$ より $y_2 = 0.98020$, $n = 2$ のとき，$k_1 = -0.19604$, $k_2 = -0.24260$, $k_3 = -0.24202$, $k_4 = -0.28680$ より $y_3 = 0.95600$ が得られる．

11.3　ボディは 1 個であるので，全一般化座標は $\boldsymbol{q} = [x_1 \;\; y_1 \;\; \phi_1]^T$ であり，式 (11.110) は

$$\begin{bmatrix} \beta' \boldsymbol{M} + \gamma' \boldsymbol{D}^t + \boldsymbol{K}^t & \boldsymbol{C}_{\boldsymbol{q}}^T \\ \boldsymbol{C}_{\boldsymbol{q}} & \boldsymbol{0} \end{bmatrix} \begin{bmatrix} \Delta x_1 \\ \Delta y_1 \\ \Delta \phi_1 \\ \Delta \lambda_1 \\ \Delta \lambda_2 \end{bmatrix} = - \begin{bmatrix} \boldsymbol{e}^{\boldsymbol{q}} \\ \boldsymbol{e}^{\boldsymbol{\lambda}} \end{bmatrix}$$

のようになる．ボディが x_0 軸上を一定の角度でスライドするための拘束条件，およびそのヤコビ行列は次式のようになる．

$$\boldsymbol{C}(\boldsymbol{q}, t) = \begin{bmatrix} y_1 \\ \phi_1 \end{bmatrix} = \boldsymbol{0}, \quad \boldsymbol{C}_{\boldsymbol{q}} = \begin{bmatrix} 0 & 1 & 0 \\ 0 & 0 & 1 \end{bmatrix}$$

ボディ座標系の原点をボディの重心に一致させているので，一般化質量行列 $\boldsymbol{M}$，速度 2 乗慣性力ベクトル $\boldsymbol{Q}^v$，および重力による一般化外力 $\boldsymbol{Q}^g$ は次のようになる．

$$\boldsymbol{M} = \mathrm{diag}\,[m_1 \;\; m_1 \;\; I_1], \quad \boldsymbol{Q}^v = \boldsymbol{0}, \quad \boldsymbol{Q}^g = [0 \;\; -m_1 g \;\; 0]^T$$

点 O から点 O_1 へのベクトルは $\boldsymbol{d} = [x_1 \;\; y_1]^T$ であり，2 点間の距離は $l = |\boldsymbol{d}| = \sqrt{x_1^2 + y_1^2}$ となる．よって，ばね力による一般化外力 $\boldsymbol{Q}^s$ は次式となる．

$$\boldsymbol{Q}^s = -k(l - l_0) \begin{bmatrix} \boldsymbol{E} \\ (\boldsymbol{A}_1 \boldsymbol{V} \overline{\boldsymbol{u}}_1^O)^T \end{bmatrix} \frac{\boldsymbol{d}}{l} = -k(l - l_0) \begin{bmatrix} 1 & 0 \\ 0 & 1 \\ 0 & 0 \end{bmatrix} \frac{\boldsymbol{d}}{l} = \begin{bmatrix} -kx_1(1 - l_0/l) \\ -ky_1(1 - l_0/l) \\ 0 \end{bmatrix}$$

残差ベクトル $\boldsymbol{e}^{\boldsymbol{q}}$, $\boldsymbol{e}^{\boldsymbol{\lambda}}$ はそれぞれ次のようになる．

$$\begin{aligned} \boldsymbol{e}^{\boldsymbol{q}} &= \boldsymbol{M} \ddot{\boldsymbol{q}}_{n+1} + \boldsymbol{C}_{\boldsymbol{q}}^T \boldsymbol{\lambda}_{n+1} - \boldsymbol{Q}^v - \boldsymbol{Q}^g - \boldsymbol{Q}^s(\boldsymbol{q}_{n+1}) \\ &= \begin{bmatrix} m_1 \ddot{x}_{1,n+1} + kx_{1,n+1}(1 - l_0/l_{n+1}) \\ m_1 \ddot{y}_{1,n+1} + \lambda_{1,n+1} + m_1 g + ky_{1,n+1}(1 - l_0/l_{n+1}) \\ I_1 \ddot{\phi}_{1,n+1} + \lambda_{2,n+1} \end{bmatrix} \end{aligned}$$

$$\boldsymbol{e}^{\boldsymbol{\lambda}} = \boldsymbol{C}(\boldsymbol{q}_{n+1}, t_{n+1}) = \begin{bmatrix} y_{1,n+1} \\ \phi_{1,n+1} \end{bmatrix}$$

ただし，$l_{n+1} = \sqrt{x_{1,n+1}^2 + y_{1,n+1}^2}$ である．運動方程式に一般化速度 $\dot{\boldsymbol{q}}$ が含まれていないため，接線減衰行列は $\boldsymbol{D}^t = \boldsymbol{0}$ である．一方，接線剛性行列は次式のように求められる．

$$\boldsymbol{K}^t = \frac{\partial}{\partial \boldsymbol{q}} \{ \boldsymbol{M} \ddot{\boldsymbol{q}}_{n+1}(\boldsymbol{q}_{n+1}) + \boldsymbol{C}_{\boldsymbol{q}}^T \boldsymbol{\lambda}_{n+1} - \boldsymbol{Q}^v - \boldsymbol{Q}^g - \boldsymbol{Q}^s(\boldsymbol{q}) \} \Big|_{\boldsymbol{q} = \boldsymbol{q}_{n+1}}$$

$$
= \begin{bmatrix} k(1-l_0/l_{n+1}) + kx_{1,n+1}^2 l_0/l_{n+1}^3 & kx_{1,n+1}y_{1,n+1}l_0/l_{n+1}^3 & 0 \\ kx_{1,n+1}y_{1,n+1}l_0/l_{n+1}^3 & k(1-l_0/l_{n+1}) + ky_{1,n+1}^2 l_0/l_{n+1}^3 & 0 \\ 0 & 0 & 0 \end{bmatrix}
$$

以上により，式 (11.110) が構築できる．

第 12 章

12.1　例題 12.2 の計算結果および $\boldsymbol{W}_T = \boldsymbol{0}$ より，式 (12.89) の a および b は次のようになる．

$$
a = \boldsymbol{W}_N \boldsymbol{M}^{-1}(\boldsymbol{W}_N^T + \boldsymbol{W}_T^T \mu_G) = [0 \quad 1 \quad 0] \begin{bmatrix} 1/m_1 & 0 & 0 \\ 0 & 1/m_1 & 0 \\ 0 & 0 & 1/I_1 \end{bmatrix} \begin{bmatrix} 0 \\ 1 \\ 0 \end{bmatrix} = \frac{1}{m_1}
$$

$$
\begin{aligned}
b &= \boldsymbol{W}_N \boldsymbol{M}^{-1} \boldsymbol{Q} + w_N = [0 \quad 1 \quad 0] \begin{bmatrix} 1/m_1 & 0 & 0 \\ 0 & 1/m_1 & 0 \\ 0 & 0 & 1/I_1 \end{bmatrix} \begin{bmatrix} 0 \\ -m_1 g \\ 0 \end{bmatrix} + 5.625 \sin 7.5t \\
&= -g + 5.625 \sin 7.5t
\end{aligned}
$$

よって，式 (12.88) は $\ddot{g}_N = (1/m_1) f_N + (5.625 \sin 7.5t - g)$ のようになる．

12.2　拘束条件がないため $\boldsymbol{C_q} = \boldsymbol{0}$ より，式 (12.123) は次のようになる．

$$
\begin{bmatrix} \boldsymbol{M} & \boldsymbol{W}_N^T \\ \boldsymbol{W}_N & \boldsymbol{0} \end{bmatrix} \begin{bmatrix} \Delta \dot{\boldsymbol{q}} \\ -p \end{bmatrix} = \begin{bmatrix} \boldsymbol{0} \\ -(1+e) \boldsymbol{W}_N \dot{\boldsymbol{q}}(t_I - 0) \end{bmatrix}
$$

例題 12.2 で求めた $\boldsymbol{M}$, $\boldsymbol{W}_N$ を代入すると，次式のように表せる．

$$
\begin{bmatrix} m_1 & 0 & 0 & 0 \\ 0 & m_1 & 0 & 1 \\ 0 & 0 & I_1 & 0 \\ 0 & 1 & 0 & 0 \end{bmatrix} \begin{bmatrix} \Delta \dot{x}_1 \\ \Delta \dot{y}_1 \\ \Delta \dot{\phi}_1 \\ -p \end{bmatrix} = \begin{bmatrix} 0 \\ 0 \\ 0 \\ -(1+e) \dot{y}_1 (t_I - 0) \end{bmatrix}
$$

第 13 章

13.1　ボディ 1 の重心 G_1 からボディ 2 の重心 G_2 へのベクトル $\boldsymbol{d}_{12}$ は，次のように計算できる．

$$
\boldsymbol{d}_{12} = \boldsymbol{r}_2^P - \boldsymbol{r}_1^Q = \begin{bmatrix} 2s \cos\theta_1 + s\cos(\theta_1 + \theta_2) \\ 2s \sin\theta_1 + s \sin(\theta_1 + \theta_2) \end{bmatrix} - \begin{bmatrix} s\cos\theta_1 \\ s \sin\theta_1 \end{bmatrix} = s \begin{bmatrix} \cos\theta_1 + \cos(\theta_1 + \theta_2) \\ \sin\theta_1 + \sin(\theta_1 + \theta_2) \end{bmatrix}
$$

2 点間の距離は，加法定理を用いて整理すると $l = |\boldsymbol{d}_{12}| = s\sqrt{2 + \cos\theta_2}$ となるので，絶対座標系 Σ_0 で成分表示したばね力は次のように求められる．

$$
{}^0\boldsymbol{f} = -k(l - l_0) \frac{\boldsymbol{d}_{12}}{l} = -k\left(s - \frac{l_0}{\sqrt{2 + \cos\theta_2}}\right) \begin{bmatrix} \cos\theta_1 + \cos(\theta_1 + \theta_2) \\ \sin\theta_1 + \sin(\theta_1 + \theta_2) \end{bmatrix}
$$

ボディ 1 に作用するばね力をボディ 1 座標系 Σ_1 で成分表示すると，次のようになる．

$$
{}^{-1}\boldsymbol{f} = {}^{-1}\boldsymbol{A}_0 {}^0\boldsymbol{f} = -\begin{bmatrix} \cos\theta_1 & \sin\theta_1 \\ -\sin\theta_1 & \cos\theta_1 \end{bmatrix} {}^0\boldsymbol{f} = k\left(s - \frac{l_0}{\sqrt{2 + \cos\theta_2}}\right) \begin{bmatrix} 1 + \cos\theta_2 \\ \sin\theta_2 \end{bmatrix}
$$

したがって，$\overline{\boldsymbol{u}}_1^G = [0 \quad s]^T$ であることに注意すると，式 (13.51) より次のように計算できる．

$$
\boldsymbol{Q}_1^p = \begin{bmatrix} \boldsymbol{E} & \boldsymbol{0} \\ (\boldsymbol{V} \overline{\boldsymbol{u}}_1^G)^T & 1 \end{bmatrix} \begin{bmatrix} {}^{-1}\boldsymbol{f} \\ 0 \end{bmatrix} = k\left(s - \frac{l_0}{\sqrt{2 + \cos\theta_2}}\right) \begin{bmatrix} 1 + \cos\theta_2 \\ \sin\theta_2 \\ s\sin\theta_2 \end{bmatrix}
$$

一方，ボディ 2 に作用するばね力をボディ 2 座標系 Σ_2 で成分表示すると，次のようになる．

$$
\begin{aligned}
{}^2\boldsymbol{f} = {}^2\boldsymbol{A}_1{}^1\boldsymbol{A}_0{}^0\boldsymbol{f} &= \begin{bmatrix} \cos(\theta_1+\theta_2) & \sin(\theta_1+\theta_2) \\ -\sin(\theta_1+\theta_2) & \cos(\theta_1+\theta_2) \end{bmatrix} {}^0\boldsymbol{f} \\
&= -k\left(s - \frac{l_0}{\sqrt{2+\cos\theta_2}}\right)\begin{bmatrix} 1+\cos\theta_2 \\ \sin\theta_2 \end{bmatrix}
\end{aligned}
$$

したがって，$\overline{\boldsymbol{u}}_2^G = [0 \quad s]^T$ であることに注意すると，式 (13.51) より次のように計算できる．

$$
\mathbf{Q}_2^p = \begin{bmatrix} \boldsymbol{E} & \mathbf{0} \\ (\boldsymbol{V}\overline{\boldsymbol{u}}_2^G)^T & 1 \end{bmatrix} \begin{bmatrix} {}^2\boldsymbol{f} \\ 0 \end{bmatrix} = -k\left(s - \frac{l_0}{\sqrt{2+\cos\theta_2}}\right)\begin{bmatrix} 1+\cos\theta_2 \\ \sin\theta_2 \\ s\sin\theta_2 \end{bmatrix}
$$

13.2　LU 分解を行うためのプログラムは，以下のように記述することができる．

```
for k=1:N-1
    w=1/a(k,k);
    for i=k+1:N
        a(i,k)=w*a(i,k);
        for j=k+1:N
            a(i,j)=a(i,j)-a(i,k)*a(k,j);
        end
    end
end
```

第 2 行の除算 / は $k = 1,\ldots,N-1$ に対して $N-1$ 回実行される．第 4 行の乗算 $*$ は $k = 1,\ldots,N-1$ と変化するとき，それぞれ $(N-1)$, $(N-2)$, …, 2, 1 回実行されるので，計 $1+2+\cdots+(N-2)+(N-1) = N(N-1)/2$ 回実行される．第 6 行の減算 $-$ および乗算 $*$ は $k = 1,\ldots,N-1$ と変化するとき，i, j のループでそれぞれ $(N-1)^2$, $(N-2)^2$, …, 2^2, 1^2 回実行されるので，計 $1^2+2^2+\cdots+(N-2)^2+(N-1)^2 = (N-1)N(2N-1)/6$ 回実行される．ただし，$\sum_{k=1}^{N} k^2 = N(N+1)(2N+1)/6$ という関係を用いた．以上を合計することにより，LU 分解を行うためには乗除算 $(N-1)+N(N-1)/2+(N-1)N(2N-1)/6 = (N-1)(N^2+N+3)/3$ 回，加減算 $(N-1)N(2N-1)/6$ 回で十分であることが確認できる．

第 14 章

14.1　$N=2$ のとき，式 (14.74) すなわち $\mathbf{M}_s^I\ddot{\boldsymbol{\theta}} = \mathbf{Q}_s^I + \boldsymbol{\tau}$ の各行列，およびベクトルは

$$
\mathbf{M}_s^I = \begin{bmatrix} \mathbf{J}_1^T\mathbf{M}_1\mathbf{J}_1 & \mathbf{J}_1^T\mathbf{D}_2^T\hat{\mathbf{M}}_2\mathbf{J}_2 \\ 0 & \mathbf{J}_2^T\hat{\mathbf{M}}_2\mathbf{J}_2 \end{bmatrix}, \quad \boldsymbol{\tau} = \begin{bmatrix} \tau_1 \\ \tau_2 \end{bmatrix}
$$

$$
\mathbf{Q}_s^I = \begin{bmatrix} \mathbf{J}_1^T\{\mathbf{Q}_1 - \mathbf{M}_1(\mathbf{D}_1\ddot{\mathbf{q}}_0+\beta_1)\} + \mathbf{J}_1^T\mathbf{D}_2^T\{\hat{\mathbf{Q}}_2 - \hat{\mathbf{M}}_2(\mathbf{D}_2\ddot{\mathbf{q}}_1+\beta_2)\} \\ \mathbf{J}_2^T\{\hat{\mathbf{Q}}_2 - \hat{\mathbf{M}}_2(\mathbf{D}_2\ddot{\mathbf{q}}_1+\beta_2)\} \end{bmatrix}
$$

のようになる．ただし，$\mathbf{Q}_i = \mathbf{Q}_i^p + \mathbf{Q}_i^v$, $\hat{\mathbf{M}}_2 = \mathbf{M}_2$, $\hat{\mathbf{Q}}_2 = \mathbf{Q}_2$ と定義している．$\mathbf{M}_s^I$ の 1 行 2 列成分をゼロにするガウス変換行列は，次式のように求められる．

$$
\boldsymbol{G}_2 = \boldsymbol{E} - \boldsymbol{\alpha}_2\boldsymbol{e}_2^T = \begin{bmatrix} 1 & -\alpha_{21} \\ 0 & 1 \end{bmatrix} = \begin{bmatrix} 1 & -\mathbf{J}_1^T\mathbf{D}_2^T\hat{\mathbf{M}}_2\mathbf{J}_2(\mathbf{J}_2^T\hat{\mathbf{M}}_2\mathbf{J}_2)^{-1} \\ 0 & 1 \end{bmatrix}
$$

式 (14.74) の両辺に左から $\boldsymbol{G}_2$ を乗じると $\boldsymbol{G}_2\mathbf{M}_s^I\ddot{\boldsymbol{\theta}} = \boldsymbol{G}_2\mathbf{Q}_s^I + \boldsymbol{G}_2\boldsymbol{\tau}$ となり，各行列，およびベクト

ルはそれぞれ次式のように計算できる．

$$G_2\mathbf{M}_s^I = \begin{bmatrix} \mathbf{J}_1^T\mathbf{M}_1\mathbf{J}_1 & 0 \\ 0 & \mathbf{J}_2^T\hat{\mathbf{M}}_2\mathbf{J}_2 \end{bmatrix}, \quad G_2\boldsymbol{\tau} = \begin{bmatrix} \tau_1 - \mathbf{J}_1^T\mathbf{D}_2^T\hat{\mathbf{M}}_2\mathbf{J}_2(\mathbf{J}_2^T\hat{\mathbf{M}}_2\mathbf{J}_2)^{-1}\tau_2 \\ \tau_2 \end{bmatrix}$$

$$G_2\mathbf{Q}_s^I = \begin{bmatrix} \mathbf{J}_1^T\{\mathbf{Q}_1 - \mathbf{M}_1(\mathbf{D}_1\ddot{\mathbf{q}}_0 + \boldsymbol{\beta}_1)\} + \mathbf{J}_1^T\mathbf{D}_2^T U_2\{\hat{\mathbf{Q}}_2 - \hat{\mathbf{M}}_2(\mathbf{D}_2\ddot{\mathbf{q}}_1 + \boldsymbol{\beta}_2)\} \\ \mathbf{J}_2^T\{\hat{\mathbf{Q}}_2 - \hat{\mathbf{M}}_2(\mathbf{D}_2\ddot{\mathbf{q}}_1 + \boldsymbol{\beta}_2)\} \end{bmatrix}$$

ただし，$U_2 = E - \hat{\mathbf{M}}_2\mathbf{J}_2(\mathbf{J}_2^T\hat{\mathbf{M}}_2\mathbf{J}_2)^{-1}\mathbf{J}_2^T$ である．1 行目に $\ddot{\mathbf{q}}_1 = \mathbf{D}_1\ddot{\mathbf{q}}_0 + \mathbf{J}_1\ddot{\theta}_1 + \boldsymbol{\beta}_1$ を代入し，$\ddot{\theta}_1$ に関する項 $-\mathbf{J}_1^T\mathbf{D}_2^T U_2\hat{\mathbf{M}}_2\mathbf{D}_2\mathbf{J}_1\ddot{\theta}_1$ を左辺に移項して整理すると $\hat{\mathbf{M}}_s\ddot{\boldsymbol{\theta}} = \hat{\mathbf{Q}}_s + \boldsymbol{\tau}$ となり，各行列，およびベクトルはそれぞれ次式のように計算できる．

$$\hat{\mathbf{M}}_s = \begin{bmatrix} \mathbf{J}_1^T\hat{\mathbf{M}}_1\mathbf{J}_1 & 0 \\ 0 & \mathbf{J}_2^T\hat{\mathbf{M}}_2\mathbf{J}_2 \end{bmatrix}, \quad \hat{\mathbf{Q}}_s = \begin{bmatrix} \mathbf{J}_1^T\{\hat{\mathbf{Q}}_1 - \hat{\mathbf{M}}_1(\mathbf{D}_1\ddot{\mathbf{q}}_0 + \boldsymbol{\beta}_1)\} \\ \mathbf{J}_2^T\{\hat{\mathbf{Q}}_2 - \hat{\mathbf{M}}_2(\mathbf{D}_2\ddot{\mathbf{q}}_1 + \boldsymbol{\beta}_2)\} \end{bmatrix}$$

ただし，$\hat{\mathbf{M}}_1 = \mathbf{M}_1 + \mathbf{D}_2^T U_2\hat{\mathbf{M}}_2\mathbf{D}_2$，$\hat{\mathbf{Q}}_1 = \mathbf{Q}_1 + \mathbf{D}_2^T U_2(\hat{\mathbf{Q}}_2 - \hat{\mathbf{M}}_2\boldsymbol{\beta}_2) - \mathbf{J}_1^T\mathbf{D}_2^T\hat{\mathbf{M}}_2\mathbf{J}_2(\mathbf{J}_2^T\hat{\mathbf{M}}_2\mathbf{J}_2)^{-1}\tau_2$ である．以上により，式 (14.76)〜(14.80) の形となることが確認できた．

14.2　14.2.1 項で説明したように，まずステップ 1 では $i = 1, \ldots, N$ に対して式 (13.37) および式 (13.38) の計算を行う．$\dot{\mathbf{q}}_0 = \mathbf{0}$ であるので $i = 1$ のとき式 (13.37) は $\dot{\mathbf{q}}_i = \mathbf{J}_i\dot{\theta}_i$ となり，乗除算を 3 回実行する．$\dot{\mathbf{q}}_i = \mathbf{D}_i\dot{\mathbf{q}}_{i-1} + \mathbf{J}_i\dot{\theta}_i$ の計算には乗除算 12 回，加減算 9 回を要し，これを $k = 2$ から N まで $N - 1$ 回繰り返すため乗除算は $12(N-1)$ 回，加減算は $9(N-1)$ 回となる．同様に，$\ddot{\mathbf{q}}_0 = \mathbf{0}$ であるので，$i = 1$ のとき式 (13.38) は $\ddot{\mathbf{q}}_i = \mathbf{J}_i\ddot{\theta}_i + \boldsymbol{\beta}_i$ となり，乗除算を 3 回，加減算を 3 回実行する．$\ddot{\mathbf{q}}_i = \mathbf{D}_i\ddot{\mathbf{q}}_{i-1} + \mathbf{J}_i\ddot{\theta}_i + \boldsymbol{\beta}_i$ の計算には乗除算 12 回，加減算 12 回を要し，これを $k = 2$ から N まで $N - 1$ 回繰り返すため乗除算は $12(N-1)$ 回，加減算は $12(N-1)$ 回となる．よって，ステップ 1 では乗除算 $3 + 12(N-1) + 3 + 12(N-1) = 24N - 18$ 回，加減算 $9(N-1) + 3 + 12(N-1) = 21N - 18$ 回となる．

次に，ステップ 2 では $i = N, \ldots, 1$ に対して式 (14.34) および式 (13.91) の計算を行う．$\mathbf{Q}_{N+1}^{\mathrm{J}} = \mathbf{0}$ であるので $i = N$ のとき式 (14.34) は $\mathbf{Q}_i^{\mathrm{J}} = \mathbf{M}_i\ddot{\mathbf{q}}_i - \mathbf{Q}_i^p - \mathbf{Q}_i^v$ となり，乗除算を 9 回，加減算を 12 回実行する．$\mathbf{Q}_i^{\mathrm{J}} = \mathbf{M}_i\ddot{\mathbf{q}}_i - \mathbf{Q}_i^p - \mathbf{Q}_i^v + \mathbf{D}_{i+1}^T\mathbf{Q}_{i+1}^{\mathrm{J}}$ の計算には乗除算 18 回，加減算 21 回を要し，これを $k = N - 1$ から 1 まで $N - 1$ 回繰り返すため乗除算は $18(N-1)$ 回，加減算は $21(N-1)$ 回となる．式 (13.91) すなわち $\tau_i^a = \mathbf{J}_i^T\mathbf{Q}_i^{\mathrm{J}}$ の計算には乗除算 3 回，加減算 2 回を要し，これを $k = N$ から 1 まで N 回繰り返すため乗除算は $3N$ 回，加減算は $2N$ 回実行する．よって，ステップ 2 では乗除算 $9 + 18(N-1) + 3N = 21N - 9$ 回，加減算 $12 + 21(N-1) + 2N = 23N - 9$ 回となる．

ステップ 1 とステップ 2 の演算回数を合計することにより，リカーシブ・ニュートン‐オイラー法の計算量が乗除算 $24N - 18 + 21N - 9 = 45N - 27$ 回，加減算 $21N - 18 + 23N - 9 = 44N - 27$ 回と評価できる．

参考文献

[1] 清水信行，今西悦二郎 共著，日本機械学会編：マルチボディダイナミクス (1)—基礎理論—(コンピュータダイナミクスシリーズ 3)，コロナ社，2006.

[2] 清水信行，曽我部潔 編著，日本機械学会編：マルチボディダイナミクス (2)—数値解析と実際—(コンピュータダイナミクスシリーズ 4)，コロナ社，2007.

[3] 田島洋：マルチボディダイナミクスの基礎—3 次元運動方程式の立て方—，東京電機大学出版局，2006.

[4] 小林信之，杉山博之：MATLAB による振動工学—基礎からマルチボディダイナミクスまで—，東京電機大学出版局，2008.

[5] 遠山茂樹：機械のダイナミクス—マルチボディ・ダイナミクス—，コロナ社，1993.

[6] 藤川猛，清水信行 編著，日本機械学会編：数値積分法の基礎と応用（コンピュータダイナミクスシリーズ 1)，コロナ社，2003.

[7] 田島洋，杉山博之，小林信之，阿部倉貴憲：日本機械学会 [No.08-91] 講習会テキスト，マルチボディダイナミクスの接触問題（発展編），日本機械学会，2008.

[8] 山本義隆：古典力学の形成—ニュートンからラグランジュへ—，日本評論社，1997.

[9] 三輪修三：機械工学史，丸善，2000.

[10] 末岡淳男，綾部隆：機械力学，森北出版，1997.

[11] 川田昌克：Scilab で学ぶわかりやすい数値計算法，森北出版，2008.

[12] E.J. Haug: Computer Aided Kinematics and Dynamics of Mechanical Systems/Volume 1, Basic Methods, Ally and Bacon, 1989.

[13] A.A. Shabana: Computational Dynamics, 2nd Edition, John Wiley & Sons, 2001.

[14] A.A. Shabana: Dynamics of Multibody Systems, 2nd Edition, Cambridge University Press, 1998.

[15] P.E. Nikravesh: Planar Multibody Dynamics, Formulation, Programming, and Applications, CRC Press, 2008.

[16] W. Schiehlen Ed.: Multibody Systems Handbook, Springer-Verlag, 1990.

[17] W. Schiehlen and P. Eberhard: Technische Dynamik, Modelle für Regelung und Simulation, Teubner, 1986.

[18] F. Pfeiffer and C. Glocker: Multibody Dynamics with Unilateral Contacts, John Wiley & Sons, 1996.

[19] U.M. Ascher and L.R. Petzold: Computer Methods for Ordinary Differential Equations and Differential-Algebraic Equations, SIAM, 1998.

[20] M. Arnold and O. Brüls: Convergence of the generalized-α scheme for constrained mechanical systems, Multibody System Dynamics, 18(2), pp. 185–202, 2007.

[21] H. Flores and H.M. Lankarani: Contact Force Models for Multibody Dynamics, Springer, 2016.

索　引

あ　行

一般化 α 法　190
一般化外力　124
一般化加速度　36
一般化拘束力　128
一般化座標　32
一般化質量行列　117, 133
一般化速度　35
一般化力　117, 124
陰解法　175
陰的ルンゲ－クッタ法　195
上三角行列　11
運動学　30
運動学解析　6, 52
HHT-α 法　190
LU 分解法　76
O 記法　240

か　行

外積　18
回転行列　26
回転ジョイント　43
外力　102
開ループ構造　6
ガウスの消去法　70
ガウス変換　73
ガウス変換行列　75
拡大法　145
仮想仕事　108
仮想仕事の原理　109
仮想変位　108
片側接触　213
硬さ　180
慣性モーメント　107
慣性力　116
間接法　172
幾何ベクトル　15
幾何変数　200
木構造　5
基本拘束　39
逆運動学　54
逆行列　15
逆動力学　145, 249
逆動力学解析　6
行列　11
行列式　14
距離拘束　42
駆動拘束　48
計算量　239
ケルビン－フォークト接触モデル　209
減衰係数　209
減衰指数　209
剛性係数　209
剛性指数　209
拘束接触法　202
拘束力　102
剛体　31
後退オイラー法　174
後退差分近似　174
後退代入　70
後退微分公式　196

さ　行

軸力　102
仕事　108
下三角行列　12
質点　30
質点系　102
質量　100
自由度　31, 52
順運動学　54
順動力学　145, 249
順動力学解析　6
ジョイント　4
消去法　145
常微分方程式　172
垂直抗力　102
スティック状態　198
ステップ幅　173
スペクトル半径　178
スリップ状態　198
正則行列　15
正方行列　11
零行列　12
零ベクトル　16
線形相補性問題　214
前進オイラー法　174
前進差分近似　174
前進消去　70
相補性　212
速度 2 乗慣性力ベクトル　134
速度変換行列　151

た　行

対角行列　12
対角成分　11
対称行列　13
代数ベクトル　17
多段法　175

ダランベールの原理　116
単位上三角行列　12
単位行列　12
単位下三角行列　12
単位ベクトル　15
単位ベクトル法　253
弾性接触法　206
単段法　175
力要素　5, 124
中心差分近似　174
張力　102
直鎖構造　5
直接法　172
直動ジョイント　44
直交行列　15
転置行列　12
動力学　100
動力学解析　6, 52
特異点　66

な 行

内積　17
内力　102
ニュートンの運動の法則　100
ニュートン-ラフソン法　56, 80
ニューマーク β 法　189

は 行

配位　32
バウムガルテの安定化法　150
歯車　46
反力　101
非共形接触　202
微分代数方程式　144, 172
ピボット　72
フック接触モデル　209
ブロック行列　13
ブロック対角行列　13
平行軸の定理　135
閉ループ構造　5
ベクトル　15
ヘルツ接触モデル　209
ボディ　4

ま 行

マルチボディシステム　2
マルチボディダイナミクス　2

や 行

ヤコビ行列　23, 56
余因子　14
陽解法　175
抑制指数　209
予測子・修正子法　184

ら 行

ラグランジュ乗数　128
リカーシブ　222
ルンゲ-クッタ法　181

わ 行

歪対称行列　13

著 者 略 歴

岩村　誠人（いわむら・まこと）

2001 年　九州大学大学院工学研究科知能機械工学専攻博士後期課程修了
2001 年　福岡大学工学部機械工学科講師
2004 年　福岡大学工学部機械工学科助教授
2007 年　福岡大学工学部機械工学科准教授
2008 年　ドイツ国立シュトゥットガルト大学計算力学研究所客員研究員
2013 年　福岡大学工学部機械工学科教授
現在に至る
博士（工学）

編集担当　上村紗帆（森北出版）
編集責任　富井　晃（森北出版）
組　　版　ウルス
印　　刷　モリモト印刷
製　　本　ブックアート

マルチボディダイナミクス入門

2018 年 6 月 29 日　第 1 版第 1 刷発行

著　　者　岩村誠人
発 行 者　森北博巳
発 行 所　**森北出版株式会社**
東京都千代田区富士見 1–4–11（〒102–0071）
電話 03–3265–8341 ／ FAX 03–3264–8709
http://www.morikita.co.jp/
日本書籍出版協会・自然科学書協会　会員

Printed in Japan ／ ISBN978–4–627–67591–9

MEMO